Helmut Günzler
Hans-Ulrich Gremlich

IR-Spektroskopie

Weitere Lehrbücher zur Spektroskopie von Wiley-VCH

Matthias Otto

Analytische Chemie

Zweite Auflage
2000, ISBN 3-527-29840-1

Werner Schmidt

Optische Spektroskopie
Eine Einführung

Zweite Auflage
2000, ISBN 3-527-29828-2

Horst Friebolin

**Ein- und zweidimensionale
NMR-Spektroskopie**
Eine Einführung

Dritte Auflage
1999, ISBN 3-527-29514-3

Herbert Budzikiewicz

Massenspektrometrie
Eine Einführung

Vierte Auflage
1998, ISBN 3-527-29381-7

Helmut Günzler
Hans-Ulrich Gremlich

IR-Spektroskopie

Eine Einführung

Vierte, vollständig überarbeitete
und aktualisierte Auflage

**WILEY-
VCH**

WILEY-VCH GmbH & Co. KGaA

Prof. Dr. Helmut Günzler
Bismarckstraße 11
D-69469 Weinheim

Dr. Hans-Ulrich Gremlich
Novartis Pharma AG
Analytics
WSJ-503.1001
CH-4002 Basel
Schweiz

Diese Auflage basiert auf der dritten Auflage von 1996,
die durch Ergänzungen von H. M. Weise zu der zweiten
Auflage von H. Günzler entstanden ist.

Das vorliegende Werk wurde sorgfältig erarbeitet.
Dennoch übernehmen Autoren und Verlag für die
Richtigkeit von Angaben, Hinweisen und Ratschlägen
sowie für eventuelle Druckfehler keine Haftung.

Die Deutsche Bibliothek – CIP-Einheitsaufnahme
Ein Titeldatensatz für diese Publikation ist bei
Die Deutsche Bibliothek erhältlich

© 2003 WILEY-VCH Verlag GmbH & Co. KGaA,
Weinheim

Gedruckt auf säurefreiem Papier.

Umschlaggestaltung: Grafik-Design Schulz, Fußgönheim
Satz: Druckhaus „Thomas Müntzer" GmbH, Bad Langensalza

ISBN 978-3-527-30801-9

Vorwort

Das vorliegende Buch ist für alle diejenigen gedacht, die zum ersten Mal die IR-Spektroskopie zur Charakterisierung, Identifizierung oder Bestimmung einer Substanz anwenden möchten. Hierzu soll vorrangig mit den spektroskopischen Techniken im Bereich der Molekülschwingungen vertraut gemacht werden. Außer Grundkenntnissen in Chemie und Physik wird kein spezielles Wissen vorausgesetzt. Der Leser wird zunächst über den Aufbau und die Handhabung verschiedenartiger Spektrometer sowie über die vielfältigen Methoden zur Probenvorbereitung und -messung unterrichtet. Schließlich kann er anhand geeigneter Beispiele die Kunst der qualitativen Interpretation des Spektrums kennenlernen, wobei ebenfalls auf die neuesten Entwicklungen unter Einsatz von Computern eingegangen wird. Abschnitte über quantitative Bestimmungen, spezielle Anwendungsgebiete und über verwandte Methoden innerhalb der Schwingungsspektroskopie wie z. B. die Raman-Spektroskopie, dienen zur Abrundung des Grundwissens. Hinweise auf weitere Literatur vermitteln die Orientierung bei speziellen Fragestellungen.

Die einzelnen Themenkreise sind weitgehend in sich geschlossen behandelt, sodass die Kapitel auch unabhängig voneinander gelesen werden können. Auf notwendige Vorkenntnisse aus den vorangegangenen Abschnitten wird durch entsprechende Querverweise hingewiesen. Dies versetzt den Anfänger rasch in die Lage, ein einfaches IR-Spektrometer zu bedienen und eine Probe „kunstgerecht" für die Messung vorzubereiten und zu messen. Für eine optimale Nutzung der umfangreichen Möglichkeiten, die die IR-Spektroskopie bietet, ist jedoch eine systematische Erarbeitung des ganzen Stoffes ratsam.

Die theoretischen Betrachtungen werden in dieser Einführung naturgemäß kurz abgehandelt, obwohl die IR-Spektroskopie auf dem Gebiet zur Bestimmung von Molekülstrukturen und Molekülstrukturen-Dynamik Erhebliches zu leisten vermag, z. B. bei Verwendung von hochauflösenden Fourier-Transform-(FT-) und Laser-Spektrometern. Für eine ausführliche Abhandlung hierzu muss auf andere Werke verwiesen werden, da praktisch-analytische Fragestellungen im Vordergrund stehen.

Die IR-Spektroskopie hat seit dem Erscheinen der dritten Auflage erneut weitere Veränderungen erlebt. So stehen in den

Laboratorien heute überwiegend FT-Spektrometer, deren Möglichkeiten hinsichtlich des erzielbaren Signal/Rausch-Verhältnisses, spektraler Auflösung und breiter nutzbarer Spektralbereiche vom Sichtbaren bis zum Fernen IR erheblich erweitert wurden. Bedingt durch bessere Geräte und Techniken, sowie den Einsatz von Computern, verfügt das analytische Labor über eine vielseitige physikalische Methode zur schnellen Identifizierung und Quantifizierung von Substanzen mit Nachweisgrenzen bis in den Pikogramm-Bereich.

Die stürmische Entwicklung hat der IR-Spektroskopie auch neue Anwendungsfelder erschlossen. Außerhalb molekülspektroskopischer Grundlagenforschung und üblicher Routineanalytik wird diese z. B. zur Prozesskontrolle, bei biologischen Fragestellungen und im klinisch-chemischen Labor eingesetzt, um nur einige Gebiete zu nennen.

Nachdem H. M. Heise, Wissenschaftler am Institut für Spektrochemie und Angewandte Spektroskopie in Dortmund, die dritte Auflage wesentlich erweitert und überarbeitet hatte, wurden die für die vorliegende vierte Auflage notwendigen Anpassungen und Ergänzungen von H.-U. Gremlich, Leiter des Labors für Optical Spectroscopy and Imaging bei der Novartis Pharma AG in Basel, vorgenommen.

Wir freuen uns, dass unser Buch bereits so viele Freunde gefunden hat und hoffen, dass auch die vierte, überarbeitete Auflage den gleichen Zuspruch findet. Im Sinne einer stetigen Vervollkommnung sind wir dem aufmerksamen Leser für kritische Anmerkungen zur Verbesserung immer dankbar.

So wünschen wir den Lesern bei der Lektüre viele Aha-Erlebnisse und vor allem Erfolg bei der praktischen Anwendung des Gelernten.

Weinheim und Basel,   Helmut Günzler
Mai 2003   Hans-Ulrich Gremlich

Inhaltsverzeichnis

1 Einführung

1.1 Entwicklung der Infrarottechnik

Im Jahr 1800 führte *Sir William Herschel* [1] im Rahmen seiner Untersuchungen über die Energieverteilung im Sonnenspektrum einen Versuch durch, der für die Entwicklung der Infrarotspektroskopie von grundlegender Bedeutung geworden ist:

Das durch ein Prisma in den Experimentierraum eintretende Sonnenlicht fiel, in seine Spektralfarben zerlegt, auf eine Tischfläche. Zur Untersuchung der Wärmeverteilung waren dort mehrere Quecksilberthermometer mit geschwärzter Kugel angeordnet. Das überraschende Ergebnis des Versuchs war, dass das Temperaturmaximum nicht etwa im Bereich der größten physiologischen Helligkeitsempfindung – nämlich bei Gelbgrün – sondern jenseits von Rot im unsichtbaren Strahlungsbereich zu finden war. In weiteren Untersuchungen bewies Herschel, dass es sich dabei nicht um eine neue Strahlungsart handelte, sondern dass diese ebenso den Gesetzen der Optik gehorchte wie sichtbares Licht. Er nannte diesen Bereich Infrarot*.

Solange nur das Thermometer, sowie seit 1830 auch das Thermoelement und die Thermosäule, zum Nachweis infraroter Strahlung zur Verfügung standen, waren eingehendere Untersuchungen kaum möglich. Genauere Wellenlängenmessungen konnten erst nach der Einführung des Bolometers – eines Widerstandsthermometers – durch *Langley* nach 1880 erfolgen. Messungen von *Rubens*, der mit Hilfe einer nach ihm benannten Reststrahlenmethode bis in den Wellenlängenbereich um 300 μm vordrang, ließen einen kontinuierlichen Übergang vom sichtbaren Gebiet des Spektrums über den infraroten Strahlungsbereich bis zu den Hertzschen Wellen vermuten.

Nach Entwicklung ausreichend empfindlicher Detektoren war das Auffinden geeigneter Prismenmaterialien und schließ-

---

* Im deutschen Sprachraum wurde dafür die Bezeichnung Ultrarotstrahlung benutzt, jedoch drang der angelsächsische Begriff Infrarot seit 1945 in zunehmendem Maße auch in die deutsche Literatur ein. Mit Rücksicht auf die Einheitlichkeit der Nomenklatur wird im Folgenden stets die angelsächsische Bezeichnung Infrarot (IR) – in abkürzender Form, z. B. „IR-Spektroskopie" – verwendet.

lich die Einführung des Echelette-Gitters zu Anfang des letzten Jahrhunderts von grundlegender Bedeutung für die Möglichkeit, gut aufgelöste IR-Spektren zu messen.

Aber auch dann war die Infrarotstrahlung im Wesentlichen ein physikalisches Phänomen und dessen eingehende Untersuchungen eine Domäne der Physiker, solange noch die Aufnahme eines Spektrums eine viele Stunden beanspruchende Fleißarbeit war, die zur Erhaltung ausreichend konstanter Umweltbedingungen nachts in abgedunkelten und übertemperierten Kellerräumen durchgeführt werden mußte. Für Zwecke der Spektralanalyse gewann der infrarote Spektralbereich erst an Bedeutung, seitdem vollautomatische Spektralphotometer gebaut werden konnten. Die erste Entwicklung eines solchen Gerätes erfolgte im Jahr 1937 durch *Lehrer* bei der BASF Aktiengesellschaft in Ludwigshafen a. Rh. [2]. Nach 1940 begann – vor allem in den USA – eine stürmische Entwicklung der Gerätetechnik, derzufolge es seit 1950 möglich ist, gut aufgelöste IR-Spektren innerhalb weniger Minuten in normalen Laboratoriumsräumen aufzunehmen. Bereits 1946 erschien der erste umfangreiche und systematische Katalog infraroter Absorptionsspektren für analytische Zwecke [3].

Während der zugängliche Spektralbereich sich zunächst von $2-15\ \mu m$ und nur unter Zuhilfenahme verschiedener Prismenmaterialien mittels hochentwickelter, teurer Umbautechniken in Etappen auch bis $50\ \mu m$ erstreckte, ist mit Gitter-Spektrometern der Bereich zwischen 2 und $50\ \mu m$ nahtlos und vollautomatisch zugänglich. Die jüngste Entwicklung, die in den 60er Jahren begann, erlaubt unter Anwendung der Fourier-Transformation die Erfassung des gesamten infraroten Bereiches zwischen $780\ nm$ und $1000\ \mu m$.

Der erste Einsatz eines Interferometers für die Spektroskopie geht auf *Michelson* zurück. Eine ausführliche Abhandlung über die Entstehungsgeschichte ist zum hundertsten Jahrestag der von ihm vorgeschlagenen Apparatur erschienen [4]. Die Vorteile der interferometrischen Technik gegenüber der dispersiven wurden schon in den fünfziger Jahren (u. a. Fellgett) erkannt, doch die ersten kommerziellen FT-Spektrometer erschienen erst nach 1960. Ein Problem war die Fourier-Transformation der Interferogramme, die mit den damaligen Rechnern extrem aufwendig war. Die Wiederentdeckung des FFT (Fast-Fourier-Transform) Algorithmus 1965 hatte enorme Auswirkungen hinsichtlich der Verbreitung dieser interferometrischen Technik. Durch die Computerrevolution in den achtziger Jahren hat diese eine solche Dominanz erfahren, dass vielfach nur noch der Begriff des FT-IR in Erscheinung tritt.

Einen umfangreichen und weiterhin aktuellen historischen Überblick über die Entwicklung der gesamten Infrarottechnik findet der interessierte Leser in dem Beitrag von *Jones* [5].

1.2 Anwendungsmöglichkeiten der IR-Spektroskopie

Die große Bedeutung der IR-Spektroskopie beruht auf dem hohen Informationsgehalt eines Spektrums und auf der Vielfalt der Möglichkeiten für Probenmessung und Substanzpräparation. Die IR-Spektroskopie entwickelte sich deshalb zu einer der wichtigsten Arbeitsmethoden, sowohl für den präparativ wie auch für den analytisch arbeitenden Chemiker. Sie steht gleichrangig neben Kernresonanz (NMR)-Spektroskopie, Massenspektrometrie (MS) und Ultraviolett (UV)-Spektroskopie und vermag – je nach Art des Problems allein oder in geeigneter Kombination mit jenen – zum gewünschten Resultat zu führen oder beizutragen. Für eine möglichst effektive Nutzanwendung der IR-Technik ist die Kenntnis ihrer Möglichkeiten und Grenzen von entscheidender Bedeutung [6]. Es soll daher im Folgenden einleitend ein kurzer Überblick darüber gegeben werden, welche Informationen aus dem IR-Spektrum mit besonderem Vorteil zu entnehmen sind, um den Leser in die Lage zu versetzen, sich in kürzester Zeit über die grundsätzliche Anwendbarkeit der Methode für einen speziellen Fall zu informieren. Dabei ist es allerdings unvermeidlich, einige Begriffe zu benutzen, deren Definition erst späteren Kapiteln vorbehalten bleibt.

1.2.1 Direkte Aussagen zur Konstitution

Unter direkten Aussagen verstehen wir solche, die dem Spektrum einer unbekannten Probe ohne Zuhilfenahme von Vergleichssubstanzen allein aufgrund theoretisch abzuleitender oder empirischer Zusammenhänge zu entnehmen sind. Bei der IR-Spektroskopie bestehen solche Zusammenhänge zwischen der Lage von Absorptionsbanden innerhalb bestimmter Abszissenbereiche des Spektrums und gewissen Strukturgruppen. So kann die Anwesenheit oder Abwesenheit von Carbonylfunktionen, Hydroxygruppen, Aminogruppen, Nitrilen, aber auch von Doppelbindungen, Aromaten und vielen anderen Strukturelementen sozusagen „auf den ersten Blick" mit zumeist sehr hoher Wahrscheinlichkeit erkannt werden. Eine genauere Untersuchung von Lage und Intensität dieser Banden unter Berücksichtigung anderer Bereiche des Spektrums und gegebenenfalls unter Zuhilfenahme empirisch gewonnener Korrelationstabellen aus der Literatur [7, 8] lassen in den meisten Fällen eine nähere Zuordnung der erkannten Strukturgruppe zu: Keton, Säure oder Ester; primärer, sekundärer oder tertiärer Alkohol; Substitutionstyp von Aromaten und dergleichen mehr.

Die direkte Aussagemöglichkeit über Strukturgruppen, die mit anderen Methoden vielfach weit schwieriger oder gar nicht abzuleiten sind, bildet das wesentliche Merkmal der IR-Spektroskopie und begründet ihre Bedeutung als eine der wichtigsten Methoden der Instrumentellen Analytik. Das Schwergewicht der empirischen Anwendung liegt zweifellos bei der Konstitutionsaufklärung organischer Moleküle, jedoch zeigen auch anorganische Atomgruppen charakteristische Absorptionsspektren.

1.2.2 Substanzidentifizierung durch Spektrenvergleich

Lage und Intensität der Absorptionsbanden einer Substanz sind außerordentlich stoffspezifisch. Das IR-Spektrum läßt sich infolgedessen in ähnlicher Weise wie der Fingerabdruck beim Menschen als hochcharakteristische Eigenschaft zur Identifizierung benutzen. Die hohe Spezifität beruht auf der guten Reproduzierbarkeit, mit der die Koordinaten von Absorptionsmaxima (i. Allg. Wellenzahl und Transmission) gemessen werden können. Für die Identifizierung sind natürlich besonders solche Banden geeignet, die dem Kohlenstoffgerüst des Moleküls zuzuordnen sind. Absorptionsbanden dieser Art sind mit besonders großer Häufigkeit in dem leicht zugänglichen Wellenlängenbereich zwischen etwa 1500 und 1000 cm^{-1} zu finden, weshalb dieser Spektrenausschnitt oft auch als „Fingerprint-Gebiet" bezeichnet wird.

Entscheidend für eine erfolgreiche Substanzidentifizierung durch das IR-Spektrum sind außerdem zwei Faktoren:

1. Die im allgemeinen hohe Zahl auftretender Absorptionsmaxima. Abgesehen von Molekülen mit hoher Symmetrie und einer geringen Anzahl von Atomen treten in diesem Bereich mindestens 5, meist jedoch 10–30 und mehr Banden auf.

2. Die große Zahl der bisher gemessenen und zu Vergleichszwecken zugänglichen IR-Spektren. Allein die Firma Sadtler [9], die als eine der Ersten IR-Spektrenbibliotheken kommerziell angeboten hat, offeriert heute mehr als 65 verschiedene Datenbanken mit über 200 000 IR-Spektren in digitaler Form.

Bei einem derartig großem Umfang an Vergleichsmaterial ist die Spektren-Recherche kaum mehr manuell zu bewältigen. Verschiedene Systeme wurden entwickelt, um aufgrund der Absorptionsbanden die Auffindung des Spektrums einer unbekannten Verbindung zu ermöglichen oder um mit Hilfe der Summenformel (aus der Elementaranalyse) die Suche nach einem Vergleichsspektrum in entsprechend geordneten Verzeichnissen zu erleichtern. Einen entscheidenden Fortschritt auf diesem Gebiet brachte die Nutzung der elektronischen Daten-verarbeitungstechnik, mit deren Hilfe es heute gelingt, ein un-bekanntes Spektrum mit der gesamten Zahl der katalogisierten und veröffentlichten IR-Spektren innerhalb weniger Minuten zu vergleichen.

1.2.3 Quantitative Analyse

Wenn I_0 die Strahlungsintensität von monochromatischer Strah-lung ist, die in eine Probe eindringt, und I die Intensität der von der Probe durchgelassenen Strahlung ist, dann wird das Ver-hältnis I/I_0 als die *Transmission* der Probe bezeichnet. Sie hat das Symbol T und wird auf der y-Achse eines Spektrums aufge-tragen. Die prozentuale Transmission (%T) ist $100 \times T$. Für eine Messzelle mit der Schichtdicke b und einer absorbierenden Komponente mit der Konzentration c lautet die fundamentale Gleichung zur Beschreibung der Absorption von Strahlung

$$T = I/I_0 = 10^{-abc}$$

Hierbei ist a der *Absorptionskoeffizient*, der charakteristisch ist für eine bestimmte Probe bei einer bestimmten Wellenlänge. Gewöhnlich wird diese Gleichung durch Logarithmieren um-gewandelt, wobei I/I_0 durch I_0/I ersetzt wird, um das Minuszei-chen zu eliminieren:

$$\log_{10} I_0/I = abc$$

Der Ausdruck $\log_{10} I_0/I$ heißt *Absorbanz* mit dem Symbol A. Diese Beziehung ist als *Bouguer-Lambert-Beer'sches Gesetz* oder einfach *Beer'sches Gesetz* bekannt und beschreibt den Zusammenhang zwischen der Absorbanz und der Konzentra-tion der absorbierenden Substanz als lineare Funktion:

$$A = abc$$

Die Einheit des Absorptionskoeffizienten a variiert mit den Einheiten, die für b und c verwendet werden. So hat z. B. a die Dimension $1 \, mol^{-1} \, cm^{-1}$, wenn c in mol l^{-1} und b in cm angege-ben werden. Andere Ausdrücke für die Absorbanz A lauten:

$$A = \log_{10} 1/T \quad \text{oder} \quad A = \log_{10} 100/\% \, T$$

Das Beer'sche Gesetz wird als additiv angenommen, d. h. in einer Mischung ist die Absorbanz bei einer bestimmten Wellen-länge gleich der Summe der abc-Werte für jede einzelne Kom-ponente:

$$A = \sum_i a_i b c_i$$

wobei über alle i Komponenten summiert wird. Das impliziert allerdings, dass die Absorption von Strahlung durch eine Komponente nicht durch die Anwesenheit der übrigen Komponenten beeinflusst wird.

Das Beer'sche Gesetz gilt unter folgenden beiden Voraussetzungen:

Erstens ist der Absorptionskoeffizienten a streng genommen nur für eine Wellenlänge gültig. Zweitens wird angenommen, dass der Absorptionskoeffizient a unabhängig von der Konzentration ist und nicht durch z. B. Aggregations-Effekte beeinflusst wird. Dann ist die Darstellung Absorbanz gegen Konzentration eine Gerade für eine einzelne Komponente, falls Schichtdicke und Wellenlänge konstant gehalten werden. Falls das Beer'sche Gesetz nicht exakt gilt, wird die Darstellung leicht nicht-linear sein, kann aber dennoch für Analysen verwendet werden. In der Praxis wird der Zusammenhang zwischen Absorbanz und Konzentration empirisch durch Kalibrieren ermittelt, wobei Kalibrieren bedeutet, den Zusammenhang zwischen Messwert und Konzentration durch eine mathematische Beziehung zu beschreiben. Im Allgemeinen ist es erforderlich, dabei den gesamten interessierenden Konzentrationsbereich einzuschließen.

Gestützt auf diese Gesetzmäßigkeiten lässt sich aus dem IR-Spektrum jede Komponente eines Gemisches quantitativ bestimmen, sofern sich eine genügend intensive Absorptionsbande finden lässt, die durch die übrigen Gemischpartner oder durch das Lösungsmittel nicht oder in bekanntem Maß gestört wird. Im Falle unbeeinflusster Absorptionsbanden und unter optimalen apparativen Bedingungen lassen sich bei quantitativen Analysen relative Standardabweichungen bis $s \geq 0,1\ \%$ erreichen (vgl. Abschn. 7.3).

Da die Auswertung in den meisten Fällen durch einen Rechner unterstützt wird, sind auch kompliziertere Mehrkomponentenanalysen durch die Vorgabe breiter Spektralbereiche und entsprechender Probenstandards möglich (sogenannte multivariate Kalibrierung; siehe auch Abschn. 7.5).

Die Konzentrationsbereiche und Stoffmengen, die mittels IR-Spektroskopie quantitativ bestimmt werden können, haben sich gegenüber früher drastisch verändert, als die Aussage gültig war, dass die IR-Spektroskopie für Spurenbestimmungen ungeeignet sei. Quantitative Analysen wurden hauptsächlich für den Bereich zwischen 1 und 100 % durchgeführt, wobei die absoluten Massen im Mikrogramm-Bereich vorliegen konnten. Mittels der neuen Techniken sind Konzentrationen unter 0,01 % bestimmbar, wobei in der IR-spektrometrischen Gasanalytik ohne Anreicherungsschritte z. B. unter Verwendung spezieller Techniken Volumenanteile im ppb-Bereich erreichbar sind. Mittels sogenannter Kryotechniken ist es möglich, die zu

einer Identifikation vieler Stoffe notwendigen Substanzmengen
(Stoffportionen nach DIN) unter 1 ng zu senken.

Durch quantitative IR-spektroskopische Messungen lassen
sich auch zeitabhängige Vorgänge verfolgen, wie z. B. chemische Reaktionen und Ordnungsänderungen beim Strecken
einer Polymerfolie. Vielfach wurden Geschwindigkeitskon-
stanten von Reaktionen und ihre Ordnung, Gleichgewichts-
lagen und Aktivierungsparameter bestimmt. Ein anderes Beispiel sind zeitaufgelöste Studien von biologischen Membranen,
bei denen Strukturänderungen unmittelbar verfolgt werden
konnten.

1.2.4 Weitere Anwendungen

Neben den bisher erwähnten, mehr praxisbezogenen Anwen-
dungsmöglichkeiten sind aus dem IR-Spektrum wichtige Daten
über den Molekülaufbau abzuleiten. Dies ist leicht einzusehen, wenn man bedenkt, dass ein IR-Spektrum auf der Wechselwirkung zwischen elektromagnetischer Strahlung und den
Schwingungen und Rotationen des Moleküls beruht („Rota-
tions-Schwingungs-Spektrum"). Demgemäß lassen sich aus
dem Gasphasen-Spektrum auch Angaben über Trägheitsmomente, Bindungslängen, Kraftkonstanten und Symmetrie-
Eigenschaften berechnen. Im Allgemeinen werden die Spektren
der Substanz in verschiedenen Phasenzuständen herangezogen.

Von besonderer Bedeutung ist das IR-Spektrum für die
Berechnung thermodynamischer Konstanten, weil ein bestimmter Anteil der spezifischen Wärme jedes Stoffes in der
Schwingungsenergie der Atome festgelegt ist. Dieser Schwin-
gungsanteil der spezifischen Wärme kann infolgedessen aus der
Gesamtheit der Molekülschwingungen, die oft unter Ein-
beziehung des Raman-Spektrums bestimmt werden, berechnet
werden.

Literatur zu Kap. 1

[1] W. Herschel, Philos. Trans. MDCCC, 284 (1800)
[2] E. Lehrer, Z. techn. Phys. **23**, 169 (1942)
[3] American Petroleum Research Program 44
[4] P. Giacomo, Mikrochim. Acta **III**, 19 (1987)
[5] R. N. Jones, "Analytical Applications of Vibrational Spectroscopy –
    A Historical Review", in: J. R. Durig (Hrsg.), Chemical, Biologi-
    cal and Industrial Applications of Infrared Spectroscopy, John
    Wiley & Sons, Chichester, 1986, S. 1

[6] Gremlich, H.-U., *Infrared and Raman Spectroscopy*, in Ullmann's
     Encyclopedia of Industrial Chemistry. Vol. 5, 6th Edition, Wein-
     heim: WILEY-VCH Verlag GmbH, 2000
[7] N. B. Colthup, L. H. Daly, S. E. Wiberley: "Introduction to Infra-
     red and Raman Spectroscopy", 3. Aufl., Academic Press, San
     Diego, 1990
[8] D. Lin-Vien, N. B. Colthup, W. G. Fately, J. G. Grasselli: "The
     Handbook of Infrared and Raman Characteristic Frequencies of
     Organic Molecules", Academic Press, Boston, 1991
[9] Bio-Rad Laboratories, Sadtler Division, Maylands Avenue, Hemel
     Hempstead, Herts HP27TD United Kingdom

2 Absorption und Molekülbau

2.1 Grundlagen

2.1.1 Die elektromagnetische Strahlung

2.1.1.1 Die Natur der elektromagnetischen Strahlung

Aus der Elektrizitätslehre ist bekannt, dass bewegte elektrische Ladungen magnetische Felder induzieren und dass Änderungen des magnetischen Flusses umgckchrt die Entstehung eines elektrischen Feldes bewirken. Schwingende elektrische Ladungen verursachen also eine periodische Änderung elektromagnetischer Felder, die sich als elektromagnetische Wellen geradlinig mit Lichtgeschwindigkeit im Raum ausbreiten. Je nach ihrer Erscheinungsform oder ihrer Wirkung auf die Materie und die menschlichen Sinnesorgane spricht man von verschiedenen Strahlungsarten (z. B. Licht, Wärme, Röntgenstrahlen), die sich nur hinsichtlich der Wellenlänge bzw. der Schwingungsfrequenz voneinander unterscheiden, physikalisch aber wesensgleich sind. Der Wellenlängenbereich des elektromagnetischen Spektrums umfasst eine weite Skala und reicht von den γ-Strahlen bis zu den Radiowellen (Abb. 2-1).

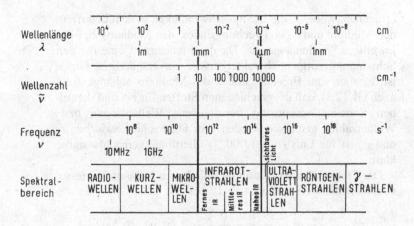

Abb. 2-1. Das elektromagnetische Spektrum.

2.1.1.2 Größen und Einheiten

Wellenlänge: Kennzeichnende Größe für die elektromagnetische Strahlung ist die Wellenlänge; Formelzeichen: λ, Basisein-
heit: m, übliche Einheiten µm, nm.

Für die Wellenlängenmessungen im metrischen Maßsystem
ist im Bereich der Infrarotstrahlung die Einheit µm zweckmä-
ßig. Im nahen IR ist jedoch auch die Einheit nm üblich, wie sie
sonst im sichtbaren Spektralbereich bis zum UV verwendet
wird. Diese und einige weitere gebräuchliche Längeneinheiten
stehen zueinander in folgendem Zusammenhang:

$$1 \text{ µm} = 10^{-6} \text{ m} = 10^{-4} \text{ cm} = 10^{-3} \text{ mm} = 10^{3} \text{ nm} \qquad (2.1)$$

Frequenz: Eine zweite, für die Charakterisierung einer
Wellenbewegung häufig benutzte Größe ist die Schwingungs-
frequenz ν (Abb. 2-1). Sie ist definiert als die Anzahl der
Schwingungen, die der oszillierende elektrische (oder magne-
tische) Vektor der Strahlung in der Zeiteinheit ausführt. Ihre
Einheit ist s^{-1} (Schwingung pro Sekunde), häufig wird auch die
Einheit Hertz (Hz) angegeben.

Proportionalitätskonstante der Beziehung zwischen Frequenz
ν und Wellenlänge λ einer Strahlung ist deren Fortpflanzungs-
geschwindigkeit, nämlich die Lichtgeschwindigkeit c mit der
Einheit cm s^{-1}:

$$\nu = \frac{c}{\lambda} \qquad (2.2)$$

Im Vakuum beträgt die Lichtgeschwindigkeit $c_0 = 2.99793$
$\cdot 10^{10}$ cm $s^{-1} \approx 3 \cdot 10^{10}$ cm s^{-1}; dagegen ist ihr Wert in einem
mit Materie erfüllten Raum kleiner und lässt sich nach

$$c_n = \frac{c_0}{n} \qquad (2.3)$$

errechnen, wobei c_n die Lichtgeschwindigkeit in dem betreffenden Medium und n der Brechungsindex des Mediums bei der
jeweiligen Wellenlänge ist. Da die Frequenz ν eine für den
Schwingungsvorgang charakteristische, unveränderliche Größe
ist, c_n aber vom Brechungsindex des Mediums abhängt, folgt
nach Gl. (2.3), daß in verschiedenen Stoffen für ein und denselben Schwingungsvorgang verschiedene Wellenlängen bzw.
Wellenzahlen gemessen werden. Der Unterschied zwischen c_0
und c_n ist für Luft ($\nu = 1.00027$) allerdings vernachlässigbar
klein:

Die Frequenz einer Strahlung mit der im Vakuum gemessenen Wellenlänge $\lambda = 1$ µm $= 1 \cdot 10^{-4}$ cm ist

$$\nu_0 = \frac{c_0}{\lambda} = \frac{2.99793 \cdot 10^{10}}{1 \cdot 10^{-4}} = 2.99793 \cdot 10^{14} \, s^{-1}$$

In Luft ist

$$c_n = \frac{c_0}{n} = \frac{2.99793 \cdot 10^{10}}{1.00027} = 2.99712 \cdot 10^{10} \text{ cm s}^{-1} \quad (2.4)$$

Damit beträgt die Wellenlänge dieser Schwingungsfrequenz in Luft

$$\lambda = \frac{c_n}{\nu_0} = \frac{2.99712 \cdot 10^{10}}{2.99793 \cdot 10^{14}} = 0.99973 \cdot 10^{-4} \text{ cm}$$

Die Bedeutung der Schwingungsfrequenz ν der elektromagnetischen Strahlung liegt in ihrer direkten Beziehung zu dem Elementarphänomen der IR-Spektroskopie: der Wechselwirkung zwischen dem elektromagnetischen Wechselfeld und der Schwingungsbewegung der Atome im Molekülverband. Wegen der großen Zahlenwerte ($\approx 10^{13}$ s^{-1}) wird diese Größe jedoch in der Praxis so gut wie nie verwendet.

Wellenzahl: Speziell in der IR-Spektroskopie hat sich eine dritte Größe durchgesetzt, welche die Frequenz und auch die Wellenlänge an Bedeutung übertrifft: Die Wellenzahl $\tilde{\nu}$ („nü quer"), der reziproke Wert der Wellenlänge, mit der Einheit cm^{-1} (siehe auch Abb. 2-1).

$$\tilde{\nu} = \frac{1}{\lambda \, [\text{cm}]} = \frac{1 \cdot 10^4}{\lambda \, [\mu\text{m}]} \quad (2.5)$$

Anschaulich bedeutet die Wellenzahl die auf einen Zentimeter entfallende Anzahl Wellenzüge einer bestimmten Wellenlänge.

Ein wichtiges Argument für die Verwendung der Wellenzahl als Messgröße ist ihre Proportionalität zur Frequenz ν und somit auch zur Energie des elektromagnetischen Wechselfeldes. Die Frequenz ν steht zur Wellenzahl $\tilde{\nu}$ in folgender Beziehung:

$$\tilde{\nu} \doteq \frac{\nu}{c} \text{ cm}^{-1} \quad (2.6)$$

$$\textbf{Wellenzahl} = \frac{\textbf{Frequenz}}{\textbf{Lichtgeschwindigkeit}}$$

2.1.1.3 Strahlungsenergie

Zur Erzeugung elektromagnetischer Strahlung muss Energie in irgendeiner Form aufgewendet werden. Am bekanntesten ist die Emission von Strahlung im sichtbaren Bereich durch erhitzte

Materie wie z. B. die Strahlung des weiß glühenden Wolfram-
fadens einer Glühlampe. Es kann aber auch die bei einer chemischen Reaktion freiwerdende Energie als Strahlung abgegeben werden (Chemilumineszenz). Die elektromagnetische
Strahlung ist also ein Energieträger. Energie (Einheit: Joule)
und Frequenz der Strahlung stehen in folgender Beziehung
zueinander:

$$E = h \cdot \nu = h \cdot \frac{c}{\lambda} \qquad (2.7)$$

Die Größe $h = 6.626 \cdot 10^{-34}$ Js ist das plancksche Wirkungsquantum und c die Lichtgeschwindigkeit.

Strahlungsfrequenz und Energie sind demnach einander
direkt proportional. Die Lage der verschiedenen Strahlungsarten im elektromagnetischen Gesamtspektrum spiegelt auch
deren Energie wieder: Die kurzwelligen bzw. hochfrequenten
γ-Strahlen sind sehr energiereich, die langwelligen Radiowellen dagegen energiearm (Abb. 2-1).

Tritt die elektromagnetische Welle in Wechselwirkung
mit Materie, so kann es wie bei der Strahlungserzeugung zu
einem Energietransfer kommen, indem die Strahlungsenergie,
$E = h \cdot \nu$, im molekularen System der Materie absorbiert und
z. B. in thermische Energie umgewandelt wird. Dieser Energietransfer ist, wie wir im Folgenden für den infraroten Strahlungsbereich sehen werden, an ganz bestimmte Bedingungen
geknüpft. Somit ist jeder Stoff in weiten Bereichen des Spektrums durchlässig, tritt also nicht mit der Strahlung in Wechselwirkung, und ist in anderen Bereichen ganz oder teilweise un-
durchlässig.

Während die Abgabe von Strahlungsenergie durch eine Substanz als *Emission* bezeichnet wird, interessiert bei den meisten
gebräuchlichen IR-Messungen die *Absorption* von Strahlungsenergie. Praktisch bedeutet das, dass man den Lichtdurchsatz
durch die Probe mit der Hintergrund-Durchlässigkeit („Background") des Spektrometers vergleicht. Das Ergebnis wird
gewöhnlich als *Transmission T* mit $T = I/I_0$ dargestellt, wobei
I die Intensität der von der Probe durchgelassenen Strahlung
und I_0 die Strahlungsintensität der auf die Probe einfallenden
Strahlung ist. Anstelle der Transmission T wird auch die *Absorbanz A* als Darstellungsform vor allem für quantitative
Messungen verwendet (siehe Abschnitt 1.2.3). Absorbanz und
Transmission sind über folgende Beziehungen miteinander
verknüpft: $A = \log_{10} 1/T$ bzw. $A = \log_{10} I_0/I$.

Die Absorption von IR-Strahlung ist eine sehr charakte-
ristische, frequenzabhängige Eigenschaft jedes Stoffes. Ihre
Messung und Interpretation sind Gegenstand der Optischen
Spektroskopie.

2.1.2 Der Molekülbau

Es ist bekannt, dass Atome und Moleküle nicht immer mit einfachen Bildern beschrieben werden können, da die herangezogenen quantenmechanischen Modelle, mit denen atomare und molekulare Vorgänge berechnet werden können, vielfach unanschaulich sind. Glücklicherweise können anschauliche Modelle der klassischen Mechanik herangezogen werden, um einfache spektroskopische Zusammenhänge zu erläutern.

2.1.2.1 Das Atom

Für das grundsätzliche Verständnis der Wechselwirkung zwischen Strahlung und Materie ist es ohne Belang, ob man das Atommodell vom Standpunkt der Quantenmechanik (Bohr) oder der Wellenmechanik (Schrödinger) aus betrachtet. Im Sinne einer möglichst kurzgefassten, leicht verständlichen und praxisnahen Darstellung des Sachverhaltes wird die klassische, anschauliche Bohr'sche Modellvorstellung des Atoms gewählt. Danach besteht das Atom aus einem elektrisch positiv geladenen Kern, um den sich die negativ geladenen Elektronen auf kreisförmigen oder, wie sie von Sommerfeld als Modellerweiterung postuliert wurden, auf exzentrisch-elliptischen Bahnen bewegen. Die Zahl der Elektronen ist gleich der Kernladungszahl, sodass das Atom als Ganzes elektrisch neutral ist. Die Kernladungszahl entspricht der Ordnungszahl des Atoms im periodischen System der Elemente.

Jede dieser Elektronen-Umlaufbahnen hat einen ganz bestimmten Energieinhalt E und ist durch eine Reihe ganzer oder halber Zahlen, die sogenannten *Quantenzahlen*, gekennzeichnet. Anders ausgedrückt: die Energie der Elektronen ist gequantelt. Erfolgt der Übergang eines Elektrons von einer Umlaufbahn zu einer anderen, so geschieht dies nach ganz bestimmten *Auswahlregeln* in definierten *Quantensprüngen* und gemäß der zwischen den betreffenden Bahnen herrschenden Energiedifferenz unter Energieaufnahme oder -abgabe:

$$\Delta E = E_1 - E_2 \qquad (2.8)$$

E_1, E_2: Energie des Elektrons auf den Umlaufbahnen 1 und 2.

Die Energieaufnahme kann auf verschiedene Weise, z. B. durch Stoß mit anderen Atomen, vor allem aber auch durch Strahlungswechselwirkung erfolgen. In letzterem Fall muss die *Frequenzbedingung* (Frequenzprinzip)

$$E_1 - E_2 = h \cdot \nu \qquad (2.9)$$

erfüllt sein, d. h. die Frequenz des eingestrahlten Lichtes muss
genau der Energiedifferenz zwischen den betreffenden Umlaufbahnen entsprechen. Die Rückkehr eines Elektrons von dem
erhöhten Energieniveau eines angeregten Zustandes in ein
niedrigeres ist mit Strahlungsemission, ebenfalls nach Gl. (2.9),
verbunden.

Die Wellenmechanik ersetzt die Umlaufbahnen der Elektronen durch Wellenfunktionen, die aus der *Schrödinger-
Gleichung* [1] zu berechnen sind und als Aufenthaltswahr-
scheinlichkeiten der Elektronen im Raum verstanden werden
müssen. Aus dieser mathematischen Formulierung folgen
Quantenzahlen (vgl. Abschn. 2.1.2.2), Auswahlregeln (siehe
Abschn. 2.1.2.2, 2.2.1.1, 2.2.1.2) und Übergangswahrschein-
lichkeiten (siehe Abschn. 2.2.1.2) zwischen den Energiezuständen und lassen sich – wenigstens grundsätzlich - berechnen. An
einem Beispiel wird dies im nächsten Abschnitt weiter erläutert.

2.1.2.2 Das Molekül

Moleküle sind Verbindungen aus zwei oder mehreren Atomen,
die durch Wechselwirkung zwischen den Elektronen der
äußersten Umlaufbahnen auf bestimmte Abstände gehalten
werden. Dadurch ergeben sich weitere Energieformen: Schwin-
gungs- und Rotationsenergie.

Im Molekülverband sind die Atome in ganz definierter,
räumlicher Lage relativ zueinander angeordnet. Die Abstände
der Atomkerne werden durch die Summe aller Kräfte festgelegt, die zwischen allen Atomen wirken. Durch Energieaufnahme können die Atome zu Schwingungsbewegungen um ihre
Gleichgewichtslage angeregt werden. Wie die Energie der
Elektronen, ist auch die Schwingungsenergie gequantelt, d. h.
sie kann nur ganz bestimmte, durch Quantenzahlen beschreib-
bare Werte annehmen. Bei der Anregung von Schwingungen
durch elektromagnetische Strahlung muss deshalb ebenfalls
das Frequenzprinzip (Gl. 2.9) erfüllt sein. Die hierfür in Frage
kommenden Frequenzen liegen im Bereich der IR-Strahlung
mit Wellenlängen zwischen 780 nm und 50 µm (entsprechend
$12\,800-200\ cm^{-1}$). Der Übergang einer Molekülschwingung von
einem angeregten Zustand in den nächst niedrigen bzw. in den
Grundzustand kann durch Strahlungsemission oder strahlungs-
los durch Energieabgabe an die Umgebung (z. B. Umwandlung
in Translationsenergie durch Stoß bei Gasen) erfolgen.

Bei Zufuhr geringerer Energiebeträge als solcher, die zur
Schwingungsanregung erforderlich sind, können die Moleküle
lediglich zur Rotation gebracht werden. Die Frequenzen, die
zur Anregung der ebenfalls gequantelten Energieniveaus der

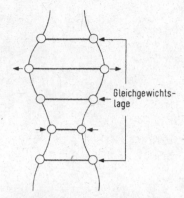

Abb. 2-2. Schwingung eines zweiatomigen homonuklearen Moleküls um die Gleichgewichts-lage.

Molekülrotation geeignet sind, liegen zum Teil, insbesondere bei kleinen Molekülen, im langwelligen Bereich des IR-Spektrums, dem sogenannten *Fernen Infrarot* (über 50 μm = unter 200 cm^{-1}), i. Allg. aber im Mikrowellengebiet (vgl. Abb. 2-1).

Behandlung der Molekülschwingung

Zur Beschreibung der Bewegungsvorgänge im Molekül geht man von einfachen physikalischen Modellen aus, bei denen die Atome als Massepunkte gedacht sind, die durch masselose elastische Federn zusammengehalten werden. Die Elektronen werden hierbei zunächst ganz vernachlässigt. Der einfachste Fall ist ein zweiatomiges Molekül, für das als Modell der harmonische Oszillator vorgegeben wird, das physikalisch durch eine an einer elastischen Feder schwingenden Masse (m) realisiert werden kann (Hooke'sches Gesetz). Die Feder wird durch ihre Federkonstante k charakterisiert.

Über die klassische Mechanik lässt sich die entsprechende Schwingungsgleichung aufstellen, deren Lösung eine sinusförmige Bewegung der beiden Massepunkte darstellt (siehe Abb. 2-2). Die Gesamtenergie hängt von der maximalen Auslenkung Δr_{max} ab. Beim Schwingungsvorgang werden wie beim Pendel potentielle und kinetische Energie (formelmäßig $V = 1/2\,k\,\Delta r^2$ und $T = 1/2\,m\,(dr/dt)^2$ mit dr/dt als Geschwindigkeit) dauernd ineinander umgewandelt, wobei die Summe beider Energieformen jedoch konstant bleibt.

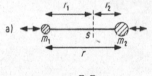

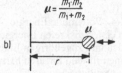

Abb. 2-3. Definition der reduzierten Masse:
a) Hantelmodell eines zweiatomigen Moleküls.
m_1, m_2 Atommassen
r Atomabstand
s Schwerpunkt
r_1, r_2 Abstand der Atome vom Schwerpunkt
b) Gedachtes Modell, bei dem die reduzierte Masse μ im Abstand r gegen eine feste Wand schwingt bzw. um eine feste Achse rotiert.

Mathematisch lässt sich ein beliebiges zweiatomiges Molekül als sogenannter *eindimensionaler harmonischer Oszillator* beschrieben; dies soll weiter erläutert werden. Der Ursprung des Molekülkoordinatensystems wird hierzu in den Schwerpunkt des Zwei-Teilchen-Vibrators gelegt. Über die Definition der Schwerpunktskoordinate s mit $(m_1 + m_2)\,s = m_1 r_1 + m_2 r_2$ und der Bedingung $s = 0$, ergeben sich die neuen Abstände r_1 und $r_2 = -(m_1/m_2)\,r_1$. Führt man zudem noch die reduzierte Masse $\mu = m_1 m_2/(m_1 + m_2)$ und für den Abstand zwischen den Atomen r als interne Koordinate ein (Abb. 2-3), so erhält man eine Differentialgleichung für die zugehörige Schwingung

$$\mu\,d^2r/dt^2 + k\,\Delta r = 0 \qquad (2.10)$$

für die als zeitabhängige Lösung beispielsweise $r(t) = r_{max}\cos(2\pi\nu t)$, entsprechend vorgegebener Randbedingungen, gefunden werden kann. Die Frequenz der resultierenden Schwingung berechnet sich zu

$$\nu = 1/2\pi\,\sqrt{k/\mu} \qquad (2.11)$$

Beide Atome schwingen um den gemeinsamen Schwerpunkt jeweils in Gegenphase und bei verschiedenen Massen, $m_1 \neq m_2$, mit unterschiedlicher Amplitude.

Für eine Beschreibung der molekularen Bewegung reicht nun die klassische Mechanik nicht aus, so dass auf quantenmechanische Modelle erweitert werden muss. Für diesen Übergang werden entsprechenden mechanischen Größen in der Quantenmechanik sogenannte Operatoren zugeordnet, die auf die Zustandsfunktion des betrachteten Modellsystems einwirken. Der der Gesamtenergie entsprechende Operator $H = T + V$ heißt Hamilton-Operator. Die stationären, d. h. zeitunabhängigen Energiezustände eines quantenmechanischen Systems ergeben sich als Lösung der sogenannten Eigenwertgleichung dieses Operators mit $H\psi = E\psi$. Dies ist die dem System zugeordnete Schrödinger-Gleichung, in der ψ die Eigenfunktion und E der zugehörige Energieeigenwert des Systems darstellen. Für ein eindimensionales Einteilchensystem lautet die Schrödinger-Gleichung

$$-\frac{\hbar}{2m}\frac{d^2\psi}{dx^2} + V(x)\,\psi = E\psi \qquad (2.12)$$

wobei in $\hbar = h/2\pi$ das Planck'sche Wirkungsquantum h auftritt. Im Allgemeinen ist die Zustandsfunktion eines Systems komplex, sodass die dem Teilchen zuordenbare reelle Aufenthaltswahrscheinlichkeit im Koordinatenelement dx durch das Produkt $\psi\psi^*\,dx = dW$ angegeben werden kann, wobei ψ^* die entsprechend konjugiert komplexe Funktion darstellt. Die Funktionen sind so normiert, dass für die über den gesamten Raum summierte Aufenthaltswahrscheinlichkeit gilt: $\int dW = \int \psi\,\psi^*\,dx = 1$ (siehe auch Abb. 2-4).

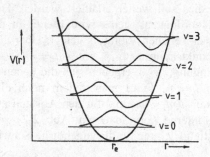

Abb. 2-4. Potentielle Energie mit den ersten diskreten Energiezuständen und zugehörigen Eigenfunktionen für den linearen harmonischen Oszillator.

Für die sich bedingenden diskreten Energiezustände, die Energieeigenwerte des eindimensionalen harmonischen Oszillators, findet man folgendes Ergebnis

$$E_{\mathrm{v}} = h\nu\,(\mathrm{v} + 1/2) \quad \text{mit v} = 0, 1, 2 \ldots \qquad (2.13)$$

Die Größe ν ist die bereits klassisch gefundene Oszillatorfrequenz und die Größe v die *Schwingungsquantenzahl*, die alle ganzzahligen positiven Werte annehmen kann, ebenso null, womit der Grundzustand des Systems charakterisiert wird. Es sind jedoch nur bestimmte Übergänge, nämlich $\Delta\mathrm{v} = \pm 1$

erlaubt; dies sind die sogenannten Auswahlregeln, die sich über die zeitabhängige Schrödinger-Gleichung herleiten lassen, die die Wechselwirkung des Oszillators mit elektromagnetischer Strahlung beschreibt.

Wie man aus Gl. (2.11) ersieht, ist die *Schwingungsfrequenz* bei gleicher Molekülgeometrie von den Massen der Atome und den zwischen diesen wirkenden Bindungskräften abhängig. Allgemein wird die Konstante k im molekularen Modell als Kraftkonstante bezeichnet. Ein Beispiel soll die Möglichkeiten für praktische Abschätzungen verdeutlichen.

Beispiel: Nach Isotopierung eines Atoms im Molekül lässt sich die geänderte Schwingungsfrequenz (wegen der Proportionalität auch die entsprechende Wellenzahl) berechnen, da sich bei gleicher Kraftkonstante nur die reduzierte Masse ändert. Für die betrachtete, im Molekül gut lokalisierte Streckschwingung des Methanols, charakterisiert durch ν(OH), und des Monodeuteromethanols ν(OD), lässt sich die Gültigkeit der Gleichung $\tilde{\nu}_{OH} / \tilde{\nu}_{OD} = \sqrt{\mu_{OD}/\mu_{OH}}$ mit den experimentellen Wellenzahlen überprüfen. Es sind $\mu_{OH} = 16/(16+1) = 0.941$ und $\mu_{OD} = 16 \cdot 2/(16+2) = 1.777$. Die experimentellen Werte (Wellenzahlen in cm^{-1}) sind:

		flüssig	gasförmig
CH_3-OH	$\tilde{\nu}_{OH}$	3328	3681
CH_3-OD	$\tilde{\nu}_{OD}$	2467	2718

Um sich mit den Größenordnungen für Schwingungsfrequenzen und Schwingungsenergien vertraut zu machen, möge der Leser für die Schwingung des Kohlenmonoxids ν(CO) die entsprechenden Umrechnungen nachvollziehen. Es ist $\tilde{\nu} = 2143$ cm^{-1}; die Frequenz berechnet sich zu $\nu = \tilde{\nu} \cdot c = 2143$ cm^{-1} $\cdot 3 \cdot 10^{10}$ cm s$^{-1} = 6.429 \cdot 10^{13}$ s^{-1}. Die Energie des zugehörigen Grundzustands ergibt sich mit Gl. (2.13) zu

$$E_0 = 1/2 \; h\nu = 0.5 \cdot 6.62 \cdot 10^{-34} \text{ Js} \cdot 6.429 \cdot 10^{13} \text{ s}^{-1}$$
$$= 0.213 \cdot 10^{-19} \text{ J}$$

Die Energie des ersten angeregten Zustandes mit v = 1 nimmt das Dreifache des Grundzustandwertes an ($E_1 = 3/2 \, h\nu = 0.639 \cdot 10^{-19}$ J).

Behandlung der Molekülrotation

Für die *Rotationsenergie* E_r eines Moleküls folgt aus der klassischen Mechanik:

$$E_r = 1/2 \; I\omega^2 \tag{2.14}$$

mit dem Trägheitsmoment I (vgl. Abb. 2-3)

$$I = m_1 r_1^2 + m_2 r_2^2 = \frac{m_1 m_2}{m_1 + m_2}\, r^2 = \mu r^2 \qquad (2.15)$$

und der Winkelgeschwindigkeit $\omega = 2\pi\nu_{rot}$.

Auch hier ist die Energie des rotierenden Systems quantenmechanisch zu berechnen. Die Lösung der entsprechenden Schrödinger-Gleichung liefert die diskreten Energieeigenwerte:

$$E_r = \frac{h^2}{8\pi^2 I}\, J(J+1) \qquad J = 0, 1, 2 \dots \qquad (2.16)$$

Die Größe J ist die Rotationsquantenzahl. Sie kann alle ganzzahligen positiven Werte, von null angefangen, annehmen.

Daraus folgt für die Rotationsenergie:

1. Das Molekül enthält im Rotationsgrundzustand $J = 0$ – im Gegensatz zum Schwingungszustand – keine Rotationsenergie.
2. Die Rotationsenergien sind um so kleiner, je größer das Trägheitsmoment $I = \mu \cdot r^2$ ist.

2.1.3 Wechselwirkung zwischen elektromagnetischer Strahlung und Molekül

Dass elektromagnetische Strahlung mit dem Elektron als einer bewegten elektrischen Ladung in Wechselwirkung treten und dabei Energie an jenes abgeben kann, ist leicht einzusehen, wenn man das Bohr'sche Atommodell zugrunde legt. Nun kann aber eine schwingende oder rotierende Atomgruppe ebenfalls mit der Bewegung einer elektrischen Ladung verbunden sein und zwar dann, wenn die Ladungen der Atome in einem Molekül nicht symmetrisch verteilt sind oder wenn die Ladungsverteilung durch die Schwingungsbewegung der Atome unsymmetrisch wird. Man spricht im Fall der Dipolmomente solcher Atomgruppen von Bindungsmomenten.

Elektromagnetische Strahlung entsprechender Frequenz kann demzufolge dann, aber auch nur dann, von einem Molekül absorbiert werden, wenn mit der anzuregenden Schwingung der betreffenden Atomgruppe eine Dipolmomentänderung verbunden ist. Zweiatomige Moleküle mit gleichen Atomen können also prinzipiell nicht durch IR-Strahlung zur Schwingung angeregt werden, da sie kein Dipolmoment besitzen. Aus verschiedenen Atomarten gebildete Moleküle sind dagegen stets in der Lage, mit infraroter Strahlung in Wechselwirkung zu treten

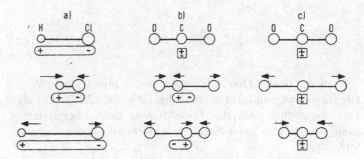

Abb. 2-5. Dipolmomentänderung bei Molekülschwingungen.
a) Chlorwasserstoff: das Dipolmoment ändert sich bei der Schwingung.
b) Kohlendioxid, antisymmetrische Schwingung: im Gegensatz zur dipolfreien Gleichgewichtslage entfernen sich der negative Ladungsschwerpunkt der O-Atome und die positive Ladung des C-Atoms bei der Schwingung voneinander.
c) Kohlendioxid, symmetrische Schwingung: die Schwerpunkte der negativen (O) und positiven (C) Ladungen fallen in jeder Phase räumlich zusammen: keine Dipolmomentänderung.

(Abb. 2-5a). Wenn nicht von vornherein ein Dipolmoment vorhanden ist, dann werden zumindest diejenigen Schwingungen angeregt, bei denen durch antisymmetrische Verlagerung der Ladungsschwerpunkte ein Dipolmoment entsteht (Abb. 2-5b). Schwingungen, mit denen keine Dipolmomentänderung verbunden ist, bezeichnet man als IR-inaktiv (Abb. 2-5c).

Die Anregung eines Moleküls zur Rotation bzw. der Übergang in einen Zustand höherer Rotationsenergie kann entsprechend auch nur dann erfolgen, wenn das Molekül als Ganzes ein Dipolmoment aufweist oder bei einer Schwingung ein Dipolmoment induziert wird.

2.2 Die Absorption der IR-Strahlung

2.2.1 Die IR-Spektren zweiatomiger Moleküle

Wie in Abschn. 2.1.2.2 erläutert, kann ein Molekül Schwingungs- oder Rotationsenergie aufnehmen, indem der Energiezustand E'' der betreffenden Atomgruppe in den Zustand E' mit einer höheren Quantenzahl übergeht (Gl. 2.12 und 2.16). Da gleichzeitig auch die Frequenzbedingung Gl. (2.9) erfüllt sein muss, ergibt sich unter Berücksichtigung von Gl. (2.6):

$$E' - E'' = h \cdot \nu = h \cdot \widetilde{\nu} \cdot c \qquad (2.17)$$

und

$$\tilde{\nu} = \frac{E'}{h \cdot c} - \frac{E''}{h \cdot c} \qquad (2.18)$$

Jeder der beiden Quotienten aus Energie, planckschem Wirkungsquantum und Lichtgeschwindigkeit in Gl. (2.18) wird als *Term* bezeichnet. Aus der Termdifferenz eines Energieüberganges ergibt sich somit direkt die Wellenzahl der absorbierten Strahlung.

2.2.1.1 Rotationsspektren

Nach den Gln. (2.16) und (2.18) ist ein *Rotationsterm F(J)*:

$$F(J) = \frac{E_r}{h \cdot c} = \frac{h}{8\pi^2 c \cdot I} J(J+1) \qquad (2.19)$$

Um zu vereinfachen, definiert man

$$B \equiv \frac{h}{8\pi^2 c \cdot I} = \frac{27.986}{I} \cdot 10^{-47} \, \text{cm}^{-1} \qquad (2.20)$$

was als *Rotationskonstante* bezeichnet wird.

Die Differenz zweier Terme mit den Rotationsquantenzahlen J' und J'' ($J' > J''$) beträgt dann

$$F(J') - F(J'') = BJ'(J'+1) - BJ''(J''+1) \qquad (2.21)$$

Da nach den Gln. (2.18) bzw. (2.21) die Wellenzahl der absorbierten (oder emittierten) Strahlung durch die Termdifferenz gegeben ist, und weil für die Änderung der Rotationsquantenzahl die Auswahlregel

$$\Delta J = \pm 1 \qquad (2.22)$$

gilt, lassen sich die Linienlagen im Absorptionsspektrum des starren Rotators über folgende Gleichung angeben

$$\Delta F(J' = J + 1 \leftarrow J'' = J) = 2B(J+1) \qquad (2.23)$$

In Abb. 2-6a ist das Termschema des *starren Rotators* bis $J = 5$ wiedergegeben. Die Terme sind als waagerechte Linien entsprechend ihrer Rotationsquantenzahl eingezeichnet. Wie sich durch Einsetzen von $J = 0, 1, 2 \ldots$ in Gl. (2.21) zeigen lässt, liegt die erste Linie bei $\tilde{\nu} = 2B$ und die Linienabstände nehmen konstant um jeweils $2B$ zu, wie der Leser leicht überprüfen kann.

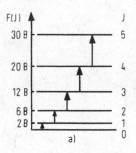

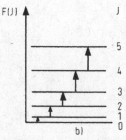

Abb. 2-6.
a) Termschema des starren Rotators.
b) Termschema des nicht starren Rotators.

Da ein Molekül aber kein starres Gebilde ist, sondern sich der Atomabstand r und damit auch das Trägheitsmoment I bei höherer Rotationsenergie E_r durch Zentrifugalkräfte vergrößern, wird gemäß Gl. (2.20) die Rotationskonstante B mit wachsender Rotationsquantenzahl J kleiner. Die Termdifferenzen ΔF nehmen demzufolge in etwas geringerem Maß zu als der Berechnung für den starren Rotator entsprechen würde, und die Linienabstände werden mit steigender Quantenzahl kleiner (Abb. 2-6 b).

2.2.1.2 Schwingungsspektren

Für die Terme eines *harmonischen Oszillators* gilt nach den Gln. (2.18), (2.13) und (2.6) ganz entsprechend für einen *Schwingungsterm* G(v):

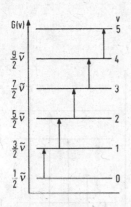

Abb. 2-7. Termschema des harmonischen Oszillators.

$$G(v) = \frac{E_v}{h \cdot c} = \tilde{\nu}\left(v + \frac{1}{2}\right) \qquad (2.24)$$

Die Differenz zweier benachbarter Terme ($\Delta v = 1$) ist $\tilde{\nu}$, was gleichbedeutend mit einem äquidistanten Termschema ist (siehe Abb. 2-7). Bei der für den harmonischen Oszillator gültigen Auswahlregel von

$$\Delta v = \pm 1 \qquad (2.25)$$

sollte es daher im IR-Spektrum nur eine einzige Absorptionsbande bei der Wellenzahl $\tilde{\nu}$ geben.

- Das dem harmonischen Oszillator zugrundeliegende Modell setzt voraus, dass die zwischen den Atomen eines Moleküls wirkenden Anziehungskräfte ihrer Auslenkung aus der Ruhelage proportional sind. Die Anziehungskraft zwischen den Atomen bzw. deren potentielle Energie würde demnach mit wachsendem Abstand unbegrenzt zunehmen (Abb. 2-8).

Das ist jedoch erfahrungsgemäß nicht der Fall, da die zwischen zwei Atomen wirkenden Anziehungskräfte bei genügend großem Abstand null werden, d. h., dass die potentielle Energie einen Grenzwert erreicht. Dieser Grenzwert ist die *Dissoziationsenergie*. Wird dem Molekül dieser Energiebetrag zugeführt, so bricht diese Bindung. Andererseits werden bei Annäherung der Atome über die Ruhelage des Grundzustandes hinaus abstoßende Kräfte wirksam. Deshalb wächst auf dieser Seite der Gleichgewichtslage die potentielle Energie überproportional an (Abb. 2-8).

Man hat es demgemäß in Wirklichkeit nicht mit einem harmonischen, sondern mit einem *anharmonischen Oszillator* zu tun. Die Oszillation erfolgt periodisch, aber nicht sinusförmig,

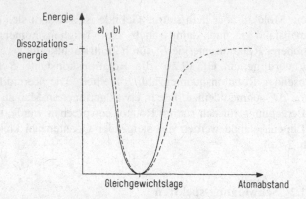

Abb. 2-8. Potentialkurve des a) harmonischen und b) anharmonischen Oszillators (Morse-Potential).

und die Termdifferenzen nehmen infolgedessen mit steigender Quantenzahl ab.

Der wichtigste Unterschied gegenüber dem harmonischen Oszillator ist aber durch die Auswahlregel gegeben. Diese lautet für den anharmonischen Oszillator

$$\Delta v = \pm 1, 2, 3, \ldots \qquad (2.26)$$

Dies bedeutet, dass – z. B. ausgehend vom Term mit $v = 0$ – neben dem Übergang nach $v = 1$ auch Übergänge in die höheren Terme möglich sind, allerdings mit sehr stark abnehmender Übergangswahrscheinlichkeit. Dies ist in Abb. 2-9 verdeutlicht.

Man spricht hierbei von *Oberschwingungen*, da deren Frequenz – zwar nicht exakt, im Allgemeinen etwas niedriger – beim vielfachen Wert der Grundschwingung ($v = 1 \leftarrow v = 0$) liegt, die auch Fundamentalschwingung genannt wird. Im IR-Spektrum treten also eine Grundschwingungsbande auf, bei der Wellenzahl der Termdifferenz $G(v = 1) - G(v = 0)$ sowie Oberschwingungsbanden bei angenähert, bedingt durch die Anharmonizität der Schwingung, der doppelten ($\Delta v = 2$), dreifachen ($\Delta v = 3$) usw. Wellenzahl, aber mit stark abnehmender Intensität.

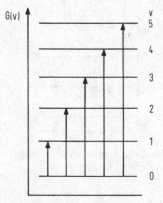

Abb. 2-9. Termschema des anharmonischen Oszillators mit erlaubten Übergängen vom Grundzustand.

2.2.1.3 Rotationsschwingungsspektren

Selbstverständlich führen die Moleküle Rotations- und Schwingungsbewegungen gleichzeitig aus. Abb. 2-10 zeigt das Termschema des *rotierenden Oszillators**. Seine Energie setzt sich

---

* Da die beiden Bewegungsformen Schwingung und Rotation völlig gleichberechtigt sind, kann der rotierende Oszillator auch als schwingender Rotator bezeichnet werden.

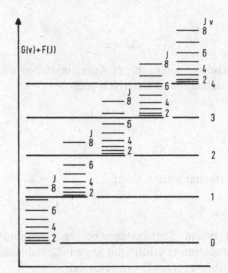

Abb. 2-10. Termschema des rotierenden Oszillators (schematisch! in einer maßstäblichen Darstellung sind die Abstände der Rotationsterme relativ zu den Schwingungstermen kleiner).

zusammen aus den Energieanteilen des anharmonischen Oszillators und des nicht starren Rotators. Allerdings muss dabei berücksichtigt werden, dass der Atomabstand jetzt nicht nur dem Einfluss von Zentrifugalkräften der Rotation unterliegt, sondern auch von dem Schwingungszustand abhängt. Diese *Schwingungs-Rotations-Wechselwirkung* hat eine Vergrößerung des mittleren Atomabstandes und damit des Trägheitsmomentes zur Folge. Die tatsächliche Rotationskonstante B_v ist infolgedessen kleiner als die Rotationskonstante, die für den Gleichgewichtsabstand der Atome gilt und auch mit B_e bezeichnet wird.

$$B_v = B_e - \alpha \left(v + \tfrac{1}{2} \right) \qquad (2.27)$$

Hierin ist α eine Konstante, deren Betrag gegenüber B_e klein ist. Es ist jedoch zu erkennen, dass die Differenz zwischen B_v und B_e mit steigender Schwingungsquantenzahl v immer größer wird. Die in Abschn. 2.2.1.1 genannten Zentrifugalaufweitungseffekte waren bereits als Abweichungen vom starren Rotator erwähnt worden, die vom Rotationszustand des Moleküls abhängen und den Termabstand gegenüber dem einfachen Modell verringern.

Aus dem in Abb. 2-10 dargestellten Termschema lässt sich das Erscheinungsbild eines IR-Spektrums im Absorptionsbereich der Rotationsschwingungen direkt ableiten, wenn man die Auswahlregeln für die Übergänge berücksichtigt. Diese sind aus den Gln. (2.22) und (2.26) für den starren Rotator bzw. den anharmonischen Oszillator bereits bekannt. Für den rotierenden Oszillator ist jetzt auch $\Delta v = 0$ erlaubt, sodass folgende Auswahlregeln gelten:

$$\Delta J = \pm 1 \qquad (2.28\,\text{a})$$

für die Rotationsquantenzahl; in Ausnahmefällen wie z. B. bei paramagnetischen Molekülen (NO) auch

$$\Delta J = \pm 0, 1 \qquad (2.28\text{b})$$

und

$$\Delta v = \pm 0, 1, 2, 3 \dots \qquad (2.29)$$

für die Schwingungsquantenzahl.

Dies bedeutet:

- Der mit einem Schwingungsübergang verbundene Rotationsquantensprung erfolgt nur in den nächsthöheren oder in den nächstniedrigeren Energiezustand.

- Schwingungsübergänge können zwischen beliebigen Schwingungsniveaus stattfinden; der Übergang in höhere Terme entspricht einer Energieaufnahme (Absorption), ein Übergang in niedrigere Terme einer Energieabgabe (Emission).

- Infolge der Auswahlregel $\Delta v = 0$ ist der rotierende Oszillator auch in der Lage, entsprechende Energiebeträge ausschließlich zur Rotationsanregung aufzunehmen. Neben dem Rotationsschwingungsspektrum gibt es also – ein permanentes Dipolmoment vorausgesetzt – auch ein *Rotationsspektrum*.

Abb. 2-11a zeigt das Termschema eines rotierenden Oszillators für einen gegebenen Schwingungsübergang $\Delta v = 1$. Aufgrund der oben angegebenen Auswahlregel besteht das Absorptionsspektrum dieses Schwingungsüberganges aus einer größeren Anzahl einzelner Linien, deren Wellenzahl sich jeweils aus der Summe der Termdifferenzen des Schwingungsüberganges und eines Rotationsüberganges ergibt:

$$\tilde{v} = \underbrace{G(v') - G(v'')}_{\text{Schwingungsübergang}} + \underbrace{B_v' J'(J' + 1) - B_v'' J''(J'' + 1)}_{\text{Rotationsübergang}} \qquad (2.30)$$

Hierin ist B_v' bzw. B_v'' die von der Schwingungsbewegung der Atome beeinflusste Rotationskonstante im oberen bzw. unteren Schwingungsenergieniveau (Gl. (2.27)). Die Lage der einzelnen Linien im Spektrum ist in Abb. 2-11b schematisch dargestellt. Man erkennt, dass für $\Delta J = +1$ und $\Delta J = -1$ je eine Linienserie auftritt. Zwischen beiden Serien klafft eine Lücke bei der Wellenzahl, die dem verbotenen, reinen Schwingungs-

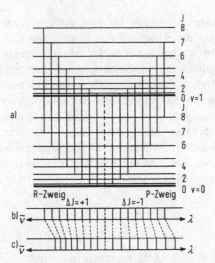

Abb. 2-11.
a) Termschema eines rotierenden Oszillators für den Übergang $G(v = 1, J \pm 1) \leftarrow G(v = 0, J)$.
b) Schema der Rotationsschwingungsbande dieses Übergangs.
c) Dgl. unter Berücksichtigung der Wechselwirkung zwischen Rotation und Schwingung.

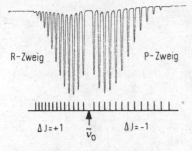

Abb. 2-12. Rotationsschwingungsspektrum von Chlorwasserstoff (gasförmig) für die Grundschwingung $v' = 1 \leftarrow v'' = 0$ mit $\tilde{\nu}_0 = 2884$ cm^{-1}.

übergang ($\Delta J = 0$) entspricht. Die Serie mit $\Delta J = +1$ wird als R-Zweig, die mit $\Delta J = -1$ als P-Zweig bezeichnet.

Infolge der Wechselwirkung zwischen Rotation und Schwingung (die sich im Unterschied zwischen B'_v und B''_v, Gl. (2.30), auswirkt) sind aber die Linienabstände beiderseits der Lücke nicht gleich, sondern nehmen im R-Zweig mit zunehmendem Abstand vom Zentrum ab, im P-Zweig dagegen zu (Abb. 2-11c).

Abb. 2-12 zeigt das IR-Spektrum von Chlorwasserstoff als typisches Spektrum eines zweiatomigen rotierenden Oszillators mit deutlich erkennbarer Lücke im Zentrum und abnehmendem bzw. zunehmendem Linienabstand im R- und P-Zweig (vgl. auch Abb. 3-30).

2.2.2 Die IR-Spektren vielatomiger Moleküle

2.2.2.1 Normalschwingungen

Zweiatomige Moleküle können naturgemäß nur eine einzige Schwingungsbewegung ausführen. Die Anzahl der möglichen Schwingungsformen von mehratomigen Molekülen lässt sich in einfacher Weise ableiten: Jedes einzelne Atom kann Bewegungen in den drei Richtungen des Raumes ausführen, zu deren Beschreibung $3N$ Raumkoordinaten erforderlich sind, wenn N die Anzahl der Atome ist. Ein System von N Massepunkten verfügt dementsprechend über $3N$ Bewegungsfreiheitsgrade.

Bei drei dieser Bewegungen verschieben sich allerdings die Atome nicht relativ zueinander, sondern sie bewegen sich alle in derselben Richtung unter gleichzeitiger Veränderung der Lage des Massenschwerpunktes. Dies sind die *Translations-*

bewegungen des Moleküls. Im gasförmigen Aggregatzustand unterliegen sie den Gesetzen der kinetischen Gastheorie und gehören nicht in den Bereich der Molekülspektroskopie, da keine Wechselwirkung mit elektromagnetischer Strahlung möglich ist. Lediglich periodisch sich wiederholende molekulare Translationen im Kristallverband eines Festkörpers, die sog. *Gitterschwingungen*, sind im langwelligen Bereich des IR-Spektrums anregbar und geben Anlass zu sehr intensiven Absorptionsbanden. Weitere drei Bewegungskombinationen führen zu einer Rotation um den Massenschwerpunkt, sodass die Zahl der eigentlichen *Schwingungsfreiheitsgrade*

$$Z = 3N - 6 \qquad (2.31)$$

beträgt.

Den linearen Molekülen kommen indes nur zwei Rotationsfreiheitsgrade zu, da die Rotation um die Molekülachse mit keiner Bewegung der Atome oder des Massenschwerpunktes verbunden ist. Dieser Molekültyp verfügt daher über einen Schwingungsfreiheitsgrad mehr, nämlich um

$$Z = 3N - 5 \qquad (2.32)$$

Die auf diese Weise zu berechnende Anzahl von Schwingungen eines Moleküls nennt man seine *Normalschwingungen*, die unabhängig voneinander angeregt werden können. Hierbei schwingen die an der Normalschwingung beteiligten Atome mit gleicher Frequenz und fester Phase zueinander. Jeder Normalschwingung ist eine bestimmte Schwingungsfrequenz zuzuordnen, wobei allerdings unter gewissen Voraussetzungen die Frequenzen verschiedener Schwingungen den gleichen Wert annehmen können, wie im nächsten Abschnitt gezeigt wird.

2.2.2.2 Schwingungsformen

Ein dreiatomiges lineares Molekül ist demnach in der Lage, vier Schwingungen auszuführen (Abb. 2-13). Bei der Schwingungsform ν_1 bewegen sich die beiden äußeren Atome des Moleküls symmetrisch in Valenzrichtung vom Zentralatom weg bzw. zum Zentralatom hin. Ist die Masse dieser beiden Atome gleich, so fällt der Massenschwerpunkt mit dem Zentralatom zusammen. Dieses führt daher bei dieser Schwingungsform keine Bewegung aus. Da mit dieser *symmetrischen Valenzschwingung* keine Dipolmomentänderung verbunden ist, kann sie durch elektromagnetische Strahlung im Infrarot nicht angeregt werden. Die Schwingung ist IR-inaktiv (aber Raman-aktiv, vgl. Abschn. 8.3).

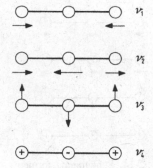

Abb. 2-13. Schwingungsformen eines dreiatomigen, linearen Moleküls.

Bei Schwingungsform ν_2 bewegen sich die beiden äußeren Atome gleichsinnig und damit antisymmetrisch in Bezug auf das Zentralatom. Letzteres führt eine Gegenbewegung aus, womit der Massenschwerpunkt erhalten bleibt. Diese *antisymmetrische Valenzschwingung* ist Infrarot-aktiv.

Bei Schwingung ν_3 bewegen sich die Atome senkrecht zur Valenzrichtung, und zwar die äußeren Atome gleichsinnig, das Zentralatom in der Gegenrichtung. Diese Schwingung hat eine Veränderung des in der Gleichgewichtslage 180° betragenden Valenzwinkels zur Folge, weshalb dieser Schwingungstyp *Deformationsschwingung* genannt wird. Auch bei dieser Schwingung wird ein Dipolmoment induziert, die Schwingung ist deshalb Infrarot-aktiv.

Die Schwingung ν_4 entspricht in ihrer Art völlig der Schwingung ν_3, die Bewegungsrichtung ist lediglich um 90° aus der Zeichnungsebene heraus gedreht: während Schwingung ν_3 in der Zeichnungsebene erfolgt, bewegen sich die Atome bei Schwingung ν_4 senkrecht dazu. Da diese beiden Deformationsschwingungen durch verschiedene Raumkoordinaten zu beschreiben sind, sind sie grundsätzlich als zwei verschiedene Normalschwingungen anzusehen. Betrachtet man jedoch die Schwingungsform, so ist leicht einzusehen, dass die Schwingungsfrequenz in beiden Fällen denselben Wert annehmen muss. Derartige, mit gleicher Fequenz erfolgende Schwingungen bezeichnet man als *degeneriert* oder *entartet* und gibt zusätzlich den *Entartungsgrad* an, womit die Zahl der gleichfrequenten Normalschwingungen gemeint ist. In diesem Fall handelt es sich um eine *zweifach entartete Schwingung*.

Als typisches Beispiel für ein derartiges symmetrisches lineares dreiatomiges Molekül sei Kohlendioxid genannt. Gemäß Tabelle 2-1 sind die beiden im IR zu erwartenden Schwingungsfrequenzen, die antisymmetrische Valenzschwingung und die zweifach entarteten Deformationsschwingungen auch tatsächlich zu beobachten. Die symmetrische Valenzschwingung ist nur Raman-aktiv.

Tabelle 2-1. Normalschwingungen des Kohlendioxids [2].

Schwingung	Wellenzahl cm^{-1}	Schwingungsform	Bemerkungen
1 ν_1	(1285/1388)*	sym. C=O-Valenzschwingung	ν_s IR-inaktiv
2 ν_2	2349	antisym. C=O-Valenzschwingung	ν_{as} IR-aktiv
3 4 } ν_3	667	Deformationsschwingung	δ IR-aktiv, 2fach entartet

* FERMI-Resonanz, vgl. Abschn. 2.2.2.4.

Im Gegensatz hierzu sind Massen- und Ladungsverteilung in Kohlenoxidsulfid unsymmetrisch. Das Molekül verfügt daher über ein permanentes Dipolmoment, beide Valenzschwingungen sind IR-aktiv (Abb. 2-14 und Tabelle 2-2).

Tabelle 2-2. Normalschwingungen des Kohlenoxidsulfids [2].

Schwingung	Wellenzahl cm^{-1}	Schwingungs-form	Bemerkungen
1 ν_1	859	C=S-Valenz-schwingung	ν (C=S) IR-inaktiv
2 ν_2	2062	C=O-Valenz-schwingung	ν (C=O) IR-aktiv
3 4 $\}\nu_3$		Deformations-schwingung	δ IR-aktiv, 2fach entartet

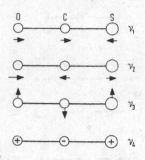

Abb. 2-14. Schwingungsformen eines dreiatomigen, linearen Moleküls mit unsymmetrischer Massenverteilung.

Ein nicht lineares dreiatomiges Molekül ist z. B. das Wasser. In diesem Fall sind $3N - 6 = 3$ Normalschwingungen zu erwarten (Abb. 2-15 und Tabelle 2-3). Bei ν_1 handelt es sich um eine symmetrische Valenzschwingung. Wegen der gewinkelten Struktur ist mit dieser Schwingung eine Veränderung der Ladungsschwerpunkte verbunden, sodass dabei auch eine Veränderung des vorher schon bestehenden Dipolmomentes erfolgt. Die Schwingung ist deshalb IR-aktiv. Hier, wie auch bei der antisymmetrischen Valenzschwingung ν_3, bewegen sich nicht nur die Wasserstoffatome, sondern – in entsprechend geringerem Maße – auch der Sauerstoff zur Erhaltung des Massenschwerpunktes. Wie man leicht erkennt, ist nur eine einzige Deformationsschwingung ν_2 denkbar, da eine entsprechende Bewegung der Atome senkrecht zur Molekülebene gleichbedeutend mit einer Rotation des Moleküls wäre. In Einklang mit Gl. (2.31) sind hier, im Gegensatz zu linearen Molekülen, nur 3 Normalschwingungen möglich. Die hier vorliegende Numerierung der Normalschwingungen wird im Abschn. 2.2.2.6 weiter erläutert.

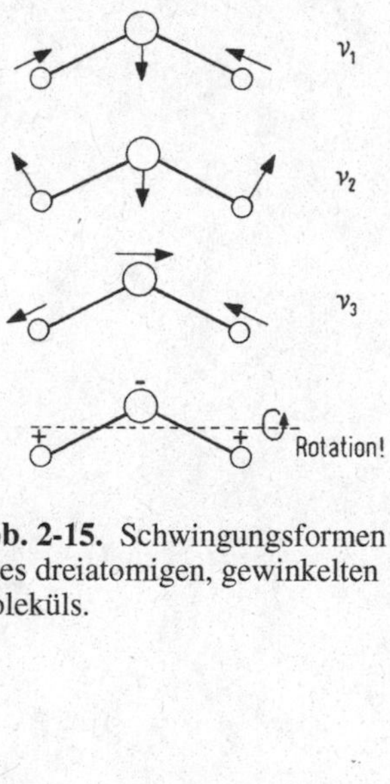

Abb. 2-15. Schwingungsformen eines dreiatomigen, gewinkelten Moleküls.

Tabelle 2-3. Normalschwingungen des Wassers (gasförmig) [2].

Schwingung	Wellenzahl cm^{-1}	Schwingungs-form	Bemerkungen
1 ν_1	3657	sym. Valenz-schwingung	ν_s IR-inaktiv
2 ν_2	1595	Deformations-schwingung	δ IR-aktiv
3 ν_3	3756	antisym.Valenz-schwingung	ν_{as} IR-aktiv

2.2.2.3 Oberschwingungen und Kombinationsschwingungen

Wie bereits in Abschn. 2.2.1.2 erwähnt, erlaubt die Auswahlregel für den anharmonischen Oszillator wie auch für den rotierenden Oszillator neben einem Schwingungsübergang in den benachbarten Term auch Quantensprünge in höhere Terme. Diese Übergänge mit $\Delta v = +2, 3 \ldots$ zeigen sich als Absorptionsbanden der bereits erwähnten *Oberschwingungen*. Ihre Intensitäten sind gegenüber der Grundschwingung sehr stark vermindert, jedoch sind in dem Bereich des sog. *Nahen Infrarot* (780 nm – 2.5 μm, entsprechend 12800 – 4000 cm^{-1}) insbesondere die Oberschwingungen von CH- und OH-Valenzschwingungen, die im Bereich zwischen 2800 und 3600 cm^{-1} liegen, bei entsprechend hoher Schichtdicke gut zu beobachten. Obertöne von Schwingungen, deren Grundschwingungen bei kleineren Wellenzahlen auftreten, fallen dagegen noch in den Bereich des Mittleren Infrarot und sind daher von den Grundschwingungsbanden oft nicht ohne weiteres unterscheidbar. So ist z. B. die 1. Oberschwingung der C=O Valenzschwingung von Capronaldehyd (ν(CO) = 1725 cm^{-1}) bei 3433 cm^{-1} zu beobachten (Abb. 6-44).

Neben den Grund- und Oberschwingungen treten jedoch noch weitere, meist schwächere Banden auf, die näherungsweise aus einer Kombination des ein- oder mehrfachen Frequenzbetrages von zwei oder mehr Normalschwingungen hervorgehen, die *Kombinationsschwingungen:*

$$\nu_{kombi} = a \cdot \nu_1 \pm b \cdot \nu_2 \pm c \cdot \nu_3 \pm \ldots \qquad (2.33)$$

Binäre Kombinationsbanden, z. B. $\nu_i + \nu_j$, kommen so zustande, dass zwei unterschiedliche Fundamentalschwingungen gleichzeitig angeregt werden. Solche Kombinationschwingungen finden sich regelmäßig z. B. bei den Substitutionsprodukten des Benzols im Bereich zwischen 1600 und 2000 cm^{-1}. Der Zusammenhang zwischen diesen Kombinationsschwingungen und den entsprechenden Grundschwingungen ist am Beispiel des Polystyrols in Abb. 2-16 gezeigt [3]. Es handelt sich hier um die Kombination von jeweils zwei Grundschwingungen im Bereich zwischen 800 und 1000 cm^{-1}.

Wie auch bei den Oberschwingungen findet man die Kombinationsschwingungen nicht genau bei der zu errechnenden Wellenzahl, sondern etwas niedriger, was eine Folge der Anharmonizität ist.

2.2.2.4 Fermi-Resonanz

Wie unter Abschn. 2.2.2.2 erläutert wurde, nennt man Schwingungen, die notwendigerweise die gleiche Frequenz aufweisen, entartet. Nun können aber auch Grund- und Oberschwingungen

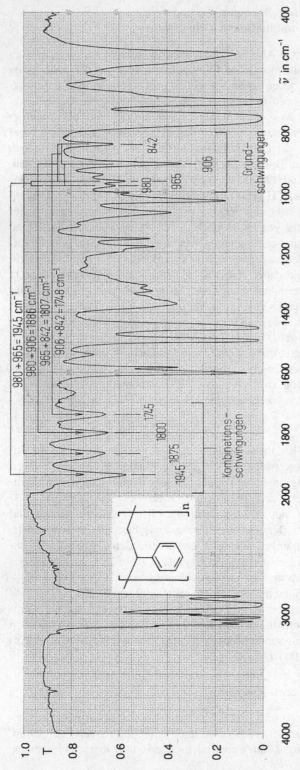

Abb. 2-16. Zuordnung von Kombinationsschwingungen im IR-Spektrum des Polystyrols zwischen 2000 und 1600 cm⁻¹.

verschiedener Schwingungsformen zufällig dieselbe Energie besitzen und damit bei der gleichen Frequenz liegen. Man nennt diese Schwingungen *zufällig entartet*. Die Folge der zufälligen Entartung ist eine Abstoßung der Energieniveaus, ein Auseinanderrücken der Frequenzen beider Schwingungen und damit eine Aufspaltung der Banden. Hiermit verbunden ist, dass die eigentlich schwächere Oberschwingung von der Fundamentalschwingung Intensität borgt, sodass zwei Banden mit ähnlicher Stärke resultieren. Eine derartige *Resonanzaufspaltung* ist bei der symmetrischen Valenzschwingung ν_1 des CO_2 zu beobachten (Tabelle 2-1, Abb. 2-13). Die erste Oberschwingung der Deformationsschwingung ν_3 fällt bei ca. $2 \times 667 = 1334$ cm^{-1} mit der Grundschwingung ν_1 zusammen. Diese wechselwirken miteinander und man beobachtet – wegen der Symmetrieverhältnisse allerdings nur im Raman-Spektrum – zwei um etwa ± 50 cm^{-1} verschobene Banden bei 1286 und 1389 cm^{-1}.

Ein in der Praxis häufig beobachtetes Beispiel findet man bei den Aldehyden: hier fällt die Frequenz der 1. Oberschwingung $2\,\delta(OCH)$* mit der C–H-Valenzschwingungsfrequenz ν(C–H) der Aldehydgruppe zusammen; dadurch tritt eine Doppelbande bei ca. 2770 und 2830 cm^{-1} in Erscheinung (vgl. Abb. 6-44).

2.2.2.5 Bandenform

Das in Abb. 2-12 wiedergegebene Bild einer IR-Absorptionsbande mit scharf hervortretenden Linien der Rotationsübergänge *(Rotationsfeinstruktur)* tritt nur bei Gasen auf.

Um die Linienlagen genauestens zu vermessen, verwendet man vorteilhafterweise geringe Drücke und eine hohe spektrale Auflösung des Spektrometers. Bei diesen niedrigen Drücken findet man nur eine geringe, die sogenannte *Dopplerverbreiterung* der Linien vor, die durch die Verteilung der kinetischen Energien der zu messenden Moleküle verursacht wird. Steigender Druck führt durch häufiger werdende Molekülstöße in zunehmendem Maße zu Wechselwirkungen zwischen den Molekülen und als Folge davon zu einer weiteren Linienverbreiterung. Man bezeichnet diese Erscheinung als *Druckverbreiterung* der Absorptionsbanden.

Bei Flüssigkeiten, in denen die Rotation stark behindert ist, beobachtet man keine einzelnen Rotationslinien mehr, sondern eine einzige relativ breite, unstrukturierte Bande. Beim Übergang zum festen kristallisierten Zustand, bei dem schließlich die Rotationsbewegung völlig eingefroren ist, tritt wieder eine deutliche Verringerung der Linien-Halbwertsbreiten ein (siehe auch Abb. 2-17).

---

* δ(OCH): O=C–H-Winkeldeformationsschwingung.

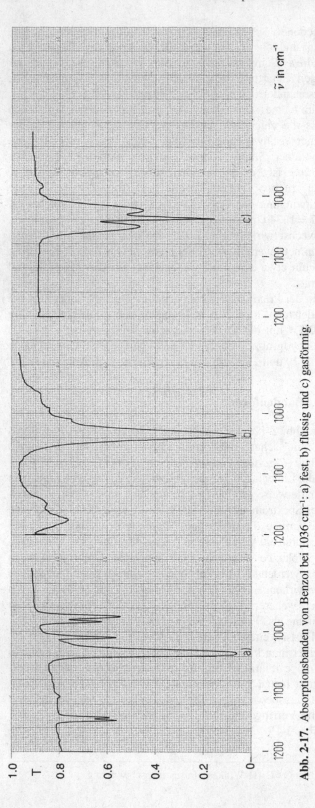

Abb. 2-17. Absorptionsbanden von Benzol bei 1036 cm⁻¹: a) fest, b) flüssig und c) gasförmig.

Neben dem Aggregatzustand und den Auswirkungen eines begrenzten spektroskopischen Auflösungsvermögens prägen in starkem Maße auch die Symmetrie-Eigenschaften der Moleküle die Bandenform, insbesondere wenn die Substanzen im gasförmigen Zustand vorliegen. Die hierbei auftretenden Rotations-Schwingungsbanden zeigen vielfach eine Feinstruktur, die modelltheoretisch beschrieben werden kann. Ausführlich ist dies in verschiedenen Monographien dargelegt [4–7]. Man unterscheidet bei den nichtlinearen Molekülen asymmetrische Kreisel, symmetrische Kreisel und Kugelkreisel, je nachdem, ob die Hauptträgheitsmomente (Trägheitsmomente um die 3 Hauptträgheitsachsen) voneinander verschieden oder ob zwei oder alle drei gleich groß sind. Für jeden dieser sich in den Symmetrieeigenschaften unterscheidenden Molekültypen gelten andere quantenmechanische Modelle und entsprechende Auswahlregeln für die zugehörigen Rotationsquantenzahlen. Hiervon und von der Richtung der Dipolmomentänderung relativ zu den Kreiselachsen hängt es ab, welche Bandenart vorliegt.

Die wichtigsten Arten sind:

- P- und R-Zweig, kein Q-Zweig
- P- und R-Zweig, starker Q-Zweig

Die Zusammenhänge zwischen Bandentyp und Symmetrie finden praktische Anwendung bei der Schwingungszuordnung und der Bestimmung von Molekülparametern aus dem Rotationsschwingungsspektrum.

2.2.2.6 Symmetrie-Eigenschaften der Moleküle

Die Molekülsymmetrie spielt in der Schwingungsspektroskopie eine so große Rolle, dass einige der Grundlagen angesprochen werden müssen. Wie bereits bei den Schwingungen der dreiatomigen Moleküle offensichtlich wurde, existieren Symmetrieeigenschaften wie symmetrisch und antisymmetrisch, die auch die IR- oder Raman-Aktivität bestimmen.

Als Erstes betrachten wir die sogenannten Symmetrieelemente von Molekülen. Diese sind bei den Symmetrieoperationen zu berücksichtigen, die eine Molekülstruktur wieder in sich selbst überführen. In mathematischen Termen ausgedrückt sagt man, dass die Menge aller einem Molekül zugeordneten Symmetrieoperationen eine Gruppe bilden. Im Fall der Schwingungsbewegungen eines Moleküls spricht man von sog. Punktgruppen; dies bedeutet, dass während der Schwingungen wenigstens ein Punkt im Molekül – das Symmetriezentrum – unbewegt bleibt. Zur Erläuterung sollen Moleküle wie H_2O, NH_3 und CO_2 dienen. Generell können die Molekülsymmetrien mit den in Tabelle 2-4 aufgeführten Elementen abgedeckt werden. Speziell für das Wasser finden wir eine C_2-Achse, sowie zwei zueinander senkrechte Spiegelebenen, die mit σ_v und σ_v' bezeichnet werden (Abb. 2-18).

Ähnlich sind die Symmetrieelemente für das pyramidal aufgebaute NH_3-Molekül zu finden. Die hier vorliegende C_3-Achse impliziert zwei Symmetrieoperationen, nämlich eine Drehung um 60° im Uhrzeigersinn und eine dazu entgegengesetzte, die einer zweimaligen Anwendung der ersteren entspricht. Zusätzlich sind noch drei Spiegelebenen zu finden, in der die Drehachse und jeweils ein Wasserstoffatom liegen. Weitaus komplizierter ist der Fall beim CO_2. Einige seiner Symmetrieelemente sind in Abb. 2-19 skizziert. Gezeigt ist die C_∞-Achse, das Symmetriezentrum i, die Spiegelebene σ_h, sowie drei der unendlich vielen in dieser Ebene liegenden C_2-Achsen.

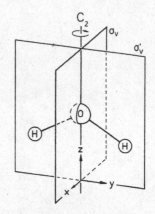

Abb. 2-18. Symmetrieelemente für H_2O (Punktgruppe C_{2v}).

Tabelle 2-4. Die Symmetrieelemente und -operationen.

Symmetrieelemente		Symmetrieoperation
Symbol	Beschreibung	
E	Identität	keine Änderung
i	Symmetriezentrum	Inversion am Zentrum
σ	Symmetrieebene	Spiegelung an einer Ebene
C_n	Symmetrieachse	Drehung der Achse um 360 °/n
S_n	Rotations-Inversions-achse	Drehung der Achse um 360 °/n mit nachfolgender Spiegelung an einer zur Drehachse senkrechten Ebene

In Tabelle 2-5 sind beispielhaft einige Punktgruppen aufgeführt, die bei molekularen Schwingungszuordnungen wichtig sind. Angegeben sind ebenfalls die dazugehörigen Symmetrieelemente, die Zahlen davor bedeuten deren Anzahl.

Tabelle 2-5. Wichtige in der Schwingungsspektroskopie vorkommende Punktgruppen.

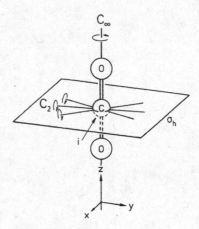

Abb. 2-19. Einige Symmetrieelemente für CO_2 (Punktgruppe $D_{\infty h}$).

Punktgruppe	Symmetrieelemente	Beispiele
C_1	E	CHFClBr
C_2	E, C_2	H_2O_2
C_s	E, σ	CH_3CH_2CN
C_{2v}	$E, C_2, 2\sigma_v$	H_2O
C_{3v}	$E, C_3, 3\sigma_v$	NH_3
$C_{\infty v}$	$E, C_\infty, \infty\sigma_v$	OCS
C_{2h}	E, C_2, σ_h, i	BrHC=CHBr(trans)
D_{2d}	$E, 3C_2, S_4, 2\sigma_d$	$H_2C=C=CH_2$
$D_{2h} \equiv V_h$	$E, 3C_2, 3\sigma, i$	$H_2C=CH_2$
D_{6h}	$E, C_6, 6C_2, 6\sigma_v, \sigma_h, C_2, C_3, S_6, i$	C_6H_6
$D_{\infty h}$	$E, C_\infty, \infty C_2, \infty\sigma_v, \sigma_h, i$	CO_2
T_d	$E, 3C_2, 4C_3, 6\sigma, 3S_4$	CH_4
O_h	$E, 3C_4, 4C_3, 3S_4, 3C_2, 6C_2, 9\sigma, 4S_6, i$	SF_6

Weitere Einblicke in die gruppentheoretische Betrachtung der Molekülsymmetrie kann man sich durch die Anwendung der Symmetrieoperationen auf Molekülbewegungen verschaffen. Betrachten wir hierzu als erstes einfache Translationen im atomaren kartesischen Koordinatensystem, wie es bereits in Abb. 2-18 skizziert wurde. Eine Bewegung in Richtung z-Achse sei mit T_z bezeichnet, während beispielsweise eine Rotation um die y-Achse mit R_y gekennzeichnet sei. Im Fall des H_2O-Moleküls, das keine entarteten Schwingungen aufweist, lässt sich das Ergebnis der Symmetrieoperationen auf die Translationsrichtungen – mit Vektoren, „Pfeilchen", an den Atomen darstellbar – so deuten, dass entweder diese unbeeinflusst bleiben oder in ihrer Richtung umgekehrt werden. Diese beiden Möglichkeiten können mathematisch mit „+1" für das symmetrische, bzw. mit „–1" für das antisymmetrische Ergebnis bezeichnet werden. Die auftretenden Schwingungsformen beim Wasser (siehe Abb. 2-15) lassen sich in ähnlicher Weise transformieren, wie man sich leicht klarmachen kann. Diese Transformationseigenschaften sind nun üblicherweise in den sogenannten Charaktertafeln niedergelegt, wofür nachstehend ein Beispiel angegeben wird.

In Tabelle 2-6 finden sich die entsprechenden Informationen für die Punktgruppe C_{2v}, die u. a. für das H_2O zutrifft. In der Charaktertafel sind in der ersten Spalte die sogenannten Symmetrierassen (auch Charaktere genannt) aufgeführt, denen die einzelnen Schwingungen zugeordnet werden können. Das erste Symbol (hier A_1) ist üblicherweise die totalsymmetrische Rasse. Die nächste Unterscheidung beruht auf den Transformationseigenschaften der Symmetrieoperation, die die Symmetrieachse größter Multiplizität beinhaltet (A symmetrisch, B antisymmetrisch). A und B bezeichnen übereinkunftgemäß einfach entartete, E zweifach und F dreifach entartete Charaktere. Vielfach verwendete Indices sind hierbei g und u, die gerade bzw. ungerade bedeuten.

Tabelle 2-6. Transformationsverhalten eines Moleküls mit C_{2v}-Symmetrie (z. B. H_2O) gegenüber den Symmetrieoperationen seiner Punktgruppe.

C_{2v}	E	C_2	σ_v	σ'_v		
A_1	1	1	1	1	T_z	$\alpha_{xx}, \alpha_{yy}, \alpha_{zz}$
A_2	1	1	–1	–1	R_z	α_{xy}
B_1	1	–1	1	–1	R_y, T_x	α_{xz}
B_2	1	–1	–1	1	R_x, T_y	α_{yz}

Neben den Zuordnungen der Molekültranslationen und Rotationen zu den verschiedenen Rassen sind ebenfalls die Komponenten des Polarisierbarkeitstensors aufgeführt, der für die Ramanspektroskopie von grundsätzlicher Bedeutung ist, wie in Abschn. 8.3 noch erläutert wird. Wichtig ist hier zu wissen, dass die Translationen T_x, T_y, T_z sich wie die entsprechenden kartesischen Koordinaten x, y, z und Dipolmomentkomponenten μ_x, μ_y und μ_z transformieren. Aus den Angaben in den Charaktertafeln lassen sich Aussagen zur IR- und Raman-Aktivität von Fundamentalschwingungen ableiten. Ein solcher Schwingungsübergang ist im Infraroten erlaubt, wenn die zugehörige Normalschwingung zur selben Rasse gehört wie eine entsprechende Translation bzw. Dipolmomentkomponente. Das Gleiche lässt sich für die Ramanaktivität ableiten, wenn zur Normalschwingung entsprechende Komponenten des Polarisierbarkeitstensors zu finden sind. Diese Gesetzmäßigkeiten lassen sich quantenmechanisch und gruppentheoretisch begründen, doch sollen sie hier nicht weiter erläutert werden. Wichtig ist für Moleküle mit Symmetriezentrum, dass IR-erlaubte Übergänge Raman-verboten sind und umgekehrt. Dieses Ausschlussprinzip bei Schwingungsbanden kann für die Bestimmung von Strukturen mit besonderer Symmetrie, z. B. ob linear oder gewinkelt, hilfreich eingesetzt werden.

Für die Fundamentalschwingungen des H_2O lassen sich folgende Zuordnungen treffen (zu deren besonderen Kennzeichnung werden im Allgemeinen – im Gegensatz zur Übereinkunft bei Kombinationsbanden – Kleinbuchstaben für die Symmetrierassen verwendet): $a_1 : \nu_1$ und ν_2, sowie $b_2 : \nu_3$. Die Nomenklatur und Nummerierung der Fundamentalschwingungen mehratomiger Moleküle orientiert sich üblicherweise an den Symmetrierassen. Hierbei werden als erstes die totalsymmetrischen Schwingungen mit absteigender Wellenzahl aufgeführt, und als Nächstes – jeweils mit gleicher Systematik – die in der Charaktertafel nachfolgenden Charaktere.

Ein anderes Beispiel sei noch vorgestellt. Wie der Tabelle 2-5 entnommen werden kann, ist D_{6h} die Punktgruppe des Benzols. Substituiert man Benzol, so ist damit für das Derivat im Allgemeinen eine Verringerung der Symmetrie verbunden. Im Falle monosubstituierter Benzole entsteht eine Phenylgruppe, C_6H_5X, die wiederum der Punktgruppe C_{2v} zugeordnet werden kann. Damit werden die Auswahlregeln für die Aktivität der Normalschwingungen geändert, sodass alle Schwingungen einer Phenylgruppe IR- und bzw. oder Ramanaktiv werden. Die Korrelation zwischen den Symmetrierassen von Benzol- und Phenylschwingungen ist in Tabelle 2-7 gezeigt. Bei Substitution entfällt die Entartung, und die Anzahl der insgesamt aktiven Schwingungen steigt von 20 auf 30 (siehe Tabelle 2-8). Weitere Einzelheiten zu diesen Fundamentalschwingungen und deren Zuordnungen finden sich in Abschn. 6.8.

Tabelle 2-7. Korrelation zwischen den Symmetrierassen der Benzol-
und Phenylschwingungen.

C_{2v}	D_{6h}	C_{2v}	D_{6h}
A_1	A_{1g}	B_1	A_{2u}
	B_{1u}		B_{2g}
	E_{1u}		E_{1g}
	E_{2g}		E_{2u}
A_2	A_{1u}	B_2	A_{2g}
	B_{1g}		B_{2u}
	E_{1g}		E_{1u}
	E_{2u}		E_{2g}

Tabelle 2-8. Verteilung der Symmetrierassen von Normalschwingungen des Benzols und monosubstituierter Benzole (Phenylgruppe).

Benzol, C_6H_6 – (Punktgruppe D_{6h}):
in-der-Ebene Schwingungen (14):　$2a_{1g} + a_{2g} + 2b_{1u} + 2b_{2u} + 4e_{2g} + 3e_{1u}$
aus-der-Ebene Schwingungen (6):　$a_{2u} + 2b_{2g} + e_{1g} + 2e_u$

Phenyl, C_6H_5X – (Punktgruppe C_{2v}):
in-der-Ebene Schwingungen (21):　$11a_1 + 10b_2$
aus-der-Ebene Schwingungen (9):　$3a_2 + 6b_1$

Literatur zu Kap. 2

[1] G. M. Barrow: "Introduction to Molecular Spectroscopy", Mc Graw-Hill, New York, 1962
[2] T. Shimanouchi: "Tables of Molecular Vibrational Frequencies". Consolidated, Bd. I; Nat. Stand. Ref. Data Ser., Nat. Bur. Stand. (U.S.), 39, 1972
[3] C. Y. Liang, S. Krimm: J. Polym. Sci. **27**, 241 (1958)
[4] J. M. Hollas: "Modern Spectroscopy", 2. Aufl., John Wiley & Sons, Chichester, 1992
[5] G. Herzberg: "Molecular Spectra and Molecular Structure", Bd. 1: "Spectra of Diatomic Molecules", 2. Aufl., Van Nostrand Reinhold, New York, 1950; Bd. 2: "Infrared and Raman Spectra of Polyatomic Molecules", 4. Aufl., New York, 1949
[6] W. Brügel: „Einführung in die Ultrarotspektroskopie", 4. Aufl., Steinkopff-Verlag, Darmstadt, 1969, S. 63ff
[7] H. C. Allen, Jr., P. C. Cross: "Molecular Vib-Rotors", John Wiley & Sons, New York, 1963

3   Das Spektrometer

3.1 Aufbau

Als Erstes werden wir uns den instrumentellen Grundlagen der Absorptionsspektroskopie zuwenden, wobei der infrarote Spektralbereich interessiert, obwohl die gleichen Prinzipien auch auf andere Bereiche anwendbar sind. Zur Beobachtung des Spektrums benötigt man ein Gerät, mit dem beispielsweise die Transmission einer Probe für elektromagnetische Strahlung in Abhängigkeit von der Wellenlänge (bzw. Wellenzahl) gemessen werden kann. Die Durchlässigkeit, auch Transmission (engl. transmittance) oder exakt spektraler Reintransmissionsgrad genannt, wird als Verhältnis von durchgelassener zu eindringender Strahlungsleistung definiert. Die Transmission eines Mediums, wenn sie unabhängig von z. B. Reflexionsverlusten an Küvettenfenstern gemessen werden kann, wird auch als innere Transmission im Gegensatz zur Gesamttransmission bezeichnet.

Ein derartiges Instrument zur Messung von Spektren enthält als wichtigstes Element den sogenannten Spektralapparat, mit dem Strahlung begrenzter Spektralbereiche isoliert werden kann, sowie weitere verschiedene Bauelemente, die in den nachfolgenden Abschnitten ausführlich vorgestellt werden. Während man früher für den sichtbaren Spektralbereich Spektroskope zur visuellen Beobachtung von Spektren eingesetzt hat, wurden später Spektrographen entwickelt, mit denen ein Spektrum photographisch festgehalten werden konnte. Mit Hilfe von speziellen sensibilisierten Photoplatten konnte so z. B. im kurzwelligen nahen Infrarot spektroskopiert werden. Allgemein üblich sind heutzutage Spektrometer, die mit einem oder mehreren Detektoren zur Messung von spektralen Kenngrößen ausgestattet sind. Der schematische Aufbau eines Spektrometers mit den erforderlichen Grundelementen ist in Abb. 3-1 gezeigt.

Je nach verwendetem Spektralapparat unterscheidet man zwischen verschiedenen Spektrometertypen, wobei eine Unterteilung in nicht-dispersive IR-Spektrometer, bei denen keine variable Wellenlängenselektion möglich ist, in dispersive Geräte und Fourier-Transform- (FT-) Spektrometer vorgenommen wird. Für die variable Wellenlängenselektion verwendet man in

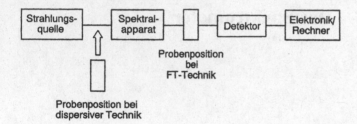

Abb. 3-1. Schematischer Aufbau
eines IR-Spektrometers.

dispersiven Gerätetypen Spektralapparate wie z. B. Prismen-
oder Gittermonochromatoren, aber auch Anordnungen mit Ver-
laufsfiltern sind möglich, mit denen eine Zerlegung von poly-
chromatischer, d. h. alle Wellenlängen enthaltender Mischstrah-
lung in einzelne Wellenlängen oder zumindest in möglichst
schmale Wellenlängenbereiche vorgenommen wird. In den FT-
Spektrometern erfolgt die spektrale Zerlegung über ein Interferometer, das eine wellenlängenabhängige Strahlungsmodula-
tion ermöglicht. In den überwiegenden Fällen liegen Michelson-
Interferometer vor, bei denen die Zweistrahlinterferenzen durch
mathematische Fouriertransformation in spektrale Informationen überführt werden. In den nicht-dispersiven IR-Photometern
können Interferenzfilter eingesetzt werden, die auf Vielstrahl-
interferenz beruhen, aber auch andere Effekte wie optische Absorption oder Reflexion können genutzt werden, um mehr oder
weniger schmalbandige Spektralbereiche herauszufiltern.

Als weiteres wichtiges Element für die Absorptionsspektroskopie ist eine Strahlungsquelle notwendig, die im interessierenden Wellenlängenbereich eine möglichst hohe Intensität
aufweisen soll. Hauptsächlich werden thermische Strahler
verwendet, die eine sehr breitbandige, sogenannte Kontinuums-
strahlung liefern. Demgegenüber liegt beim Einsatz von Lasern, mit denen ebenfalls Absorptionsspektren gemessen werden, monochromatische, d. h. eine äußerst schmalbandige
Strahlung vor. Im üblichen Sprachgebrauch versteht man hier-
unter die Laserwellenlänge.

Das optische System eines Spektrometers hat die Aufgabe,
die Strahlung von der Strahlungsquelle möglichst verlustfrei
zum Detektor zu überführen. Linsensysteme aus Glas oder
Quarz, wie sie im Sichtbaren und UV-Bereich Verwendung
finden, sind hier nicht brauchbar, weil alle Strahlungsan-
teile oberhalb von 2.0 bzw. 3.8 μm (<5000 bzw. 2630 cm^{-1})
absorbiert werden. Linsen aus IR-durchlässigem Material herzustellen, ist wegen des hohen Preises, wegen möglicher
Empfindlichkeit gegenüber Luftfeuchtigkeit und wegen der
Energieverluste in der Nähe der materialbedingten Trans-
missionsgrenzen unzweckmäßig.

Alle IR-Spektrometer sind deshalb mit einer Spiegeloptik
ausgerüstet. Die Spiegel bestehen i. Allg. aus Glas, dessen Ober-

fläche mit Aluminium oder Gold bedampft ist. Eine mechanische Berührung der empfindlichen Oberflächen, etwa zu Reinigungszwecken, ist zu vermeiden. Techniken, wie das Spülen mit organischen Lösungsmitteln und destilliertem Wasser oder das Aufbringen und Wiederabziehen von Kollophonium führen teilweise zum Erfolg. Im Übrigen wird die langwellige Strahlung des IR von einer leichten Trübung durch Staubteilchen, die im Sichtbaren schon deutlich wahrnehmbar ist, nur geringfügig geschwächt, dies allerdings bei steigendem Streulichtanteil.

In dem verwendeten optischen System ist ein Probenraum vorgesehen, in dem die zu messende Probe im Strahlengang untergebracht wird, zum Teil in Küvetten oder entsprechenden Zubehörteilen, über die auch andere Messtechniken eingesetzt werden können. Es ist ein Vorteil der IR-Spektroskopie, dass vielseitige, den verschiedensten Probenanforderungen angepasste Techniken zur Verfügung stehen. Bei dispersiven Spektrometern ist, wie Abb. 3-1 zeigt, der Probenraum aus folgenden Gründen vor dem Monochromator eingerichtet: Das von der Probe verursachte Streulicht kann durch den Spektralapparat beseitigt werden, wenn dieser nachgeordnet ist. Die Anordnung des Probenraumes vor dem Monochromator birgt jedoch den Nachteil, dass die gesamte, noch unzerlegte Strahlung auf die Probe einwirkt, wodurch diese sich durch Absorption u. U. stark erwärmen kann. Bei FT-Spektrometern, bei denen der gesamte Spektralbereich gleichzeitig spektroskopiert wird, ist der Probenraum hinter dem Interferometer angeordnet, sodass emittierte Probenstrahlung unmoduliert bleibt.

Zur Umwandlung des optischen Signals in messbare elektrische Signale, z. B. Spannung, dient der Empfänger (Detektor). Hieran schließt sich entsprechende Elektronik zur Verstärkung und Digitalisierung der Signale an. Während früher Spektren direkt analog mittels Schreiber auf Spektrenpapier aufgezeichnet wurden, ist heutzutage der Spektrometerrechner (PC) ein Bestandteil, der eine Vielzahl von Bearbeitungs- und Speichermöglichkeiten für die aufgenommenen Spektren liefert. Zur Darstellung der Spektren dienen Drucker, oder vielfach ist der Benutzer nur an einer kurzlebigen Abbildung auf dem Bildschirm interessiert. Eine Archivierung der Spektrendaten kann auf digitalen Datenträgern erfolgen.

Für die Messung der Probenabsorption existieren verschiedene Prinzipien: Bei sogenannten Zweistrahlgeräten erfolgt die Proben- und Referenzmessung nahezu simultan, sodass z. B. die Transmission als primäres Signal zur Verfügung steht. Einige dispersive Geräte, aber hauptsächlich FT-Spektrometer sind als Einstrahlgeräte konzipiert. Proben- und Referenzsignal müssen in diesem Fall zeitlich hintereinander gemessen werden, wobei die erforderliche Quotientenbildung dann über den Rechner erfolgt.

Im Lauf der zurückliegenden Jahre ist die Technik der Fourier-Transform-Spektroskopie soweit vorgedrungen, dass in den Labors Routinegeräte hauptsächlich auf dieser Basis zu finden sind. Die Qualität der optischen und elektronischen Bauteile, sowie Vielseitigkeit und Bedienungskomfort bestimmen maßgeblich den Preis kommerzieller IR-Spektrometer. Leistungsfähige Routinegeräte z. B. sind bereits zum Betrag von ca. 25 000,– € erhältlich.

3.2 Strahlungsquellen

Als Strahlungsquellen werden in der IR-Spektroskopie plancksche Strahler zur Probenanregung verwendet. Die Intensität der von einem sogenannten schwarzen Strahler emittierten Strahlung unterliegt dem planckschen Strahlungsgesetz. Danach erreicht die emittierte spektrale Strahlungsleistung (siehe auch Abb. 3-2) ein Maximum, dessen Lage temperaturabhängig ist (wiensches Verschiebungsgesetz). Auf der kurzwelligen Seite des Maximums fällt die spektrale Strahlungsleistungskurve steil und nach höheren Wellenlängen flacher ab. Je nach interessierendem Spektralbereich, ob Fernes, Mittleres oder Nahes IR, werden daher unterschiedliche Quellen verwendet.

Die in den Spektrometern vorzufindenden thermischen Strahlungsquellen weisen üblicherweise eine etwas geringere Emissivität als die schwarzen Strahler gleicher Temperatur auf. Die am häufigsten verwendete Strahlungsquelle im Mittleren IR-Spektralbereich ist der Globar, dessen Material aus Siliciumcarbid besteht und der in Form von Stäben oder Wendeln Verwendung findet. Infolge seiner elektrischen Leitfähigkeit im kalten Zustand lässt sich ein Globar direkt zünden. Bei einer Brenntemperatur von etwa 1500 K ist die Leistungsaufnahme nicht unerheblich, sodass in den meisten Fällen eine Wasserkühlung für das Quellengehäuse im Spektrometer vorgesehen ist. Der Globar besitzt ebenfalls den Vorteil, dass seine Emissivität bis unter 100 cm^{-1} relativ hoch ist, sodass er auch als Quelle im Fernen IR eingesetzt werden kann.

Der als Strahlungsquelle im Mittleren IR verwendbare Nernst-Stift besitzt demgegenüber eine höhere Arbeitstemperatur und besteht aus einem wenige Zentimeter langen und wenige Millimeter dicken Stäbchen aus Zirkoniumoxid mit Zusätzen von Yttriumoxid und Oxiden anderer seltener Erden. Der Nernst-Stift ist mechanisch relativ empfindlich und neigt, insbesondere bei unsachgemäßer Halterung, zur Deformation,

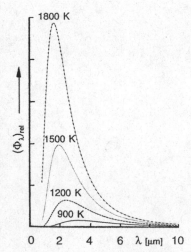

Abb. 3-2. Spektrale Strahlungsleistungskurven für plancksche Strahler bei verschiedenen Temperaturen.

wodurch die optische Stabilität des Spektrometers leiden kann. Das Oxidgemisch hat einen negativen Temperaturkoeffizienten des elektrischen Widerstandes, d. h. seine elektrische Leitfähigkeit steigt mit Erhöhung der Temperatur. Das hat zur Folge, dass der Nernst-Stift bei Raumtemperatur nichtleitend ist und zur Zündung eine anfängliche Hilfsheizung erforderlich ist. Die normale Betriebstemperatur liegt bei etwa 1900 K, sodass sein Emissionsmaximum zwischen 1 und 2 μm auftritt. Der Intensitätsunterschied zwischen Maximum und dem Bereich über 12 μm ist mit etwa drei Zehnerpotenzen beträchtlich.

Einige kostengünstige Spektrometer enthalten Quellen aus metallischen Wendeln, hauptsächlich aus Chrom-Nickel-Legierungen oder Wolfram, deren Betriebstemperaturen etwa bei 1300 K liegen, sodass diese häufig luftgekühlt Verwendung finden. Für das Nahe Infrarot sind ausschließlich Wolfram-Halogen-Lampen im Einsatz, die eine höhere Betriebstemperatur und somit eine höhere Strahlungsausbeute zulassen. In manchen Geräten werden auch metallische, mit Keramik ummantelte Leiter verwendet. So findet man um Keramikstäbchen gewickelte Heizdrähte aus Platin oder einer Platinlegierung, die mit einer zusätzlichen gesinterten Schicht aus Aluminiumoxid, Thoriumoxid, Zirkoniumsilikat oder ähnlichem Material umgeben sind. Zu den Vorteilen zählen ein unproblematischer und weitestgehend wartungsfreier Betrieb dieser Strahlungsquellen.

Für das Ferne IR eignet sich, insbesondere für Messungen unterhalb von 100 cm^{-1}, eine Quecksilber-Hochdrucklampe, deren Plasmaemission die spektrale Strahlungsleistung eines schwarzen Strahlers gleicher Temperatur beachtlich übertrifft. Diese Strahlungsquellen besitzen eine eigene Spannungsversorgung im Spektrometer und müssen über einen Hochspannungspuls gestartet werden. Anspruchsvolle Spektrometer beinhalten vielfach bereits zwei verschiedene Strahlungsquellen, die über eine entsprechende Elektronik und Optik einsetzbar sind.

In neuerer Zeit nehmen Laser als Strahlungsquellen an Bedeutung zu. Mit Gaslasern können dabei nur verhältnismäßig kleine Spektralbereiche überstrichen werden, und das nicht immer lückenlos (CO_2-Laser 1100–900 cm^{-1}, CO-Laser 2000–1800 cm^{-1}, NO_2-Laser 900–910 cm^{-1}). Im Gegensatz dazu liefert der uns später bei den FT-Spektrometern wieder begegnende He-Ne-Laser neben der bekannten roten Linie bei 632.8 nm ebenfalls zwei Linien im IR (1.152 und 3.391 μm), die nicht ohne weiteres verstimmt werden können. Den Vorteil größerer Abstimmbarkeit weisen Halbleiterdiodenlaser auf, wobei nahezu der gesamte mittlere IR-Bereich mit Lasern vom PbSnSe-Typ abgedeckt werden kann. Ein Nachteil dieser Bleisalz-Diodenlaser ist die niedrige Betriebstemperatur zwischen z. B. 15 und 90 K. Demgegenüber können Halbleiterdiodenlaser wie aus Galliumarsenid, Gallium-Aluminiumarsenid und Ähnlichem, die im Nahen IR lasern, bei Raumtemperatur mit Peltier-Kühlung betrieben werden. Diodenlaser sind bestens für die hochauflösende IR-Spektroskopie insbesondere von Gasen bei niedrigen Drücken geeignet. In diesem Sinne haben sie den sogenannten Laserspektrometern, bei denen sie als abstimmbare Strahlungsquelle Verwendung finden, einen vielseitigen Einsatz vermittelt (ausführlichere Informationen finden sich hierzu im Abschn. 8.2).

3.3 IR-Detektoren

Die Aufgabe der in der IR-Spektroskopie gebräuchlichen Strahlungsempfänger, üblicherweise kurz Detektoren genannt, ist die Umwandlung der optischen Signale in weiter verwertbare elektrische, wobei unterschiedliche physikalische Materialeigenschaften genutzt werden.

Bei den thermischen Detektoren, sind Eigenschaften maßgebend, die auf Temperaturänderungen als Folge der Strahlungsabsorption zurückgehen. Bei Bolometern ist es eine Änderung der elektrischen Leitfähigkeit, bei Thermoelementen eine Änderung der Thermospannung, und in pyroelektrischen Detektoren tritt der temperaturabhängige pyroelektrische Effekt auf. Als weitere Kategorie sind noch pneumatische Detektoren zu nennen, von denen verschiedene Vertreter existieren. Mit Rücksicht auf eine möglichst geringe Wärmekapazität sind diese Detektoren meist klein und zierlich gebaut und infolgedessen mechanisch recht empfindlich.

Die andere Gruppe von Strahlungsempfängern sind die photoelektrischen Detektoren, auch Quantedetektoren genannt, bei denen die messbaren Effekte auf eine direkte Wechselwirkung der Photonen mit Halbleitermaterialien zurückzuführen sind, sodass deren Empfindlichkeiten sehr stark wellenlängenabhängig sind. Bei im IR-Spektralbereich verwendeten Detektoren beruht das Arbeitsprinzip auf dem inneren lichtelektrischen Effekt, wobei die Phänomene der Photoleitfähigkeit, sowie Photospannungen gemessen werden.

Kriterien für die Beurteilung von Detektoren sind neben ihrer Lebensdauer der Wellenlängenbereich, für den sie eingesetzt werden können. Die Empfindlichkeit ist zu erwähnen, die als Änderung des Messsignals in Abhängigkeit von der Änderung der Strahlungsleistung darstellbar ist. Weiterhin wichtig sind das Signal-zu-Rausch-Verhalten und die Zeitkonstante der Ansprechgeschwindigkeit. Um verschiedene Detektoren miteinander vergleichen zu können, hat sich eine charakteristische

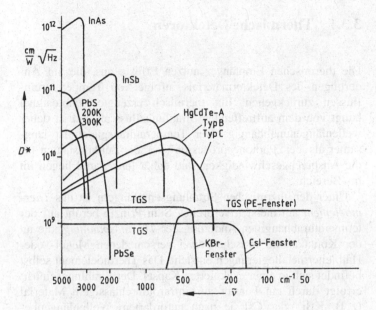

Abb. 3-3. Spezifische Detektivität einiger wichtiger Detektoren.

Kenngröße, die spezifische Detektivität D^*, als geeignet erwiesen, die von verschiedenen messbaren Größen abhängig ist:

$$D^* = F_D^{1/2}/NEP \text{ cm Hz}^{1/2}\text{W}^{-1} \tag{3.1}$$

wobei

F_D = Detektorfläche in cm^2
NEP = Rauschäquivalente Leistung (noise equivalent power) in $\text{W Hz}^{-1/2}$

Die rauschäquivalente Leistung NEP ist hier die auf den Detektor treffende Strahlungsleistung, die zu einem Signal/Rausch-Verhältnis (S/N) von eins bei vorliegender elektrischer Bandbreite von ebenfalls eins innerhalb der nachfolgenden elektronischen Verstärkung führt. Diese Leistung lässt sich über folgende Gleichung definieren und messen:

$$NEP = \Phi/(\Delta f^{1/2} \cdot S/N) \tag{3.2}$$

wobei

Φ = Strahlungsleistung in W
Δf = elektrische Bandbreite in Hz
S/N = Signal/Rausch-Verhältnis

In Abb. 3-3 sind die Empfindlichkeitskurven einiger für die IR-Spektroskopie wichtiger Detektoren zusammengestellt.

3.3.1 Thermische Detektoren

Die thermischen Empfänger nutzen Effekte aus, die auf Änderungen des Detektormaterials infolge von Temperatureinflüssen zurückgehen. Ein thermisch erzeugtes Photosignal hängt von dem auftreffenden Strahlungsfluss ab und ist daher wellenlängenunabhängig. Der Temperaturausgleich ist langsamer als bei Photonenprozessen (μs), die Zeitkonstanten für die Ansprechgeschwindigkeit sind daher länger und liegen im ms-Bereich.

Unter den thermischen Strahlungsempfängern ist das *Thermoelement* am meisten verbreitet. Sein Prinzip beruht auf der temperaturabhängigen Änderung der *Thermospannung*, die an der Kontaktstelle zwischen zwei verschiedenen Metall- oder Halbleitermetallegierungen entsteht. Das Thermoelement selbst befindet sich in einer evakuierten Kapsel. Der Strahlungseintritt erfolgt durch ein Fenster aus infrarotdurchlässigem Material (z. B. KBr oder CsI, je nach gefordertem Wellenlängenbereich). Obwohl Thermoelemente mechanisch sehr empfindlich sind, kann bei sorgfältiger Behandlung ihre Haltbarkeit viele Jahre betragen.

Gegenüber dem Thermoelement haben die früher viel verwendeten *Bolometer* stark an Bedeutung eingebüßt, doch bei speziellen Experimenten, u. a. im Fernen IR, sind weiterhin beispielsweise Ge-Bolometer eine gute Wahl. Das Bolometer beruht auf der *Widerstandsänderung* eines elektrischen Leiters bei Temperaturänderung durch Strahlungsabsorption. Die Absorption erfolgt z. B. auf Platinmohr, auf elektrolytisch abgeschiedenem Nickel oder an Halbleiterschichten (Thermistorbolometer). Einer der Nachteile dieses Empfängertyps ist, dass zu dessen Betrieb eine besondere, mit hoher Präzision konstant gehaltene Stromquelle benötigt wird.

Seit einiger Zeit ist ein sogenannter *pyroelektrischer Strahlungsempfängertyp* bekannt, der auf der Polarisationsänderung von ferroelektrischem Material unterhalb des Curiepunktes beruht. Der *pyroelektrische Effekt* bei Substanzen wie z. B. $LiNbO_3$ oder Triglycinsulfat (TGS, $(NH_2CH_2COOH)_3 \cdot H_2SO_4$) beruht auf einer spontanen elektrischen Polarisation, die als elektrisches Signal gemessen werden kann, wenn das Material als Dielektrikum eines Kondensators verwendet wird. Bei rascher Temperaturänderung ändert sich das interne Dipolmoment und somit die Polarisation, die sich als Spannungsstoß detektieren läßt.

Der *Golay-Detektor* gehört zur Untergruppe der pneumatischen Strahlungsempfänger innerhalb der thermischen Detektoren. Sein Prinzip lässt sich folgendermaßen beschreiben (siehe Abb. 3-4):

Abb. 3-4. Golay-Detektor (Prinzip).
1) IR-durchlässiges Fenster
2) geschwärzte Membran, rückseitig verspiegelt
3) Gitter
4) Gitter-Bild
5) Linse
6) Lichtquelle
7) Photozelle

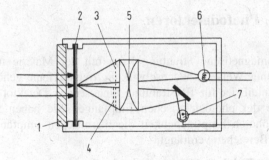

Die Strahlung fällt durch ein IR-durchlässiges Fenster in eine gasgefüllte Zelle und wird dort auf einem geschwärzten Film absorbiert. Die Absorptionswärme führt zu einer Erhöhung des Gasdruckes, dem die als flexibler Spiegel ausgebildete Zellrückwand nachgibt. Dieser Spiegel ist Teil eines optischen Systems, bei dem die Abbildung eines Strichgitters mit dem Gitter selbst zur Deckung gebracht wird. Die im Takt der Modulationsfrequenz sich ändernde Strahlungsintensität bewirkt infolge der Druckschwankungen innerhalb der Zelle eine periodische Verbiegung des Spiegels und verändert dadurch die Koinzidenz von Gitter und Abbildung. Es resultiert ein sich periodisch ändernder, der Spiegelauslenkung und damit der Primärstrahlung proportionaler Photostrom.

Die Vorteile des Golay-Empfängers sind sein großer linearer Bereich und seine Verwendbarkeit bis weit in das Ferne Infrarot. Gegen Überbelichtung ist er außerordentlich empfindlich und muss bei Öffnung des Monochromators durch eine automatische Verschlussklappe gegen Fremdlichteinfall geschützt werden. Leider ist dieser Detektortyp kommerziell nicht mehr erhältlich.

Photoakustischer Detektor: Die photoakustische Detektion beruht prinzipiell auf der gleichen physikalischen Umsetzung von Strahlungsenergie in ein elektrisches Signal wie die Golay-Zelle. Bringt man die Probe auf eine feste Unterlage an die Stelle der Strahlung absorbierenden Membran in der Golay-Zelle und moduliert das spektral zerlegte Licht durch einen Chopper, dann wird nur der von der Substanz absorbierte Wellenlängenausschnitt bei der strahlungslosen Energieabfuhr in Wärme und damit in Druckschwankungen umgewandelt [1]. Bei einer Modulationsfrequenz im akustischen Bereich (hier 20–1000 Hz) kann man dann ein Mikrofon für die nachfolgende Detektion einsetzen (siehe auch Abschn. 5.3).

3.3.2   Photodetektoren

Elektromagnetische Strahlung kann mit der Materie in verschiedener Weise in Wechselwirkung treten. Heute gehört der
Hauptanteil der für IR-Strahlung eingesetzten Detektoren zur
Gruppe der photoelektrischen Empfänger. Sie haben wegen
ihrer höheren Empfindlichkeit die thermischen Empfänger in
weiten Bereichen verdrängt.

Photoleitfähigkeit: Die einfallende Strahlung verändert die
elektrische Leitfähigkeit im bestrahlten Halbleitermaterial. Das
Prinzip ist einfach (Abb. 3-5): Das Photosignal wird entweder
als Spannungsänderung über den Widerstand R abgenommen
oder als Stromänderung gemessen.

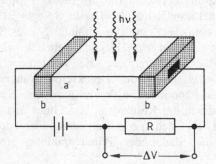

Abb. 3-5. Schaltung eines Photo-
halbleiters zur Photowiderstands-
messung. a: Halbleiter, b: Kon-
takte, R: Widerstand.

Der Elementarprozess der Photoleitung ist in jedem Fall die
Erzeugung eines Elektron-Loch-Paares, wobei entweder beide
Ladungsträger im elektrischen Feld frei beweglich werden („in-
trinsic-process"), oder einer der beiden Ladungsträger orts-
gebunden bleibt („extrinsic process") für den Fall, dass die
Elektron-Loch-Paarbildung an einem Dotierungszentrum stattfindet (siehe Abb. 3-6).

Photospannung: IR-Photonen setzen in oder nahe einer
n-p-Grenzschicht Ladungsträger frei, die eine der Strahlungsintensität proportionale, messbare Spannung erzeugen. Der
Aufbau eines derartigen Detektors ist in Abb. 3-7 skizziert.
Der Elementarprozess ist wieder die Ausbildung eines La-
dungsträgerpaares, das jetzt aber über die n-p-Grenzschicht
getrennt wird und damit eine elektrische Spannung liefert
(Abb. 3-8).

Die Grenzwellenlänge λ_0, von der ab nach kürzeren Wellenlängen hin, welches gleichbedeutend mit zunehmend energie-

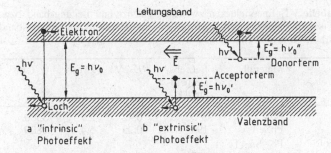

Abb. 3-6. Zum Prozess der Photoleitfähigkeit:
a) Nach der Elektronen-Loch-Paarbildung wandern beide Ladungsträger im elektrischen Feld. Die Energielücke E_g ist von der Legie-
   rung abhängig.
b) Die Energielücke E_g kann durch Dotierung verringert werden. Ein
   Ladungsträger bleibt an die Fremdatome gebunden.

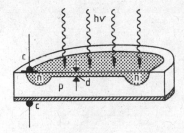

Abb. 3-7. Schnitt durch eine
Photospannungszelle.
n: n-leitendes Material
p: p-leitendes Material
d: 0.5 μm der n-Schicht
c: elektrischer Kontakt

reicheren Photonen ist, der Photoprozess einsetzt und eine
Photospannung gemessen werden kann, liegt bei

$$\lambda_0 = \frac{hc}{E_g} = \frac{1.24}{E_g} \tag{3.3}$$

wobei

λ_0 = obere Grenzwellenlänge für den Photoprozess in μm
h = Planck'sches Wirkungsquantum, $6.626 \cdot 10^{-34}$ J s
c = Lichtgeschwindigkeit, $2.9979 \cdot 10^{14}$ μm s^{-1}
E_g = Energielücke in eV (1 eV = $1.602 \cdot 10^{-19}$ J)

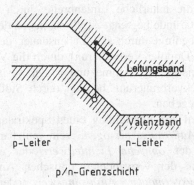

Abb. 3-8. Energieband-Modell
einer p,n-Grenzschicht. Das optisch freigesetzte Elektron wandert
zum n-Leiter, das Loch in das
p-Material.

Aus Tabelle 3-1 sind die Werte für die wichtigsten IR-Detek-
toren zu entnehmen.

Tabelle 3-1. Energielücken zwischen Valenz- und Leitungsband bzw. zwischen Valenzband/Acceptorniveau und Donorniveau/Leitungsband (E_g) und Einsatzwellenlänge des Photoprozesses (λ_0, $\tilde{\nu}_0$).

	Material	Betriebs-temperatur T/K	E_g/eV	λ_0/μm	$\tilde{\nu}_0$/cm^{-1}
Photo-Halbleiter	PbS	295	0.42	2.9	3500
	PbSe	195	0.23	5.4	1800
	Pb$_{0.2}$Sn$_{0.8}$Te	77	0.1	12	850
	Hg$_{0.8}$Cd$_{0.2}$Te				
Dioden-Halbleiter	Ge : Hg		0.09	14	700
	: Cd		0.06	21	500
	: B		0.0104	120	90
	Si : Ga		0.0723	17	600
	: As		0.0537	23	450
	: Sb		0.43	19	350

3.4 Spektralzerlegung

Aus der polychromatischen Strahlung der thermischen Strahlungsquellen wird, wie schon angesprochen, mittels geeigneter optischer Anordnungen ein möglichst schmalbandiger Spektralbereich isoliert. Naturgemäß gelingt dies nur angenähert mit den zur Verfügung stehenden Spektralapparaten. Monochromatische Strahlung, wie die Strahlung einzelner emittierter Spektrallinien angeregter Metalldämpfe (beispielsweise Quecksilberdampflampe) oder die Strahlung eines Lasers, kann nur mit erheblichem apparativem Aufwand erreicht werden, obwohl auch in den angesprochenen Fällen die Annäherung an die natürliche Linienbreite durch verschiedene physikalische Gründe begrenzt ist. So ist neben der natürlichen Linienbreite, bedingt durch die Lebensdauer der angeregten Moleküle, die Doppler-Verbreiterung durch die Verteilung der kinetischen Energie der Atome und Moleküle in einem Gas oder die Druckverbreiterung bedingt durch Stöße der Nachbarmoleküle gegeben.

Als Kriterien zur Beurteilung eines Spektralapparates dienen dessen *Auflösungsvermögen*, sein nutzbarer *Spektralbereich* und der *optische Lichtleitwert*, der ein Maß für die Lichtstärke der verwendeten optischen Anordnung ist. Als *Auflösungsvermögen*, *Auflösungswert* oder kurz *Auflösung* eines Spektralapparates bezeichnet man den Abstand zweier benachbarter, etwa gleich hoher Absorptionsmaxima, die durch ein Absorptionsminimum getrennt sind, dessen Transmission ca. 20% höher ist als das der Bandenmaxima

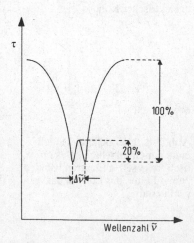

Abb. 3-9. Spektrales Auflösungsvermögen $\Delta\tilde{\nu}$.

(siehe Abb. 3-9). Der Wert ist willkürlich und wird nicht einheitlich gehandhabt. Bei einer anderen praktischen Vorgehensweise wird eine schmalbandige Absorptionsbande, z. B. eines zweiatomigen Gases bei niedrigem Druck, spektroskopiert, und die resultierende experimentelle Halbwertsbreite gibt näherungsweise die Halbwertsbreite der spektralen Apparatefunktion, die auch im Allgemeinen als Auflösung verstanden wird.

Mit gebräuchlichen dispersiven Spektralapparaten wie Gittermonochromatoren erreicht man Auflösungen bis 0.2 cm^{-1}, mit speziell konstruierten Spektrometern sogar 0.02 cm^{-1}, während man mit Michelson-Interferometern von kommerziellen FT-Spektrometern Auflösungen bis 0.001 cm^{-1} erreichen kann.

3.4.1 Dispersive Spektrometer

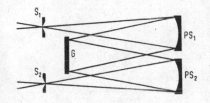

Abb. 3-10. Gittermonochromator in Ebert-Anordnung.
S_1 Eintrittsspalt
S_2 Austrittsspalt
PS_1; PS_2 Parabolspiegel
G   Gitter

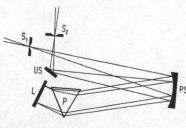

Abb. 3-11. Prismenmonochromator in Littrow-Anordnung.
S_1 Eintrittsspalt
S_2 Austrittsspalt
PS   Parabolspiegel
P   Prisma
L   Littrow-Spiegel
US   Umlenk-Spiegel

Der *Monochromator* ist das Herzstück eines dispersiven Spektrometers. Ein Monochromator besteht aus dem Spaltsystem, der Optik und dem dispergierenden, d. h. die Strahlung zerlegenden Element: Prisma oder Beugungsgitter. Außer Monochromatoren gibt es auch sogenannte Polychromatoren, mit denen mehrere Spektralbereiche gleichzeitig ausgewählt werden können.

Das Spaltsystem, das einen Monochromator optisch einschließt, besteht aus zwei schmalen Schlitzen, die das Strahlenbündel am Eingang und Ausgang des Monochromators begrenzen. Durch Bewegen der Spaltbacken lassen sich die Spaltöffnungen mit hoher Präzision zwischen ca. 10 µm und einigen Millimetern verändern. Dadurch werden Strahlungsleistung und Auflösung beeinflusst: mit größer werdender Spaltbreite steigt die vom Monochromator durchgelassene Strahlungsleistung, demgegenüber wird die spektrale Auflösung geringer.

Die vom Eintrittsspalt ab divergierende Strahlung wird von einem Parabolspiegel, dem Eingangskollimator, parallel gerichtet und auf das dispergierende Element (Gitter oder Prisma) umgelenkt, dessen ganze Fläche ausgeleuchtet wird. Je nach Art des optischen Prinzips gelangt die parallel gerichtete Strahlung nach Reflexion am Beugungsgitter bzw. nach Durchtritt durch das Prisma und Reflexion an einem Planspiegel zurück zu einem zweiten Parabolspiegel (Ebert-Aufstellung, Abb. 3-10) oder zum gleichen Parabolspiegel (Littrow-Anordnung, Abb. 3-11) und wird von diesem auf dem Austrittsspalt scharf abgebildet.

3.4.1.1 Beugungsgitter

Wenn überhaupt, werden heute nur noch Beugungsgitter als strahlungszerlegende optische Elemente verwendet.

Die *Grundform* des Beugungsgitters lässt sich durch eine Anzahl von Drähten realisieren, die in einer Ebene in gleichem Abstand voneinander angeordnet sind. Denselben Zweck erfüllen bei Ritzgittern die in eine ebene Glas- oder Metalloberfläche eingeritzten Furchen (Striche), an denen das einfallende Licht gebeugt wird. Der größte Teil der gebeugten Strahlung verschwindet durch Interferenzlöschung. Nur in bestimmten Richtungen beobachtet man Licht einer definierten Wellenlänge, und zwar immer dann, wenn der Wegunterschied des von zwei benachbarten Furchen ausgehenden Lichtes ein ganzes Vielfaches der Wellenlänge λ beträgt (Abb. 3-12). Für die Richtung des austretenden Lichtes gilt

$$\sin \alpha_n = \frac{n \cdot \lambda}{d} \qquad (3.4)$$

wobei α_n der Winkel gegen die Gitternormale (Lot auf die Gitterfläche) ist, λ die Wellenlänge in cm, d die Gitterkonstante, d. h. der Abstand zweier Drähte (Furchen) in cm und der Index $n = 1, 2, 3 \ldots$ die entsprechende Ordnungszahl darstellt.

Der Verwendung von Gittern stand früher ihre geringe Lichtstärke entgegen. Diesen Nachteil hat man dadurch überwunden, dass man der Gitterritzung eine ganz bestimmte Form gibt, die zu einer Energiekonzentration in den Spektren einer oder weniger Ordnungen führt. Solche Gitter werden *Echelette-Gitter*

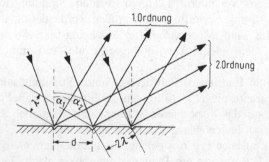

Abb. 3-12. Beugungsgitter.
α_1, α_2 Winkel der gebeugten Strahlung in der 1. und 2. Ordnung
d Ritzenabstand (Gitterkonstante) im Substrat
$n \cdot \lambda$ Wegunterschied der von zwei benachbarten Ritzen gebeugten Strahlung gleicher Ausfallrichtung = Wellenlänge der n-ten Ordnung (nach W. Brügel [2], S. 95)

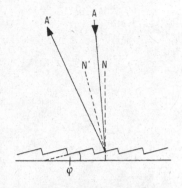

Abb. 3-13. Echelette-Gitter.
N Normale auf die Gitterebene
N' Normale auf die Ritzenebene
A Einfallsrichtung der Strahlung
A' Richtung der reflektierten
 Strahlung
φ Blazewinkel

genannt. Das Optimum der Energieverteilung hängt von der Ritzungsrichtung *(Blazewinkel)* ab (siehe Abb. 3-13). Die Wellenlänge, bei der die höchste Beugungseffizienz bzw. größte relative Strahlungsintensität erreicht wird, nennt man auch Blaze-Wellenlänge. Die Gitterkonstante der verwendeten Reflexionsgitter liegt etwa in der Größenordnung der Wellenlänge der einfallenden, zu untersuchenden Strahlung. Die Effizienz der Beugungsgitter wird im Allgemeinen als Funktion des Quotienten aus Wellenlänge und Gitterkonstanten (Bereich von 0 bis 2) dargestellt. Das ist verständlich, denn häufig werden Gitter in erster Ordnung genutzt.

Ein Nachteil der Gitter ist die Überlappung von Spektren verschiedener Ordnungen. Stellt man den Gittermonochromator auf eine bestimmte Wellenlänge λ ein, so erhält man in derselben Richtung auch die Wellenlänge $\lambda/2$, $\lambda/3$, $\lambda/4$ usw. (der 2., 3. bzw. 4. Ordnung). Diese unerwünschten Wellenlängen kann man herausfiltern, indem man einen Prismenmonochromator vor- oder nachschaltet, der einen relativ breiten, aber nur in der gewünschten Ordnung liegenden Wellenlängenbereich durchlässt.

Nach der Zerlegung der polychromatischen Strahlung durch das Dispersionselement besteht in der Ebene des Austrittsspaltes eine räumliche Trennung der einzelnen Wellenlängen. Durch Drehung des Gitters bzw. des Littrow-Spiegels (Abb. 3 11) wird dieses Wellenlängenintervall an der Spaltöffnung vorbeigeführt, jeweils ein begrenzter Wellenlängenbereich durchgelassen und auf den Detektor fokussiert.

Eine neue Entwicklung sind die sogenannten *holographischen Gitter*. Hierfür wird die Gitterstruktur photographisch mit Laserlichtquellen auf einer entsprechend präparierten Oberfläche fixiert und anschließend eingeätzt. Der Vorteil gegenüber Echelette-Gittern ist – wegen der extrem hohen Präzision bei der Herstellung – eine Verminderung des Streulichtanteils und damit eine höhere Strahlungsausbeute um den Faktor 10 [3].

Die Einführung der holographischen Gitter führte zu neuen Geräteklassen: scannende Monochromatoren mit konkaven Gittern als einzigem optischen Element, sowie kompakte Polychromatoren, die ein ganzes Spektrum gleichzeitig aufzunehmen erlauben, da die Bildebene des konkaven Gitters optimal an Photodetektorenarrays angepasst werden kann.

3.4.1.2 Interferenz-Verlaufsfilter

Ein anderes, längst bekanntes Dispersionselement kommt in neuerer Zeit für Geräte sehr kompakter Bauart wieder in Benutzung: das *Fabry-Pérot-Interferometer* [4] in Form weiterentwi-

ckelter Interferenzfilter. Das Prinzip des Interferenz-Verlaufs-
filters [5] beruht auf der Vielfachreflexion eines polychromatischen Lichtstrahls innerhalb einer dünnen, dielektrischen Schicht
zwischen halbdurchlässigen Silberschichten. Durch Interferenz
werden alle Wellenlängen bis auf einen engen Bandausschnitt
eliminiert. Bildet man die dielektrische Zwischenschicht keilförmig aus, ordnet sie segmentförmig im Kreis auf einer Scheibe
an und dreht dieses Rad an einem Spalt vorbei, dann erreicht
man eine Wellenlängenselektion in Abhängigkeit der Radstel-
lung. Man findet diese Art von Monochromatoren in tragbaren
Geräten der Umweltanalytik.

3.4.1.3　Akusto-optisch verstimmbare Filter (AOTF)

Seit Mitte der 1980iger Jahre wird ein neuartiges Dispersionselement – im Englischen *acoustooptic tunable filter* (AOTF)
genannt – vorgestellt, vielfach speziell mit Anwendung im
Nahen Infrarot. Es besteht aus einem doppelbrechenden optischen Material, in dem Schwingungen im MHz-Bereich induziert werden. Die erzeugte akustische Welle verläuft quer zum
optischen Weg des Filters, moduliert den Brechungsindex des
Kristalls und erzeugt somit eine Art von Beugungsgitter. Dessen großer Vorteil besteht darin, dass keine beweglichen Teile
erforderlich sind, um das Filter in der Zeit von Mikrosekunden
über einen größeren Spektralbereich durchzustimmen.

3.4.1.4　Spektrale Spaltbreite, Auflösung

Die Abhängigkeit der spektralen Strahlungsleistung eines
engen Wellenlängenintervalls nach dem Durchgang durch
einen Spalt zeigt einen charakteristischen Verlauf. Abhängig
vom Instrument und von Geräteparametern gibt es eine mathematische Wahrscheinlichkeitsaussage über denjenigen Strahlungsanteil, der schließlich den Detektor erreicht. Das ist die
sog. *Spaltfunktion*. Sie lässt sich bei gleichen Spaltbreiten für
Eintritts- und Austrittsspalt durch eine Dreiecksfunktion
(Abb. 3-14) beschreiben, deren Spitze bei der vom Monochromator eingestellten Wellenlänge liegt. Die halbe Basisbrei-
te dieser Dreiecksfunktion bezeichnet man definitionsgemäß als
spektrale Spaltbreite $\Delta\lambda_s$ *oder* $\Delta\tilde{v}_s$. Sie kann nach Williams [6]
berechnet werden und nimmt mit wachsender geometrischer
Breite von Ein- und Austrittsspalt zu; mit steigender Winkel-
dispersion des Prismenmaterials, größer gewählter Prismen-
basis sowie längerer Brennweite des Kollimatorspiegels nimmt
sie ab. Gute Auflösung entspricht einer geringen spektralen

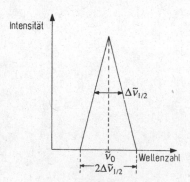

Abb. 3-14. Spaltfunktion.
$\tilde{v}_0$　Wellenzahl im Intensität-
　　maximum
$\Delta\tilde{v}_{1/2}$　Spektrale Spaltbreite
　　(bei halber Höhe der Spalt-
　　funktion gemessen)

Spaltbreite, wobei diese bei gegebener Optik durch möglichst enge Spalteinstellung erreicht wird. Die theoretisch erreichbare *Auflösung* eines Monochromators ist gleichbedeutend mit der spektralen Spaltbreite bei unendlich kleiner Spaltöffnung. Beugungseffekte an den Spalten limitieren diese jedoch. Da die Strahlungsquelle nur eine begrenzte Strahlungsleistung und die Detektoren eine begrenzte Empfindlichkeit aufweisen, müssen endliche, zum Teil sogar ziemlich große Spaltweiten eingestellt werden, um ein ausreichendes Signal zu erhalten. Die tatsächlich erreichbare Auflösung ist deshalb stets geringer als die theoretische Auflösung eines Monochromators (vgl. Abschn. 3.4).

Die Öffnung von Ein- und Austrittsspalt wird in der Praxis mechanisch oder elektronisch so gesteuert, dass den Detektor über den gesamten Wellenlängenbereich hinweg etwa dieselbe Strahlungsleistung erreicht. Die Funktion dieses *Spaltprogramms* berücksichtigt demgemäß die spektrale Energieverteilung der Strahlungsquelle (Abb. 3-2). Das ist ein wesentlicher Unterschied zu den später besprochenen Fourier-Transform-Spektrometern, bei denen das spektrale Signal/Rausch-Verhältnis stark wellenzahlabhängig ist.

3.4.1.5 Streustrahlung

Neben dem durch die eingestellte Wellenlänge und die spektrale Spaltbreite charakterisierten Wellenlängenintervall gelangen jedoch auch gewisse Anteile anderer Wellenlängen durch den Austrittsspalt auf den Empfänger. Ursachen hierfür sind die Unvollkommenheit der Spiegeloberflächen, bzw. Staub oder andere Verunreinigungen. Die Folge ist eine diffuse Streuung noch unzerlegter Strahlung. Anteile dieser *Streustrahlung* können auf Umwegen zum Austrittsspalt gelangen und die Reinheit der monochromatischen Strahlung beeinträchtigen. Infolge der Planck'schen Strahlungsenergieverteilung sind besonders kurzwellige Streuanteile nahe des Energiemaximums im Bereich hoher eingestellter Wellenlängen wegen der dort erforderlichen großen Spaltweiten gefährlich.

3.4.2 Fourier-Transform-Spektrometer

In den vorangehenden Abschnitten wurden dispersiven Spektrometer besprochen, die von den Anfängen der IR-Spektroskopie an in den Labors zu finden sind. Seit geraumer Zeit dominieren im Mittleren und Fernen Infrarot jedoch Fourier-Transform (FT) Geräte, die mit Interferometern ausgestattet sind und die dispersive Geräte aus diesen Spektralbereichen verdrängt haben. Ausnahmen bestehen für das Nahe IR, das eine beeindruckende Renaissance für die Analytik erfahren hat und für das weiterhin dispersive Spektrometer weit verbreitet sind [7].

Ein *Interferometer* bildet den wesentlichen Teil der Optik eines FT-IR-Spektrometers. Abbildung 3-15a gibt das Schema eines idealisierten *Michelson*-Interferometers [8] wieder, von dem sich die in der FT-IR-Spektroskopie gebräuchlichsten Interferometer ableiten.

Breitbandige Infrarot-Strahlung wird von einer *thermischen Quelle S*, wie z. B. einem *Globar*, emittiert und fällt auf einen *Strahlteiler* BS, der im Idealfall die eine Hälfte des einfallenden Lichts durchlässt und die andere reflektiert. Der reflektierte Teil trifft nach einer Strecke L auf den fest montierten Spiegel $M1$, wird dort erneut reflektiert und fällt nach Zurücklegen einer Gesamtstrecke von $2L$ zum zweiten Mal auf den Strahlteiler. Ähnliches geschieht mit dem durchgelassenen Anteil der Strahlung. Da jedoch der Spiegel $M2$ dieses Interferometerarms nicht fest montiert, sondern auf der optischen Achse aus der Position L sehr präzise um eine Strecke x vor und zurück verschiebbar ist, beträgt die gesamte Wegstrecke hier entsprechend $2(L + x)$. Infolgedessen weisen die beiden Strahlhälften beim Rekombinieren auf dem Strahlteiler eine Wegdifferenz von $2x$ auf. Konstruktive Interferenz, d. h. maximaler Strahlungsfluss am Interferometerausgang wird nun für eine bestimmte Wellenlänge λ_b genau dann erhalten, wenn die Wegdifferenz $2x$ ein ganzzahliges Vielfaches dieser Wellenlänge ist. Für alle anderen aus der breitbandigen IR-Quelle eingestrahlten Wellenlängen erhält man destruktive Interferenz, d. h. eine Abnahme des Detektorsignals. Hierbei wird das Detektorsignal als Folge dieser destruktiven Interferenz minimal, wenn die Wegdifferenz $2x$ genau ein ungerades Vielfaches einer halben Wellenlänge ist. Somit ergibt sich also, dass im Prinzip jede Position x_b des beweglichen Spiegels $M2$ einer bestimmten Wellenlänge λ_b bzw. einer bestimmten Wellenzahl $\widetilde{\nu}_b$ entspricht. Der durch die Spiegelbewegung modulierte Strahl verlässt das Interferometer, passiert die Probe P und wird schließlich auf den *Detektor D* fokussiert. Das vom Detektor registrierte Signal, das sogenannte *Interferogramm*, ist somit die Intensität $I(x)$ der IR-Strahlung in Abhängigkeit von der Auslenkung x des beweglichen Spiegels $M2$ aus der Position L (siehe Abb. 3-15b).

Die in einem Computer durchgeführte rechnerische Umwandlung dieses Interferogramms, die *Fourier-Transformation* (*FT*) [8], ergibt zunächst das sogenannte *Einkanalspektrum* EP, in welchem nun dargestellt wird, mit welcher Intensität $I(\widetilde{\nu})$ die einzelnen Wellenzahlen $\widetilde{\nu}$ auftreten (siehe Abb. 3-15c). Das Verhältnis dieses Einkanalspektrums zu einer ohne Probe aufgenommenen *Referenz* ER, auch ‚*Background*' genannt, ergibt

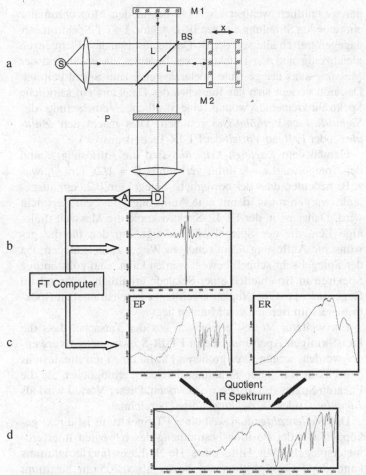

Abb. 3-15
a) Schema eines Michelson-Interferometers: *S* Strahlquelle, BS
   Strahlteiler, *M*1 fester Spiegel, *M*2 beweglicher Spiegel, *x* Spiegelauslenkung, *L* siehe Text, *P* Probe, *D* Detektor, *A* Verstärker.
b) Vom Detektor registriertes Signal: Interferogramm.
c) Durch Fourier-Transformation (FT) aus dem Interferogramm erhaltene Einkanalspektren: EP Probe, ER Referenz.
d) IR-Spektrum: Verhältnis der Einkanalspektren von Probe und
   Referenz.

dann eine dem konventionell dispersiv gemessenen Spektrum
analoge Darstellung (siehe Abb. 3-15d).

Gegenüber der konventionellen Spektroskopie mit dispersiv
arbeitenden Spektrometern weist die FT-IR-Methode wesentliche *Vorteile* auf:

In konventionellen Spektrometern wird das Spektrum direkt
gemessen, indem die Signalintensität bei sich kontinuierlich
ändernder Monochromatoreinstellung nacheinander Wellenzahl
für Wellenzahl registriert wird. Je nach Wahl der spektralen
Auflösung trifft nur ein sehr geringer Teil, nämlich im Realfall

durchschnittlich weniger als 0.1 % der in den Monochromator
eintretenden Strahlung auf den IR-Detektor. Im FT-Spektrometer
dagegen treffen alle von der IR-Quelle ausgesandten Frequenzen
gleichzeitig auf den Detektor, was bedeutet, dass während der
Messung stets der gesamte Spektralbereich zum Signal beiträgt.
Dadurch verteilt sich das Rauschen des Detektors auf sämtliche
Spektralinkremente, woraus eine deutliche Verbesserung des
Signal/Rausch-Verhältnisses resultiert. Dies macht den *Multi-
plex-* oder *Fellgett-Vorteil* der FT-IR-Technik aus.

Gemäß dem *Rayleigh-Kriterium* sind die Auflösung R und
der Spiegelweg x wie folgt verknüpft: $R = 1/2x$ (cm^{-1}), was
z. B. bedeutet, dass der bewegliche Spiegel um 0.25 cm ausgelenkt werden muss, damit eine Auflösung von 2 cm^{-1} erreicht
wird. Daher ist in der FT-IR-Spektroskopie die Messzeit diejenige Zeit, die der Spiegel $M2$ benötigt, um den für die gewünschte Auflösung R notwendigen Weg x zurückzulegen. Da
der Spiegel sehr schnell bewegt werden kann, sind vollständige
Spektren in Bruchteilen einer Sekunde erhältlich, während im
Gegensatz dazu die Registrierzeit eines konventionellen Spektrometers im Bereich von Minuten liegt.

Ein weiterer Vorteil ergibt sich aus der Tatsache, dass die
kreisförmigen Aperturen, die in FT-IR-Spektrometern verwendet werden, wegen ihrer größeren Fläche einen um mindestens
den Faktor 6 höheren Strahlungsdurchsatz ermöglichen als die
linearen Spalte von dispersiven Geräten. Dieser Vorteil wird als
Jacquinot- oder *Throughput-Vorteil* bezeichnet.

Die *Wellenzahlgenauigkeit* eines FT-Spektrums ist direkt gekoppelt mit der Positionsbestimmung des bewegten Interfero-
meterspiegels. Mit Hilfe eines He-Ne-Laser-Interferogramms
kann die Spiegelposition auf besser als 0.005 µm bestimmt
werden. Hieraus resultiert die enorm hohe Wellenzahlgenauigkeit von FT-IR-Spektren, die bei Werten von besser als
0.01 cm^{-1} liegt. Dieser Vorteil der FT-Technik wird als *Connes-
Vorteil* bezeichnet. Als Konsequenzen dieser Eigenschaft ergeben sich die Möglichkeit, geringfügige Unterschiede zwischen
zwei Spektren durch Differenzbildung sehr präzise zu ermitteln, sowie die Übertragbarkeit von Daten zwischen verschiedenen Spektrometern.

Die FT-IR-Methode erweitert die klassischen Anwendungsbereiche in der IR-Spektroskopie insbesondere dort, wo Untersuchungen bei ungünstigen Energieverhältnissen sowie bei
niedrigen Konzentrationen erforderlich sind.

3.4.2.1 Rohdatenaufnahme und Fourier-Transformation

Um detailliert zu veranschaulichen, wie ein Interferometer
arbeitet, betrachtet man am einfachsten monochromatisches
Licht der Wellenlänge λ, wie es z. B. von einem He-Ne-Laser

(s. u.) ausgestrahlt wird. Das Interferometer sei mit einem idealen Strahlteiler (halbdurchlässiger Spiegel) ausgestattet. Die Differenz der Wegstrecken, die das Licht in den beiden Interferometerarmen zurücklegt, nennt man *Optische Wegdifferenz*. Ist diese null, gibt es konstruktive Interferenz zwischen den beiden Lichtstrahlen und das gesamte Licht fällt auf den Detektor. Ist der bewegliche Spiegel um den Betrag $\lambda/4$ verschoben, beträgt die Optische Wegdifferenz $\lambda/2$, und es entsteht auslöschende (destruktive) Interferenz, sodass kein Licht den Detektor erreicht. Falls der bewegliche Spiegel um den Betrag $\lambda/2$ ausgelenkt ist, ist die Optische Wegdifferenz λ, und es ergibt sich wiederum konstruktive Interferenz. Auf diese Art und Weise schwankt die Signalintensität am Detektor sinusartig, wenn der Spiegel mit konstanter Geschwindigkeit bewegt wird.

Eine breitbandige Strahlungsquelle sendet mehrere Wellenlängen gleichzeitig aus, die konstruktive bzw. destruktive Interferenz bei unterschiedlichen Optischen Wegdifferenzen erfahren. Das bedeutet, dass die Signalintensität am Detektor, $I(\delta)$, eine Funktion der Optischen Wegdifferenz δ ist. In einem idealen Interferometer interferieren alle Wellenlängen gleichzeitig konstruktiv, wenn die Optische Wegdifferenz null ist, was auch als *Zero Path Difference* (ZPD) bezeichnet wird. An diesem Punkt wird die größte Intensität am Detektor gemessen *(Centerburst)*:

$$I(\delta) = \int_{-\infty}^{\infty} 0{,}5I(\lambda)\left(1 + \cos 2\pi \frac{\delta}{\lambda}\right) d\lambda \qquad (3.5)$$

wobei $I(\lambda)$ die Strahlungsintensität der polychromatischen Lichtquelle ist.

Da in der Spektroskopie nur die modulierte Komponente interessiert, wird der Gleichstromanteil herausgefiltert, und das resultierende (Wechselstrom-) Signal ist das *Interferogramm*. Bei einem in der Wirklichkeit vorliegenden nicht-idealen Interferometer müssen jedoch auch Faktoren wie Strahlteilereffizienz, Detektor-Verhalten, u.s.w. berücksichtigt werden. Das Interferogramm ergibt sich dann durch Fourier-Transformation zu:

$$I(\delta) = \int_{-\infty}^{\infty} B(\tilde{\nu}) \exp(-2\pi\, i\tilde{\nu}\delta)\, d\tilde{\nu} \qquad (3.6)$$

wobei $B(\tilde{\nu})$ die gesamte spektrale Charakteristik des Spektrometers beinhaltet, d. h. das am Detektor erhaltene Signal als Funktion der Wellenzahl $\tilde{\nu}$, das von Faktoren wie Charakteristik der Strahlquelle, Durchlässigkeit des Strahlteilers, Detektor-Verhalten, u. s. w. beeinflusst wird. $B(\tilde{\nu})$ wird auch als *Einkanalspektrum* bezeichnet.

In der Praxis ergeben sich zwei Abweichungen von dem in
Gleichung (3.6) beschriebenen Interferogramm: Zum einen ist
der Bereich des Interferogramms auf eine endliche Auslenkung
$\pm\Delta$ des Spiegels beschränkt, was die Auflösung des resultierenden Spektrums limitiert. Dieses Abschneiden des Interferogramms führt zu einer sinc $(= (\sin x)/x)$ instrumentellen Linienform (ILF), die wegen ihrer zahlreichen Nebenmaxima bzw.
-minima (‚Füße‘) unvorteilhaft ist. Der Vorgang, mit dem die
Amplitude dieser Füße verringert werden kann, heißt ‚Apodisation‘ [9] (nach dem griechischen Wort $\alpha\pi o\delta$ = Beseitigung der
Füße). Hierbei wird das Interferogramm mit einer Gewich-
tungsfunktion gefaltet, die gleich eins beim Centerburst ist und
abnimmt mit größer werdender Auslenkung. Wenn das Interferogramm z. B. mit einer Dreiecksfunktion apodisiert wird, die
gleich eins beim Centerburst und gleich null bei $\pm\Delta$ ist, dann ist
die instrumentelle Linienform gegeben durch eine sinc^2 Funktion, welche die Fourier-Transformation der Apodisationsfunktion ist:

$$A(\widetilde{\nu}) = \frac{\sin^2 (\pi\widetilde{\nu}\Delta)}{(\pi\widetilde{\nu}\Delta)^2} \tag{3.7}$$

Für eine solche sinc^2 ILF haben zwei schmale, ungefähr gleich
starke Banden, die einen Abstand von $1/\Delta$ cm^{-1} voneinander
haben, eine Senke von ca. 20 % der Bandenintensitäten zwischen sich, was dem Rayleigh-Kriterium für die Auflösung
zweier Banden entspricht:

$$\Delta\widetilde{\nu} = \frac{1}{\Delta} \tag{3.8}$$

Damit ist die *nominale Auflösung* des Spektrometers definiert.

Die zweite Konsequenz folgt aus der Digitalisierung des
Interferogramms und besteht darin, dass das Integral in
Gleichung (3.6) durch eine diskrete Summe (diskrete Fourier-
Transformation) ersetzt wird. Dadurch wird die maximale Wel-
lenzahl $\widetilde{\nu}_{max}$ beschränkt, bis zu der das Spektrum fehlerfrei
gemessen werden kann (Nyquist Theorem):

$$\widetilde{\nu}_{max} \leq 1/(2\,\Delta x) \tag{3.9}$$

wobei Δx der Abstand der Optischen Wegdifferenzen ist, an
denen das Interferogramm abgetastet wird (Stützpunktabstände,
s. u.).

Wenn der Spiegel mit einer konstanten Geschwindigkeit υ
bewegt wird, ist die wellenzahlabhängige Frequenz des Detektorsignals gegeben durch:

$$f(\widetilde{\nu}) = 2\upsilon\widetilde{\nu}\ \text{Hz} \tag{3.10}$$

Diese Frequenzen werden auch als *Fourier-Frequenzen* bezeichnet. Da die Spiegelgeschwindigkeiten üblicherweise im Bereich zwischen 0.1 und 10 cm/sec gewählt werden, liegen die Fourier-Frequenzen im Bereich der Audiofrequenzen (10–20000 Hz), was bedeutet, dass das Signal leicht digitalisiert werden kann.

Zusätzlich zum Infrarot-Strahl wird noch der Strahl eines He-Ne-Lasers durch das Interferometer geschickt und mit einem speziellen Laserdetektor registriert. Da der Laser monochromatisch ist, wird am Laserdetektor ein sinusförmiges Signal registriert, das mehreren Zwecken dient.

Der in allen Spektrometern verwendete *Fast Fourier Transform*-Algorithmus (FFT), deren bekanntester der Cooley-Tukey-Algorithmus ist [8], verlangt, dass das Interferogramm bei gleichen Abständen der Optischen Wegdifferenzen abgetastet wird. Das kann leicht erreicht werden, indem das IR-Interferogramm exakt an den Nulldurchgängen des sinusförmigen Laser-Interferogramms digitalisiert wird. Da die Wellenlänge λ des HeNe-Lasers 632.8 nm bzw. 1/15798 cm beträgt und ein Nulldurchgang alle $\lambda/2$ erfolgt, ergibt sich ein minimales Abtastintervall von 1/31596 cm. Nach Gleichung (3.9) beträgt dann die maximale Wellenzahl, die so gemessen werden kann, 15798 cm^{-1}, was nicht nur das Mittlere (400–4000 cm^{-1}) sondern auch das Nahe IR (4000–12500 cm^{-1}) abdeckt.

Die Genauigkeit des Abstandes Δx zwischen zwei Digitalisierungspunkten wird durch die Genauigkeit der Laserwellenlänge selbst bestimmt. Da der Abstand zwischen zwei digitalen Spektrenpunkten umgekehrt proportional zu Δx und daher von der gleichen Größenordnung ist, verfügen FT-IR-Geräte automatisch über eine interne Wellenzahlkalibrierung von hoher Präzision (praktisch ca. 0.01 cm^{-1}), was als Connes-Vorteil bezeichnet wird (s. o.).

Ein weiterer Nutzen des He-Ne-Referenzlasers besteht darin sicherzustellen, dass die Interferogramme aufeinanderfolgender Scans kohärent addiert werden [10].

Es sei darauf hingewiesen, dass die in der Praxis angewandte diskrete Fourier-Transformation zum sogenannten Picket-Fence-Effekt (‚Zaunlatteneffekt‘) [8] führen kann. Dieser tritt dann auf, wenn das Interferogramm Frequenzkomponenten enthält, die nicht genau mit den Frequenzstützstellen zusammenfallen. Liegt im ungünstigsten Fall eine monochromatische Frequenzkomponente gerade mitten zwischen zwei Stützstellen, kann eine fehlerhafte Verringerung der Intensität auftreten: Es scheint, als würde das Spektrum durch einen Lattenzaun betrachtet, wobei diejenigen Frequenzen abgeschnitten werden, die hinter den Zaunlatten, d. h. zwischen den Stützstellen liegen.

Der Picket-Fence-Effekt lässt sich dadurch verringern bzw. beseitigen, dass vor der diskreten Fourier-Transformation Nul-

len an das hintere Ende des Interferogramms angefügt werden
(Zerofilling). Dadurch erhöht sich die Anzahl der Punkte pro
Wellenzahl im Spektrum, was einer Interpolation entspricht.
Allgemein gilt, dass die ursprüngliche Interferogrammgröße
durch Zerofilling mindestens zu verdoppeln, also ein Zerofil-
ling-Faktor (ZFF) von 2 zu wählen ist. In Fällen, in denen die
erwartete Linienbreite von der Größenordnung der Stützabstän-
de ist (wie häufig bei Gasphasen-Spektren), kann jedoch ein
ZFF-Wert bis zu 8 notwendig sein. Es ist ganz wesentlich, dass
Zerofilling keine fehlerhaften Veränderungen der Linienform
verursacht.

FT-Spektrometer sind in der Regel als Einstrahlgeräte konzipiert, wobei die Interferometer selbst Variationen des Michelson-Interferometers sind. Eine Übersicht hierzu wird in [10]
gegeben.

3.4.2.2 Bauteile von FT-Spektrometern

Die Einstrahlcharakteristik eines leeren FT-Spektrometers wird
hauptsächlich von drei Bauteilen bestimmt: Strahlungsquelle,
Strahlteiler und Detektor. Das FT-Spektrometer ist zwar für die
Aufnahme von breiten Spektralbereichen geeignet, doch zur
Optimierung der Messung im Fernen, Mittleren oder Nahen IR
muss eine bestimmte Kombination von Elementen gewählt
werden. Es stehen verschiedene Strahlungsquellen zur Verfügung, die bereits im Abschn. 3.2 besprochen wurden. Im
Mittleren IR findet hauptsächlich der Globar als Strahlungsquelle Verwendung.

Das zweite genannte Element ist der Strahlteiler. Dessen Effizienz hängt vom Produkt seines spektralen Reflexions- und
Transmissionsgrades ab [10], wobei das theoretische Optimum
bei 0.5 für beide – in Abwesenheit von Absorptionsverlusten –
zu finden ist. Bei den meisten Strahlteilern befindet sich auf
einem IR-transparenten Substrat eine geeignete, aufgedampfte
Reflexionsschicht (z. B. Germanium auf Kaliumbromid). Im
Fernen IR setzt man demgegenüber frei stehende Mylar-Poly-
merfilme (Polyethylentherephthalat) unterschiedlicher Dicke als
Strahlteiler ein. Die nutzbaren Bereiche sind in Tabelle 3-2
aufgeführt.

Die Detektoren wurden bereits in Abschn. 3.3 besprochen,
sodass nur noch einmal die häufig verwendeten Typen genannt
werden sollen. Die größte Verbreitung haben die pyroelektrischen DTGS-Detektoren erfahren, da diese sich bei Raumtemperatur unproblematisch einsetzen lassen. Hier begrenzen deren
Fenster z. B. aus KBr für Messungen im Mittleren IR oder aus
Polyethylen für das Ferne IR den zur Verfügung stehenden
Spektralbereich. Mit wellenzahlabhängiger, doch deutlich

Tabelle 3-2. Nutzbare Spektralbereiche verschiedener Strahlteiler (in cm^{-1}).

Strahlteiler	$\tilde{\nu}_{max}$	$\tilde{\nu}_{min}$
Quarz	15 600	2700
CaF$_2$/Fe$_2$O$_3$	12 000	1200
KBr/Ge	6 500	450
CsI/Ge	7 000	220
Mylar (6 µm)	500	50
Mylar (12 µm)	250	25
Mylar (25 µm)	120	20
Mylar (50 µm)	55	15

größerer spektraler Detektivität treten die Halbleiterdetektoren auf, die eine schnelle Ansprechempfindlichkeit besitzen, sodass auch höhere Scangeschwindigkeiten mit dem Interferometer realisiert werden können. Charakteristisch ist jeweils deren langwellige cut-off Frequenz, unterhalb derer der Detektor nicht mehr anspricht. Bei einigen Photoempfängern ist der Einsatz von flüssigem Stickstoff erforderlich, so bei den im mittleren IR meist verwendeten, gegenüber den DTGS-Detektoren empfindlicheren Halbleiterdetektoren aus HgCdTe (MCT), die unterschiedlich breitbandig ausgewählt werden können, oder aus InSb, die für das nahe IR geeignet sind.

Daneben finden sich weitere optische Elemente wie z. B. Blenden im optischen Strahlengang eines FT-Spektrometers. Der optische Wegunterschied im Interferometer sollte idealerweise für alle kollimierten Teilstrahlen gleich sein. Das ist jedoch wegen der endlichen Größe der Strahlungsquelle oder ihrer Abbildung nicht erfüllbar, sodass eine gewisse Strahldivergenz im Interferometer unvermeidbar ist. So resultieren etwas unterschiedliche optische Wege, d. h. Phasendifferenzen, für beispielsweise von der Mitte und vom Rand der Quelle ausgehende Teilstrahlen. Je größer die emittierende Fläche ist, umso stärker fallen naturgemäß die störenden zusätzlichen Phasendifferenzen aus, die die erreichbare spektrale Auflösung letztlich verringern. Der tolerierbare Grad der Divergenz im Interferometer hängt von der gewünschten spektralen Auflösung und der maximalen Wellenzahl (entsprechend der kleinsten Wellenlänge) im zu messenden Spektrum ab und lässt sich etwa über die Detektorelementgröße oder durch eine variable Blende, die sogenannte *Jacquinot-Apertur*, festlegen. Ihre Auswirkung ist ähnlich zum Spaltsystem im Monochromator: mit höherer Auflösung wird bei kleinerer Blende der optische Lichtleitwert verringert, der den Strahlungsfluss im Spektrometer bestimmt. Letztlich ist die auf den Detektor fallende Energie umgekehrt proportional zum Quadrat des Blendendurchmessers.

3.4.3   Praktische Hinweise zur Spektrenmessung

Nachdem eine für die Spektrenaufnahme geeignete Gerätekon-
figuration (z. B. Detektor mit passender Scangeschwindigkeit)
gewählt worden ist, sollte die Justage des Interferometers überprüft bzw. optimiert werden. Bei einigen Geräten werden
automatische Routinen eingesetzt, währenddessen insbesondere
bei älteren die Maximierung des Interferogrammsignals über
eine manuelle Prozedur erfolgt, über die üblicherweise der
feststehende Spiegel im Interferometer justiert wird.

Weiterhin müssen geeignete Messparameter für die Interfero-
grammaufnahme vorgegeben werden. Bei Standardspektren
sind dies neben der Auflösung, die auch die Größe der Jacquinot-Blende beeinflusst (die meisten Bedienungsprogramme
geben Vorschläge zur Auswahl derselben), die Anzahl der zu
akkumulierenden Interferogramme. Bei stark absorbierenden
Proben kann das Signal/Rausch-Verhältnis durch Mittelung
über viele Scans verbessert werden. Das spektrale Rauschen
lässt sich um den Faktor $\sqrt{N}$ reduzieren, wobei N die Anzahl
der Interferogramme ist. Bei fest vorgegebener Scanzahl und
gleicher Blende gilt weiterhin, dass die Rauschamplitude umgekehrt proportional zur spektralen Auflösung ist. Für die letztere
besteht eine linear inverse Abhängigkeit zur Interferogramm-
länge (proportional zur Messzeit), sodass eine um den Faktor 4
längere Messzeit bei halbierter spektraler Auflösung notwendig
ist, um das gleiche Signal/Rausch-Verhältnis zu erzielen. Wenn
für die höhere Auflösung zusätzlich die Jacquinot-Blende ver-
kleinert werden muss, findet man sogar ein umgekehrt zur
Wurzel der Auflösung proportionales Rauschen.

Für die Berechnung der Spektren aus den Interferogrammen
ist die Wahl der Apodisation und des Zerofilling zur Interpolation noch erforderlich. Die Spektren werden jeweils unter vom
Benutzer vergebenen Dateinamen abgespeichert.

Da kommerziell erhältliche FT-Spektrometer als Einkanalge-
räte konzipiert sind, ist es erforderlich, das Proben-Einkanal-
spektrum und den Background zeitlich nacheinander zu messen,
wobei der Quotient aus beiden das Transmissionsspektrum liefert. Die Vorgehensweise ist in Abb. 3-16 erläutert.

Meistens wird die Probe in den Probenraum eingebracht,
nachdem bereits ein Hintergrundspektrum aufgenommen
und abgespeichert wurde. Der Probenraum kann bei vielen
Geräten vor dem Öffnen zum übrigen Spektrometerraum
hin verschlossen werden, um die trockene Atmosphäre im
Geräteinnern nicht zu beeinträchtigen, wenn keine Kapse-
lung mit entsprechenden IR-transparenten Fenstern vorgesehen ist. Nach Einsetzen der Probe und dem Schließen des
Probenraumdeckels sollte man für die erneute Spülung mit

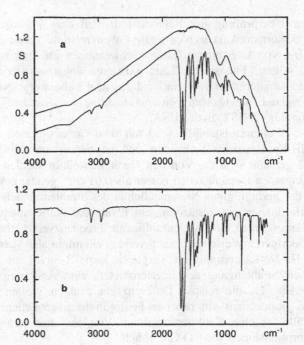

Abb. 3-16. Berechnung der spektralen Transmission aus Probe- und Background-Einkanalspektrum.
a) Feststoffspektrum von Coffein (als KBr-Pressling gemessen) und Hintergrundspektrum mit Referenzpressling (in der Ordinate verschoben).
b) Quotient aus beiden Spektren.

Stickstoff oder sauberer getrockneter Luft ein wenig Zeit verstreichen lassen.

Um die Leistungsfähigkeit des Spektrometers bezüglich erreichbarer Signal/Rausch-Verhältnisse zu testen, werden wie bei den dispersiven Spektrometern sogenannte 100%-Linien aufgenommen, die sich als Quotient zweier hintereinander aufgenommener Einkanalspektren des leeren Probenraums darstellen lassen. Zum einen gibt dieses Spektrum Aufschluss über die Stabilität des Gerätes: nach der Inbetriebnahme des Spektrometers dauert es ein wenig, bis eine perfekt horizontale Linie mit langsam veränderlicher Rauschamplitude produziert werden kann. Konstante Spülung des Gerätes erkennt man daran, dass keine auffälligen Residuenlinien von H_2O und CO_2 auftreten. Zum anderen dokumentiert eine 100%-Linie die erreichbaren spektralen Signal/Rausch-Verhältnisse. Wegen der Einstrahlcharakteristik ist natürlich aufgrund abnehmender Intensität zu den Rändern des Spektrums hin das Signal/Rausch-Verhältnis reduziert (die spektralen Intensitäten werden bei dieser Darstellung jeweils auf 100% normiert). Diese Abhängigkeit ist bei dispersiven Spektrometern, die mit Spaltprogrammen ausgestattet sind, nicht zu finden. Zur Dokumentation der zufriedenstellenden Funktionsweise eines FT-Spektrometers sollte man eine 100%-Linie, aufgenommen unter festgelegten Standardbedingungen, für spätere Vergleichszwecke abspeichern.

Zur Überprüfung der Reproduzierbarkeit der Wellenzahl-
und Absorbanzskala werden matte Polystyrolfilme verwendet,
die frei von Interferenzeffekten (Schwebungen im Spektrum)
sein sollten. Für solche Tests existieren sogar zertifizierte
Referenzmaterialien vom National Physical Laboratory (NPL)
in England, sowie vom National Institute for Standards &
Technology (NIST) in den USA.

Die Wellenzahlstabilität wird mit dem Connes-Vorteil der
FT-IR-Spektrometer verbunden und ist bereits im Abschn.
3.4.2 genannt worden. Von den Geräteherstellern werden im
Allgemeinen Genauigkeiten besser als $0.01 \ cm^{-1}$ genannt. Wegen der geringfügigen Nichtparallelität des Strahlenbündels im
Interferometer tritt zusätzlich zum Effekt der Auflösungsver-
minderung auch eine wellenzahllineare Frequenzverschiebung
zu niedrigeren Werten auf. Auch vermag ein minimaler Versatz
des He-Ne-Laserstrahls im Vergleich zum IR-Strahl im optischen Strahlengang des Interferometers eine Änderung zu
bewirken. Da die relative Differenz zur exakten Wellenzahl
quasi proportional zum relativen Fehler in der Laserwellenzahl
ausfällt, ist eine Kalibrierung durch Vergleich mit wenigen
Absorptionslinien von CO-Gas üblich.

Die hohe Wellenzahlreproduzierbarkeit der Interferometer
ist von Vorteil, wenn extrem kleine Signale ausgewertet
werden sollen, die auf stärkeren Absorptionsbanden von
z. B. Lösungsmitteln aufsitzen. Andernfalls werden bei der
Spektrensubtraktion „Derivativ-Signale" vom Lösungsmittel-
spektrum erzeugt, die die Auswertung beeinträchtigen können.

Der photometrischen Genauigkeit von FT-Spektrometern ist
ebenfalls Beachtung zu schenken.

Ein ungünstiger Fall besteht dann, wenn die verwendeten
Detektoren die auf sie fallende Strahlungsintensität nichtlinear
detektieren. Das ist ein besonderes Problem, da das Interferogramm aufgrund seines Maximums in der Nullposition eine
extrem hohe Dynamik erfordert. Während der pyroelektrische
DTGS-Detektor bekannt ist für seine große Linearität, verhält
sich der HgCdTe-Detektor, der meistens als Photoleiter mit
konstantem Strom betrieben wird, extrem nichtlinear bei größeren Strahlungsintensitäten. Die direkte Auswirkung ist eine
Stauchung des Interferogramms um das Maximum. Ein drasti-
sches Beispiel, wie sich der Effekt der Nichtlinearität auswirken kann, ist in Abb. 3-17 gezeigt, in der die Spektren einer
SF_6-Probe, aufgenommen mit DTGS- und HgCdTe-Detektor,
verglichen werden. Können demgegenüber Proben- und Hintergrundspektrum unter vergleichbaren Bedingungen gemessen
werden, weil beispielsweise verdünnte wässrige Lösungen zu
analysieren sind und als Referenz eine reine Wasserprobe
verwendet wird, so lassen sich die photometrischen Fehler

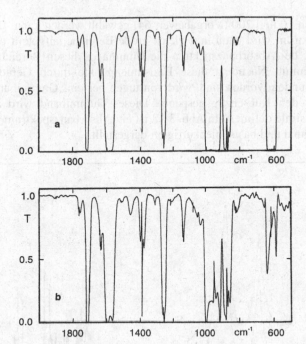

Abb. 3-17. Auswirkungen der Detektornichtlinearität auf das Transmissionsspektrum einer SF_6-Probe (1000 hPa, 10 cm, 25 °C).
a) Richtiges Spektrum, gemessen mit einem DTGS-Detektor.
b) Deformiertes Spektrum, aufgenommen mit einem HgCdTe-Detektor und großer Aperturblende.

für das resultierende Absorbanzspektrum in guter Näherung eliminieren [11].

Neben verschiedenen hardwareseitigen Lösungen zur Beseitigung des nichtlinearen Detektorverhaltens wurde ein Algorithmus entwickelt und patentiert, mit dem die auftretende Nichtlinearität im Interferogramm über das jeweilige Einkanalspektrum abgeschätzt werden kann [12]. Nach Korrektur des Interferogramms liefert die übliche Weiterverarbeitung mit Fourier-Transformation usw. vergleichbare, doch deutlich rauschärmere Spektren, als sie mit einem DTGS-Detektor erhalten werden können.

3.5 Spektrenbearbeitung

Die vom Spektrometer erzeugten Spektren liegen üblicherweise digital abgespeichert vor. Hiermit ergeben sich bequeme Möglichkeiten der Spektrenbearbeitung, die von den Spektrometerbetriebsprogrammen angeboten werden.

Wellenzahlabhängige Streueffekte bei trüben Presslingen (s. Abschn. 4.2.1.2) oder nicht kompensierte Reflexionsverluste von Küvettenoberflächen können einen spektralen Untergrund bewirken. Mittels einer *Basislinienkorrektur* kann hier Abhilfe geschaffen werden, wobei die Anzahl *n* der Stützstellen zwi-

schen 10 und 200 (Vorgabewert 64) gewählt werden kann. Das
Spektrum wird dann in *n* gleich große Bereiche aufgeteilt und
z. B. bei Absorbanzspektren die Minima in diesen Bereichen
bestimmt. Nachdem diese Basislinienpunkte durch Geraden
verbunden worden sind, wird von unten her ein ‚Gummiband'
über den Kurvenzug gespannt. Dieses Gummiband wird als
Basislinie definiert. In Abb. 3-18 ist ein Absorbanzspektrum im
Original und basislinienkorrigiert dargestellt.

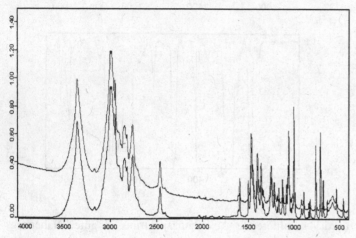

Abb. 3-18. Spektrum vor (oberes Spektrum) und nach der Basislinienkorrektur.

Zum spektralen Untergrund können auch Störungen durch
Banden von Lösungsmitteln oder Verunreinigungen gezählt
werden, die sich durch *Subtraktion* eliminieren lassen. Das
einfachste Verfahren besteht darin, eine entsprechende Referenz zur Kompensation bei der Aufnahme des Hintergrund-
spektrums heranzuziehen. Oft wird jedoch nur eine angepasste,
skalierte Subtraktion der störenden Substanzbanden im Absorbanzspektrum zum Erfolg führen. Hierbei besteht die Möglichkeit, interaktiv die Subtraktion vorzunehmen, wobei man den
Skalierungsfaktor variieren und einen konstanten Ordinaten-
offset berücksichtigen kann. Es ist zu beachten, dass durch
Bandenverschiebungen und andere Effekte spektrale Artefakte
entstehen können.

Da allen experimentellen Spektren ein Untergrundrauschen
überlagert ist, kann ein *Glätten* einzelner Spektren erforderlich
sein.

Die bekannteste Glättungsmethode verwendet den Algorithmus von Savitzky und Golay [13], wobei die Anzahl der Stützpunkte zwischen 5 und 25 gewählt werden kann. Die Glättung
ist eine kosmetische Operation, welche das Rauschen ab-
schwächt, aber auch die Intensitäten der Signale verfälscht. Aus

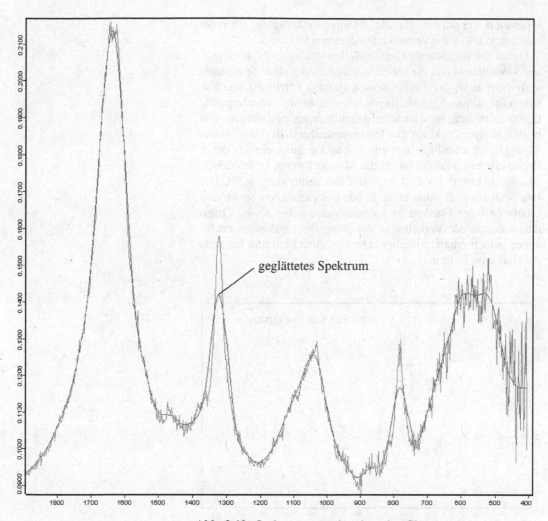

geglättetes Spektrum

Abb. 3-19. Spektrum vor und nach starker Glättung.

Abb. 3-19, in der ein Originalspektrum dem Geglätteten gegen-übergestellt ist, wird ersichtlich, dass der Kurvenzug des nicht geglätteten Spektrums stets die ausgeprägteren Extrema zeigt.

Auch für das *Ableiten* von Spektren wird der Algorithmus von Savitzky und Golay verwendet, der eine gleichzeitige Glättung bewirkt. Diese Glättung reduziert das durch die Ableitung verstärkte Rauschen.

Die Mindestzahl der Stützpunkte ist abhängig von der Ordnung der Ableitung, und zwar sollten umso mehr Stützpunkte (bis zu 25) gewählt werden, je höher der Grad der Ableitung ist. Da die erste Ableitung einer Konstanten gleich null ist, bringt die erste Ableitung eines Spektrums eine Basislinienkorrektur mit sich. Zweite Ableitungen werden oft zur Bandenseparation verwendet, da die Bandenprofile umso schmaler werden, je höher die verwendete Ableitung ist.

Durch die sogenannte *Fourier-Selbstentfaltung* (*Fourier self-deconvolution*) kann die scheinbare Auflösung eines Spektrums verbessert bzw. die Breite dessen Banden verringert werden. Dadurch können Spektralbereiche, die breite, überlappende Linien enthalten, in schärfere Einzellinien zerlegt werden. Die in den Softwarepaketen der Instrumentenhersteller angebotene Methode ist allerdings nur für solche Linien geeignet, deren Breite erheblich größer ist als die Messauflösung. In Abb. 3-20 ist ein Spektrum vor und nach der Entfaltung dargestellt. Die Intensität im Maximum einer Bande des entfalteten Spektrums relativ zu ihren Flanken ist normalerweise höher als im Original, während die Verhältnisse der Integrale der Banden zueinander jedoch erhalten bleiben. Die entfaltete Funktion hat stets die stärkeren Extrema.

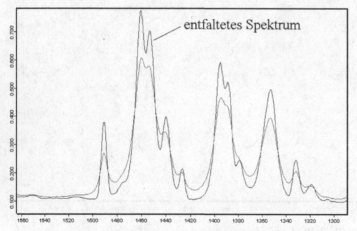

Abb. 3-20. Spektrum vor und nach Fourier-Selbstentfaltung.

Literatur zu Kap. 3

[1] R. E. Blank, T. Wakefield II, Anal. Chem. **51**, 50 (1979)
[2] W. Brügel: „Einführung in die Ultrarotspektroskopie", 4. Aufl., Dr. Dietrich Steinkopff, Darmstadt, 1969, S. 92
[3] R. J. Franzis, J. Zwafink, W. Widmann, GIT **23** (**6**), 500 (1979)
[4] L. Bergmann, Cl. Schaefer: „Lehrbuch der Experimentalphysik", Bd. 3, 7. Aufl., Optik, Walter de Gruyter, Berlin, 1978, S. 343
[5] A. Thelen, Appl. Optics **4**, 977, 983 (1965)
[6] V. Z. Williams, Rev. Sci. Instr. **19**, 135 (1948)
[7] K. Molt, Nachr. Chem. Tech. Lab. **42**, 914 (1994)
[8] W. Herres, J. Gronholz, Comp. Anw. Lab. **5**, 352 (1984)
[9] J. Gronholz, W. Herres, Comp. Anw. Lab. **6**, 418 (1984)

[10] R. S. Jackson, "Continuous Scanning Interferometers for Mid-infrared Spectrometry", in: J. M. Chalmers, P. R. Griffiths (Hrsg.), Handbook of Vibrational Spectroscopy, Bd. I, John Wiley & Sons, Chichester, 2002, S. 264

[11] H. M. Heise, R. Marbach, Th. Koschinsky, F. A. Gries, Appl. Spectrosc. **48**, 85 (1994)

[12] A. Keens, A. Simon, Proc. Soc. Photo.-Opt. Instrum. Eng. **2089**, 222 (1994)

[13] J. A. Savitzky, M. J. E. Golay, Anal. Chem. **36**, 1627 (1964)

Weiterführende Monographien

P. R. Griffiths, J. A. de Haseth: "Fourier Transform Infrared Spectrometry", John Wiley & Sons, New York, 1986

W. Schmidt: „Optische Spektroskopie", VCH, Weinheim, 1994

J. M. Chalmers, P. R. Griffiths (Hrsg.): "Handbook of Vibrational Spectroscopy", John Wiley & Sons, Chichester, 2002

4 Substanzpräparation

Nur in seltenen Fällen kann die Probe ohne jede Vorbehandlung in den Strahlengang des Spektrometers gebracht werden. Fast immer müssen ihre Form, ihr Aggregatzustand oder ihre Konzentration verändert werden, um sie messen zu können. Die wichtigsten Methoden hierfür sind Gegenstand des folgenden Kapitels.

4.1 Allgemeine Bemerkungen

4.1.1 Substanzmenge

Nach dem Gesetz von Lambert-Beer $I = I_0\,e^{-abc}$ ist die Transmission $T = I/I_0$ eine Funktion des Absorptionskoeffizienten a und der Schichtdicke b der durchstrahlten Probe, bei Lösungen außerdem eine Funktion der Konzentration c des absorbierenden Stoffes (vgl. Abschn. 7.1). Die Intensität eines Spektrums, d. h. die Transmission in den Bereichen der Absorptionsmaxima, lässt sich demnach durch entsprechende Wahl der Schichtdicke beeinflussen. Die relative Änderung der Absorbanz $\Delta A/A$ erreicht bei $T = 0.367$ bzw. $A = 0.435$ ein Minimum; quantitative Messungen sind infolgedessen am genauesten, wenn die zur Bestimmung benutzte Bande im Maximum etwa diesen Wert erreicht (siehe Abschn. 7.3.3).

Um ein Spektrum mittlerer Intensität zu erhalten, genügen bei festen und flüssigen, unverdünnten Substanzen Schichtdicken zwischen 0.01 und 0.05 mm (10–50 µm), bei Lösungen je nach Konzentration entsprechend mehr. Aus der Schichtdicke und der vom Probenstrahl beleuchteten Fläche ergibt sich das von der Probe zu erfüllende Mindestvolumen und damit die erforderliche Substanzmenge. Sie liegt z. B. bei einer Fläche von 20 × 4 mm und einer Schichtdicke von 0.025 mm, die ein Volumen von 2 µl ergeben, bei etwa 2 mg. Wegen der meist vorhandenen Totvolumina sind allerdings oft erheblich größere Mengen notwendig. Nutzt man bei KBr-Presslingen die kleinere Dimension des konvergierenden Strahlenbündels in der Nähe des Brennpunktes, so reduziert sich der Substanzbedarf auf 1 mg; bei Verwendung eines Strahlenkondensors genügen im Extremfall noch etwa 10 ng der Substanz.

Da letzten Endes die Anzahl der von der Strahlung auf ihrem Weg durch die Substanz getroffenen Moleküle für die Transmission maßgebend ist, ist das Molvolumen der Substanz entscheidend. Bei der Messung von Gasen müssen deswegen um den Faktor 1000 größere Schichten verwendet werden.

4.1.2   Reinheitsanforderungen

4.1.2.1 Spektren von Reinsubstanzen, Vergleichsspektren

Im Allgemeinen sind an die Reinheit der zu messenden Substanz keine sehr hohen Ansprüche zu stellen. Eine Reinheit von 99% genügt oft, da von Verunreinigungen mit Konzentrationen <1% lediglich sehr starke Banden noch sichtbar sind. Spuren von <0.1% sind nur unter günstigen experimentellen Bedingungen erfassbar, im Spektrum der Hauptkomponente geben sie daher keinen Anlass zu Störungen.

Ähnliche Überlegungen gelten für die Herstellung von Kalibrationsgemischen bei quantitativen Bestimmungen unter Berücksichtigung der Tatsache, dass die relative Standardabweichung der Messmethode bestenfalls bei ±0.4% liegt.

Diese Vorgaben sind jedoch nicht zutreffend, wenn Spurenbestimmungen vorgenommen werden sollen, bei denen größte Reinheitsanforderungen z. B. an die Lösungsmittel gestellt werden müssen. Dies gilt in besonderem Maß für schwersiedende und nichtflüchtige Verunreinigungen in Lösungsmitteln, die zur Abtrennung und Anreicherung geringer Probemengen benutzt werden. Die heutzutage erreichbaren spektralen Signal/Rausch-Verhältnisse erlauben durchaus die Messung von Spurenkonzentrationen und kleinsten Stoffmengen.

4.1.3   Feuchtigkeit

Auf die Empfindlichkeit der gebräuchlichen Küvettenfenster gegenüber Feuchtigkeit wird in Abschn. 4.3.1.1 hingewiesen. Proben und Lösungsmittel müssen daher sorgfältig getrocknet sein. Ist eine Trocknung der Probe wegen der Gefahr einer Veränderung der Zusammensetzung durch chemische Reaktion oder Adsorption am Trockenmittel nicht möglich, so ist ein entsprechendes Küvettenmaterial (vgl. Tabelle 4-1, siehe S. 94) zu wählen. Wassergehalte von <1% sind für NaCl und KBr-Fenster unbedenklich.

4.1.4 Vorsichtsmaßnahmen

Die wichtigsten Vorsichtsmaßnahmen (siehe z. B. [1]) beim Umgang mit Proben und Lösungsmitteln sind:

- Tragen einer Schutzbrille zum Schutz gegen Spritzer.
- Arbeiten unter dem Abzug bei der Handhabung unbekannter Proben und vieler Lösungsmittel (Chlorkohlenwasserstoffe, Schwefelkohlenstoff, Benzol, Toluol u. a.; s. a. Tabelle 4-1).
- Tragen von Gummihandschuhen bei der Handhabung ätzender oder in ihrer physiologischen Wirkung unbekannter Substanzen.

Man lasse sich nicht durch die Geringfügigkeit der Probenmengen zur Nichteinhaltung dieser Vorsichtsmaßnahmen verleiten. Die Erfahrung hat gezeigt, dass selbst geringste Substanzmengen zu Augenverletzungen führen können (vgl. auch Abschn. 4.3.3.4, Tabelle 4-2).

Im Übrigen beachte man die Unfallverhütungsvorschriften der Berufsgenossenschaft der chemischen Industrie [2] und die als Anlage 4 darin integrierte Tabelle der MAK-Werte (Maximale Arbeitsplatz Konzentrationen), die auszugsweise auch im Basisteil des Analytikertaschenbuches [3] zu finden ist und regelmäßig aktualisiert wird [4].

4.2 Festsubstanzen

Folgende Methoden der Probenvorbereitung stehen für Festsubstanzen zur Verfügung:

- Herstellen einer Lösung (vgl. Abschn. 4.3.3),
- KBr-Presstechnik (vgl. Abschn. 4.2.1),
- Herstellen einer Suspension in Öl (vgl. Abschn. 4.2.2),
- Auftragen einer dünnen kristallinen Schicht auf das Küvettenfenster aus der Schmelze (vgl. Abschn. 4.2.3),
- Herstellen einer Folie durch Pressen in der Wärme, Gießen aus Lösung oder Schneiden (Polymere) (vgl. Abschn. 4.2.4),
- Anwendung der ATR-Methode bei unschmelzbaren und unlöslichen Polymeren mit glatter Oberfläche (vgl. Abschn. 5.1.2).

Die Wahl eines geeigneten Verfahrens richtet sich nach der Beschaffenheit der Probe, nach ihren physikalischen Eigenschaften (Schmelzpunkt, Löslichkeit) und nach dem Zweck der Messung (qualitatives Übersichtsspektrum oder quantitative Bestimmung).

4.2.1   KBr-Presstechnik

4.2.1.1   Materialien zur Herstellung von Presslingen

Alkalihalogenide haben die Eigenschaft, bei Drücken von etwa
0.7 bis 1.0 GPa (10^5 Pa entsprechen 1 bar) *kalten Fluss* zu
zeigen. Bei diesen Drücken sintert das Material und lässt sich
zu einer durchsichtigen, einkristallähnlichen Tablette verfor-
men.

Am gebräuchlichsten ist Kaliumbromid, das – wie die aus
echten Einkristallen bestehenden KBr-Fenster – bis zu einer
Wellenzahl von 400 cm^{-1} durchlässig ist. Auch Natriumchlorid
zeigt kalten Fluss, wird jedoch wegen seines bis 650 cm^{-1} begrenzten Transmissionsbereiches kaum benutzt. Für Messungen
im längerwelligen IR bis 200 cm^{-1} eignen sich Kaliumiodid und
Cäsiumiodid. Für spezielle Zwecke können ferner Thalliumbromid, Silberchlorid und Polyethylen eingesetzt werden.

Die KBr-Presstechnik eignet sich hervorragend für qualitative Messungen an ausreichend spröden, pulverisierbaren
Festsubstanzen. Für quantitative Messungen ist die Methode
schlecht geeignet. Zu beachten sind Wechselwirkungen zwischen Substanz und Einbettungsmittel, welche zu Veränderungen der Spektren führen können (siehe Abschn. 4.2.1.7).

Zur Behebung von Störungen durch den Christiansen-Effekt
(vgl. Abschn. 4.2.1.6) ist gelegentlich KCl oder KI vorteilhaft.

Im Folgenden wird die Reinigung des Materials und
die Herstellung der Tabletten unter Verwendung von KBr
beschrieben. Mit anderen Materialien ist analog zu verfahren.

4.2.1.2   Reinheit und Herstellung des Kaliumbromids

Die speziell für die IR-Spektroskopie im Handel befindlichen
Kaliumbromidsorten sind besonders gereinigt, wobei mitunter
eine schwache, schmale Bande bei 1380 cm^{-1} zu beobachten
ist, die auf Kaliumnitrat zurückzuführen ist.

Kaliumbromid ist bekanntlich hygroskopisch, besonders
dann, wenn es für die Herstellung von Presslingen fein gemahlen wurde und die Oberfläche infolgedessen besonders groß
ist. Anhaftende Feuchtigkeit führt zu störenden Banden bei
ca. 3450 und 1640 cm^{-1} sowie zu einem Abfall des Untergrundes oberhalb von 1000 cm^{-1} (siehe Abb. 4-1). Zur Ver-
meidung dieser Störung kann das KBr einige Stunden lang
bei etwa 200 °C behandelt werden. Besser ist Trocknen im
Vakuum-Trockenschrank bei 150 °C nach vorangegangener
Pulverisierung; so behandeltes KBr kann im Exsikkator über

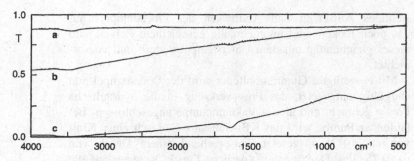

Abb. 4-1. Transmissionsspektren von verschiedenen KBr-Presslingen.
a) Normaler Pressling.
b) Trüber Pressling mit geringer Feuchtigkeit (die schwachen, fein strukturierten Banden sind durch nicht ausreichende Kompensation der Absorption durch CO_2 und H_2O im Spektrometer bei der Proben- und Backgroundmessung erklärlich).
c) Pressling mit extremer Feuchte.

Kieselgel (Blaugel) gelagert werden. Häufige Entnahme macht eine gelegentliche Nachtrocknung erforderlich. Es ist daher vorteilhaft, das KBr in kleinere Portionen zu teilen.

Sehr gutes, reines Ausgangsmaterial für Presslinge sind zerbrochene Küvettenfenster.

4.2.1.3 Presswerkzeuge

Hydraulische Presse und Pressform zur Herstellung von Tabletten mit 13 mm Durchmesser können von den meisten Geräteherstellern und Lieferfirmen für Zubehör bezogen werden.

Abb. 4-2 zeigt die Schnittzeichnung eines Presswerkzeuges. Das Pressform-Innenteil, in dessen Zylinder die Tablette zwischen Unter- und Oberstempel gepresst wird, besteht aus zwei konischen Hälften, die durch die äußere Pressform zusammengehalten werden. Durch Zerlegen des Innenteils kann die gepresste Tablette entnommen werden.

Der seitlich angebrachte Stutzen dient zum Evakuieren vor und während des Pressvorganges. Dies ist notwendig, da sonst Lufteinschlüsse zum vorzeitigen Rekristallisieren der Tablette führen würden.

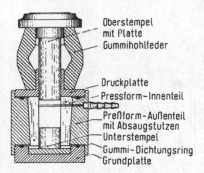

Oberstempel
mit Platte
Gummihohlfeder

Druckplatte
Pressform-Innenteil

Preßform-Außenteil
mit Absaugstutzen
Unterstempel
Gummi-Dichtungsring
Grundplatte

Abb. 4-2. KBr-Presswerkzeug.

4.2.1.4 Herstellung der Tablette

0.5 bis 1.5 mg Substanz werden in einer kleinen, flachen Achat-Reibschale gemahlen und nach Zugabe von 200–300 mg KBr-Pulver durch weiteres Reiben mit diesem innig vermischt.

Die so hergestellte Mischung wird in die zusammengebaute, aber noch offene Pressform überführt. Durch einmaliges vor-

sichtiges Aufsetzen und Andrücken des Oberstempels auf
das noch lockere und unregelmäßig geschichtete Pulver wird
dieses gleichmäßig auf dem Unterstempel verteilt und vorver-
dichtet.

Mit eingefügter Gummihohlfeder wird der Oberstempel nun
endgültig aufgesetzt, das Presswerkzeug in die hydraulische
Presse gebracht und an die Vakuumpumpe angeschlossen. Bei
laufender Pumpe wird das KBr-Substanz-Gemisch einer Kraft
von ca. 10^5 N ausgesetzt, entsprechend einem Druck von
ca. 0.75 GPa. Der dazu erforderliche Druck, bezogen auf die
Stempelfläche der hydraulischen Presse, ist im Allgemeinen
am Manometer der Spezialpressen für die KBr-Presstechnik
markiert.

Der Sinterungsvorgang beansprucht etwas Zeit; deshalb wird
der Enddruck ca. 2 Minuten lang gehalten. Die Einhaltung des
richtigen Pressdruckes ist wichtig. Zu geringer Druck führt zu
einer nicht völlig gesinterten und daher trüben, zum Rekristallisieren neigenden Tablette. Zu hoher Druck führt zur Beschädi-
gung des Presswerkzeuges, für das es jedoch empfohlene Last-
begrenzungen gibt. Nach Entspannen der Presse und Lösen der
Vakuumleitung wird das Presswerkzeug zerlegt, der Pressling
vorsichtig mit einer Pinzette entnommen und in den Pressling-
halter (s. u.) eingesetzt.

Nach dem Pressen ist die Pressform sorgfältig zu reinigen, da
die Rückstände des hygroskopischen KBr-Pulvers bald feucht
werden und in diesem Zustand äußerst korrosiv sind.

Für die routinemäßige Vorbereitung größerer Probenserien
eignet sich besser folgendes Verfahren: Die Probe wird mit
dem KBr-Pulver und zusammen mit zwei Achatkugeln in eine
dickwandige Achatkapsel gegeben (Abb. 4-3 a). Das Volumen
der Kapsel ist so bemessen, dass die Beschickung höchsten 2/3
des Innenraumes ausfüllt. Das verschlossene Röhrchen wird in
einen passenden elektromagnetischen Vibrator eingesetzt und
3 bis 5 Minuten lang zur Schwingung gebracht. Unter dem
Einfluss der Achatkugeln werden Substanz und KBr-Pulver
gemischt und feinst gemahlen. Beim Überführen der Mischung
in die Pressform darf aber nicht vergessen werden, die Achatkugeln abzutrennen. Hierfür erweist sich z. B. ein Glastrichter
mit eingeschmolzenem Netz aus Glasstäbchen (Abb. 4-3 b) als
besonders nützlich. Metallsiebe sind ungeeignet wegen der
starken Korrosionswirkung von feuchtem KBr.

Gelegentlich lassen sich sehr harte, schlagzähe oder zu
weiche Substanzen in der oben beschriebenen Weise nicht
feinmahlen. Im Pressling sind dann noch grobe Substanzkörn-
chen mit bloßem Auge zu erkennen. Anomal schwache Absorptionsbanden sind die Folge. In solchen Fällen ist es nützlich, die Substanz feinzumahlen, bevor sie mit KBr gemischt
wird. Dies kann bei Verwendung der obigen Schwingmühle

 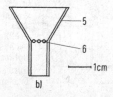

Abb. 4-3. Geräte zur Vorbereitung von KBr-Presslingen.
a) Mahlkapsel
   1) Achatzylinder
   2) Teflonstopfen
   3) Achatkugeln
   4) Kaliumbromid-Pulver und
      Probe
b) Trichter mit Glasgitter zur
   Abtrennung der Achatkugeln
   5) Glastrichter
   6) Glasgitter

unter Kühlung mit flüssigem Stickstoff mit einer etwas größeren Menge (ca. 50–100 mg) der Substanz oder aber mittels eines kleinen Achatmörsers erfolgen.

Zur Kompensation des Untergrundes und der Wasserbanden kann ein Leerpressling verwendet werden. Bei Zweistrahl-Gitterspektrometern wird dieser direkt in den Vergleichsstrahl eingesetzt, bzw. bei FT-Spektrometern erfolgt üblicherweise die Referenzmessung mit dem Leerpressling. Um eine möglichst gute Kompensation der Wasserbanden zu erreichen, sollte der Leerpressling kurz vor oder nach Herstellung des Substanzpresslings präpariert worden sein.

Leerpresslinge eignen sich auch gut als billiges Fenstermaterial für qualitative Messungen, besonders dann, wenn für den langwelligen Spektralbereich oder wegen feuchter und aggressiver Substanzen besonders kostspieliges Fenstermaterial erforderlich ist. Die eventuell erhöhte Untergrundabsorption kann durch Herstellen eines Vergleichspresslings aus demselben Material mit doppelter Schichtdicke kompensiert werden.

Mit den üblichen Geräten zur Herstellung von KBr-Presslingen für die Untersuchung von Festsubstanzen erzeugt man KBr-Tabletten von 13 mm Durchmesser. Diese werden in einfache Halterungen eingelegt, die beim Gerätehersteller bezogen werden können. Sie werden so angeordnet, dass der Pressling sich in der Nähe des Brennpunktes befindet, wo die Ausdehnung des Strahlenbündels ihr Minimum erreicht hat.

4.2.1.5 Mikropresslinge

Auch wenn erheblich geringere Substanzmengen als 0.5 mg zur Verfügung stehen – z. B. der Rückstand des Eluats einer dünnschichtchromatographisch abgetrennten Fraktion – kann ein gutes Spektrum erhalten werden, indem man einen Pressling mit entsprechend kleinerem Radius herstellt. Besondere Presswerkzeuge zur Anfertigung von Mikropresslingen sind im Handel. Ihr Aufbau entspricht dem normalen Presswerkzeug, jedoch wird der Pressling in die zentrische Bohrung eines 1 mm dicken Stahlscheibchens von 13 mm Durchmesser eingepresst. Bohrung und Oberstempel mit entsprechender Stempelführung müssen im Durchmesser einander entsprechen. Gebräuchlich sind Durchmesser von 1.5 und 0.5 mm.

Bei der Herstellung eines Mikropresslings genügt natürlich eine geringere Kraft, um den notwendigen Druck von 0.75 GPa ($75 \cdot 10^3$ N/cm²) zu erreichen. Entsprechend der kleineren Fläche sind das ca. 1300 N bei 1.5 mm-Presslingen und ca. 150 N bei Tabletten mit 0.5 mm Durchmesser, wie das folgende

Rechenbeispiel zeigt:

$$K = p \cdot F = p \cdot \pi r^2 = 75 \cdot 10^3 \cdot 3.14$$
$$\times (2.5 \cdot 10^{-2})^2 = 147,3 \text{ N}$$

(4.1)

wobei p = Druck in N/cm^2
F = Fläche in cm^2
K = Kraft in N
r = Radius in cm

Dieser Umstand ist unbedingt zu beachten, da sonst der empfindliche Oberstempel zerstört wird. Die richtigen Pressdrücke werden am besten mit der zum Mikropresswerkzeug passenden Spindelpresse erreicht. Bei der Herstellung eines Presslings von 0.5 mm Durchmesser genügt schon das Aufdrücken des Oberstempels von Hand.

Die Mikropresslinge verbleiben in der Bohrung des Stahlplättchens und werden mit diesem in den Halter eines Mikroilluminators eingesetzt.

Die Mikropresslinge mit Durchmesser 1.5 mm können auch in ihrer Stahlschablone im normalen Presslinghalter an die sonst für Makropresslinge vorgesehene Stelle des Strahlengangs eingesetzt werden. Die Stahlschablone deckt zwar ca. 95 % der Strahlung ab, die Reserven leistungsfähiger Geräte reichen jedoch aus, um mit den restlichen 5 % der Energie ein gut auswertbares Spektrum zu erhalten. Bei FT-Spektrometern kann die Anzahl der zu akkumulierenden Interferogramme vergrößert werden.

Bei Verwendung von Mikropresslingen kann der Substanzbedarf auf 5 bis 10 µg (4 mg KBr), bei sorgfältigem Experimentieren sogar unter 1 µg (0.4 mg KBr) reduziert werden (siehe z. B. [5]). Die Nachweisgrenzen, zum Teil bis 10 ng, hängen natürlich auch von der Stärke der Absorptionsbanden ab. Die Ansprüche an Sauberkeit bei der Probenpräparation und an die Reinheit der Substanzen steigern sich selbstverständlich mit den niedrigen Nachweisgrenzen.

Zur Überführung von Lösungen auf Mikropresslinge siehe auch Abschn. 4.3.3.6. Eine übliche Methode verwendet einen porösen Keil aus gepresstem KBr ("Wick-stick", Abb. 4-4), der in die Lösung gebracht wird. Die gelöste Substanz reichert sich bei langsamer Verdunstung des Lösungsmittels in der Spitze an, die dann abgebrochen wird und zu einem Mikropressling verarbeitet werden kann [6].

Steht kein Mikropresswerkzeug zur Verfügung, so kann man nach Patt und Kuhn [7] einen trichterförmigen Bleiring in das normale Presswerkzeug einsetzen und unter Anwendung von 50 µg Probe und 15–20 mg KBr einen Pressling von ca. 3 mm Durchmesser in der Bleimaske herstellen. Auch eine Kartonscheibe mit einem rechteckigen Ausschnitt von 1.9×9 mm kann als Schablone für einen Halbmikropressling dienen [8].

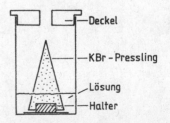

Abb. 4-4. "Wick-Stick"- Apparatur.

4.2.1.6 Störung durch den Christiansen-Effekt

Nach den Gesetzen der Wellenoptik zeigen alle Stoffe im Bereich starker Absorptionsbanden anomale Dispersion, d. h. der normalerweise nach höheren Wellenzahlen stetig ansteigende Brechungsindex ist in diesen Spektralbereichen stärkeren Änderungen unterworfen. Der Absorptionsverlauf einer in KBr oder in einer anderen Matrix eingebetteten Substanz wird nun aber seinerseits vom Unterschied der Brechungsindizes zwischen Substanz und Einbettungsmittel sowie auch von der Korngröße der Substanz beeinflusst. Ist der Brechungsindexunterschied zwischen Substanz und Matrix von vornherein besonders groß, so zeigen die Absorptionsbanden als Folge der anomalen Dispersion eine typische Asymmetrie (Abb. 4-5a).

Die höherfrequente (kurzwellige) Flanke ist sehr steil, der höherfrequente Bandenfuß zeigt häufig sogar eine höhere Transmission als es der Basis des Spektrums entspricht, die niederfrequente (langwellige) Flanke der Bande zeigt einen flachen, langgezogenen Verlauf (Tailing). Diese Erscheinung wird als *Christiansen-Effekt* bezeichnet. Daneben beobachtet man einen mehr oder weniger starken Abfall der Basislinie nach höheren Wellenzahlen hin, sowie eine Verschiebung der Bandenmaxima.

Der Christiansen-Effekt ist umso geringer, je kleiner die Brechungsindex-Differenz zwischen Substanz und Einbettungsmittel und je kleiner die Korngröße der Substanz ist. Man kann der Störung demnach durch feineres Mahlen (Abb. 4-5b) (längere Mahldauer, Vorzerkleinern der Substanz ohne KBr oder wiederholtes Zermahlen des Presslings) oder durch Wahl eines anderen Einbettungsmittels (z. B. KCl oder KI anstelle von KBr) begegnen.

4.2.1.7 Störungen durch Reaktionen mit dem Einbettungsmittel

Dank der ausgereiften Presswerkzeuge ist die KBr-Presstechnik eine bequem zu handhabende Methode. Zur Vorbereitung von Festsubstanzen wird sie daher gegenüber allen anderen Möglichkeiten bevorzugt. Man sollte sie aber nicht bedenkenlos anwenden, da KBr und alle anderen Alkalihalogenide hochpolare Substanzen sind, die mit der eingebetteten Substanz in physikalische oder chemische Wechselwirkung treten können. Als Folge solcher Wechselwirkungen können spezifische Unterschiede von Spektren ein und derselben Probe beobachtet werden, je nachdem, ob sie in KBr eingebettet oder auf andere Weise (Lösung, Ölsuspension, Film) zur Messung gebracht wird. Die Veränderungen können so groß sein, dass die Feststellung der Identität durch Vergleich mit dem Spektrum dersel-

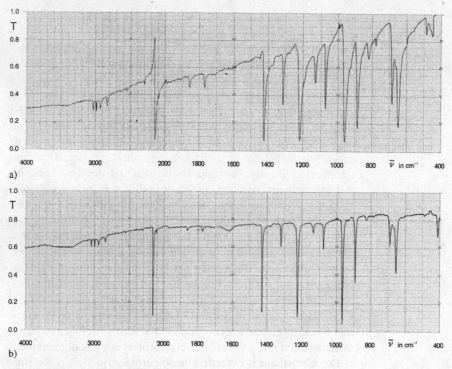

a)

b)

Abb. 4-5. Der Christiansen-Effekt.
a) IR-Spektrum von trans-Buten-2-dithiocyanat in KBr, starker
    Christiansen-Effekt.
b) Gegenüber a) wurde der Christiansen-Effekt durch längeres Mah-
    len der Substanz vermieden.

ben, nur anders vorbereiteten Substanz nicht mehr möglich ist.
Ohne Anspruch auf Vollständigkeit erheben zu wollen, seien
hier einige Ursachen für die Verfälschung der Spektren in KBr-
präparierten Proben genannt:

- Änderung der Kristallmodifikation (Abb. 4-6),
- Hydration durch die dem KBr anhaftende Feuchtigkeit,
- Verseifung von Estern und Säurechloriden,
- Substitution funktioneller Gruppen durch Halogen [9],
- Zersetzung instabiler Substanzen,
- Ionenaustausch [10],
- CO_2-Inclusion [11].

Falls sich bei der Identifizierung einer in KBr vorbereiteten
Substanz Schwierigkeiten ergeben, sollte man nicht versäumen,
eine andere Vorbereitungstechnik (Lösung, Ölsuspension,
Schmelze) anzuwenden. Man wird nicht selten feststellen,
dass das Spektrum des KBr-Presslings spezifische Merkmale
aufweist, die zu Misserfolgen bei der Identitätsprüfung durch
Spektrenvergleich oder gar zu Fehlinterpretationen führen
können. Die in Abb. 4-6 gezeigten Spektren eines Kupfer-

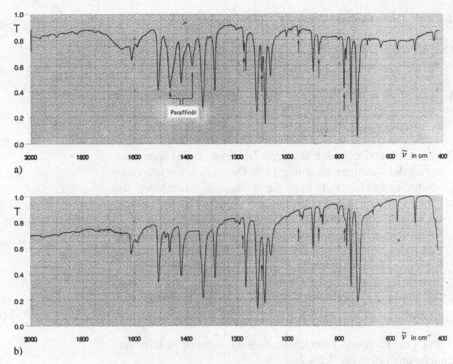

a)

b)

Abb. 4-6. IR-Spektrum von Kupferphthalocyanin (β-Modifikation).
a) Dispersion in Paraffinöl, b) KBr-Pressling.

Phthalocyanin-Komplexes weichen bei den markierten Wellenzahlen deutlich voneinander ab. Die β-Modifikation bleibt bei
der Paraffinöl-Präparierung (vgl. Abschn. 4.2.2) erhalten,
während sie sich beim Mahlen in KBr in die α-Modifikation
umwandelt.

Ein Beispiel für die Spektrenänderung bei einer in KBr
eingebetteten Substanz durch Feuchtigkeitsspuren zeigt die
Abb. 4-7.

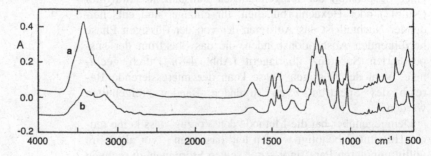

Abb. 4-7. IR-Spektrum von Calcium-2,5-Dihydroxybenzolsulfonat.
a) Messung des KBr-Presslings direkt nach der Präparation.
b) Messung des gleichen Presslings einen Tag später (Feuchtigkeitsspuren bewirkten eine enorme Streuung; das Spektrum wurde daher
basislinienkorrigiert und zum Vergleich in der Ordinate verschoben).

4.2.1.8 Quantitative Analysen

Die KBr-Presstechnik ist aus zwei Gründen für quantitative Analysen nur schlecht geeignet:

1. Die Schichtdicke ist auch bei sorgfältiger KBr-Einwaage wegen unkontrollierbarer Substanzverluste im Presswerkzeug schlecht reproduzierbar.

2. Die Absorption in den Bandenmaxima ist vom Dispersionsgrad der Substanz abhängig [10]. Durch den Einsatz einer Schwingmühle lässt sich durch längere Mahldauer die Intensität der Absorptionsbanden steigern. Bedingt durch geringere Streueffekte liegt die Spektrenbasislinie, z. B. in Absorbanzeinheiten, niedriger, als wenn die Zerkleinerung und Homogenisierung der Probe mit KBr im Achatmörser erfolgte. Daher ist der Mahlprozess möglichst reproduzierbar zu gestalten. Auch wurde die Zugabe von internen Standards, wie beispielsweise $K_3Fe(CN)_6$, verschiedentlich vorgeschlagen.

Zur Durchführung halbquantitativer Messungen in KBr vergleiche auch Abschn. 7.2.4.2.

4.2.2 Suspensionen in Öl

Die im Folgenden beschriebene Präparationstechnik für Festsubstanzen ist älter als die KBr-Presstechnik. Sie hat sich früher außerordentlich bewährt und ist zu Unrecht nahezu in Vergessenheit geraten. Sie beruht auf der Herstellung einer Suspension der feingemahlenen Substanz in Paraffinöl (Nujol®) oder Hexachlorbutadien. Ihr einziger und entscheidender Nachteil ist das Auftreten der von der flüssigen Phase herrührenden Absorptionsbanden, die das Spektrum der suspendierten Substanz überlagern (Abb. 4-8). Durch geeignete Wahl der flüssigen Phase kann der interessierende Bereich des Spektrums von störenden Banden freigehalten werden.

Demgegenüber hat die Methode den Vorzug, dass keine teuren Hilfsmittel benötigt werden und dass man – vor allem im völlig unpolaren Paraffinöl – mit keinen Störungen zu rechnen hat, wie sie bei Verwendung des hochpolaren KBr auftreten können (vgl. Abschn. 4.2.1.7). Vor allem luft- und feuchtigkeitsempfindliche Substanzen können auf diese Weise ohne Schädigung präpariert werden.

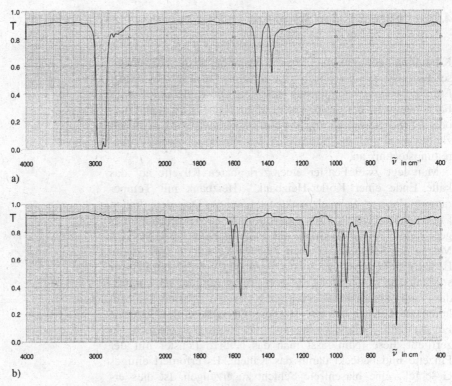

a)

b)

Abb. 4-8. Dispergiermittel zur Präparation fester Proben.
a) Paraffinöl, b) Hexachlorbutadien-1,3.

Zur Bereitung der Öl-Suspension benutzt man am besten zwei angerauhte (mattierte) Glasplatten. Diese werden folgendermaßen hergestellt:

Zwei Glasplatten (Durchmesser 6–7 cm, Stärke 3–4 mm) werden angefeuchtet, mit feinstem Seesand (600 mesh) beschichtet und durch Gegeneinanderreiben mattgeschliffen. Das letzte Schleifen erfolgt mit noch feinerem Schmirgel der Korngröße von etwa 2.5 μm (222 mesh) 4 bis 5 Minuten lang.

Zur Herstellung der Öl-Suspension gibt man auf die mattierten Platten einen Tropfen Öl, fügt 5–7 mg der zu untersuchenden Substanz hinzu und verreibt 2 Minuten zwischen den Platten. Die klare Suspension wird mit einer Rasierklinge vorsichtig zusammengeschoben, mit der Klinge oder einem Spatel auf das Fenster einer zerlegbaren Küvette übertragen und mit einem zweiten Fenster unter leichter Drehung so bedeckt, dass sich ein blasenfreier Film zwischen den Fenstern bildet.

Man kann die Suspension auch in einem kleinen Achatmörser anreiben. Bei Verwendung der Glasplatten ist es möglich, auch wachsartiges Material zu verarbeiten, wenn man der Suspension etwas Alkalihalogenidpulver zusetzt [12].

4.2.3 Film aus der Schmelze

Kristalline oder amorphe Festsubstanzen, die an der Luft unzersetzt schmelzen, lassen sich aus der Schmelze als fester dünner Film auf das Küvettenfenster auftragen. Diese Methode ist für Fälle geeignet, bei denen jeder Einfluss eines Lösungsmittels oder Dispergiermittels ausgeschlossen werden soll. Auch bei zähflüssigen und wachsartigen Proben bietet sich diese Vorbereitungstechnik an.

Man legt zwei Fenster einer zerlegbaren Küvette auf das kalte Ende einer Kofler-Heizbank® (Heizbank mit Temperaturgefälle zur Schmelzpunktbestimmung). Das dem kalten Ende nähere Fenster wird, gegebenenfalls nach Auflegen eines geeigneten Abstandsringes, mit einer gerade ausreichenden Menge der Substanz versehen. Mit Hilfe einer Pinzette, deren Enden mit Teflonschlauch überzogen sind, werden die Fenster so langsam in Richtung höherer Temperaturen verschoben, dass eine allmähliche Erwärmung der die Wärme schlecht leitenden Fenster erfolgt. Hat die Oberfläche des kälteren Fensters die Schmelztemperatur der Substanz erreicht, so zerfließt diese. Nun fasst man das heißere Fenster mit der Pinzette und bedeckt damit das Kältere. Es erfordert einiges Geschick, eine blasenfreie Schicht zu erzeugen. Ist dies erreicht, so wird das Fensterpaar langsam wieder zum kalten Ende hin geschoben. Dabei erstarrt die Schmelze zu einem Film.

Gut kristallisierende Substanzen erstarren – besonders bei langsamer und erschütterungsfreier Abkühlung – gelegentlich unter mehr oder weniger bevorzugter Ausrichtung der Kristallflächen. Dies kann zu Störungen führen, wenn die Optik des Spektrometers die Strahlung teilweise polarisiert. Je nach Stellung des teilorientierten Kristallisates relativ zur Polarisationsrichtung der Strahlung weisen dann die Banden von parallel bzw. senkrecht polarisierten Schwingungen Intensitätsunterschiede auf (vgl. Abschn. 5.6).

Niedrig schmelzende und schlecht kristallisierende Substanzen verbleiben oft längere Zeit als unterkühlte Schmelzen im flüssigen Zustand zwischen den erkalteten Fenstern. Da sich die Spektren derselben Substanz in verschiedenen Aggregatzuständen meistens, gelegentlich sogar sehr stark, voneinander unterscheiden, kann dies zu Fehlern bei der Substanzidentifizierung durch Spektrenvergleich führen (Abb. 4-9). Tritt die Kristallisation während der Messung ein, so verschiebt sich der Untergrund, und es können sich plötzlich nicht reproduzierbare Absorptionsbanden zeigen. Es ist deshalb ratsam, sich vor Beginn der Messung zu überzeugen, ob die Probe kristallisiert ist.

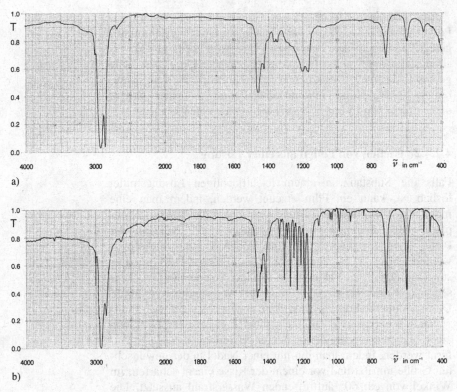

a)

b)

Abb. 4-9. Einfluss des Aggregatzustandes auf das IR-Spektrum des 1,17-Diiodheptadecan: a) flüssig, b) fest.

4.2.4 Folien

Folien aus polymerem Material lassen sich nach drei verschiedenen Methoden herstellen:

- bei thermoplastischen Polymeren durch Pressen zwischen zwei erhitzten planparallelen Metallplatten,
- bei löslichen Polymeren durch Gießen aus Lösung,
- bei unlöslichen und unschmelzbaren Polymeren durch Herstellen von Mikrotomschnitten.

4.2.4.1 Pressen von Folien

Warm verformbare (thermoplastische) Polymere lassen sich auf einfache Weise zwischen zwei beheizbaren Metallplatten unter mäßigem Druck zu Folien pressen. Heizbare Einsätze für die KBr-Presse leisten hierbei nützliche Dienste.

Eine geeignete Menge Pulver, Granulat oder Schnitzel des Polymers wird zwischen zwei Metallplatten (z. B. Aluminium) gelegt, zwischen den beheizbaren Presseinsätzen auf Erweichungstemperatur gebracht und unter leichtem Druck zur Folie gepresst. Hierfür gibt es kommerzielle Zubehöre, die Temperaturen bis 400 °C zulassen und mit denen Folien von festen Schichtdicken zwischen 15 und 500 μm hergestellt werden können.

4.2.4.2 Gießen von Folien aus einer Lösung

Falls die Substanz in einem leichtflüchtigen Lösungsmittel löslich ist, kann ein Film erzeugt werden, indem man eine möglichst konzentrierte Lösung auf eine Glas- oder Metallplatte gießt. Durch mehr oder weniger starke Neigung der Platte kann die Dicke der ablaufenden Lösung beeinflusst werden. Nach dem Antrocknen des Films wird das Lösungsmittel, ggf. im Vakuum, bei mäßiger Temperatur (Trockenschrank, Kofler-Heizbank®) möglichst vollständig verdampft. Danach kann die Folie von der Platte abgezogen werden.

Nach Wehling [13] kann ein dünner gegossener Film von einer Glasplatte oder einer anderen Unterlage unverletzt entfernt werden, indem man ihn mit einer Nadel in der gewünschten Größe umritzt und vor einem der Risse einem scharfen, im Winkel von ca. 60° auftreffenden Wasserstrahl aussetzt. Die Folie wird innerhalb von 20−30 sec aufgebogen und von der Platte abgehoben.

Gießt man auf eine reflektierende metallische Unterlage, so braucht man die Folie nicht abzuziehen. Die Messung erfolgt in diesem Fall unter Verwendung eines Reflexionszusatzes (vgl. Abschn. 5.1.1).

Man kann auch die Lösung direkt auf ein Küvettenfenster gießen, was bei der Herstellung extrem dünner Folien, die sich nur schwierig von der Unterlage unzerstört abziehen lassen, Vorteile hat. Diese Variante ist selbstverständlich nicht auf Polymere beschränkt; z. B. unzersetzt schmelzbare monomere Substanzen lassen sich so im festen Zustand als Film zur Messung bringen.

Bei dieser Präparationstechnik muss berücksichtigt werden, dass im Spektrum noch Banden von Lösungsmittelresten auftreten können. Abgesehen von diesem Nachteil kann man jedoch auf diese Weise sehr dünne Folien erzeugen, z. B. zur Untersuchung besonders intensiver Absorptionsbanden.

4.2.4.3 Mikrotomschnitte

Lässt sich ein polymeres Material durch keine der vorstehend beschriebenen Methoden zu einer Folie geeigneter Schichtdicke verarbeiten, so kann man auch ein Mikrotom zu Hilfe nehmen.

Präparatflächen von mehreren Quadratzentimetern und Schichtdicken zwischen 20 und 50 µm sind allerdings für die Technik der Mikrotomschnittherstellung ungewöhnlich und – besonders bezüglich der erforderlichen Fläche – nur selten zu realisieren. Man muss sich gegebenenfalls mit kleineren Folienstücken zufriedengeben und diese z. B. auf einem KBr-Presslinghalter oder auf dem Trägerplättchen eines Mikropresslings befestigen.

Wenn es die Oberfläche der Probe erlaubt, ist die Anwendung der ATR-Technik vorteilhafter (vgl. Abschn. 5.1.2).

4.2.4.4 Allgemeine Hinweise zur Herstellung von Folien

Beim Herstellen von Folien durch Pressen oder Gießen wird die Oberfläche unter Umständen sehr glatt, was bei der Messung zu Interferenzerscheinungen Anlass gibt. Durch mehrfache Reflexion der Strahlung an den inneren Oberflächen der Folien entstehen wellenlängenabhängige Intensitätsmaxima und -minima, deren Folge von der Schichtdicke der Folie abhängt und die sich dem Spektrum überlagern. Man kann sie zwar zur exakten Bestimmung der Schichtdicke benutzen (vgl. Abschn. 7.1.2), sie stören jedoch sehr bei der qualitativen Interpretation des Spektrums.

Man kann die Interferenzen vermeiden, indem man die Folie vor der Messung zerknittert und wieder glattstreicht oder die Oberfläche an einem geeigneten Instrument (z. B. saubere Feile oder Polierleinwand) aufrauht.

Eine andere Methode unter Einsatz eines Polarisators ist verwendbar, wenn auf senkrechten Einfall der Strahlung verzichtet wird und die Messung im Brewster Winkel erfolgt [14]. Zur Eliminierung von spektralen Interferenzmustern wurde ein einfaches Reflexionszubehör vorgeschlagen, mit dem die Rekombination transmittierter und reflektierter Strahlung gelingt, sodass die entstehenden Transmissions-Reflexions-Spektren ohne Basislinienstörungen aufgenommen werden können [15]. Rechnerische Verfahren, speziell bei Verwendung der Fourier-Transform IR-Spektroskopie, sind ebenfalls möglich. Die spektralen Interferenzmuster liefern in der Fourier-Domaine (z. B. Interferogramm) lokal begrenzte Störungen, die eliminiert werden können; eine Übersicht hierzu findet sich in [16].

Die Schichtdickenmessung erfolgt am einfachsten mit einer Mikrometerschraube, wobei man auf konstanten Andruck der Messfühler achten muss. Gut geeignet ist eine Mikrometerschraube mit Andruckrätsche, die automatisch für einen reproduzierbaren Andruck sorgt.

Sollen genauere quantitative Analysen an Kunststoffen (z. B. Bestimmung des Gehaltes an Weichmachern, Stabilisatoren,

Bestandteilen von Copolymeren etc.) vorgenommen werden, so ist die Verwendung anspruchsvollerer Geräte zur Schichtdickenbestimmung zu empfehlen. Derartige elektronische Feinmessgeräte verfügen über induktive Messelemente und empfindliche Messtaster mit Skalen- oder auch Digitalanzeige und mehreren Messbereichen. Die auftretenden Messkräfte sowie der Messkraftanstieg pro Messwegänderung sind minimal.

4.2.4.5 Halterung für Folien

Spezielle Halterungen für freitragende Folien gibt es in der Form, dass die Probe auf ein in die Küvettenhalterung passendes Blech gelegt und mit einem Magnetring fixiert wird. Je nach Größe und Festigkeit des zur Verfügung stehenden Materials kann die Folie auch zwischen zwei Küvettenfenstern oder in einem KBr-Presslinghalter montiert werden, am einfachsten aber auf einem rechteckigen durchbrochenen Karton, der in den für die Küvettenhalterungen vorgesehenen Schlitten am Gerätegehäuse passt. Die im Allgemeinen als Testprobe beigefügte Polystyrolfolie ist auf einem solchen Kartonstück angebracht.

4.2.5   Folien als Probensubstrat

Im Abschn. 4.2.1.4 wurde erwähnt, dass KBr-Presslinge auch als Substrat für verschiedene Proben einsetzbar sind. Eine andere Möglichkeit besteht in der Verwendung von mikroporösen dünnen Folien aus Polyethylen (PE) oder Polytetrafluoroethylen (PTFE), die kommerziell erhältlich* sind. Die Folien sind in Karten aus Karton eingelassen, die mit den normalen Probenhalterungen der Spektrometer kompatibel sind.

Als Proben können verschiedene Flüssigkeiten, Pasten oder Schmieren berücksichtigt werden. Der Probenbedarf liegt bei etwa 15 bis 100 µl. Flüchtige Lösungsmittel sind auf der porösen Oberfläche bereits bei Raumtemperatur schnell verdunstet. Die PE-Folien sind bis 100 °C für kurze Zeit hitzebeständig, was beim Verdampfen weniger flüchtiger Lösungsmittel wichtig sein kann. So lassen sich hochviskose Proben zum besseren Auftragen ebenfalls erwärmen. Flüssigkeiten mit hoher Oberflächenspannung können nach Vorbehandlung des Filmes

---

* International Crystal Laboratories, 11 Evie Street, Garfield,
  NJ 07026, USA; www.internationalcrystal.net.

mit einem polaren Lösungsmittel wie Aceton die Substratober-
fläche besser benetzen.

Bei der PE-Folie ist der Spektralbereich von 4000 bis
400 cm^{-1} bis auf den aliphatischen CH-Streckschwingungs-
bereich gut zu nutzen (siehe Abb. 4-10). Voraussetzung ist,
dass vom unbenutzten Film ein Referenzspektrum zur Kompensation der vorhandenen Absorptionsbanden aufgenommen
wurde. Insbesondere kann dieses Filmmaterial hervorragend
für qualitative Untersuchungen eingesetzt werden, bei denen
der Fingerprintbereich wichtig ist. Falls der Bereich um
3000 cm^{-1} ausgewertet werden soll, kann auf die PTFE-Folien
ausgewichen werden, deren freier Spektralbereich von 4000
bis etwa 1300 cm^{-1} reicht (siehe Abb. 4-11). Das Material besitzt den weiteren Vorteil der Temperaturbeständigkeit bis
200 °C.

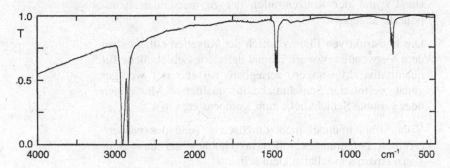

Abb. 4-10. Transmissionsspektrum einer mikroporösen Polyethylen-
folie.

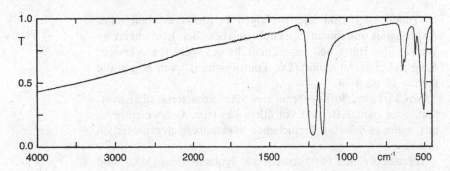

Abb. 4-11. Transmissionsspektrum einer mikroporösen Polytetrafluoro-
ethylenfolie.

4.3   Flüssigkeiten und Lösungen

4.3.1   Küvetten

Küvetten oder Zellen nennt man geeignete Gefäße, in denen
flüssige oder gasförmige Proben mit definierter Schichtdicke in
den Strahlengang gebracht werden können. Folgende Voraussetzungen müssen hierfür gegeben sein:

*   Die Fenster müssen für den Strahlungsdurchtritt bei den
    jeweiligen Wellenlängen durchlässig sein und möglichst
    keine Reflexions- oder Streuverluste verusachen.

*   Das Fenstermaterial muss gegenüber der Probe resistent
    sein.

*   Die Schichtdicke ist der Dichte der Probe (Aggregatzu-
    stand!) und der Konzentration der zu messenden Kom-
    ponente angepasst.

*   Die konstruktiven Eigenschaften der Küvetten entsprechen
    dem Verwendungszweck (genau definierte Schichtdicke für
    quantitative Messungen, zerlegbare Küvette mit weniger
    genau definierter Schichtdicke für qualitative Messungen
    oder variable Schichtdicke zum Kompensieren usw.).

*   Vom Strahlenbündel nicht durchsetzte Teile des proben-
    erfüllten Innenraumes sollen im Hinblick auf eine Sub-
    stanzersparnis möglichst klein sein.

4.3.1.1 Küvettenfenster

In Tabelle 4-1 sind alle wichtigen Fenstermaterialien unter
Angabe des nutzbaren Spektralbereiches, der Löslichkeit in
Wasser, der Härte und gegebenenfalls des speziellen Verwen-
dungszweckes aufgeführt. Die Transmissionskurven zeigen die
Abb. 4-12 bis 4-14.

NaCl ist ein häufig gebrauchtes Standardmaterial für Küvettenfenster. Auf KBr und vor allem das teure CsI weicht man
aus, wenn es der zu untersuchende Spektralbereich erforderlich
macht.

Infrasilküvetten mit Fenstern aus synthetischem Quarz sind
im Vergleich zu anderen Materialien sehr widerstandsfähig,
leider jedoch nur bis 3.5 µm (2850 cm^{-1}) durchlässig. Für
Messungen im Nahen IR-Bereich und Untersuchungen der
Banden von Grundschwingungen im Bereich um 3000 cm^{-1}
sowie zum Bau von Druckzellen ist dieses Material jedoch
vorteilhaft.

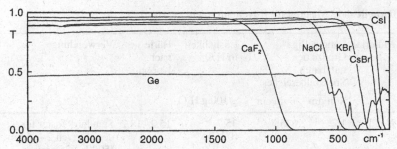

Abb. 4-12. Transmission von Küvettenfenstern, Fenstermaterialien: CsI, CsBr, KBr, NaCl, CaF$_2$ und Ge; Schichtdicken: Ge 3mm, CsBr 4 mm, alle anderen 5 mm.

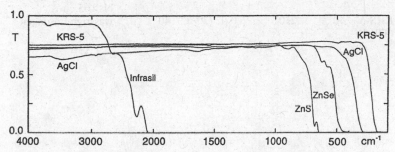

Abb. 4-13. Transmission von Küvettenfenstern, Fenstermaterialien: KRS-5, AgCl, ZnSe, ZnS und Infrasil; Schichtdicken: AgCl 1 mm, Infrasil und ZnS 2 mm, sowie ZnSe und KRS-5 5 mm.

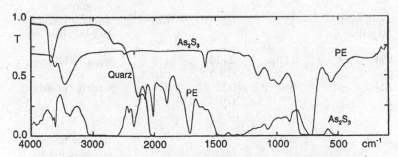

Abb. 4-14. Transmission von Küvettenfenstern, Fenstermaterialien: As$_2$S$_3$, Polyethylen und Quarz; Schichtdicken: As$_2$S$_3$ 2.5 mm, Polyethylen und Quarz 1 mm.

KRS-5, ein Mischkristall aus 42% Thalliumbromid und 58% Thalliumiodid ist ein roter, weicher Kristall, der sich wegen seiner Unlöslichkeit in Wasser und seinem weiten Transmissionsbereich besonders für Untersuchungen im langwelligen Spektralbereich und für wässrige Lösungen eignet. Lediglich alkalische Proben und speziell Phosphate greifen das Material an unter Hinterlassung eines gelben Belages. **KRS-5 ist giftig**, daher ist Vorsicht angebracht. Beim Handhaben, vor

Tabelle 4-1. Material für Küvettenfenster.

Material	Langwellige Grenze des nutzbaren Spektralbereiches		Löslichkeit in H_2O	Härte nach Knoop	Verwendung	Bemerkungen
	λ in µm	$\tilde{\nu}$ in cm⁻¹	g/100 g H_2O			
NaCl	16	625	35.7 (0 °C)	15.2–18.2	Standardfenster für den Bereich 2–16 µm (5000–625 cm⁻¹)	preiswert; wenig löslich in Alkohol, wenn wasserfrei; Halogenaustausch
KBr	25	400	53.5 (0 °C) hygroskopisch	6.5	für Messungen bis 400 cm⁻¹	löslich in Alkohol; Halogenaustausch
CsI	60	165	44.0 (0 °C)	weich	für Messungen bis 165 cm⁻¹	löslich in Alkohol; Halogenaustausch
KRS-5 (TlBrI)	40	250	0.02 (20 °C)	40	wässrige Lösungen	42% TlBr, 58% TlI; empfindlich gegen verschiedene org. Lösungsmittel; sehr weich; hoher Brechungsindex (2.37 bei 100 cm⁻¹); hohe Reflexionsverluste (28.4% bei 100 cm⁻¹ für 2 Oberflächen); **giftig! Gummihandschuhe !**
Irtran-2 (ZnS)	14	710	0.69 · 10⁻⁴ (18 °C)	250	wässrige Lösung; Säuren, Basen; höherer Druck; hohe Temperatur (bis 800 °C)	sehr widerstandsfähig; unempfindlich gegen Temperaturänderungen; mechanisch stabil
Irtran-5 (MgO)	8.5	1175	6.2 · 10⁻⁴	640	wässrige Lösung, Druck-Zellen	empfindlich gegen Säuren und Ammoniumsalzlösung
CaF_2	9	1110	2 · 10⁻³ (20 °C)	158	wässrige Lösung	löslich in Ammonium-salzlösungen
BaF_2	12	830	0.17 (20 °C)	82	wässrige Lösung	löslich in Säuren und Ammoniumsalzlösungen; Sulfat- u. Phosphat-Ionen bilden Niederschlag
AgCl	23	435			wässrige Lösung, korrosive Flüssig-keiten einschl. HF, Tieftemperatur-küvetten	lichtempfindlich! nicht polieren! sehr weich;
AgBr	38	285	unlöslich	9.5		löslich in Ammoniak, $Na_2S_2O_3$ und KW; preiswert
Al_2O_3 (Saphir)	5.5	1800	9.8 · 10⁻⁵	1370	hohe Drucke	extrem hart; schwierig zu schleifen
SiO_2 (Infrasil)	4.0	2500	unlöslich	ca. 470	Nahes IR; Druck-Küvetten	sehr widerstandsfähig; empfindlich gegen Alkali
Poly-ethylen	1000	10	unlöslich		wässrige Lösung; org. Lösungsmittel, Säuren usw. im langwelligen und Fernen IR, wider-standsfähig; preis-günstigstes wasser-unlösliches Material	über 500 cm⁻¹ nur als Film zum Schutz anderer Fenstermaterialien verwendbar; in dickerer Schicht erst unter 500 cm⁻¹ ausreichend durchlässig

allem beim Schleifen und Polieren des Materials, sind Gummihandschuhe zu tragen, und es ist auf die sorgfältige Entfernung
von Abfällen zu achten. Da das Material unter Druck kalten
Fluß zeigt, muss die Schichtdicke fest zusammengebauter Küvetten häufig überprüft werden.

Irtran-Fenster sind glasähnliche, unter Druck gesinterte Kristalle, die eine relativ große Härte aufweisen und gegen thermische und mechanische Schocks widerstandsfähig sind. Außer
den in Tabelle 4-1 aufgeführten Materialien gibt es:

- **Irtran-1** (MgF_2, durchlässig bis 7.5 µm bzw. 1330 cm^{-1}),

- **Irtran-4** (ZnSe, durchlässig bis 20 µm bzw. 500 cm^{-1}) und

- **Irtran-6** (CdTe, durchlässig bis 28 µm bzw. 350 cm^{-1}), das
  in einem weiten Bereich durchlässig, aber sehr teuer ist.

- **Irtran-3** ist CaF_2, welches als solches in Tabelle 4-1 beschrieben ist. Dieses ziemlich teure Material ist für Untersuchungen bei hohem Druck sowie bei hohen und tiefen
  Temperaturen geeignet. Saphir ist zwar viel druckbeständi-
  ger, seine Verwendbarkeit ist jedoch wegen seiner sehr
  kurzwelligen Transmissionsgrenze beschränkt.

Wer über das Werkzeug zur Herstellung von KBr-Presslingen
verfügt, kann sich auf preisgünstige Weise selbst Küvettenfenster zum einmaligen Gebrauch herstellen. Ein Paar solcher
Presslinge aus KBr, KI, CsI oder RbI mit dazwischen eingebet-
teter flüssiger Probe – in einen Pressling-Halter eingelegt – ist
gut geeignet zur Anfertigung qualitativer Übersichtsspektren
(vgl. Abschn. 4.2.1.4 und 4.3.1.3).

Die gebräuchlichen Küvettenfenster können von den Spek-
trometerfirmen bezogen werden.

4.3.1.2 Behandlung und Pflege von Küvettenfenstern

Wie aus Tabelle 4-1 hervorgeht, sind die aus Alkalihalogenid-
Einkristallen bestehenden Küvettenfenster gut wasserlöslich
und hygroskopisch. Dementsprechende Sorgfalt bei ihrer Aufbewahrung und Behandlung ist daher unumgänglich.

Die Aufbewahrung der Fenster erfolgt am zweckmäßigsten
in einem Exsikkator oder einem anderen luftdicht verschließbaren Behälter, der mit einer angemessenen und von Zeit zu
Zeit zu ersetzenden Menge Blau-Gel versehen ist.

Bei der Handhabung der Fenster, insbesondere im Falle des
sehr teuren Cäsiumiodid, ist das Tragen zumindest von Gum-
mifingern ratsam. Die Handhabung von KRS-5-Fenstern darf
wegen ihrer Toxizität in jedem Falle nur mit Gummihandschuhen erfolgen!

Der sorgfältige und verantwortungsbewusste Spektroskopiker sollte es sich beim manuellen Beschicken von Küvetten wegen eventueller hautschädigender oder sonstiger toxischer Eigenschaften der manchmal bezüglich ihrer physiologischen Wirkung unbekannten Proben zur Gewohnheit machen, Gummihandschuhe zu tragen, und darf nicht versäumen, in Erfüllung seiner Aufsichtspflicht ihm anvertraute Mitarbeiter zur Einhaltung dieser Sicherheitsmaßnahme anzuhalten!

Vor dem Beschicken einer Zelle ist ein eventueller Wassergehalt der Probe zu berücksichtigen oder gegebenenfalls zu ermitteln. Wassergehalte bis 1% sind für Alkalihalogenid-Küvetten unbedenklich. Bei höheren Gehalten, besonders bei wässrigen Lösungen, müssen wasserkompatible Materialien wie KRS-5, Irtran, CaF_2, BaF_2, AgCl oder Infrasil unter Berücksichtigung des interessierenden Wellenlängenbereiches benutzt werden. Bei einigen wasserresistenten Materialien ist der Brechungsindex relativ hoch, sodass es zu störenden Interferenzeffekten durch Mehrfachreflexionen innerhalb der Küvette kommt (vgl. Tabelle 4-1).

Eine durch Luftfeuchtigkeit oder wasserhaltige Proben verursachte Trübung der Alkalihalogenid-Fenster ist kein Unglück, da sich die Kristall-Oberflächen in folgender Weise wieder aufpolieren lassen:

Über eine plane Fläche, z. B. einen ca. 10–15 mm hohen Metall- oder Glaszylinder mit plangeschliffener Fläche und einem Durchmesser von ca. 10 cm spanne man ein Stück weiches Fensterleder oder ein Baumwolltuch, das von einem entsprechend dimensionierten Überwurfring, Klemmring oder Gummiring gehalten wird. Ganz schwache Trübungen können durch Polieren der Fensteroberfläche mit kreisenden Bewegungen auf dem glatten trockenen Leder (Gummifinger!) beseitigt werden.

Bessere Wirkung erzielt man, wenn das Leder mit trockenem Isopropanol oder Toluol benetzt wird (Flüssigkeitsfilm zwischen Leder und Oberfläche!). In diesem Fall ist es zur Entfernung von Lösungsmittelresten erforderlich, auf einer trockenen Stelle des Leders nachzupolieren. Das Polierwerkzeug muss stets sauber und staubfrei sein.

Weist ein Fenster eine stärkere Trübung oder leichte Kratzer auf, so kann eine erhöhte Polierwirkung dadurch erzielt werden, dass man das Leder vor der Benetzung mit z. B. Polierrot (Eisen-(III)-oxid-Pulver) bestäubt. Auch in diesem Fall ist ein anschließendes Reinigen in Lösungsmittel und auf dem trockenen Leder notwendig. Für stark verkratzte Fensteroberflächen kann dem Isopropanol etwas Wasser zugesetzt werden, um dessen Wirkung zu erhöhen. Allerdings sind so behandelte Oberflächen meist nicht mehr exakt plan und nur noch für qualitative Messungen verwendbar.

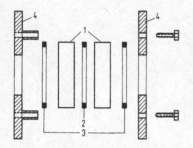

Abb. 4-15. Zerlegbare Küvette.
1) Küvetten-Fenster
2) Abstandsring
3) Zwischenring
4) Halterung

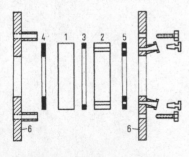

Abb. 4-16. Küvette für quantitative Messungen an Flüssigkeiten.
1) Küvettenfenster, undurchbohrt
2) Küvettenfenster, durchbohrt
3) Abstandsring
4) Zwischenring
5) Zwischenring, durchbohrt
6) Halterung

4.3.1.3 Zerlegbare Küvetten

Diese einfachste Küvettenart (Abb. 4-15) besteht aus zwei i. Allg. runden Küvettenfenstern (Durchmesser z. B. 25 mm) mit einem dazwischen gelegten Abstandsring (Spacer) aus Aluminium, Blei oder Teflon, dessen Dicke je nach Konzentration und Intensität des zu erwartenden Spektrums zwischen 10 und 500 μm, in Extremfällen auch einige Millimeter betragen kann, was insbesondere bei der Spektroskopie im Nahen IR üblich ist. Bei extrem geringen Schichtdicken kann der Abstandsring auch entfallen.

Die durch den Abstandsring gegebene Schichtdicke ist nicht genau definiert, sondern hängt von der nach dem Zusammenschrauben wirkenden Kraft und von Menge und Zähigkeit der zwischen Abstandsring und Fenster gelangenden überschüssigen Probenmenge ab. Zerlegbare Küvetten sind deshalb nur für qualitative Messungen geeignet. (Zur Verwendung von Leerpresslingen als Küvettenfenster vgl. Abschn. 4.3.1.1).

4.3.1.4 Küvetten mit definierter Schichtdicke ("Festküvetten")

Unter diesem Begriff versteht man Küvetten, die einmal zusammengebaut und dann ohne Demontage oftmals verwendet werden. Sie bestehen, wie zerlegbare Küvetten, aus zwei Fenstern mit dazwischengelegtem Abstandsring geeigneter Dicke, jedoch ist eines der Fenster mit zwei Bohrungen zur Beschickung der Küvette versehen. Die Bohrungen setzen sich in der einen Halterung fort und enden jeweils in einer kleinen *Hülse*, die mit einem Teflonstopfen verschlossen werden kann (Abb. 4-16).

Bei Verwendung völlig unbeschädigter Abstandsringe und Fenster sind Festküvetten im verschlossenen Zustand für Lösungsmittel mit Siedepunkten oberhalb 50–60 °C ausreichend dicht. Man bedenke jedoch, dass durch Strahlungsabsorption eine Erhöhung der Probentemperatur eintritt, die eine entsprechende Partialdruckerhöhung des Küvetteninhaltes bewirkt. Dies kann dazu führen, dass die Probe bzw. Lösung während der Messung teilweise oder ganz durch Undichtigkeiten zwischen Fenstern und Abstandsring entweicht. Die Gerätehersteller vertreiben für solche Zwecke "abgedichtete" Flüssigkeitsküvetten, für deren Herstellung durch Eintauchen in Quecksilber frisch amalgamierte Blei-Abstandsringe verwendet werden. Derartige Küvetten sind auch bei Verwendung niedrig siedender Lösungsmittel (z. B. n-Pentan, Chloroform, Schwefelkohlenstoff) genügend dicht. Nahezu ebenso gut abgedichtet sind selbst zusammengebaute Küvetten mit Abstandsringen aus Teflon.

Festküvetten finden vor allem für quantitative Messungen Verwendung, bei denen es auf die Kenntnis und Konstanthaltung der Schichtdicke ankommt. Zur Bestimmung der Schichtdicke sei auf Abschn. 7.1.2 verwiesen. Meist kommt es jedoch nur darauf an, dass die Schichtdicke während einer Meßreihe – bestehend aus Kalibrier- und Messproben – konstant bleibt. Wenn auf die Abwesenheit von Feuchtigkeit in den Proben geachtet wird, ist dies im Allgemeinen gewährleistet. Eine Überprüfung dieser Voraussetzung durch Messung einer Absorptionsbande, z. B. von Cyclohexan, vor und nach der gesamten Messreihe ist jedoch angebracht (vgl. Abschn. 7.2.4.1).

4.3.1.5 Küvetten mit variabler Schichtdicke

Einer der wichtigsten Vorteile des Doppelstrahlprinzips ist die Möglichkeit, einen Bestandteil der zu untersuchenden Probe (z. B. das Lösungsmittel) durch Einbringen dieser Substanz in den Vergleichsstrahl zu kompensieren. Diese Technik ist erforderlich, wenn kein Spektrometerrechner für die skalierte Subtraktion von Absorbanzspektren zur Verfügung steht. Zur Kompensation des Lösungsmittels bei hochverdünnten Lösungen ($c < 1\%$) genügt die Verwendung einer zweiten Festküvette derselben Schichtdicke im Vergleichsstrahl, um das Lösungsmittel im Spektrum der Lösung hinlänglich gut auszukompensieren. Der Konzentrationsunterschied des Lösungsmittels von $<1\%$ bedingt einen Schichtdickenunterschied von ebenfalls $<1\%$, der meistens vernachlässigt werden kann. Dennoch ist eine Überkompensation der Lösungsmittelbanden oft gut sichtbar.

Eleganter und bei geringeren Schichtdicken bzw. höheren Konzentrationen unumgänglich ist die Verwendung einer Vergleichsküvette, die eine Veränderung der Schichtdicke im montierten und gefüllten Zustand erlaubt (Abb. 4-17).

Abb. 4-17. Küvette mit variabler Schichtdicke.

Mittels eines Feingewindes läßt sich durch eine Drehbewegung der äußeren Küvettenteile der Abstand der Fensteroberflächen verändern. Die Einstellung definierter Schichtdicken wird durch einen entsprechend angebrachten Maßstab, meist mit Nonius, erleichtert. Werden zur Kompensation sehr geringe Schichtdicken benötigt, so fülle man die Probe zunächst bei höherer Schichtdicke ein und erniedrige diese dann soweit wie erforderlich.

Eine unschätzbare Erleichterung ist demgegenüber jedoch die mathematische Kompensation durch Differenzbildung mit den in einen Computer gespeicherten Referenzspektren, wenn man über ein Spektrometer mit Rechner verfügt, mit denen heutzutage Software zur Verfügung steht, um optimale skalierte Subtraktionen z. B. iterativ zu erreichen.

4.3.2 Flüssigkeiten

Ist die zu untersuchende Probe flüssig und klar durchsichtig, so ist im Allgemeinen keine weitere Vorbereitung notwendig, vor allem nicht für qualitative Untersuchungen. Etwaige Färbungen der Substanz beruhen auf einer Lichtabsorption im sichtbaren Gebiet und stören im IR-Bereich nicht. Störend sind dagegen Trübungen, die von festen Teilchen (Dispersion) oder einer fein verteilten flüssigen Phase (Emulsion) herrühren; sie zerstreuen die einfallende Strahlung durch Beugung und Reflexion, und es entsteht dadurch eine starke Untergrundabsorption. In diesen Fällen sollte durch Filtrieren oder Zentrifugieren für eine homogene Phase gesorgt werden. Den Rückstand kann man nach Waschen und Trocknen untersuchen.

Wassergehalte von größer 1 bis 2% beschädigen die Oberflächen von Alkalihalogenidfenstern. Wenn eine Trocknung mit entwässertem Natriumsulfat wegen der Gefahr einer Veränderung der Probe durch Absorption oder Reaktion nicht ratsam ist, dann muss man zu einem wasserunlöslichen Küvettenmaterial (KRS-5, Calciumfluorid, Silberchlorid, Irtran) greifen.

Für *qualitative Untersuchungen* genügt es, einen Tropfen der Probe zwischen zwei Fenstern einer zerlegbaren Küvette (vgl. Abschn. 4.3.1.3) zu bringen, bei schwach absorbierenden Proben unter Verwendung eines Abstandsringes von 25 oder 50 µm.

Nach Auflegen des Abstandsringes auf das erste Fenster und Auftragen einer der jeweiligen Schichtdicke angepassten Menge Substanz wird der Küvettenraum durch Auflegen des zweiten Fensters geschlossen. Dies muss so sorgfältig geschehen, dass der Innenraum frei von Luftblasen bleibt. Überschüssige Substanz wird nach außen verdrängt. Das so zusammengefügte Fensterpaar wird in der Metallhalterung befestigt. Ringe aus elastischem Material (Silikongummi oder dgl.) zwischen Halterung und Küvettenfenstern schützen letztere vor allzu leichtem Bruch; trotzdem sind die Schrauben der Halterung gleichmäßig und nicht zu fest („mit Gefühl") anzuziehen.

Sehr dünne Filme erzeugt man bei zähflüssigen und schwerflüchtigen Proben durch wiederholtes Aufeinanderlegen und Voneinanderabziehen der Fenster nach Aufbringen eines gerade ausreichenden Tropfens Substanz ohne Verwendung eines Abstandsringes. Ist die Probe unempfindlich gegen Luft und ihre Zähigkeit genügend hoch, so kann nach dieser Prozedur die Messung des an einem der beiden Fenster haftenden Filmes vorgenommen werden, indem nur dieses eine Fenster in die Halterung eingelegt wird. Diese Technik führt nochmals zur Verringerung der Schichtdicke, was bei stark absorbierenden, viskosen Proben gelegentlich vorteilhaft ist.

Für *quantitative Messungen* verwendet man eine Küvette mit definierter Schichtdicke („Festküvette", vgl. Abschn. 4.3.1.4) mit einer Schichtdicke von ca. 25 µm, nur bei sehr unpolaren Stoffen (Kohlenwasserstoffe) 50 oder 100 µm, bei Spurenbestimmungen gegebenenfalls auch mehr.

Zum Füllen einer Festküvette legt man diese schwach geneigt auf die Arbeitsfläche und führt die Probe mittels einer Pipette in die tiefer liegende Bohrung ein. Die in der dünnen Schicht wirkenden Kapillarkräfte reichen gewöhnlich aus, um die Flüssigkeit von unten nach oben in den schräg ansteigenden Probenraum der Küvette zu ziehen. Bei größeren Schichtdicken bewirkt der hydrostatische Druck der im Einfüllstutzen befindlichen Flüssigkeit deren Ausbreitung im Küvettenraum. Verschlossen wird noch in der gleichen Schräglage zunächst die untere, dann die obere Öffnung; bei umgekehrter Arbeitsweise wird nämlich die im oberen Einfüllstutzen befindliche Luft allzu leicht in den Probenraum zurückgedrückt.

Bei zähflüssigen Substanzen ist die Verwendung einer Festküvette nicht möglich. In diesem Fall muss eine Lösung hergestellt werden. Für die Bestimmung von Hauptkomponenten in Flüssigkeiten ist es ebenfalls ratsam, Lösungen herzustellen und entsprechend höhere Schichtdicken zu verwenden, da die relativen Fehler durch unkontrollierte Schichtdickenveränderungen (z. B. durch Wärmeausdehnung) bei den für reine Flüssigkeiten erforderlichen geringen Schichtdicken erheblich sein können.

4.3.3 Lösungen

Das Herstellen einer Lösung ist eine wichtige Vorbereitungstechnik in der IR-Spektroskopie. Sie wird angewendet zur Überführung fester Substanzen in den flüssigen Aggregatzustand, zur Verminderung der Viskosität zähflüssiger Proben, vor allem aber – und dies auch bei flüssigen Proben – zur Herabsetzung der Konzentration, um bei quantitativen Messungen größere und damit besser reproduzierbare Schichtdicken anwenden zu können. Ferner haben Untersuchungen in Lösungsmitteln verschiedener Polarität und bei verschiedenen Konzentrationen Bedeutung für die Konstitutionsaufklärung bei Substanzen, die zur Bildung von Wasserstoffbrückenbindungen fähig sind (vgl. Abschn. 4.3.3.5).

4.3.3.1 Lösungsmittel

Bedingt durch die grundlegenden Gesetzmäßigkeiten der IR-Strahlungsabsorption weist jedes Molekül – sofern es sich nicht um homöonukleare Elemente im gasförmigen Zustand handelt – ein IR-Absorptionsspektrum auf. Dementsprechend gibt es kein Lösungsmittel, das im gesamten IR-Spektralbereich frei von Absorptionsbanden ist*. Die durch die Lösungseigenschaften für viele Substanzen ohnehin stark eingeschränkte Zahl an möglichen Lösungsmitteln wird dadurch noch mehr begrenzt:

In Abb. 4-18 sind die wichtigsten Lösungsmittel mit einer schematischen Angabe der Gebiete ausreichender Durchlässigkeit aufgeführt. Die Spektren hierzu finden sich im Anhang (siehe Abschn. 10.2). Die als durchlässig bezeichneten Bereiche sind, wie man den einzelnen Spektren entnehmen kann, nicht völlig bandenfrei. Man würde auch in diesen Gebieten Störungen durch Lösungsmittelbanden, die sich dem Probenspektrum überlagern, hinnehmen müssen, wenn man nicht von der Möglichkeit der Kompensation Gebrauch machen würde. Durch sorgfältiges Einstellen der mit dem betreffenden Lösungsmittel gefüllten Vergleichsküvette mit variabler Schichtdicke (vgl. Abschn. 4.3.1.5) lassen sich Lösungsmittelbanden bis zu einer Transmission von etwa 0.2 gut auskompensieren.

---

* Ausnahme: Verflüssigte Gase als Lösungsmittel [17]. Die geringe Löslichkeit organischer Substanzen in unpolaren Medien um 100 K (Stoffmengenanteil 10^{-4} bis 10^{-6} %) kann durch hohe Schichtdicken ausgeglichen werden. Experimentell aufwendig sind die Küvetten-Konstruktionen.

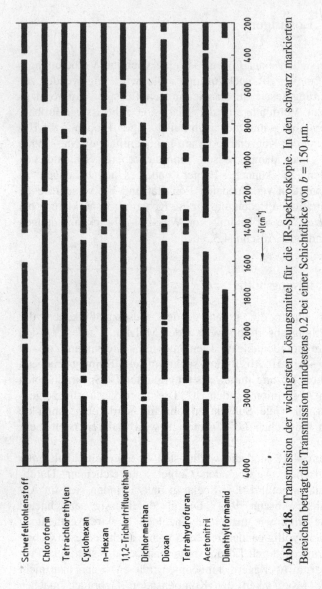

Abb. 4-18. Transmission der wichtigsten Lösungsmittel für die IR-Spektroskopie. In den schwarz markierten Bereichen beträgt die Transmission mindestens 0.2 bei einer Schichtdicke von $b = 150$ µm.

Eine andere Möglichkeit bietet die skalierte Subtraktion mit Lösungsmittelspektren, die mit derselben Probenfest-küvette gemessen wurden und die digitalisiert auf dem Spektrometerrechner vorliegen. Hierbei wird die Absorbanz des Lösungsmittelspektrums nicht über die variable Schicht-dicke, sondern mittels geeignetem Skalierungsfaktor rech-nerisch so getrimmt, dass keine positiven oder negativen „Überschwinger" im Differenzspektrum verbleiben. Im Bereich starker Absorptionsbanden ist keine zuverlässige Kompen-sation mehr möglich, und es kann zu erheblichen Artefakten kommen [18].

Bei quantitativen Messungen sollte das Lösungsmittel im Bereich auszuwertender Banden noch mindestens eine Transmission von 0.05 aufweisen. Niedrigere Transmissionen des Lösungsmittels sind bei qualitativen Messungen durchaus zulässig.

4.3.3.2 Reinheit der Lösungsmittel

Die Mehrzahl der in Abb. 4-18 aufgeführten Lösungsmittel sind kommerziell erhältlich. Sie sind unter besonderer Berücksichtigung ihrer UV- und IR-Spektren sorgfältig gereinigt.

Chloroform enthält im Allgemeinen 0.8% Ethanol als Stabilisator, das jedoch leicht chromatographisch mittels einer Kieselgel- oder Aluminiumoxidsäule entfernt werden kann. Unstabilisiertes Chloroform ist nur begrenzt haltbar; es neigt zur Abspaltung von Chlor und Chlorwasserstoff.

4.3.3.3 Konzentrationsbereiche

Wegen der begrenzten Nachweisstärke der Messmethode und wegen der Eigenabsorption der Lösungsmittel werden im Allgemeinen verhältnismäßig hohe Konzentrationen gewählt. Um bei quantitativen Messungen mit gut reproduzierbaren Schichtdicken von mindestens 0.1 mm, besser 0.2 mm optimale Transmissionen (siehe Abschn. 4.1.1) zu erzielen, sind 5–10fache Verdünnungen der Probe, d. h. Konzentrationen zwischen 20 und 10% erforderlich. Derart hohe Konzentrationen sind vor allem dann notwendig, wenn man zugunsten der Lösungseigenschaften auf Lösungsmittel mit starker Eigenabsorption zurückgreifen muss. Ist die Substanz in weniger polaren, bandenärmeren Lösungsmitteln löslich, so können meistens höhere Schichtdicken (0.5–2 mm) und dementsprechend niedrigere Konzentrationen (5–1%) angewendet werden. Dieser Konzentrationsbereich ist deshalb günstiger, weil hier Störungen durch Wechselwirkungen zwischen den Substanzmolekülen weitgehend zurückgedrängt und zu vernachlässigen sind. Man befindet sich hier im Allgemeinen schon im linearen Bereich des Lambert-Beer'schen Gesetzes (vgl. Abschn. 7.1). Bei höheren Konzentrationen können dagegen Banden auftreten, die spezifisch für Wasserstoffbrückenbindungen sind. Außerdem ist bei höherer Konzentration die Beziehung zwischen Konzentration und Absorbanz infolge von Wechselwirkungen zwischen Substanz und Lösungsmittel oft nicht mehr linear.

4.3.3.4 Herstellung der Lösungen

Da stets nur kleine Mengen der Lösungen benötigt werden –
meist 5–10 ml, notfalls auch nur 1–2 ml oder weniger – ist die
gravimetrische Herstellung der Lösung der volumetrischen
Methode vorzuziehen. Im Allgemeinen wird zunächst die
Probe und danach das Lösungsmittel eingewogen. Ist die Probe
jedoch leicht-flüchtig, so können Fehler durch Verdam-
pfungsverluste eintreten. Diese können weitgehend vermieden werden, wenn man das Lösungsmittel vorlegt und die
Substanz danach zuwiegt. Bei höheren Konzentrationen und
leichter-flüchtigen Lösungsmitteln ist auch auf die Gefahr
von Verdampfungsverlusten des Lösungsmittels zu achten,
besonders bei quantitativen Messungen. Aus demselben
Grund ist der Dampfraum über der Lösung möglichst klein
zu halten; die Gefäße zur Herstellung von Lösungen sind
folglich nicht zu groß zu wählen und müssen gut verschließ-
bar sein.

Vorsicht ist beim Arbeiten mit gesundheitsschädlichen
Lösungsmitteln (z. B. Schwefelkohlenstoff, Benzol, Toluol,
Tetrachlorkohlenstoff, Dioxan) angebracht! Trotz der relativ
kleinen Mengen treten leicht schädliche Konzentrationen in
der Luft am Arbeitsplatz auf (vgl. hierzu Tabelle 4-2). Deshalb

Tabelle 4-2. Maximale Arbeitsplatzkonzentrationen (MAK-Werte)
einiger gebräuchlicher Lösungsmittel für die IR-Spektroskopie [4].

	MAK-Wert in Luft	
	ml/m³ (ppm)	mg/m³
Acetonitril	40	68
Benzol[1]	TRK-Wert[2]	
Chloroform[3]	0,5	2,5
Cyclohexan	200	700
Dichlormethan[3]	100	360
Diethylether	400	1200
Dimethylformamid	10	30
Dioxan[3]	20	73
Ethanol	500	960
n-Hexan	50	180
Methanol	200	260
iso-Propanol	200	500
Schwefelkohlenstoff	5	16
Tetrachlorkohlenstoff[3]	10	65
Tetrahydrofuran	50	150
Toluol	50	190

[1] Kanzerogen = Stoffe, die beim Menschen erfahrungsgemäß
   bösartige Geschwülste verursachen.
[2] Technische Richtkonzentration: 1 ml/m³, entsprechend 3.2 mg/m³.
[3] Verdacht auf krebserzeugendes Potential.

arbeite man beim Herstellen von Lösungen und Füllen der Küvetten grundsätzlich unter dem Abzug. Da bei Tetrachlorkohlenstoff der Verdacht auf Kanzerogenität besteht, sollte es durch 1,1,2-Trichlortrifluorethan ersetzt werden.

4.3.3.5 Lösungsmitteleffekte

Nicht nur bei der Herstellung von Presslingen, sondern auch bei Lösungen hat man mit Veränderungen des Spektrums gegenüber dem der reinen Substanz zu rechnen. Die Veränderungen können entweder auf Wechselwirkungen zwischen Substanz und Lösungsmittel oder auf Wechselwirkungen zwischen den Molekülen der Substanz selbst beruhen. Diese Effekte können die Identifizierung durch Spektrenvergleich stören, bei Strukturuntersuchungen dagegen nützliche zusätzliche Hinweise geben.

Wechselwirkung zwischen Substanz und Lösungsmittel

Veränderungen des Spektrums infolge von Wechselwirkungen zwischen den Molekülen der Substanz und denen des Lösungsmittels sind umso mehr zu befürchten, je polarer Lösungsmittel und Substanz sind. Derartige Erscheinungen können durch Dipol-Wechselwirkungen, durch Chelatbildung (Wasserstoffbrückenbindungen), π-Komplexe oder andere Arten von Assoziaten hervorgerufen werden.

Schwache Wechselwirkungen führen lediglich zur konzentrationsabhängigen Veränderung der Absorptionskoeffizienten, sodass die Linearität der Beziehung zwischen Konzentration und Absorbanz nicht mehr besteht. Diese Erscheinung ist so häufig, dass quantitative Messungen, die auch nur bescheidenen Genauigkeitsansprüchen genügen sollen (Standardabweichung $< \pm 10\%$ rel.), niemals ohne vorhergehende Kalibrierung durchgeführt werden sollten, womit die Prüfung der Linearität von $A = f(c)$, d. h. die Prüfung der Gültigkeit des Lambert-Beer'schen Gesetzes, gemeint ist.

Stärkere Wechselwirkungen zwischen Substanz und Lösungsmittel können auch zu Verschiebungen der Bandenmaxima des gelösten Stoffes um einige Wellenzahlen führen.

Kommt es zur Bildung von Assoziaten, so können völlig neue, für dieses Assoziat typische Banden auftreten. Am bekanntesten und im Spektrum am leichtesten zu erkennen und zu deuten sind die Wasserstoffbrückenbindungen. Hydroxy-Verbindungen, in geringer Konzentration ($<1\%$) in unpolaren Lösungsmitteln gelöst, zeigen eine schmale OH-Valenzschwingungsbande bei ca. 3640 cm^{-1}. Wählt man ein Lösungsmittel, das zur Bildung von Wasserstoffbrückenbindungen fähig ist, z. B. Aceton, so verschiebt sich diese Bande unter Verbreiterung je nach Stärke der Assoziatbindung nach kleineren Wellenzahlen, bei Aceton um 140 cm^{-1} nach 3500 cm^{-1}.

Wechselwirkungen zwischen den Molekülen der gelösten Substanz

Zu diesem Typ von Wechselwirkungen gehören die am häufigsten zu beobachtenden Wasserstoffbrückenbindungen. Die OH-Valenzschwingungsbande von Hydroxy-Verbindungen in hoher Verdünnung (<1%, siehe oben) verschwindet bei Konzentrationserhöhung allmählich zugunsten einer bei kleineren Wellenzahlen liegenden und erheblich breiteren Bande des durch Wasserstoffbrückenbindungen zwischen zwei und mehr Oxigruppen verschiedener Moleküle gebildeten Assoziates (vgl. Abschn. 6.4.9). Ein Extremfall sind die dimeren Assoziate von Carbonsäuren (vgl. Abschn. 6.4.11.3).

Intramolekulare Wechselwirkungen

In den beiden vorausgegangenen Abschnitten war von Wechselwirkungen zwischen verschiedenen Molekülen, d. h. intermolekularen Wechselwirkungen die Rede. Es können jedoch auch in ein und demselben Molekül (z. B. in o-Nitrophenol) Wasserstoffbrückenbindungen auftreten. Sie zeigen eine mehr oder weniger stark verbreiterte und zu niedrigen Wellenzahlen (bis 400 cm^{-1} und mehr) verschobene OH-Bande, die sich weder durch Verdünnung noch durch Änderung der Polarität des Lösungsmittels beeinflussen lässt. Derartige Beobachtungen sind für Strukturuntersuchungen von großer Bedeutung (vgl. Abschn. 6.5.6).

Es ist deshalb in Zweifelsfällen (besonders bei Verwendung stärker polarer Lösungsmittel) ratsam, durch systematische Änderung der Konzentration und unter Umständen durch Wechsel des Lösungsmittels zu untersuchen, ob Einflüsse des Lösungsmittels auf das Spektrum der untersuchten Probe aufgetreten sein können.

4.3.3.6 Mikrotechnik bei Lösungen

Unter Verwendung von Mikroküvetten, die anstelle des Presslinghalters in den Substanzstrahl gebracht werden können, sind Flüssigkeitsmengen von wenigen Mikrolitern messbar. Zur Verringerung der Verluste durch Totvolumina und durch Anhaften an den Gefäßwänden ist in solchen Fällen die Messung von Lösungen auch dann vorzuziehen, wenn es sich um niedrigviskose Flüssigkeiten handelt. Beispielsweise kann man

Extrakte von dünnschicht-chromatographisch getrennten Fraktionen (vgl. Abschn. 5.7.2) soweit einengen, bis die Lösungs-
menge gerade noch für die Füllung einer Mikroküvette entsprechender Schichtdicke ausreicht. Die effektiv erforderliche Pro-
bemenge kann so auf einige zehntel Mikroliter reduziert werden [19]. Noch geringere Substanzmengen lassen sich nur mit
Hilfe von Mikropresslingen (vgl. Abschn. 4.2.1.5) zur Messung
bringen, z. B. durch Abdampfen des Lösungsmittels aus einer
Lösung auf der entsprechenden Menge KBr-Pulver; das ist ein
Verfahren, das sich bei festen und hochsiedenden flüssigen
Substanzen anwenden lässt.

4.4   Gase

Die Vorbereitung gasförmiger Proben für die IR-Spektroskopie erfordert eine andere Arbeitstechnik, als in den vorangegangenen Abschnitten besprochen. Es lassen sich mit Gasen
in gleichem Maße quantitative Messungen wie bei Flüssigkeiten oder Festsubstanzen vornehmen. Bei genügend hoher
Auflösung lassen die Spektren zusätzliche Rückschlüsse auf
den Bau des Moleküls durch Deutung der Rotationsfeinstruktur zu.

4.4.1 Gasküvetten

Entsprechend der geringeren Dichte von Gasen ist die hierfür
benötigte Schichtdicke wesentlich größer. Sie beträgt im Allgemeinen 5 oder 10 cm. Eine Gasküvette besteht aus einem
Glaszylinder mit zwei verschließbaren Zuführungen (vakuum-
dichte Glashähne) und planparallel geschliffenen Enden. Da der
Strahlengang in Richtung zur Strahlungsquelle hin divergiert,
ist ein Innendurchmesser von etwa 45 mm und damit ein Fens-
terdurchmesser von 50 mm erforderlich.

Die Abdichtung der Fenster gegen den Glaskörper kann
durch geeignetes gummielastisches Material, bei sehr aggressi-
ven Gasen notfalls auch durch Teflon, erfolgen. Mittels einer
entsprechenden Halterung und zwei zum Schutz der Fenster
eingelegten Gummiringen wird die Küvette montiert. Die Beschickung erfolgt gemäß Abschn. 4.4.2 unter Verwendung
einer Vakuumapparatur.

Wenn Spuren in einem schwach absorbierenden oder IR-
inaktiven Gas nachgewiesen werden sollen, ist eine Erhöhung
der Schichtdicke über 10 cm hinaus erforderlich. Da der
Probenraum im Allgemeinen nur Küvettenlängen von maximal

10 cm zulässt, wird zur Erzielung höherer Schichtdicken eine
Multireflexionsküvette nach *White* verwendet.

Innerhalb des Küvettenraumes wird der Strahl durch einen
Planspiegel horizontal um 90° umgelenkt und mittels eines
Spiegelsystems mehrfach hin- und herreflektiert, bis er nach
Zurücklegung einer definierten Weglänge die Küvette durch
das normal angeordnete Küvettenaustrittsfenster wieder verlässt (Abb. 4-19). Auf diese Weise können Schichtdicken bis zu
40 m und mehr erreicht werden. Die hohe Zahl von Reflexionen an den Spiegeloberflächen lässt allerdings die Strahlungsverluste innerhalb der Küvette beträchtlich werden. Mit
relativ geringen Verlusten und nur vier Reflexionen ist die am
häufigsten gebrauchte Langwegküvette mit 1 m Weglänge noch
leicht zu handhaben. Küvetten mit variabler Weglänge bis zu
10 bzw. 40 m sind mit FT-Spektrometern verwendbar und
erlauben die Messung von Spuren, im Extremfall bis herab zu
0.1 ppm und geringer.

Abb. 4-19. Langweg-Gas-Küvette
(schematisch).

4.4.2 Das Füllen von Gasküvetten

Gasproben werden entweder in Metalldruckflaschen oder in
zylindrischen Gassammelgefäßen (Abb. 4-20) aus Glas angelie-
fert und aufbewahrt. Alternativ gibt es hierfür auch Alumini-
um- oder Teflonbeutel mit Septum als Entnahmestelle. Die
Überführung einer Gasprobe in die Küvette erfolgt überwiegend aus einem Gassammelgefäß mit Hilfe einer Vakuumapparatur, die eine exakte Druckmessung zulässt, möglichst nicht
direkt aus einer Druckflasche.

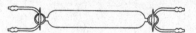

Abb. 4-20. Gassammelgefäß.

Abb. 4-21 zeigt das Prinzip der Apparatur zur Füllung von
Gasküvetten. Sie besteht aus einem Leitungssystem (Glasrohr,
Ø 6 mm) mit zwei Anschlussmöglichkeiten für die Küvette und
das Gassammelgefäß, einem Manometer M1 zur genauen
Druckmessung in der Küvette, einer Kühlfalle und zwei Mano-
metern M2 und M3 zur Druckmessung in der Kühlfalle bzw.
dem Gassammelgefäß.

Nach Evakuieren des Leitungssystems wird durch Öffnen der
entsprechenden Ventile die Probe in die Küvette überführt, bis
dort der gewünschte Partialdruck erreicht ist. Nach Anschluss
eines Stickstoffbehälters (Gassammelgefäß) kann die Probe auf
dieselbe Weise mit Stickstoff auf den gewünschten Partialdruck
(z. B. 500 hPa) aufgefüllt werden. Lösungsmitteldämpfe oder
kondensierbare Gase lassen sich für Kalibriergemische unproblematisch einmessen, wenn die Probenvorlage nach
Abkühlen mit flüssigem Stickstoff erneut langsam aufgewärmt
wird. Zu bedenken ist nur, dass diese Stoffe von der Küvettenoberfläche adsorbiert werden können, sodass beispielsweise

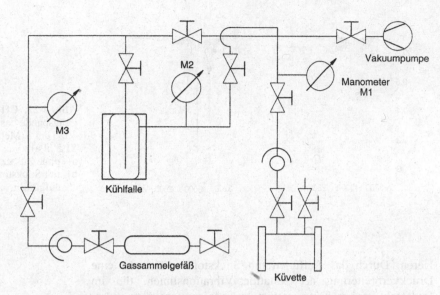

Abb. 4-21. Schema einer Vakuum-Apparatur zur Befüllung von Gas-Küvetten.

dynamische Kalibrationsmethoden der vorgestellten statischen Methode vorzuziehen sind. Beispiele zur Messung von Gasen und Lösungsmitteldämpfen, sowie Literatur zu dynamischen Verfahren sind in [20] zu finden.

Die Kühlfalle kann auch zur Befreiung der Proben von Inertgasen (z. B. Luft) durch Tiefkühlung und zum Abpumpen so wie zur Rückgewinnung der Probe dienen.

4.4.3 Die Gesamtdruck-Abhängigkeit des Absorptionskoeffizienten bei Gasspektren

Abb. 4-22 zeigt die CH-Streckschwingung des Methans, gemessen unter zwei verschiedenen experimentellen Bedingungen. Bei Spektrum (a) befand sich lediglich Methan mit einem Partialdruck von 21.5 hPa in der Küvette, vor Messung (b) wurde Stickstoff bis zu einem Gesamtdruck von 530 hPa zugefügt. Die wesentlich höhere Intensität der Bande im zweiten Spektrum zeigt, dass der gemessene Absorptionskoeffizient vom Gesamtdruck abhängig ist.

Dies liegt daran, dass die Linienhalbwertsbreiten im Spektrum des reinen Methans sehr viel geringer sind als die spektrale Auflösung des Spektrometers. Es sind sogenannte Faltungseffekte, die die gemessenen Bandenintensitäten erheblich redu-

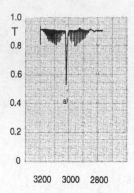 

Abb. 4-22. CH-Streckschwingungsbande des Methans bei 3020 cm^{-1} (Methan-Partialdruck 21.5 hPa):
a) ohne Zusatz von Stickstoff,
b) mit Stickstoff auf 530 hPa aufgefüllt.

zieren. Durch das Auffüllen mit Stickstoff erhält man eine Druckverbreiterung der Rotations-Vibrationslinien, die im Endeffekt zu größeren maximalen Linienintensitäten führt. Kann die spektrale Auflösung an die Linienhalbwertsbreiten angepasst werden, so können auch wahre Linienprofile vermessen werden [21].

Die in dem angeführten Beispiel zu erkennende, häufig zu beobachtende Gesamtdruck-Abhängigkeit ist bei quantitativen Messungen an Gasen unbedingt zu beachten. Sie darf nicht verwechselt werden mit dem nichtlinearen Verhalten der Beziehung $A = f(c)$, die nach dem Lambert-Beer'schen Gesetz (vgl. Abschn. 7.1) im idealen Fall streng linear sein müsste.

Um bei quantitativen Messungen übersichtliche und gut reproduzierbare Verhältnisse zu schaffen und um auch bei qualitativen Bestimmungen nicht mit Störungen der Intensitätsverhältnisse verschiedener Banden (wegen verschieden starker Gesamtdruckabhängigkeiten) rechnen zu müssen, sollte man grundsätzlich Gase unter demselben Gesamtdruck spektroskopieren. Es ist dabei gleichgültig, welcher Gesamtdruck gewählt wird, er muss nur für Messung und zugehörige Kalibrierung gleich sein.

Für die Messung einer Kalibrierreihe zur Bestimmung der Konzentrationsabhängigkeit der Absorbanz sind demnach zunächst die jeweils gewünschten Partialdrücke des zu kalibrierenden Gases in die Küvette zu bringen, um anschließend sodann den gewählten Gesamtdruck durch Auffüllen mit Stickstoff einzustellen. Für die Berechnung ist der Partialdruck des Kalibriergases bzw. der Probe wichtig, dessen Messungenauigkeit die Reproduzierbarkeit des Ergebnisses beeinflusst. Dagegen ist die Genauigkeit, mit der die Einstellung des Gesamtdruckes durch Auffüllen mit Stickstoff erfolgt, von geringerer Bedeutung.

4.4.4 Mikromethoden bei Gasen

Das Volumen normaler zylindrischer Gasküvetten mit einer Schichtdicke von 10 cm ist mit 150–180 ml relativ groß, da wegen der Divergenz des Strahlenbündels ein großer Innendurchmesser (ca. 45 mm) gewählt werden muss. Das dadurch bedingte Totvolumen in der Küvette und die bei der Methode des Druckausgleiches im Probengefäß verbleibende Restmenge lassen große Anteile der Probe ungenutzt. Ist die zur Verfügung stehende Probeportion nur klein, so kann durch Reduzierung der Schichtdicke und Anpassung der Küvette an die Divergenz des Strahlenganges das Küvettenvolumen bei Verwendung von Mikrogasküvetten auf etwa 25 ml reduziert werden. ·

Verluste durch das im Probengefäß verbleibende Restvolumen lassen sich darüberhinaus weitgehend vermeiden, indem man das Probengefäß möglichst klein wählt. Optimal ist das Einkondensieren der Probe in eine kleine, an die Küvette angeschmolzene Kühlfalle, deren Volumen gegenüber dem Küvettenvolumen vernachlässigbar klein ist.

Ob bei kleinen Probeportionen die Mikrogasküvette oder eine evtl. auch zur Verfügung stehende Langwegküvette zu wählen ist, hängt vom Verhältnis Küvettenvolumen/Schichtdicke ab (vgl. Abschn. 4.4.5).

4.4.5 Spurengasuntersuchungen

Nach dem Gesetz von Lambert-Beer wächst die Absorbanz und damit das Nachweisvermögen proportional mit der Schichtdicke. Als Ergebnis erhält man auch eine Verbesserung des Nachweisvermögens, das jedoch wegen eines reduzierten Signal/Rausch-Verhältnisses, bedingt z. B. durch zunehmende Strahlungsverluste bei einer größeren Anzahl von Reflexionen innerhalb einer Langwegküvette, nicht linear zur Schichtdicke ist (siehe auch Abschn. 7.4.2). Die Verwendung großer Schichtdicken verbietet sich jedoch bei der IR-Spektroskopie im Allgemeinen, da die Matrix, d. h. die übrigen anwesenden Haupt- und Nebenkomponenten einschließlich evtl. vorhandener Lösungsmittel, mit wachsender Schichtdicke ebenfalls höhere Absorbanzen zeigen und das Spektrum des Spurenbestandteiles überlagern. Nur eine geringe Auswahl von Lösungsmitteln weist größere bandenfreie Bereiche auf, die Messungen in Schichtdicken von einigen Millimetern in flüssiger Phase zulassen (vgl. Abschn. 4.3.3.1 und 4.3.3.3).

Besteht dagegen eine Gasprobe überwiegend aus IR-inaktiven Komponenten (Stickstoff, Sauerstoff, Wasserstoff und andere dipolfreie Gase), so kann natürlich die Schichtdicke und damit das Nachweisvermögen für die enthaltenen IR-aktiven Nebenkomponenten und Spuren erheblich erhöht werden. Dies gilt auch für weite Bereiche zwei- und dreiatomiger Moleküle (HCl, NO, CO u. a.), sodass hier mit Erfolg Spurenanalysen durchgeführt werden können, wenn entsprechende Langweg-küvetten (vgl. Abschn. 4.4.1) zur Verfügung stehen.

Das Beschicken von Langwegküvetten erfolgt wie in Abschn. 4.4.2 beschrieben. Sind Luftproben zu untersuchen, so stört lediglich das sehr bandenreiche Spektrum des Wasser-dampfes im Bereich zwischen 1900 und 1200 sowie zwischen 3900 und 3600 cm^{-1}. In geringerem Maße stören auch die Ab-sorptionsbanden des CO_2 (siehe Abschn. 2.2.2.2). Da gerade bei Spurenuntersuchungen Trocknungsmethoden wegen der Gefahr der Adsorption von Spurenbestandteilen am Trockenmittel nicht in Frage kommen, kann man zur Methode der Kompen-sation greifen; in den meisten Fällen geschieht dies jedoch auf rechnerischem Wege über eine skalierte Subtraktion mittels geeigneter Wasserdampfspektren.

Die unter Verwendung von Langwegküvetten bei Weglängen von 20 m zu erreichenden Erfassungsgrenzen liegen für Kom-ponenten mit starken Absorptionsbanden (z. B. CCl_4) im unte-ren ppb-Bereich, für andere Komponenten wie NH_3 oder SO_2 natürlich entsprechend höher (um 100 ppb) [20].

An dieser Stelle sei auf die besonderen Probleme hinge-wiesen, die sich insbesondere bei Spurenbestimmungen durch die Adsorption an den Gefäßwänden ergeben. Je polarer die Substanz ist, um so größer ist die Gefahr, dass die Substanzspur bereits im Probengefäß oder spätestens in der Küvette (Metall-wand!) adsorbiert wird und sich so der Messung teilweise oder ganz entzieht. Kurze Verweilzeiten in Probengefäß und Küvette vor der Messung, mehrmaliges Füllen zwecks Aufsättigung der Gefäßwände und Wiederholung der Messung sowie Kalibrier-messungen mit Testgemischen im interessierenden Konzentra-tionsbereich sind Maßnahmen, mit denen man die Stichhal-tigkeit eines negativen Befundes oder die Richtigkeit eines gefunden Wertes überprüfen kann. Völlige Sicherheit bei Spu-renuntersuchungen liefern jedoch nur dynamische Methoden, bei denen ein Strom des zu untersuchenden Gases für längere Zeit durch die Küvette geleitet wird. Auf diese Weise werden die Gefäßwände aufgesättigt, und man findet nach einiger Zeit einen konstanten und richtigen Messwert. Mit Hilfe z. B. ge-eigneter Dosierpumpen können dynamische Kalibriermessun-gen an Spurenkomponenten oder Luft (beispielsweise in der Umweltanalytik) vorgenommen werden.

Langwegküvetten sind nicht nur für Spurengasbestimmungen geeignet. Trotz ihres großen Volumens können sie mitunter auch vorteilhaft für Messungen an kleinen Probemengen ver-wendet werden. Die Aufgabe bei der Messung kleiner Stoffportionen ist das Erreichen einer möglichst hohen Absorbanz bei kleiner vorgegebener Probenmasse.

Formuliert man das Lambert-Beer'sche Gesetz $A = a \cdot b \cdot c$ mit $c = m/V$ um, wobei m die Masse der Probenportion und V das Volumen der Küvette sind, so erhält man nach Umgruppieren

$$A = \alpha m \, \frac{b}{V} \qquad (4.2)$$

Da der Absorptionskoeffizient α (zur Basis 10) eine Konstante und m (in unserem gedachten Beispiel) gegeben ist, hängt A nur von dem Quotienten Schichtdicke durch Volumen (b/V) ab.

Tabelle 4-3 gibt diesen Quotienten für eine Reihe von kommerziell erhältlichen Küvettentypen verschiedener Volumina und Schichtdicken an. Man erkennt daraus, dass die Mikroküvette wegen des kleinen Volumens sehr effektiv ist, aber eine Probenportion gleicher Masse im größeren Volumen der Mini-Langwegküvette bei Schichtdicken größer 2.4 m mit noch höherem Nachweisvermögen erfasst werden kann. Die Normalküvette bietet die schlechteste Ausnutzung der gegebenen Stoffmenge. Nicht berücksichtigt sind hierbei allerdings der Effekt der Intensitätsvergrößerung bei erhöhtem Druck in der Mikroküvette bei nicht angepasster spektraler Auflösung, der gegenläufige Effekt der schmaleren Linienhalbwertsbreiten – und somit höheren maximalen Linienintensität, wichtig bei Messungen mit IR-Diodenlasern (siehe Abschn. 8.2) – bei geringerem Druck in der Langwegküvette, sowie evtl. Adsorptionserscheinungen an der großen Oberfläche der Langwegküvette.

Tabelle 4-3. Quotient Schichtdicke durch Volumen für eine Reihe von Küvettentypen verschiedener Volumina und Schichtdicken.

Küvettenart	Küvetten-volumen V in cm³	Schichtdicke b in cm	Quotient b/V in cm⁻²
Mikroküvette	33	10	0.33
Normalküvette	160	10	0.06
Ultramini-Langwegküvette	120	240	2.00
Mini-Langwegküvette	530	120	0.23
(variabel in Schritten		240	0.45
von 1.2 m)		600	1.13
Langwegküvette	8 500	200	0.02
(variabel in Schritten		:	:
von 2 m)		3 200	0.38
Super-Langwegküvette	25 000	11 000	0.44

Für die IR-Spektroskopie werden Langwegküvetten, die Vielfachreflexionen innerhalb der Küvette ausnutzen (siehe auch Abschn. 4.4.1), u. a. von der Fa. Infrared Analysis, Inc. (Anaheim, USA) hergestellt.

Bei atmosphärischen Messungen (eine Übersicht hierzu findet sich in [22, 23]) kommt man sogar ohne Küvetten aus, indem man als Probenweglänge z. B. die Distanz zwischen einer entfernt positionierten Strahlungsquelle und einem Spektrometer mit Teleskop-Optik wählt. Auch Anordnungen mit Retroreflektoren sind möglich, wobei Strahlungsquelle und Spektrometer dann nebeneinander stehen können. Noch größere Weglängen sind bei Stratossphärenmessungen realisiert worden, bei denen die Sonne als Strahlungsquelle verwendet wurde.

Literatur zu Kap. 4

[1] Sicheres Arbeiten in chemischen Laboratorien, Hrsg. Bundesverband der Unfallversicherungträger der öffentlichen Hand e.V. (BAGUV) in Zusammenarbeit mit der Gesellschaft Deutscher Chemiker und der Berufsgenossenschaft Chemie, 1988

[2] Unfallverhütungsvorschriften der Berufsgenossenschaft der Chemischen Industrie, Jedermann-Verlag Dr. Otto Pfeffer, Heidelberg

[3] H. Günzler et al. (Hrsg.): „Analytiker Taschenbuch", Bd. 21, Springer-Verlag, Berlin, 2000, S. 234 ff.

[4] Maximale Arbeitsplatzkonzentrationen und biologische Arbeitsstofftoleranzwerte der Senatskommission zur Prüfung gesundheitsschädlicher Arbeitsstoffe der Deutschen Forschungsgemeinschaft, Wiley-VCH Verlag, Weinheim, 2002

[5] A. Otto, U. Bode, H. M. Heise: Fresenius Z. Anal. Chem. **331**, 376 (1988)

[6] H. R. Garner, H. Packer: Appl. Spectrosc. **22**, 122 (1968)

[7] P. Patt, P. Kuhn: „Tips 9UR". Bodenseewerk Perkin-Elmer u. Co. GmbH, Überlingen/Bodensee 1962

[8] A. D. Mebane: Anal. Chem. **28**, 37A (1956)

[9] J. W. Milne: Spectrochim. Acta **32A**, 1347 (1976)

[10] O. Y. Ataman, H. B. Mark, Jr.: Appl. Spectrosc. Rev. **13**, 1 (1977)

[11] G. Keresztury, M. Insze, F. Seti, L. Imre: Spectrochim. Acta **36A**, 1007 (1980)

[12] R. G. Miller, B. C. Stace: "Laboratory Methods in Infrared Spectroscopy". Heyden & Son, London, 2. Aufl., 1972, S. 115

[13] W. Wehling: Perkin-Elmer Tips 37 UR (1968)

[14] N. J. Harrick: Appl. Spectrosc. **31**, 548 (1977)

[15] P. J. Farrington, D. J. T. Hill, J. H. O'Donnell, P. J. Pomery: Appl. Spectrosc. **44**, 901 (1990)

[16] H. M. Heise: Proc. Soc. Photo.-Opt. Instrum. Eng. **553**, 247 (1985)

[17] M. O. Bulanin: J. Mol. Struct. **19**, 59 (1973)

[18] H. M. Heise: Fresenius J. Anal. Chem. **350**, 505 (1994)

[19] U. Bode, H. M. Heise: Mikrochim. Acta I, 143 (1988)

[20] H. M. Heise, H.-H. Kirchner, W. Richter: Fresenius Z. Anal. Chem. **322**, 397 (1985)

[21] H. M. Heise: „Infrarotspektrometrische Gasanalytik – Verfahren und Anwendungen", in: H. Günzler et al. (Hrsg.), Analytiker Taschenbuch, Bd. 9, Springer-Verlag, Berlin, 1990, S. 331

[22] P. L. Hanst: Fresenius Z. Anal. Chem. **324**, 579 (1986)

[23] P. L. Hanst, S. T. Hanst: "Gas Measurements in the Fundamental Infrared Region", in: M. W. Sigrist (Hrsg.), Air Monitoring by Spectroscopic Techniques, John Wiley & Sons, New York, 1994, S. 335

5 Spezielle Untersuchungstechniken

Mit den bisher beschriebenen Präparationsmethoden lassen sich
nahezu alle Proben in eine zur IR-spektroskopischen Untersuchung geeignete Form bringen. Nachstehend sei auf weitere
Möglichkeiten hingewiesen, die für spezielle Fälle angewendet
werden können.

5.1 Reflexionsmethoden

Neben der Standardtechnik, die Proben im Durchstrahlverfahren zu messen, wurden in den letzten Jahren eine Vielzahl
von anderen Techniken unter Verwendung von verschiedenem
Reflexionszubehör entwickelt, um im Labor auch schwierige
Proben zu messen, wobei der Aufwand bezüglich der Probenpräparation erheblich verringert werden konnte. Ein besonderer
Aspekt ist, dass mit Methoden der Reflexionsspektroskopie
vielfach eine zerstörungsfreie Untersuchung von Proben durchgeführt werden kann.

Prinzipiell können zwei Kategorien unterschieden werden:
Bei der äußeren Reflexion wird z. B. vom Medium der Luft
auf eine optisch dichtere Probe eingestrahlt, während bei der
inneren Reflexion Wechselwirkungen der elektromagnetischen
Strahlung an der Phasengrenze zwischen der Probe und einem
Medium mit höherem Brechungsindex beobachtet werden.

5.1.1 Messung der äußeren Reflexion

5.1.1.1 Fresnel-Reflexion

Zur Reflexion an realen Oberflächen ist zu bemerken, dass sie
vielfach zwischen den Grenzfällen der spiegelnden Reflexion,
auch „Fresnel-Reflexion" genannt, die den Gesetzen der geometrischen Optik gehorcht, und der Diffusen Reflexion einzu-
ordnen ist. Für die letztere sind Streuprozesse verantwortlich,
bei denen Brechung, Beugung und spiegelnde Reflexion an
kleinen Teilchen beteiligt sein können. In diesem Abschnitt
interessieren jedoch Vorgänge an planen Oberflächen.

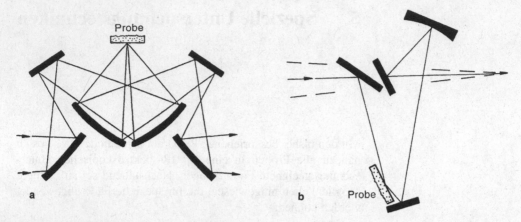

Abb. 5-1. Zubehör für Reflexionsmessungen unter (a) festem und (b) variablem Einfallswinkel.

Für die Messung der gerichteten Reflexion steht verschiedenes kommerzielles Zubehör zur Verfügung, das in den Probenraum der Spektrometer eingesetzt wird. Abb. 5-1 zeigt zwei unterschiedliche Anordnungen, die hauptsächlich verwendet werden. Beim zweiten Zubehör lässt sich der Reflexionswinkel so weit variieren, dass sogar unter streifendem Einfall spektroskopiert werden kann, was für bestimmte Anwendungen hilfreich ist (s. u.).

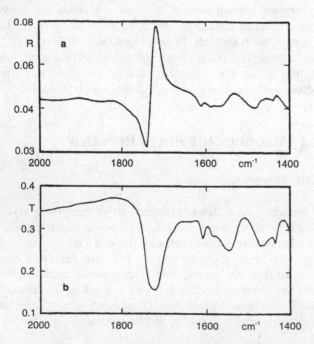

Abb. 5-2. Reflexions- (a) und Transmissionsspektrum (b) eines Polyesterlackes (für Letzteres wurde ein Film auf einem KBr-Fenster spektroskopiert).

Spektren der gerichteten Probenreflexion unterscheiden sich beträchtlich von denen, die in Transmission aufgenommen wurden. Das ist in Abb. 5-2 dargestellt. Die Fresnel-Reflexion an einer Grenzfläche, die in den meisten Fällen von einer Probe und der darüber stehenden Luft definiert ist, wird durch die Brechungsindices beider Schichten bestimmt. Hierzu sollen einige Grundlagen erläutert werden. Der komplexe Brechungsindex $\hat{n}$ wird beschrieben mit

$$\hat{n}(\tilde{\nu}) = n(\tilde{\nu}) + i\,k(\tilde{\nu}) \tag{5.1}$$

wobei $n(\tilde{\nu})$ der Brechungs- und $k(\tilde{\nu})$ der Absorptionsindex sind, die über die sogenannte Kramers-Kronig-Transformation miteinander verknüpft sind (siehe. z. B. [1], i $= \sqrt{-1}$ für den Imaginärteil). In Abb. 5-3 ist für eine Lorentzabsorptionsbande der Funktionsverlauf beider optischen Konstanten gezeigt. Der Absorptionsindex $k(\tilde{\nu})$ eines optischen Mediums ist mit dessen Absorptionskoeffizienten $\alpha(\tilde{\nu})$ über die Gleichung

$$k(\tilde{\nu}) = \alpha(\tilde{\nu})/(4\pi\tilde{\nu}) \tag{5.2}$$

verknüpft, wobei α über die Transmission einer Probe mit Schichtdicke b definiert ist:

$$T(\tilde{\nu}) = e^{-\alpha(\tilde{\nu})b} = 10^{-a(\tilde{\nu})cb} \tag{5.3}$$

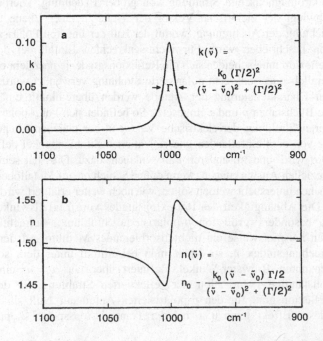

Abb. 5-3. Verlauf des Absorptions- (a) und des Brechungsindexes (b) für eine Lorentz-Absorptionsbande.

Mit den üblicherweise vorliegenden dekadischen molaren Absorptionskoeffizienten $a(\tilde{\nu})$ und der molaren Konzentration c lassen sich die entsprechenden Absorptionskoeffizienten über $a(\tilde{\nu}) = \ln(10)\, a(\tilde{\nu})\, c$ bestimmen.

Für die Berechnung des Reflexionsgrades sind beide optischen Konstanten wichtig. Unter Verwendung der sogenannten Fresnel-Gleichungen, die die Transmission und Reflexion an Grenzflächen beschreiben, erhält man unter Berücksichtigung eines nichtabsorbierenden, optisch dünneren Mediums mit Brechungsindex n_1 bei senkrechter Einstrahlung folgenden Ausdruck:

$$R(\tilde{\nu}) = \frac{\left\{ n_2(\tilde{\nu}) - n_1(\tilde{\nu}) \right\}^2 + k_2^2(\tilde{\nu})}{\left\{ n_2(\tilde{\nu}) + n_1(\tilde{\nu}) \right\}^2 + k_2^2(\tilde{\nu})} \tag{5.4}$$

Für Metalle erreicht der Reflexionsgrad wegen der vorliegenden sehr hohen Absorptionsindices Werte nahe $R = 1$; die Absorptionseigenschaften werden offensichtlich, wenn Metalle als feines Pulver vorliegen, wobei sie dann zu den „schwärzesten" Stoffen gezählt werden können. Ein ähnlicher Fall liegt bei Mineralien mit starken Absorptionsbanden vor, in deren Bereich man ebenfalls einen hohen Reflexionsgrad findet. Dieser Sachverhalt wird auch Reststrahleneffekt genannt und für Reflexionsfilter genutzt, um einfache optische Bandpässe für bestimmte Wellenzahlbereiche zu realisieren.

Speziell bei der gerichteten Reflexion ist die Polarisation der elektromagnetischen Strahlung von großer Bedeutung. Hierbei schwingt der elektrische Vektor der Welle in einer Ebene in Richtung der Ausbreitung, womit der Fall der linearen Polarisation beschrieben wird. Für nicht-senkrechten Einfall bei der Reflexion unterscheiden sich die Reflexionsgrade, je nachdem ob parallel- oder senkrecht-polarisierte Strahlung verwendet wurde. Zur Charakterisierung der Anteile werden übereinkunftgemäß die Buchstaben p und s eingesetzt. So befindet sich bei p-polarisierter Strahlung der elektrische Vektor in der gleichen Ebene, die von dem einfallenden und reflektierten Strahlenbündel definiert wird, und im anderen Fall senkrecht dazu. Dies hat seine speziellen Auswirkungen, wenn dünne Schichten auf Metalloberflächen untersucht werden sollen, wie noch weiter erläutert wird.

Die Abhängigkeit des Reflexionsgrades vom Einfallswinkel ist besonders groß für p-polarisierte Strahlung. Betrachtet man beispielsweise ein nichtabsorbierendes Medium mit dem Brechungsindex n, so erhält man bei Einfall unter dem sogenannten Brewster-Winkel, definiert über $\tan \alpha_p = n$, eine vollständige Polarisation der reflektierten Strahlung, da der Reflexionsgrad für den p-polarisierten Anteil auf Null sinkt. Dieser Effekt kann u. a. bei der Transmissionsspektroskopie dünner Filme berücksichtigt werden, wenn Interferenzen im Spektrum, bedingt durch Vielfachreflexion an den Schichtoberflächen, vermieden werden sollen [2]. Erwähnt werden soll, dass die Vielfachreflexionseffekte bei der FT-IR-Reflexionsspektroskopie von Halbleitermaterialien speziell ausgewertet werden, womit Epitaxialschichten auf Halbleiterwafern gemessen werden können. Die Mehrstrahlinterferenzen ermöglichen eine Bestimmung der Schichtdicken [3].

Bei der üblichen IR-Spektroskopie interessieren jedoch andere spektrale Eigenschaften. Die IR-Spektren, die die spiegelnde Reflexion an der Probenoberfläche wiedergeben, sind aufgrund ihrer dispersionsähnlichen Signale weniger vertraut und auswertbar als übliche Absorptionsspektren. Eine Ausnahme stellen experimentelle Bedingungen z. B. mit parallel-polarisierter Strahlung nahe des dem Probenmaterial zugehörigen Brewster-Winkels dar, bei denen Spektren mit hoher Absorptionsspektrenähnlichkeit resultieren, da der quadratische Absorptionsindex hierbei dominiert (vgl. auch Gl. 5.4) [4].

Eine effizientere Vorgehensweise verwendet die bereits erwähnte Kramers-Kronig-Transformation, um Reflexions- in Absorptionsspektren umzuwandeln [5]. Programme zur Um-

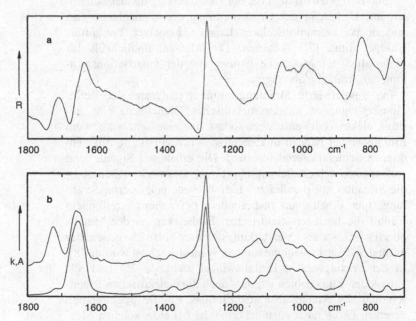

Abb. 5-4. Reflexionsspektrum eines modernen Geigenlackes (Nitrocellulose, gerichtete Reflexion mit 6° Einfallswinkel in-situ gemessen) (a), und seine Kramers-Kronig-Transformierte (b, oberes Spektrum) im Vergleich zum Absorbanzspektrum eines kommerziellen Nitrocellulose-Lackes, der als getrockneter Film auf einem KBr-Pressling präpariert wurde (b, unteres Spektrum).

rechnung stehen in den meisten Spektrometer-Softwarepaketen zur Verfügung. Eine solche Analyse ist bei der Lackuntersuchung historischer Kunstobjekte wie der alter Geigen erfolgreich [6]. Ein Beispiel hierzu ist in Abb. 5-4 gezeigt. Die so erhaltenen Spektren lassen sich für eine Bibliothekssuche zur Identifizierung der Materialien einsetzen.

5.1.1.2 Reflexions-Absorptions-Spektroskopie

Die im Folgenden vorgestellte Messtechnik erlaubt die Untersuchung von dünnen Schichten, die sich auf metallischen Oberflächen befinden. Bei diesen Messungen kann die gleiche Art von Zubehör verwendet werden, wie es im vorangegangenen Abschnitt beschrieben wurde. Ein Teil der Strahlung dringt in die Beschichtung ein und wird von der metallischen Grundschicht reflektiert, womit die zu untersuchende Probe zweifach durchsetzt wird. Man spricht hier von Reflexions-Absorptions-Spektroskopie, die sowohl für qualitative als auch quantitative Analysen eingesetzt wird. Ein anderer Teil der Strahlung wird naturgemäß an der oberen Grenzschicht reflektiert und liefert einen Beitrag zum Spektrum über die Fresnel-Reflexion.

Eine Besonderheit liegt bei der Untersuchung dünner Schichten mit Dicken in der Größenordnung der Wellenlänge vor, wie sie bei monomolekularen Lagen (Monolayer, Langmuir-Blodget-Filme [7]) auftreten. Die Messempfindlichkeit für Materialien auf Metall ist extrem von der Polarisationsrichtung der Strahlung abhängig.

Für s-polarisierte Strahlung resultiert aufgrund der Reflexionsbedingungen an der metallischen Grenzfläche eine geringe elektrische Feldstärke, sodass nur eine schwache, vom Einfallswinkel nahezu unabhängige Wechselwirkung mit dem dünnen Schichtmaterial resultiert. Die erhaltenen Signale sind zudem nicht schichtdickenproportional. Drastisch verändert ist die Situation mit parallel zur Einfallsebene polarisierter Strahlung: hier erhält man insbesondere bei nahezu streifendem Einfall die höchsten elektrischen Feldstärken an der Metalloberfläche, sodass Verstärkungsfaktoren bis 25 gegenüber normalen Transmissionmessungen vorausberechnet wurden [8]. In der Praxis werden Einfallswinkel zwischen 75° und 89° verwendet. Zu beachten ist, dass auch die dielektrischen Eigenschaften des Metallsubstrates Einfluss auf die Spektrengüte nehmen. Es ist noch anzumerken, dass bei einer solchen Messung insbesondere Schwingungen mit Dipolmomentänderungen senkrecht zur Metalloberfläche angeregt werden.

Weitere Anwendungen – auch mit Polarisationsmodulation als verbesserter Messtechnik – sind im Handbook of Vibrational Spectroscopy zu finden [9–12].

5.1.2 Abgeschwächte Totalreflexion

Abgeschwächte Totalreflexion (ATR), auch als Interne Reflexionsspektroskopie (IRS) bekannt, ist eine vielseitig verwendbare, zerstörungsfreie Messtechnik, die das IR-Spektrum von der Oberfläche eines Stoffes liefert. Mittels ATR können außerdem Proben spektroskopiert werden, die entweder zu dick oder zu stark absorbierend für das Standard-Durchstrahlverfahren sind.

Die ATR-Technik geht zurück auf Newton [13], der bei der Untersuchung von Lichtreflexionsphänomenen an der Grenzfläche zweier Medien mit unterschiedlichen Brechungsindices entdeckte, dass die im Medium mit höherem Brechungsindex totalreflektierte Strahlung einige Wellenlängen tief in das optisch dünnere Medium eindringt. Die Interne Reflexionsspektroskopie ist seit 1959 entwickelt worden, nachdem publiziert worden war, dass Optische Absorptionsspektren leicht erhalten werden können, indem die Wechselwirkung des aus dem optisch dichteren Medium austretenden, totalreflektierten Lichts mit dem optisch dünneren Medium angeschaut wird [14, 15]. Wie in Abb. 5-5 schematisch dargestellt ist, wird dazu die Probe in Kontakt mit dem Internen Reflexionselement (IRE) gebracht, wobei an jedem Reflexionspunkt IR-Strahlung von der Probe absorbiert wird.

Als Materialien mit hohem Brechungsindex für das Interne Reflexionselement werden z. B. Zinkselenid (ZnSe), Silizium (Si), Germanium (Ge) und Diamant verwendet.

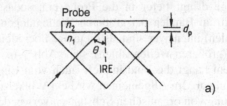

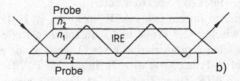

Abb. 5-5. Schematische Darstellung der Abgeschwächten Totalreflexion mit: a) einfach-Reflexion; b) mehrfach-Reflexion.
IRE = Internes Reflexionselement; n_1 = Brechungsindex des Internen Reflexionselements; n_2 = Brechungsindex der Probe mit $n_2 < n_1$; θ = Einfallswinkel; d_p = Eindringtiefe

Um Totalreflexion zu erhalten, muss der Einfallswinkel der auf die Grenzfläche auftreffenden Strahlung größer als der kritische Winkel der Totalreflexion sein [14]. Dieser Winkel ist definiert als

$$\theta_c = \sin^{-1} \frac{n_2}{n_1} \qquad (5.5)$$

wobei n_1 der Brechungsindex des Internen Reflexionselements und n_2 derjenige der Probe ist.

Die Tatsache, dass die Intensität der Strahlung im optisch dünneren Medium exponentiell mit dem Abstand von der Oberfläche des Internen Reflexionselements abnimmt, macht ATR zu einer äußerst effizienten Methode. Da die effektive Eindringtiefe nur wenige Wellenlängen beträgt, ist ein ATR-Spektrum gewöhnlich unabhängig von der Probendicke, sodass einfach und schnell dicke oder stark absorbierende Proben spektroskopiert werden können. Die Eindringtiefe d_p, definiert als der Weg der Strahlung, nach dem sie nur noch $1/e$ ihres ursprünglichen Wertes an der Grenzfläche aufweist, ist durch folgende Beziehung gegeben:

$$d_p = \frac{\lambda_1}{2\pi(\sin^2 \theta - n_{21}^2)^{1/2}} \qquad (5.6)$$

wobei $\lambda_1 = \lambda/n_1$ die Wellenlänge im optisch dichteren Medium und $n_{21} = n_2/n_1$ das Verhältnis der Brechungsindices ($n_2 < n_1$) ist.

Obwohl ATR- und Durchstrahl-Spektren derselben Probe sehr ähnlich sind, gibt es Unterschiede wegen der Abhängigkeit der Eindringtiefe von der Wellenlänge: Strahlung größerer Wellenlänge dringt tiefer in die Probe ein, sodass in einem ATR-Spektrum Banden bei größeren Wellenlängen (kleineren Wellenzahlen) intensiver sind als diejenigen bei kleineren Wellenlängen (größeren Wellenzahlen), siehe Abb. 5-6.

Außerdem hängt die Eindringtiefe auch vom Einfallswinkel der Strahlung ab. Im Allgemeinen wird ein Winkel von 45° zur Untersuchung von organischen Substanzen verwendet, während ein Winkel von 60° wegen der reduzierten Eindringtiefe deutlich weniger intensive Spektren liefert.

Entscheidend für ein gutes ATR-Spektrum ist bestmöglicher Kontakt zwischen der Probe und dem Internen Reflexionselement. Das kann reproduzierbar erreicht werden mit einer speziellen Proben-Presse, wie es z. B. in der MVP^{TM} [16], einem horizontalen ATR-Zusatz, realisiert ist. Damit können Spektren guter Qualität erhalten werden von verschiedensten Proben, wie z. B. Pulver, Pasten, Kleber, Beschichtungen, Gummi, Fasern, dicke Filme, Textilien, Papier, Fette oder auch viskose Flüssigkeiten.

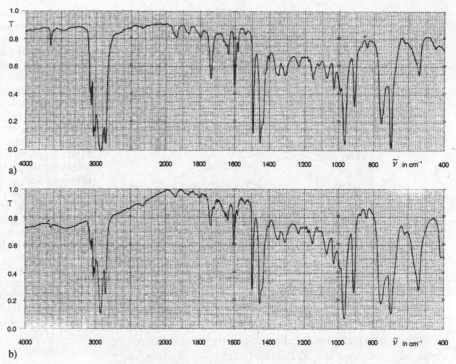

Abb. 5-6. Vergleich eines Transmissionsspektrums (a) mit einem ATR-Spektrum (b). Präparat: Styrol-Butadien-Copolymer.

Harrick's SplitPea™ [16] ist ein horizontales Nanoproben-ATR-Zubehör, das mit weniger als 250 µm Durchmesser die kleinste Probenaufnahmefläche aller kommerziell erhältlichen ATR-Zusätze aufweist (siehe Abb. 5-7).

Die kalibrierte Pressvorrichtung der SplitPea™ ermöglicht es, reproduzierbar bestmöglichen Kontakt zwischen Probe und ATR-Reflexionselement herzustellen. Dadurch wird das Spektroskopieren von Nanoproben einfach, und Proben wie Lacksplitter, einzelne Fasern, Substrate für die Kombinatorische Chemie oder Flüssigkeiten im Nanolitermaßstab können problemlos und schnell gemessen werden. Außerdem ist zum Positionieren der Proben ein 50-fach Durchsichtmikroskop erhältlich, was die SplitPea™ zu einer echten Alternative zu IR-Mikroskopen, Strahlkondensern oder Diamantzellen macht (s. u.).

Mögliche Methoden, um ein Spektrum von verschiedenen Proben zu erhalten, sind in [17, 18] diskutiert, während *in-situ* ATR-Spektroskopie von Membranen in [19] beschrieben ist. ATR-Spektroskopie ist ebenfalls gut für flüssige Proben geeignet, da im IR die meisten Flüssigkeiten eine sehr kleine Schichtdicke erfordern. Wässrige Proben z. B. werden mit einer Schichtdicke von maximal 15 µm gemessen, was die Kon-

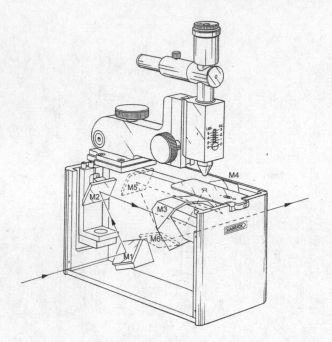

Abb. 5-7. Darstellung der Split-Pea™ [16]. Die zwei Spiegel M1 und M2 leiten den Lichtstrahl auf einen Ellipsoid-Spiegel, M3, der wiederum die Strahlung auf das Interne Reflexionselement samt Probe fokussiert (das Interne Reflexionselement ist eine Halbkugel von der Größe einer halbierten Erbse, was die Bezeichnung ‚SplitPea' erklärt). Die von der Probe abgeschwächt reflektierte Strahlung wird von einem zweiten Ellipsoid-Spiegel, M4 gesammelt, um anschließend von den Spiegeln M5 und M6 auf den Detektor des Spektrometers gelenkt zu werden. Mit dieser Anordnung wird eine 6-fach lineare Reduktion der Fläche des IR-Strahls auf dem Internen Reflexionselement erreicht. (Reproduziert mit Erlaubnis von Harrick Scientific Corporation, Ossining, NY 10562, USA).

struktion von Durchstrahl-Zellen schwierig macht. Wegen des geringen Abstandes der Zellenfenster mit hohem Brechungsindex treten außerdem Interferenz-Untergrundmodulationen auf. Diese Probleme lösen sich, wenn man spezielle ATR-Flüssigkeitszellen verwendet. Verschiedene solcher Zellen sind kommerziell erhältlich, wie z. B. die FastIR™ [16]. Mit einem optimierten optischen Design gewährleisten solche Zellen eine gut reproduzierbare optische Schichtdicke, was quantitative Analytik von Flüssigkeiten und wässrigen Lösungen ermöglicht. Außerdem kann man Flüssigkeiten auch außerhalb des Probenraums eines FT-IR-Spektrometers messen, wenn man optische Transfer-Module [20] bzw. ATR-Fühler [21] einsetzt. So kann die Messung etwa direkt unter einer Abzughaube oder in einer Prozess-Linie durchgeführt werden. Wie in Abb. 5-8 dargestellt, ermöglicht ein ATR-Probenkopf [22] *in-situ* FT-IR-Spektroskopie, was z. B. zum Verfolgen von Batch-Herstellungsprozessen, Identifizieren von gefährlichen Abfällen oder einfach zum Kontrollieren von angelieferten Rohstoffen benützt werden kann.

5.1.3 Diffuse Reflexion

Die Technik der Diffusen Reflexion wird häufig für Pulver und Feststoffe mit rauher Oberfläche verwendet. Die von der Probe diffus gestreute Strahlung wird in einem möglichst großen

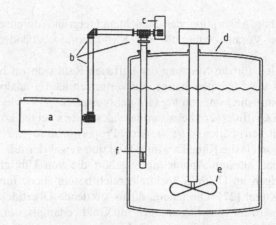

Abb. 5-8. Schema eines FT-IR-Messsystems mit einer ATR-Sonde in einem Reaktionsgefäß: a = FT-IR-Spektrometer; b = Optische Transfer-Elemente; c = Detektor; d = Reaktionsgefäß; e = Rührer; f = ATR-Sonde. (Reproduziert mit Erlaubnis von Axiom Analytical, Inc., Irvine, CA 92614, USA).

Raumwinkel gesammelt. Man kann zwischen zwei Anteilen unterscheiden: ein Teil, der über Oberflächenunebenheiten spiegelnd reflektiert wird, und ein anderer Teil, der in die Probe eingedrungen ist, teilweise absorbiert wird und durch Streuprozesse im Innern wieder an die Oberfläche zurückkehrt. Meistens sind beide Reflexionseffekte experimentell nicht zu trennen. Diese Art der Diffusen Reflexion (DR) wird vielfach Remission genannt; die Messtechnik hierfür wird im ultravioletten und sichtbaren Bereich schon seit langer Zeit eingesetzt [23].

In der Literatur ist die Diffuse Reflexion auch unter dem Namen Kubelka-Munk-Reflexion bekannt, da von den beiden Wissenschaftlern eine Theorie zum Strahlungstransport in streuenden Medien entwickelt wurde [24]. Zur Beschreibung der Diffusen Reflexion liegt ein eindimensionales Modell zugrunde, bei dem die optischen Eigenschaften der Probe durch zwei relevante Konstanten, dem Absorptions- und dem Streukoeffizienten, gegeben sind. Nach Integration der zugrundeliegenden Differentialgleichung erhält man mit R_∞, dem Reflexionsgrad an der Probenoberfläche bei unendlicher Schichtdicke, die Kubelka-Munk (KM) Gleichung, die für die quantitative Auswertung der DR-Spektren eine wichtige Rolle spielt:

$$f(R_\infty) = (1 - R_\infty)^2 / 2R_\infty = K/S \tag{5.7}$$

mit K dem Absorptions- und S dem Streumodul (beide in Einheiten einer inversen Länge), wobei der optische Parameter sich als $K = 2\alpha$ (α Absorptionskoeffizient) erweist. Durch diese Transformation des Diffusen Reflexionsgrades erhält man bei konstantem Streumodul eine spektrale Funktion, die sich zu normalen Absorbanzspektren proportional verhält. Die Absorptionseigenschaften der Probe beeinflussen die Eindringtiefe für die Strahlung, so kann es vorkommen, dass in Bereichen schwacher Absorption der Schichtenuntergrund durchscheint und die Voraussetzung für die KM-Theorie abzuändern ist [25].

Speziell für die Messung der Diffusen Reflexion im Nahen Infrarot wird für quantitative Auswertungen häufig analog zur Absorbanz die Funktion log (1/R) ausgewertet, die – wie Olinger und Griffiths [26] bei absorbierender Matrix zeigen konnten – in diesen Fällen eine bessere Proportionalität zur Konzentration als die Kubelka-Munk-Funktion gewährleistet.

Zu den ältesten Anordnungen gehört die von Ulbricht für Messungen im UV/VIS-Spektralbereich beschriebene integrierende Kugel [27]. Die innere, diffus streuende Oberfläche der Kugel wird für Messungen im IR mit Gold bedampft, um einen hohen Reflexionsgrad zu gewährleisten; demgegenüber finden für Messungen im Nahen IR Ulbricht-Kugeln aus Spectralon – ein thermoplastisches Harz – Verwendung, das auch als Weißstandard wegen seines hohen Reflexionsgrades eingesetzt wird. Mit der Ulbricht-Kugel wird über die gesamte, von der Probe reflektierten Strahlung integriert, sodass absolute Messungen des Reflexionsgrades möglich sind [28].

Die integrierende Kugel (siehe Abb. 5-9) wird vielfach für die quantitative Analytik im Nahen Infrarot eingesetzt, wobei die unterschiedlichsten Lebens- und Futtermittel direkt ohne aufwendige Probenvorbereitung, beispielsweise auf Protein-, Fett- und Wassergehalt, untersucht werden. Die schnelle NIR-Spektroskopie ersetzt hier die herkömmliche und aufwendige Nasschemie in der Routineanalytik und Prozesskontrolle [29]. Andere Anordnungen, die eine teilweise Diskriminierung der spiegelnden Reflexion ermöglichen, verwenden elliptische Sammelspiegel (siehe Abb. 5-9).

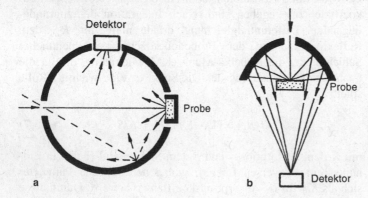

Abb. 5-9. Anordnungen zur Reflexionsmessung.
a) Ulbricht-Kugel,
b) Segment eines Rotationsellipsoids.

Seit längerem werden eine Reihe von kommerziellen Zubehörteilen [30] angeboten, wobei der schematische Aufbau dieser für den Einsatz im Probenraum des Spektrometers vorgesehenen Spiegelanordnungen in Abb. 5-10 dargestellt ist. Es

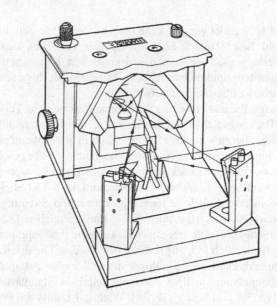

Abb. 5-10. Zubehör zur Messung der Diffusen Reflexion: ‚Praying Mantis' von Harrick Scientific, Ossining, NY 10562 [16]. (Reproduziert mit Erlaubnis von Harrick Scientific). (File: DRP Open sm.tif)

liegen unterschiedliche Konstruktionen vor, die die Strahlung in einem jeweils begrenzten Raumwinkel sammeln.

Bei der „Praying Mantis" [16] sind die beiden probenzuge-wandten Spiegel abseits der optischen Achse im Probenraum angeordnet, womit eine bessere Diskriminierung der Fresnel-Reflexion erreicht werden kann. Für Messungen bei hohen Temperaturen (bis zu 750 °C) und Drücken bis zu 10 MPa sind spezielle Probenkammern erhältlich. Andererseits ist auch der Betrieb bei der Temperatur des flüssigen Stickstoffs und Vakuum möglich.

Speziell für die NIR-Spektrometrie haben sich Y-förmige Faserbündel aus Quarz als vorteilhaft erwiesen, z. B. für die Eingangskontrolle von Produktionsrohstoffen. Hierbei wird ein Bündel von Fasern zur Beleuchtung verwendet; die von der Probe diffus reflektierte Strahlung wird über ein zweites Bündel gesammelt, wobei Beleuchtungs- und Sammelfasern gleichverteilt gemischt im Meßkopf angeordnet sind. Die Strahlung aus dem Sammelfaserbündel wird auf einen eigenen Detektor fokussiert.

Die DR-Spektren sind insgesamt von verschiedenen Parametern der Probenpräparation, sowie von geometrisch optischen Effekten der Spektrenmessung abhängig. Das Letztere bedeutet, dass die Spektren je nach verwendetem Zubehör unterschiedlich sind [31].

Zur Messung von pulverförmigen Proben im Mittleren IR werden diese meist mit KBr-Pulver vermischt und im Mörser, oder besser in der Schwingmühle, zerkleinert und homogenisiert. Üblicherweise arbeitet man in größerer KBr-Verdünnung, wobei für die Referenzmessung das gleiche reine Matrixmaterial verwendet werden kann. Als hilfreich hat sich hierfür mit Gold beschichtetes Schmiergelpapier erwiesen, das beispielsweise gegenüber dem hygroskopischen KBr einen über den gesamten Spektralbereich des Mittleren IR höheren und konstanten Reflexionsgrad aufweist.

Wichtige Parameter bei der Spektrenaufnahme sind Teilchengröße, Packungsdichte und insbesondere die Homogenität der Mischung. Hierzu wird das Pulvergemisch in ein Probentöpfchen mit ca. 5 mm innerem Durchmesser und gleicher Tiefe geschüttet und mit definiertem Druck leicht zusammengepreßt, wobei eine glatte Oberfläche resultiert. Diese maximale Schichtdicke ist meist nicht erforderlich; je nach Absorption und Streuung können bereits 200 µm, oder auch 1.5–3 mm ausreichen [32–34]. Ein einfaches Zubehör zur reproduzierbaren Probenpräparation ist verschiedentlich [35, 36] beschrieben worden. Die erreichbare Reproduzierbarkeit bei sorgfältiger manueller oder automatisierter Probenpräparation liegt bei einer relativen Standardabweichung von 3% und besser [37, 38]. Wichtig ist, dass die Probenabsorption bei kleineren Korngrößen – proportional zu längerer Mahldauer – zunimmt, während gleichzeitig die Fresnel-Reflexionseffekte reduziert werden können [39]. Weitere Details mit umfangreichen Literaturangaben finden sich bei Korte [40].

Substanzen, die in Lösungsmitteln gelöst vorliegen, lassen sich mit Diffuser Reflexion ebenfalls untersuchen, nachdem die Lösung auf KBr-Pulver aufgetropft wurde und das Lösungsmittel verdampft ist. Auf diese Art lassen sich z. B. HPLC-Fraktionen IR-spektroskopisch untersuchen, wobei der Präparationsaufwand sehr gering ist. Ein Beispiel für auf diese Weise erhaltene Reflexionsspektren zeigt Abb. 5-11. Als Fazit ist festzustellen, dass sich die DR-Messtechnik ausgezeichnet zur Mikrospurenanalytik einsetzen läßt. So können durchaus Nachweisgrenzen im Nanogrammbereich erreicht werden [41].

Zur Aufarbeitung von wässrigen Lösungen wurde aus Kompatibilitätsgründen verschiedentlich Diamantpulver vorgeschlagen. Eine Reihe von zusätzlichen, anderen Materialien wurde von Brackett und Mitarbeitern [42] untersucht.

Einige weitere Anwendungen der DR-Spektroskopie seien im Folgenden genannt. Von einer festen, kompakten Probe lässt sich leicht mit einem Schmirgelpapier eine geringe Substanzmenge abtragen, um eine qualitative Analyse mittels Diffuser Reflexion zu ermöglichen [43]. Es können jedoch auch unverdünnte Proben direkt im Mittleren IR vermessen werden. Ein Beispiel ist die in-situ Spektroskopie von Fraktionen auf Dünnschichtplatten, die in Abschn. 5.7.2 näher erläutert wird. Andere Anwendungsbeispiele seien mit der Messung von Textilien, Lackschichten, Schäumen oder Papier angeführt, wobei sich die zerstörungsfreie in-situ Analyse auch für rauhe Oberflächen anbietet.

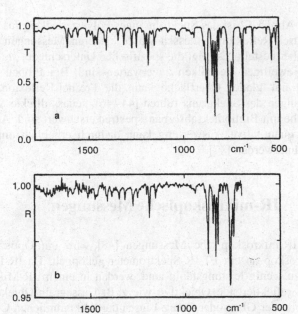

Abb. 5-11. Spektren von Benzo-
[a]pyren:
a) Referenztransmissions-
   spektrum mit 13 mm Pressling,
b) DR-Spektrum von 2 µg in
   KBr-Pulver (als Lösung auf-
   gebracht).

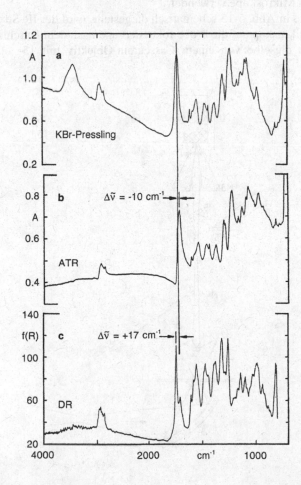

Abb. 5-12. Spektren eines Polyesterlackes, aufgenommen mit
verschiedenen spektroskopischen
Meßtechniken.
a) Durchstrahl als KBr-Pressling,
b) Abgeschwächte Totalreflexion,
c) Diffuse Reflexion.

In Abb. 5-12 ist das Spektrum eines Polyesterlackes, das mit Diffuser Reflexion gemessen wurde, anderen Messungen gegenüber gestellt. Es zeigt die spezifischen Unterschiede, die mit den jeweiligen Techniken zu erwarten sind. Bei Proben mit nicht nur glatter Oberfläche kann die Fresnel-Reflexion zu Störungen des Spektrums führen [44–46], sodass direkte Vergleiche mit Bibliotheksabsorbanzspektren erschwert sind. Auch eine quantitative Auswertung kann dadurch erheblich eingeschränkt werden [47].

5.2   IR-mikroskopische Messungen

Für IR-mikroskopische Messungen [48] wird ein Optisches Mikroskop an ein FT-IR-Spektrometer gekoppelt. Da IR-Linsen zu wenig leistungsfähig sind, werden in einem IR-Mikroskop reflektierende Objektive wie z. B. Cassegrain-Objektive anstelle der Glas- oder Quarz-Linsen der herkömmlichen Optischen Mikroskope verwendet.

Wie in Abb. 5-13 schematisch dargestellt, wird der IR-Strahl im Mikroskop auf die Probe fokussiert und nach dem Durchtritt durch dieselbe von einem Cassegrain-Objektiv mit 15- oder

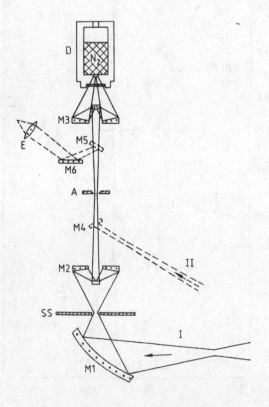

Abb. 5-13. Strahlengang eines IR-Mikroskops. I = IR-Strahl; II = IR-Strahl zur Messung in Reflexion; M1 = Sammelspiegel; M2 und M3 = Cassegrain Objektive; M4 = beweglicher, halbdurchlässiger Spiegel; M5 = beweglicher Spiegel; M6 = Spiegel; SS = Probenebene; A = Blende; E = Okular; D = MCT-Detektor, mit flüssigem Stickstoff gekühlt. (Reproduziert mit Genehmigung von Bruker Optik GmbH, D-76275 Ettlingen).

36-facher Vergrößerung gesammelt. Nach dem Durchgang durch die verstellbare Blende in der Bildebene wird die Strahlung von einem weiteren Cassegrain-Objektiv auf eine kleine Fläche (250 × 250 μm oder weniger) des gekühlten MCT-Detektors fokussiert. Da der Strahlengang des Sichtbaren Lichts kollinear zum IR-Strahl ist, kann die Probe über das Okular per Auge angeschaut und positioniert werden. Auf diese Art und Weise kann man z. B. winzige Einschlüsse in einer Folie genau fokussieren und spektroskopieren.

Praktisch ohne Probenvorbereitung kann man mit dem IR-Mikroskop Proben im Picogramm-Maßstab messen, wobei die Beugungsgrenze der IR-Strahlung (10–20 μm) sich limitierend auf die Größe des messbaren Flecks auswirkt.

Die Anwendungsgebiete der IR-Mikroskopie sind so vielfältig, dass ein IR-Mikroskop heute praktisch zur Standardausrüstung eines FT-IR-Spektrometers gehört. Neben Untersuchungen von Einschlüssen in Folien, Fasern und Einzelpartikelchen sind kriminalistische und biologische Anwendungen [49] wichtig.

Es sollte erwähnt werden, dass Harrick's SplitPea^{TM} [16] eine echte, kostengünstige und einfach zu handhabende Alternative zum IR-Mikroskop darstellt, erlaubt sie es doch, Proben im Mikro- und Nanogramm-Maßstab ATR-spektroskopisch zu messen (siehe Abschn. 5.1.2).

5.3 IR-Imaging

Beim IR-Imaging werden IR-Spektroskopie und Optische Mikroskopie kombiniert. Dazu wird ein Focal-Plane Array (FPA) Detektor an ein IR-Spektrometer gekoppelt, wodurch spektroskopische, d. h. molekulare Analyse verbunden wird mit der Möglichkeit, die räumliche Verteilung der Zusammensetzung einer Probe sichtbar zu machen. Somit bekommt das optische Bild eine dritte, spektroskopische Dimension. Weitere Vorteile dieser Technik sind ihre nicht-invasive, zerstörungsfreie Eigenschaft sowie die Verbesserung des Kontrasts verglichen mit der Optischen Mikroskopie. Das Letztere ist besonders wichtig für biologische Proben, bei denen die Brechungsindices der vorhandenen Komponenten so ähnlich sind, dass das sichtbare Bild eher kontrastarm ist.

Um die anfallende riesige Datenmenge interpretierbar zu machen, werden statistische Methoden sowie auch Künstliche Neuronale Netzwerke (Artificial Neural Networks, ANN's) herangezogen.

Wie bereits erwähnt, wird im Mittleren Infrarot ein Focal-Plane Array (FPA) Detektor, ursprünglich für militärische Zwecke entwickelt, zusammen mit einem IR-Mikroskop an

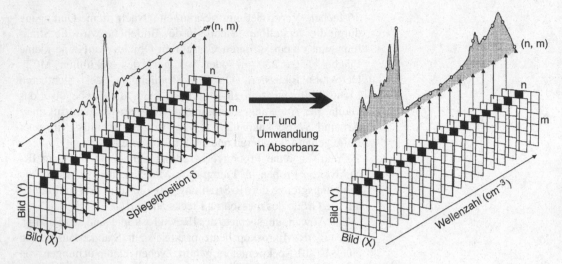

Abb. 5-14. Schematische Darstellung der Datenerzeugung in einem IR-Imaging System.

einem Step-scan FT-IR-Spektrometer eingesetzt. So erhält man chemisch spezifische Bilder, wobei zu jedem Bildpunkt ein IR-Spektrum erzeugt wird, wie es in Abb. 5-14 schematisch dargestellt ist.

In einem Step-scan Interferometer (siehe auch Abschn. 3.4.2) wird der bewegliche Spiegel bei jedem Messpunkt angehalten, um danach schnell zum nächsten Messpunkt bewegt zu werden. Die jeweiligen Interferogramm-Punkte werden erhalten, indem das Detektorsignal über das Zeitintervall aufsummiert wird, während dem der bewegliche Spiegel angehalten wird. Das bedeutet, dass bei jeder Spiegelposition, die je einer bestimmten Wellenzahl entspricht, die Signale von allen $n \times m$ Bildpunkten simultan mit dem FPA detektiert werden. In Abb. 5-14 ist das für einen spezifischen Bildpunkt (n_i, m_j) verdeutlicht. Die Kombination aller gemessenen Signale bei jedem Auslenkungspunkt ergibt das vollständige Interferogramm für jeden Pixel, woraus man schließlich mittels Fourier Transformation das entsprechende Spektrum erhält.

Es ist klar, dass die Verwendung eines Focal-Plane Array Detektors vor allem in Bezug auf die Messzeit große Vorteile bietet. Für das Mittlere Infrarot sind mit flüssigem Stickstoff gekühlte MCT Focal-Plane Array Detektoren mit 64×64 oder 256×256 Bildpunkten kommerziell erhältlich. Mit dem Letzteren können 65'536 Interferogramme in weniger als 15 Minuten gemessenen werden, wobei die Probenfläche 30×30 µm, 400×400 µm oder 4×4 mm betragen kann. Während die spektrale Auflösung zwischen 0.1 und 128 cm^{-1} gewählt werden kann, ist eine räumliche Auflösung bis zu 10 µm erreichbar. In diesem Zusammenhang sollte erwähnt werden, dass bei konventionellen IR-Mikroskopen (siehe Abschn. 5.2) das Signal drastisch schlechter wird bei Verwendung von Blenden kleiner als 20 µm. Das Signal/Rausch-Verhältnis nimmt stark ab wegen des reduzierten Lichtdurchsatzes, und mit Blenden von 12 µm sind die Spektren vom Rauschen dominiert. Andererseits können mit derselben Blende von 12 µm ausgezeichnete Spektren erhalten werden, wenn man Synchrotron-Strahlung als Lichtquelle verwendet, da die stark fokussierte Strahlung mindestens die 1000-fache Intensität herkömmlicher IR-Quellen hat.

Nachdem tausende von IR-Spektren innerhalb von wenigen Minuten aufgenommen worden sind, stellt die Analyse und Darstellung der Daten eine echte Herausforderung dar. Die am meisten verwendete Methode ist das sogenannte Mapping von Funktionellen Gruppen, wobei Parameter, die man von den interessierenden Funktionellen Gruppen erhalten hat, als Funktion der Position innerhalb des Bildes dargestellt werden. Diese Parameter können z. B. die Wellenzahl eines Absorptions-Maximums oder die Intensität einer bestimmten Absorptionsbande sein.

Das Mapping von Funktionellen Gruppen, entweder als dreidimensionale Intensitäts-Plots oder als zweidimensionale Contour-Plots, ist sicherlich aussagekräftig. Voraussetzung ist allerdings, dass Absorptionsbanden bestimmten Funktionellen Gruppen zugeordnet werden, was sowohl schwierig als auch subjektiv sein kann. Um diese Schwierigkeiten zu umgehen, können verschiedene multivariate Mustererkennungs- bzw. Klassifizierungstechniken auf die spektroskopischen Daten angewendet werden. Bei Cluster Analysis [50] oder Fuzzy C-means Clustering z. B. werden Spektren gemäß einem gewissen Grad an Ähnlichkeit gruppiert. Linear Diskriminante Analyse (LDA) [50] oder Künstliche Neuronale Netzwerke (Artificial Neural Networks, ANN's) sind weitere allgemein angewandte Methoden.

IR-Imaging wird auf verschiedene Materialien aller Art angewandt, wie z. B. Polymere, Kosmetika, Lebensmittel und biologische Proben. Die Stärke und Nützlichkeit von IR-Imaging beruht nicht nur auf der Möglichkeit, einzelne Komponenten bzw. deren Verteilung innerhalb einer Probe zu bestimmen, sondern auch darauf, dass lokalisierte molekulare Information erhalten wird, die relevant für den Aufbau der Probe ist. Zum Beispiel sind IR-Spektren von Proteinen stark abhängig von deren Sekundär- und Tertiär-Struktur. Daher kann man spektrale Unterschiede benützen, um spezifisch die Verteilung bestimmter struktureller Einheiten innerhalb einer biologischen Probe darzustellen. IR-Imaging Techniken sowie deren Anwendungen sind detailliert in [51, 52] beschrieben.

5.4   Photoakustische Detektion

Bei der Betrachtung der thermischen Detektoren (siehe Abschn. 3.3.1) wurde die photoakustische Detektion bereits erwähnt. Hiermit lassen sich Gase, Flüssigkeiten und Feststoffe nachweisstark untersuchen. Für die Untersuchung von Spurengasen liefert die Laser-Photoakustik-Spektroskopie ein extrem hohes Nachweisvermögen [53]. Auch die Detektion von Gasen mittels nichtdispersiver IR-Spektroskopie erfolgt mit einfachen Photoakustikzellen. Mit dieser Detektionstechnik wurden bereits kommerzielle Gasmonitore unter Verwendung von FT-IR-Spektrometern entwickelt.

Mit der photoakustischen Zelle ist eine sehr einfache Probenpräparation verbunden, die u. a. für stark absorbierende und streuende Proben geeignet ist, die für die Durchstrahlspektroskopie völlig ausscheiden: Pulver, Körper mit rauhen Oberflächen, Pellets, Kohlen, poröse Stoffe. Die Messtechnik ist verschiedentlich mit der Diffusen Reflexion und der ATR-Technik verglichen worden (z. B. [54]), wobei die photoakustische Methode mit neueren Zellen sich als ähnlich leistungsstark erweist und ihre Vorteile bei nahezu schwarzen Proben zeigt.

Das Messprinzip beruht auf der Absorption von intensitätsmodulierter Strahlung in der Probe, die sich in einer abgeschlossenen, gasdichten Kammer befindet. Aufgrund der Absorption werden Wärmewellen erzeugt, die an die Probenoberfläche gelangen. Die Wärme wird teilweise an die Grenzschicht des über der Probe stehenden Gases abgegeben, wobei die entstehenden Druckmodulationen mit einem empfindlichen Mikrophon detektiert werden können (siehe Abb. 5-15). Durch die thermische Ausdehnung in der Probe kommt es auch zur Ausbildung einer akustischen Druckwelle, die beispielsweise bei Flüssigkeiten und Feststoffen mit piezoelektrischen Detektoren gemessen werden kann.

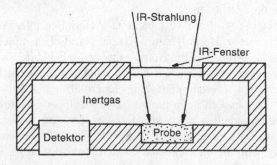

Abb. 5-15. Schema einer photoakustischen Probenzelle.

Die Theorie ist recht umfangreich, sodass auf weiterführende Literatur verwiesen werden muss [55]. Neben der optischen Eindringtiefe, die als Kehrwert des spektralen Absorptionskoeffizienten definiert ist ($\mu_\alpha = \alpha^{-1}$), sind die thermischen

Eigenschaften der Proben bedeutsam. Hierbei spielt die thermische Diffusionslänge μ_t eine wichtige Rolle:

$$\mu_t = \sqrt{\frac{2\lambda}{\rho c v_s}} \qquad (5.8)$$

wobei

λ = thermische Leitfähigkeit in $(J\ cm^{-1}\ s^{-1}\ grd^{-1})$
ϱ = Dichte in $(g\ cm^{-3})$
c = spezifische Wärme in $(J\ g^{-1}\ grd^{-1})$
ν_s = Modulationsfrequenz in (s^{-1})

Die Modulationsfrequenz bei schnell scannenden FT-Spektrometern ist proportional zum Produkt aus Wellenzahl und Spiegelgeschwindigkeit, womit sich die erfasste Probentiefe variieren lässt, sodass auch Tiefenprofilanalysen möglich sind. Ein Beispiel für die Untersuchung von laminaren Polymerschichten sowie praktische Hinweise gibt Oelichmann [54].

Das Photoakustische Signal zeigt eine relativ komplexe Abhängigkeit von verschiedenen Faktoren, die neben der Probenabsorption die Signalgröße beeinflussen. So sind z. B. bei stark absorbierenden Stoffen auch leicht Sättigungseffekte zu verzeichnen. Eine Diskussion dieser Auswirkungen und weitere Anwendungen finden sich in [56, 57]. Eine andere Einflussgröße, beispielsweise bei Pulvern, ist die Teilchengröße, die die Signalgröße mitbestimmt [58].

5.5   IR-Emissionsspektroskopie

Jeder Körper mit einer Temperatur $T > 0$ K strahlt Photonen an die Umgebung ab. Die Strahlungseigenschaften, die dabei von Bedeutung sind, werden durch die Gesetze von Kirchhoff (Absorption = Emission), Stefan-Boltzmann (Gesamtstrahlung proportional T^4), Planck (spektrale Emissionsverteilung) und Wien (Strahlungsmaximum proportional T^{-1}) beschrieben mit der Ergänzung, dass die Strahlungsbilanz durch die Summe aus Emissionsvermögen ε, Reflexion R, und Transmission T gebildet wird ($\varepsilon + R + T = 1$). Mit der letzten Beziehung steht fest, dass hochreflektierende Substanzen keine Emission zeigen.

Für die Durchführung von emissionsspektroskopischen Untersuchungen im infraroten Gebiet geben die angeführten Gesetze die Grundlage für die praktische Arbeit. So muss nach Kirchhoff der Detektor kälter sein als die Probe, weil sich sonst das Gesamtsystem im Strahlungsgleichgewicht befindet und

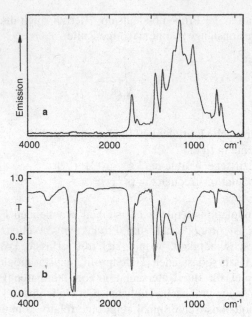

Abb. 5-16. IR-Emission (a) und Transmissionsspektrum (b) einer organischen Substanz (Wollfett) bei 373 K (100 °C) zum Vergleich. Die Strahlungsmaxima liegen an derselben Stelle wie die Transmissionsminima. Die CH-Streckschwingungsbande ist im Emissionsspektrum praktisch nicht vorhanden. (Die Emission bei $\tilde{\nu} = 672\ cm^{-1}$ ist unbekannter Herkunft).

kein Messsignal zustande kommt. Andererseits müssen die Temperaturen von Probe (hier die Strahlungsquelle) und Detektor wegen des T^4-Gesetzes für reproduzierbare Messungen sehr temperaturkonstant gehalten werden. Günstigerweise liegt das Strahlungsmaximum für $T = 300\ K$ gerade bei $\tilde{\nu} \approx 1000\ cm^{-1}$, sodass bei üblichen Laboratoriumstemperaturen gute Emissionsspektren im Bereich $\tilde{\nu} \leq 1800\ cm^{-1}$ erhalten werden können. Der steile Abfall des Emissionsvermögens bei kurzen Wellenlängen – wie dies durch das Planck'sche Gesetz beschrieben wird – macht sich bereits im C-H-Streckschwingungsbereich so weit bemerkbar, dass man die CH-Banden um 3000 cm^{-1} kaum zu sehen bekommt. Diese Effekte zeigt das Emissionsspektrum eines organischen Stoffes in Abb. 5-16 im direkten Vergleich mit seinem Transmissionsspektrum: die Signallagen stimmen alle überein, die Intensitätsverhältnisse sind grundverschieden.

Die Technik der Emissionsspektroskopie hat gegenüber den prinzipiell gleichen Aussagen der Transmissionsspektren einige zusätzliche Vorzüge, die mit experimentellem Mehraufwand erkauft werden müssen:

- Es fällt der Kontakt mit optischem Material weg (Pressling, ATR-Kristall).

- Es sind Untersuchungen an oberflächenrauhen, stark absorbierenden Materialien möglich (Korrosionsvorgänge, heterogene Katalysatoren, Filme).

- Untersuchungen an heißen Oberflächen, von Schmelzen, in und an Verbrennungsgasen sind möglich.

- Phasenübergänge und Festkörperreaktionen können verfolgt werden.

Als Proben kommen sehr dünne Oberflächenschichten, Verbundmaterialien oder adsorbierte Stoffe infrage. Über die Möglichkeiten zur Oberflächenanalyse mittels Emissionsspektroskopie wurde verschiedentlich berichtet [59, 60]. Andere Fragestellungen betreffen die berührungslose Messung von Gasen, z. B. von Rauchfahnen aus Schornsteinen (remote sensing) [61]. Auch Emissionsspektren der Atmosphäre, speziell im Fernen IR, werden zur quantitativen Bestimmung von Spurenkomponenten ausgewertet.

Bei der Messung der Probenemission sind einige Besonderheiten zu berücksichtigen: Das Emissionsspektrum hängt auch von der Schichtdicke ab. Normalerweise ist die Probe als dünne Schicht auf einer Unterlage vorhanden. Bei dickeren Proben kann Reabsorption auftreten, und das Emissionsspektrum wird deutlich komplizierter, enthält weniger Struktur und wird der Emissionskurve eines schwarzen Strahlers ähnlich [62, 63]. Die Probe kann auch strahlungsreabsorbierende Gase entwickeln oder sich einfach thermisch abbauen.

Die praktische Aufnahme eines Emissionsspektrums geschieht in der Weise, dass die auf höhere Temperatur gebrachte Probe im Emissionsport des FT-Spektrometers als Strahlungsquelle fungiert. Als Referenz dient ein schwarzer Strahler bei der gleichen Temperatur, wie sie die Probe aufweist. Besitzt das Spektrometer keinen Emissionsport, so ist auch eine Probenanordnung im Probenraum möglich, wobei die Rückreflexion im Michelson-Interferometer genutzt wird (Effizienz von 50%) [64].

Spektren, die als Quotient der Emission von Probe und schwarzem Strahler dargestellt werden, enthalten jedoch Emissionsbeiträge von der Probenumgebung und Anteile, die von der Probe reflektiert wurden. Methoden zur Korrektur finden sich in einer Übersicht von DeBlase und Compton [65]. Ein weiterer ausführlicher Übersichtsartikel findet sich in [66].

5.6 Messungen unter extremen Zustandsverhältnissen

5.6.1 Kryomethoden

IR-Untersuchungen bei tiefer Temperatur können spektrale Unterschiede zu Raumtemperaturmessungen liefern, insbesondere wenn Phasenänderungen auftreten. Übergänge vom flüssigen zum festen amorphen Zustand sind durch Reduzierung der Halbwertsbreiten und Bandenaufspaltung charakterisiert. Im Festzustand ergeben sich zudem neue Gesichtspunkte: Die Kräfte zwischen den Molekülen bei kleinen intermolekularen Entfernungen ändern sich, die Kristallstruktur bringt völlig neue Aspekte, Wasserstoff-Brückensysteme verhalten sich anders, viele Moleküle sind überhaupt nur im festen Zustand existent [67]. Auch die Anwendung polarisierter Strahlung ist an den Festkörper gebunden. Überraschend feinstrukturiert werden die Spektren von z. B. Kohlenhydraten [68] bei tiefer Temperatur. Eine zusammenfassende Übersicht über Tieftemperaturarbeiten findet man bei Hermann et al. [69].

5.6.2　Spektroskopie bei hoher Temperatur

IR-Untersuchungen bei erhöhter Temperatur werden vor allem im Hinblick auf Phasenübergänge, Katalysatorverhalten und auf kinetische Fragen durchgeführt. Ein anderer interessanter Bereich sind Studien zum intra- und intermolekularen Verhalten von Substanzen; eine Übersicht hierzu findet sich in [70]. Die Untersuchungen erfordern in jedem Fall speziell konstruierte Küvetten. Kommerziell erhältlich sind Gasküvetten, die bis 250 °C einsetzbar sind, obgleich die Grenztemperatur für Feststoffzellen 500 bis 800 °C beträgt.

Im Allgemeinen ist das Aussehen eines IR-Spektrums deutlich von der Temperatur abhängig. Die Kennzeichen dafür sind Änderungen der Bandenform, damit beschreibbar durch die Halbwertsbreite, die maximale Absorbanz und die integrale Absorbanz. Bei höherer Temperatur sind Bandenverbreiterungen bei gleichzeitiger Erhöhung der Intensität der heißen Banden festzustellen (Abb. 5-17), woraus auch die Verschiebung von Bandenmaxima resultieren kann.

Interessant sind die Möglichkeiten einer berührungslosen Temperaturmessung mittels der IR-Spektroskopie [70]. Da die Besetzungsdichte der molekularen Schwingungs- und Rotationsniveaus temperaturabhängig ist (Boltzmann-Theorem), erhält man hierüber Informationen über die Zustandsvariable Temperatur. Insbesondere bei kleinen Molekülen lässt sich die Verschiebung der Maxima in den P- und R-Zweigen der Rotations-Schwingungsbanden heranziehen. Eine andere Möglichkeit besteht darin, die Temperaturabhängigkeit der integralen Bandenintensität von Kombinationsbanden und Obertönen auszuwerten; hingegen ist die Temperaturabhängigkeit von Fundamentalschwingungen deutlich geringer.

Eine andere Anwendung höherer Temperaturen besteht in der Kopplung der Thermischen Analyse mit der IR-Spektrosko-

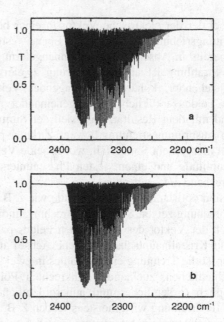

Abb. 5-17. Temperaturabhängigkeit der ν_3-Rotations-Schwingungsbande des CO_2; (a) 200 °C, (b) 25 °C. Andere Bedingungen: Schichtdicke 10 cm, CO_2-Druck 8.1 hPa, spektrale Auflösung 0.05 cm^{-1}.

pie. Bei der Thermogravimetrie wird die Massenänderung einer Substanz gemessen, die einem kontrollierten Temperaturprogramm unterworfen ist. Es können hiermit jedoch noch keine Aussagen zu den gasförmigen Reaktionsprodukten gemacht werden; diese sind aber mittels IR-Spektrometer messbar (im engl.: EGA evolved gas analysis) [71].

5.6.3 Messungen unter hohem Druck

Messungen unter hohen Drücken finden Anwendung, wenn die Zusammensetzung von Proben unter bestimmten Reaktionsbedingungen interessiert oder das Verhalten der Moleküle unter extremen Bedingungen studiert werden soll. Untersucht werden beispielsweise intermolekulare Wechselwirkungen, Phasenänderungen und verschiedene Reaktionen, wie u. a. thermische Zersetzung und Polymerisation [72].

5.7 Messungen mit polarisierter Strahlung

Bei natürlicher Strahlung, wie wir sie z. B. von thermischen Strahlern erhalten, existiert keine bevorzugte Schwingungsebene für den elektrischen Feldvektor. Linear polarisierte

Strahlung, bei der der elektrische Vektor in einer besonderen, die Ausbreitungsrichtung enthaltenden Ebene festgelegt ist, haben wir bereits in Abschn. 5.1.1.1 kennengelernt. Elliptisch polarisierte Strahlung ist als Überlagerung zweier senkrecht zueinander stehender, kohärent schwingender Vektoren des elektrischen Feldes erklärlich, die gegeneinander phasenverschoben sind mit dem Resultat, dass sich der Summenvektor helixartig in Ausbreitungsrichtung bewegt. Zirkular-polarisierte Strahlung ist hiervon ein Sonderfall, wobei beide Vektoren mit gleicher Amplitude und einem festen Phasenunterschied von $\pi/2$ – entsprechend $\lambda/4$ – auftreten.

Bekannt sind optisch anisotrope Kristalle wie z. B. Kalkspat, die Doppelbrechung zeigen, wobei die Brechungsindices davon abhängen, ob der Vektor des elektrischen Feldes parallel oder senkrecht zur Kristallhauptachse (optische Achse) ausgerichtet ist. Hierüber ist die Trennung eines Strahles in zwei Teilbündel mit unterschiedlichen, zueinander senkrechten Polarisationsebenen möglich (ordentlicher und außerordentlicher Strahl). Polarisierte IR-Strahlung wird meistens jedoch z. B. mit einem Polarisator aus einem feinen Gitter mit parallel ausgerichteten Metalldrähten erzeugt. Die unterschiedliche Absorption von Strahlung paralleler und senkrechter Polarisation ist als linearer Dichroismus bekannt. Die Technik zur Messung dieser beiden optischen Eigenschaften, Doppelbrechung und Dichroismus, mittels FT-IR-Spektrometer ist von Jordanov et al. [73] beschrieben worden.

Bei orientierten Kristallen liegen nun bestimmte Dipolmomentänderungen während der Molekülschwingung in einer festgelegten Richtung. Solche Schwingungen lassen sich daher nur anregen, wenn die IR-Strahlung auch in dieser Richtung polarisiert ist (Abb. 5-18). Die gemessene Bandenintensität ist von der gegenseitigen Orientierung der Moleküle und der Polarisationsrichtung der anregenden Strahlung abhängig. Wie man sieht, steht das Übergangsmoment (proportional zur Dipolmomentänderung bezüglich einer Molekülachse) der C=O-Schwingung bei 1720 cm^{-1} des Mylar-Materials senkrecht

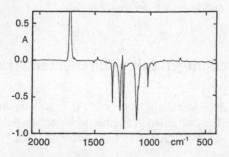

Abb. 5-18. Linearer IR-Dichroismus von Polyethylenterephthalat (Mylar, Schichtdicke 3.5 μm), erhalten über eine Differenzmessung.

zu den übrigen intensiven Molekülschwingungen im gezeigten Spektrum. Es lassen sich auch Intensitätsuntersuchungen in Abhängigkeit von der Kristallorientierung zur Polarisationsebene ausführen. Man darf dabei aber nicht vergessen, dass das Spektrometer durch sein optisches System teilweise selbst ein Polarisator ist.

Untersuchungen über den IR-Dichroismus haben bei orientierten Kristallen und gereckten Polymeren ein breites Anwendungsgebiet gefunden [74]. Bei Polymeren zeigen die nach einem Reckvorgang ausgerichteten Kristallite ebenfalls dichroitisches Verhalten. Damit lassen sich Schlüsse über die Lage der Polymerketten und ihre Ordnung ziehen. Neuerdings sind für solche rheo-optischen Untersuchungen neue dynamische Messtechniken eingesetzt worden, nämlich die zweidimensionale IR-Korrelations-Spektroskopie, mit der spezielle Wechselwirkungen zwischen funktionellen Gruppen nachgewiesen werden können. Ein weiterer Vorteil resultiert aus der verbesserten spektralen Auflösung, die durch das Heranziehen einer zweiten Dimension zustande kommt. Eine Übersicht hierzu gibt Noda [75].

Die Wechselwirkung polarisierter Strahlung mit chiralen Substanzen wird zu ihrer Charakterisierung herangezogen. Bekannt ist, dass die Lösung von Enantiomeren, wie sie z. B. die Glucose darstellt, die Ebene linear polarisierter Strahlung drehen kann (Polarimetrie). Letztere ist aus zwei zirkular polarisierten Komponenten zusammengesetzt vorstellbar, die sich beide jedoch in Gegenphase bewegen. Optische Aktivität manifestiert sich dadurch, dass die Brechungsunterschiede der Substanz für links und rechts zirkular polarisierte Strahlung unterschiedlich sind.

Die Messung der sogenannten optischen Rotationsdispersion (ORD) im IR-Spektralbereich ist für verschiedene Stoffgruppen möglich. Dies sind u. a. optisch aktive Substanzen als reine Flüssigkeiten oder in Lösung. Cholesterische Flüssigkristalle und Polymere, sowie induzierte cholesterische Lösungen zeigen demgegenüber stärkere Effekte, ebenso wie optisch aktive Kristalle. Ein Beispiel zur Messung solcher Spektren ist in [76] gegeben. Eine alternative Messtechnik beruht auf der Bestimmung der Differenz der Absorptionskoeffizienten für links bzw. rechts zirkular polarisierte Strahlung (zirkularer IR-Dichroismus; engl. circular dichroism, CD). Mittels Kramers-Kronig-Transformation lässt sich zeigen, dass ORD- und CD-Spektren zueinander komplementär sind. Zur Messung beider Effekte über FT-Spektrometer siehe auch [73]. Eine Übersicht zur Spektroskopie mit zirkular polarisierter Strahlung gibt Nafie [77]. Analytische Anwendungen sind vielfältig und betreffen beispielsweise die Bestimmung der Konformation von biologischen Molekülen [78].

5.8　Kombination der IR-Spektroskopie mit chromatographischen Methoden

Die qualitative Interpretation eines Spektrums wie auch die Identifizierung reiner Substanzen durch Spektrenvergleich ist nur dann erfolgreich, wenn die Probe einheitlich ist, wenn nämlich alle Absorptionsbanden des Spektrums mit Sicherheit derselben Substanz zuzuordnen sind. Banden von Lösungsmitteln oder einzelner bekannter Begleitkomponenten lassen sich zwar durch Kompensation eliminieren, zur Aufklärung einer Haupt- oder Nebenkomponente in einem Gemisch ist jedoch ihre Isolierung unumgänglich. Als Trennmethoden kommen u. a. in Frage:

- Destillation und Rektifikation,
- Gas-Chromatographie,
- Dünnschicht-Chromatographie,
- Flüssigkeits-Chromatographie.

Die Destillation und besonders die Rektifikation erfordern gewöhnlich relativ große Substanzmengen, wenn man von Mikrodestillationsapparaturen wie z. B. Drehbandkolonnen absieht. Wegen ihres geringen Substanzbedarfes und der hohen Trennleistung sind die chromatographischen Methoden zur Isolierung von Substanzen für die IR-Spektroskopie besser geeignet. Die Flüssigkeits-Chromatographie ist meist als Hochdruckflüssigkeits-Chromatographie (HPLC) vertreten. Die Superkritische Flüssigkeits-Chromatographie (SFC) hat sich als weitere Technik bewährt, sie steht zwischen Gas- und Flüssigkeits-Chromatographie. Eine ausführliche Übersicht zur Kopplung von Chromatographie und IR-Spektroskopie gibt White [79].

Für die Kombination der nachfolgend beschriebenen Trennmethoden mit der IR-Spektroskopie kommt es teilweise darauf an, dass man in der Lage ist, kleinste Probenmengen zu handhaben. Beyermann [80] gibt hierzu eine Reihe von Anregungen, die auch heute noch nützlich sind.

5.8.1　Gas-Chromatographie/IR-Spektroskopie

Grundsätzlich sind bei der GC/IR-Kopplung zwei Verfahrenswege möglich: zum einen die Abtrennung der gas-chromatographisch getrennten Probe durch Auffangen des Eluates und zum anderen die direkte Überführung des gasförmigen Eluates in die IR-Küvette mit der Möglichkeit einer online-Messung.

Das einfachste Verfahren zum Auffangen einer gas-chromatographisch getrennten Fraktion besteht in der Abkühlung des aus dem Gas-Chromatographen austretenden Gasstromes in einer Kühlfalle oder auch direkt in einer Mikroküvette, was in den verschiedensten Varianten beschrieben wurde, z. B. [81]. Diese Arbeitsweise führte allerdings nicht immer zum vollen Erfolg. Eine ziemlich universell anwendbare Methode beschreiben Witte und Dissinger [82], wobei das gaschromatographische Eluat in tiefgefrorenem Lösungsmittel aufgefangen wird. Die Probenmengen der Fraktionen bewegten sich im Allgemeinen unter Verwendung gepackter Säulen im Mikrogrammbereich.

Bei heutigen Kapillarsäulen sind die Probeportionen sehr viel geringer, sodass andere Techniken zur Handhabung und Spektroskopie entwickelt werden mußten. Hier ist der Probentransfer über desaktivierte Quarzkapillaren, sowie der Einsatz der Kryotechnik zu vermerken, um Proben auf kleinste Flächen zu fixieren und zu spektroskopieren (siehe Abschn. 5.6.1). Als IR-spektrometrische Nachweisgrenzen sind bereits 50 pg genannt worden. Im Prinzip sind hiermit ebenso online-Untersuchungen der chromatographischen Fraktionen, wie auch eine nachträgliche Spektroskopie der kryokondensierten Substanzen mit verbessertem Signal/Rauschverhältnis möglich.

Mit dem Aufkommen der schnellen FT-IR-Spektrometer konnte das Problem der Zeitanpassung bei der spektrometrischen online-Messung der Chromatogramme, wie im Fall der GC-MS-Kopplung, routinemäßig gelöst werden, wobei eine weitere Voraussetzung hierbei der Einsatz von empfindlichen HgCdTe-Detektoren ist.

Zur Veranschaulichung des Vorganges ein Beipiel: Zunächst wird die Trennung des zu untersuchenden Substanzgemisches am GC-Gerät vorbereitet (Abb. 5-19, oberstes Chromatogramm). Bei der Kopplung mit dem IR-Spektrometer strömt das Eluat erst durch ein innen vergoldetes Glasrohr, der sog. Lightpipe, durch das die Strahlung des Interferometers geleitet wird, bevor beispielsweise die Fraktionen per Flammenionisationsdetektor (FID) oder nachgeschaltetem Massenspektrometer nachgewiesen werden. Nun werden in Abständen von bis zu 0.1 s Interferogramme aufgenommen, umgerechnet und abgespeichert. Während dieses Vorganges kann bereits eine erste Grobauswertung erfolgen. Hierzu kann man den IR-Spektrenbereich in beliebige Bereiche unterteilen.

Am Beispiel der Abb. 5-19 wurden spezifische spektrale Abschnitte für Aliphaten ($2980-2920$ cm^{-1}, $1478-1455$ cm^{-1}, $1390-1380$ cm^{-1}), für Alkohole ($3680-3660$ cm^{-1}, $1390-1370$ cm^{-1}, $1065-1050$ cm^{-1}), für Aromaten ($3080-3020$ cm^{-1}, $780-700$ cm^{-1}), für Aldehyde ($2810-2805$ cm^{-1}, $2715-2705$ cm^{-1}, $1750-1745$ cm^{-1}), für Acetate ($1770-1765$ cm^{-1}, $1240-1237$ cm^{-1}) und für Ether ($1140-1085$ cm^{-1}, $890-$

1   Acetaldehyd

2   Acrolein

3   Essigsäureethylester

4   Methanol

5   Ethanol

6   2-Butanol

7   Toluol

8   1-Propanol

9   1,4-Dioxan

10   1-Butanol

11   1-Pentanol

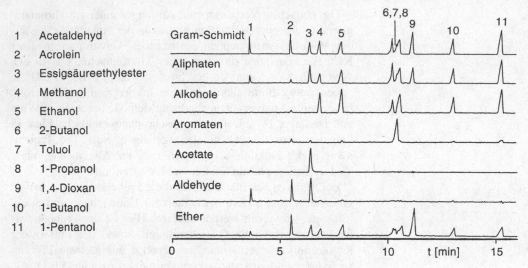

Abb. 5-19. Gas-Chromatogramm eines Mehrkomponenten-Gemisches; Kapillarsäule Carbowax 20M mit Länge 50 m, 1.2 µm Filmschichtdicke, 0.32 mm innerer Durchmesser, 2 ml/min He als Trägergas; Aufgabe 0.1 µl mit Split 1:50, alle Komponenten mit gleichem Massenanteil, Lightpipelänge 12 cm, Innendurchmesser 1mm, Betrieb bei 200 °C. Oberste Spur: Gram-Schmidt-Chromatogramm, untere Spuren: Chemigramme der GC-Trennung. (Angaben zu den gewählten IR-Fenstern finden sich im Text).

700 cm^{-1}) gewählt. Bei der Auswertung wird festgestellt, wie hoch die integrale Absorption in den einzelnen Kanälen ist. Dieser Wert wird als Intensitätssignal kontinuierlich ausgeschrieben. Das so erhaltene sogenannte „Chemigramm" gibt – zeilenweise gelesen – die Informationen über die Substanzgruppen im Chromatogramm.

Eine Besonderheit ist die Gram-Schmidt-Spur [79, 83], die aus den Interferogrammdaten errechnet wird und die die Gesamtabsorptionsänderungen im Spektrum gegenüber einem Hintergrundspektrum wiedergibt, das vor Aufnahme des Chromatogrammes definiert wird. Sie ist meistens durchaus vergleichbar mit einem FID-Signal (zu weiteren Hinweisen siehe [84]).

In der anschließenden Nachbearbeitung der gespeicherten Daten sind beispielsweise Formate, z. B. in der zeitaufgelösten Darstellung wie in Abb. 5-20a, möglich. Für die einzelnen getrennten Komponenten kann über die Spektren innerhalb der Halbwertsbreite der entsprechenden Chromatogrammpeaks gemittelt werden, um bessere Signal/Rausch-Verhältnisse zu realisieren. Aktuelle Hintergrundspektren vor oder hinter den jeweiligen auszuwertenden Chromatogrammpeaks können für verbesserte Transmissionsspektren herangezogen werden, die weniger von H$_2$O- und CO$_2$-Absorptionsbanden gestört sind.

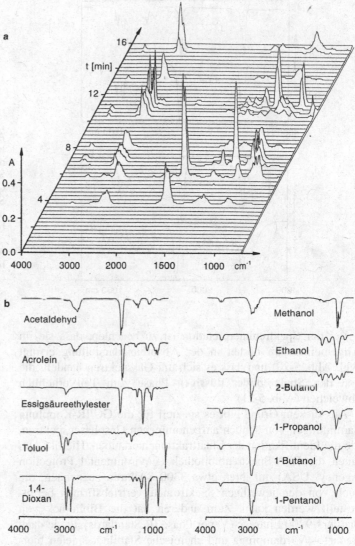

Abb. 5-20.
a) Darstellung der während einer GC-Trennung aufgenommenen IR-Spektren in Abhängigkeit von der Zeit.
b) Über Nachbearbeitung erhaltene Komponentenspektren (spektrale Auflösung 8 cm⁻¹).

Die im vorliegenden Fall nicht vollständig getrennten Komponenten 6 bis 8 können beispielsweise rechnerisch voneinander subtrahiert werden, oder man integriert nur über die überlagerungsfreien Anteile und erhält so die Spektren der einzelnen Bestandteile (Abb. 5-20b).

In der Regel lassen sich GC-Trennungen mit Kapillarsäulen problemlos durchführen. Die Erfassungsgrenze unter Verwendung einer Lightpipe liegt problembedingt bei etwa 10 ng.

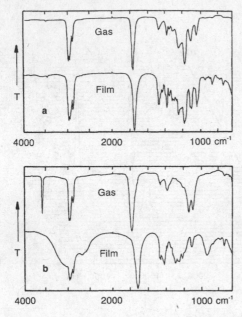

Abb. 5-21. Vergleich der Transmissionsspektren von (a) unpolaren (Ester) und (b) stark polaren Substanzen (Carbonsäure) in der Gasphase und als Flüssigkeit. Die Spektren wenig polarer Stoffe lassen sich mit Einschränkungen in beiden Aggregatzuständen untereinander vergleichen. Wasserstoffbrückenbildende Stoffe haben häufig sehr verschiedene Spektren (nach Welti [85]).

Bei der Spektreninterpretation ist zu beachten, dass sie im Allgemeinen am besten in der Absorbanzdarstellung erfolgt (vgl. Abb. 5-20) und dass es sich um Gasspektren handelt, die von den Spektren der flüssigen Phase zum Teil erheblich abweichen (Abb. 5-21).

Aus diesem Grund gibt es speziell für die GC/IR-Kopplung Sammlungen von ähnlich aufgenommenen Gasphasenspektren, die die Identifikation der Eluatfraktionen erlauben. Hier ist zum einen die EPA-Spektrenbibliothek (Environmental Protection Agency, USA) mit ihren etwa 3300 Spektren zu nennen, die auch von den jeweiligen Spektrometervertriebsfirmen bereitgestellt werden kann. Zum anderen hat die Bibliothek von Sadtler* 9200 Einträge (Vapor Phase IR Standards), die je nach Bedarf – Verdampfung und chemische Stabilität spielen hierbei eine Rolle – zwischen 25 °C und 300 °C aufgenommen worden sind. Ein gedrucktes Werk zur Interpretation von Gasphasenspektren, sowie mit 500 Bibliotheksspektren steht ebenfalls zur Verfügung [86] (siehe auch Abschn. 9.1).

Die Applikationen der GC/IR-Kopplung sind vielfältig. Die Untersuchung von Lösungsmittelgemischen wurde bereits vorgestellt. Andere Anwendungsbereiche betreffen u. a. die Petrochemie, Parfümindustrie und die Biomedizin, z. B. siehe [84].

---

* Vertrieb durch Sadtler Research Laboratories Ltd., PO Box 378, Maylands Avenue, Hemel Hempstead, Hertfordshire HP2 7TF, England.

Ein breites Gebiet ist die Untersuchung von Naturstoffen und Umweltproben [87]. Eine andere Anwendung besteht in der Untersuchung von Pyrolyseprodukten von Polymeren und Huminstoffen. Ein Beispiel für die Strukturaufklärung mittels Pyrolyse-GC-FTIR bei letzteren hochmolekularen Stoffen geben Kuckuk et al. [88].

Um die Informationen für die Komponentenidentifizierung zu verdichten, werden parallele oder auch serielle Schaltungen der Lightpipe mit Massenspektrometern betrieben. Von Agilent wird ein optimiertes FT-IR-Spektrometer mit beheizter Gasküvette, dem sog. IR-Detektor (IRD), für die Gaschromatographie vertrieben, der kombiniert mit einem Quadrupolmassenspektrometer zusätzliche Informationen, insbesondere bei Isomerengemischen liefern kann [89]. Auch die Kryotechnik kann erfolgreich zur GC/FTIR/MS-Kopplung eingesetzt werden. Die Nachweisgrenzen für Naphthalin bei Verwendung der „Tracer"-Technik sind mit 40 pg angegeben worden, während die Nachweisgrenze mit dem Massenspektrometer sogar noch zwei Größenordnungen kleiner ausfiel [90].

5.8.2 Dünnschicht-Chromatographie/ IR-Spektroskopie

Für Gemische aus schwer- oder nichtflüchtigen Substanzen ist die Dünnschicht-Chromatographie (DC) eine ebenso wirksame wie preisgünstige und leicht zu handhabende Trennmethode. Die Masse der hierbei verwendeten Stoffportion ist bei Anwendung von Mikrotechniken ausreichend groß, sodass es gelingt, von den getrennten Fraktionen interpretierbare IR-Spektren zu erhalten. Hierbei werden die in den einzelnen Flecken befindlichen Substanzen in geeigneter Weise eluiert und in KBr oder in ein Lösungsmittel überführt, um sie als Mikropressling, in Diffuser Reflexion oder bei flüchtigen Stoffen als Lösung in einer Mikroküvette zu spektroskopieren [91]. Das Sichtbarmachen der Flecke darf in diesem Fall natürlich nicht durch Aufsprühen eines Reagens erfolgen. Wenn die Erkennung der Flecke nicht unter einer UV-Lampe durch Fluoreszenz möglich ist, kann die Zone durch Besprühen einer auf derselben Platte befindlichen Parallellaufspur ermittelt werden. Bei Verwendung stark polarer Lösungsmittel ist darauf zu achten, dass auch Anteile der Beschichtung eluiert werden können, die sich im Spektrum störend bemerkbar machen.

Es sind die verschiedensten Methoden zur Überführung nichtflüchtiger Substanzen aus dem Trägermaterial in eine IR-spektroskopisch messbare Form beschrieben worden. Am besten bewährt sich die Überführung in KBr. De Klein [92] empfiehlt, das Trägermaterial um den fraglichen Fleck herum oder in Verlängerung des Fleckes aufzuschütten und durch vorsichtige Zugabe eines Lösungsmittels die Substanz aus dem Trägermaterial in das KBr zu überführen. Einige Autoren empfehlen das Abtragen des Fleckes und Elution der Substanz mit Hilfe von Wick-Sticks®, im Handel erhältlichen dreieckigen KBr-Tabletten [93]. In jedem Fall wird die Substanz mit Hilfe eines geeigneten Lösungsmittels isoliert, angereichert und in Transmission oder Diffuser Reflexion vermessen. Vielfach liegen die Begrenzungen der Mikromethoden nicht in der Spektrometertechnik, sondern in der manuellen Präparation z. B. durch Verunreinigungen oder Probenflüchtigkeit.

Mit der Messtechnik der Diffusen Reflexion sind auch in-situ Messungen auf DC-Platten möglich. Abb. 5-22 zeigt das DR-Spektrum einer DC-Celluloseplatte. Andere Materialien sind Al_2O_3, Silica Gel, sowie RP-Substrate (RP *Reversed Phase*). Es ist zu erkennen, dass in breiten Bereichen wegen starker Substratabsorptionen erheblich weniger Energie zur Spektrenmessung zur Verfügung steht. Daraus resultiert ein deutlich schlechteres Nachweisvermögen für die in-situ Messung als bei Probenisolierung und -überführung in ein nicht absorbierendes Substrat wie z. B. KBr. Ein weiterer Gesichtspunkt ist, dass sich die in-situ Spektren durch Adsorptionseffekte und Wechselwirkungen mit dem Substrat von den Reinstoffspektren, wie sie in Spektrenbibliotheken vorliegen, unterscheiden können [91, 94].

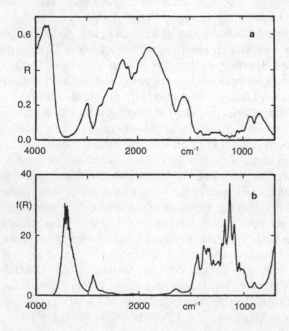

Abb. 5-22.
a) Diffuse Reflexion einer DC-Celluloseplatte,
b) DR-Spektrum in KM-Einheiten [91].

Zur Untergrundkompensation muss eine Subtraktion in KM-Einheiten (siehe Abschn. 5.1.3) erfolgen, denn es unterscheiden sich $f(R/R_u)$ und $f(R) - f(R_u)$, wobei R und R_u den Reflexionsgrad des DC-Probenflecks, bzw. des benachbarten DC-Substrates darstellen. Die Fehler in Abhängigkeit von R_u können beträchtlich sein. Bei den Experimenten ist neben den Einstrahlspektren der DC-Fraktion und des reinen Substrates auch das Einstrahlspektrum eines Reflexionsstandards notwendig. Bewährt hat sich goldbedampftes Schmirgelpapier mit konstantem Reflexionsgrad im gesamten Wellenzahlbereich (siehe Abschn. 5.1.3).

Ein Zubehör mit X-Y-Bühne zur online-Messung von DC-Chromatogrammen wurde beschrieben [95]. Hiermit konnte eine Identifizierung von Suchtstoffen mit Hilfe der HPTLC-UV/FT-IR-Kopplung vorgenommen werden [96]. Insgesamt erlaubt diese Technik die Berechnung von Gram-Schmidt-Spuren und andere Darstellungsformen, wie sie bei der GC/IR-Kopplung üblich sind.

5.8.3 HPLC- und SFC/IR-Spektroskopie

Die Kombination von verschiedenen Arten der Flüssigkeits-Chromatographie, wie z. B. die Hochdruck-Flussigkeitschromatographie (HPLC) und die superkritische Fluidchromatographie (SFC) – hat die prinzipielle Schwierigkeit, dass das Laufmittel selber starke IR-Absorptionen aufweist, die den auswertbaren Spektralbereich für die Detektion der Eluatkomponenten einschränken. Ein vollständiges HPLC-IR-System wird von Bourne Scientific [97] angeboten, wobei hier das Laufmittel nach dem Austritt aus der HPLC-Säule verdampft und das auf einem gekühlten ZnSe-Fenster kondensierte Eluat spektroskopiert wird.

Als häufigste mobile Phase wird bei der SFC superkritisches CO_2 eingesetzt, das in weiten Bereichen IR-transparent ist, sodass druckfeste Küvetten mit Schichtdicken bis 5 mm einsetzbar sind. Die Abtrennung der mobilen Phase ist wegen ihrer Flüchtigkeit relativ unproblematisch (für eine Übersicht siehe [98]).

Literatur zu Kap. 5

[1] J. E. Bertie: "Optical Constants", in: Handbook of Vibrational Spectroscopy, Vol. 1, J. M. Chalmers, P. R. Griffiths (Eds.), John Wiley & Sons, Chichester, 2002, S. 88

[2] N. J. Harrick: Appl. Spectrosc. **31**, 548 (1977)

[3] H. M. Heise: Fresenius J. Anal. Chem. **346**, 604 (1993)

[4] Y. Ishino, H. Ichida: Appl. Spectrosc. **46**, 504 (1992)

[5] K. Yamamoto, A. Masui, H. Ishida: Appl. Optics **33**, 6285 (1994)

[6] E. H. Korte, H. Staat: Fresenius J. Anal. Chem. **347**, 454 (1993)

[7] J. Umemura: "Reflection-Absorption Spectroscopy of Thin Films on Metallic Substrates", in: Handbook of Vibrational Spectroscopy, Vol. 2, J. M. Chalmers, P. R. Griffiths (Eds.), John Wiley & Sons, Chichester, 2002, S. 982

[8] M. Claybourn: "External Reflection Spectroscopy", in: Handbook of Vibrational Spectroscopy, Vol. 2, J. M. Chalmers, P. R. Griffiths (Eds.), John Wiley & Sons, Chichester, 2002, S. 969

[9] G. T. Merklin: "Infrared Spectrometry of Thick Organic Films on Metallic Substrates", in: Handbook of Vibrational Spectroscopy, Vol. 2, J. M. Chalmers, P. R. Griffiths (Eds.), John Wiley & Sons, Chichester, 2002, S. 999

[10] J. Kattner, H. Hoffmann: "External Reflection Spectroscopy of Thin Films on Dielectric Substrates", in: Handbook of Vibrational Spectroscopy, Vol. 2, J. M. Chalmers, P. R. Griffiths (Eds.), John Wiley & Sons, Chichester, 2002, S. 1009

[11] R. Mendelsohn, C. R. Flach: "Infrared Reflection-Absorption Spectrometry of Monolayer Films at the Air-Water Interface", in: Handbook of Vibrational Spectroscopy, Vol. 2, J. M. Chalmers, P. R. Griffiths (Eds.), John Wiley & Sons, Chichester, 2002, S. 1028

[12] B. L. Frey, R. M. Corn, S. C. Weibel: "Polarization-modulation Approaches to Reflection-Absorption Spectroscopy", in: Handbook of Vibrational Spectroscopy, Vol. 2, J. M. Chalmers, P. R. Griffiths (Eds.), John Wiley & Sons, Chichester, 2002, S. 1042

[13] I. Newton: "Opticks", Dover, New York, 1952

[14] N. J. Harrick: "Internal Reflection Spectroscopy", Harrick Scientific Corporation, Ossining NY, 1979

[15] J. Fahrenfort: Adv. Mol. Spectrosc. Proc. Int. Meet. 4th 1959, **2**, 701 (1962)

[16] erhältlich bei HARRICK SCIENTIFIC, 88 Broadway, Ossining, NY 10562, USA, www.harricksci.com

[17] N. J. Harrick, M. Milosevic, S. L. Berets: Appl. Spectrosc. **45**, 944 (1991)

[18] F. M. Mirabella: "Principles, Theory and Practice of Internal Reflection Spectroscopy", in: Handbook of Vibrational Spectroscopy, Vol. 2, J. M. Chalmers, P. R. Griffiths (Eds.), John Wiley & Sons, Chichester, 2002, S. 1091

[19] U. P. Fringeli: Chimia **46**, 200 (1992)

[20] erhältlich bei Axiom Analytical, Inc., Irvine, CA 92614, USA, www.goaxiom.com

[21] erhältlich bei REMSPEC CORPORATION, 512 Leadmine Road, Sturbridge, MA 01566, USA, www.remspec.com

[22] W. M. Doyle: "Hollow Optical Conduits for Vibrational Spectroscopy", in: Handbook of Vibrational Spectroscopy, Vol. 2, J. M. Chalmers, P. R. Griffiths (Eds.), John Wiley & Sons, Chichester, 2002, S. 1598

[23] G. Kortüm: "Reflexionsspektroskopie", Springer-Verlag, Berlin, 1969

[24] P. R. Griffiths, J. M. Olinger: "Conzinuum Theories of Diffuse Reflection", in: Handbook of Vibrational Spectroscopy, Vol. 2, J. M. Chalmers, P. R. Griffiths (Eds.), John Wiley & Sons, Chichester, 2002, S. 1125

[25] A. Otto, E. H. Korte: Mikrochim. Acta [Wien] **II**, 141 (1988)

[26] J. M. Olinger, P. R. Griffiths: Anal. Chem. **60**, 2427 (1988)

[27] R. Ulbricht: Elektrotechn. Z. **29**, 595 (1900)

[28] W. Richter, W. Erb: Apll. Optics **26**, 4620 (1987)

[29] I. Murray, I. A. Cowe (Eds.): "Making Light Work: Advances in Near Infrared Spectroscopy", VCH, Weinheim, 1992

[30] M. Milosevic, S. L. Berets: "Accessories and Sample Handling for Mid-infrared Diffuse Reflection Spectroscopy", in: Handbook of Vibrational Spectroscopy, Vol. 2, J. M. Chalmers, P. R. Griffiths (Eds.), John Wiley & Sons, Chichester, 2002, S. 1154

[31] P. J. Brimmer, P. R. Griffiths: Appl. Spectrosc. **42**, 242 (1988)

[32] D. J. J. Fraser, K. L. Norton, P. R. Griffiths: Anal. Chem. **62**, 308 (1990)

[33] D. J. J. Fraser, P. R. Griffiths: Appl. Spectrosc. **44**, 193 (1990)

[34] Z. Krivacsy, J. Hlavay: Talanta **41**, 1143 (1994)

[35] M. L. E. TeVrucht, P. R. Griffiths: Appl. Spectrosc. **43**, 1492 (1989)

[36] Z. Krivacsy, J. Hlavay: Spectrochim. Acta **50A**, 49 (1994)

[37] P. J. Brimmer, P. R. Griffiths: Anal. Chem. **58**, 2179 (1986)

[38] A. A. Christy, J. E. Tvedt, T. V. Karstang, R. A. Velapoldi: Rev. Sci. Instrum. **59**, 423 (1988)

[39] M. P. Fuller, P. R. Griffiths: Anal. Chem. **50**, 1906 (1978)

[40] E. H. Korte: "Infrarot-Spektroskopie diffus reflektierender Proben", in: Analytiker-Taschenbuch, H. Günzler, R. Borsdorf, W. Fresenius, W. Huber, H. Kelker, I. Lüderwald, G. Tölg, H. Wisser (Hrsg.), Bd. 9, Springer-Verlag, Berlin, 1990, S. 91

[41] D. F. Gurka, S. Billets, J. W. Brasch, C. J. Riggle: Anal. Chem. **57**, 1975 (1985)

[42] J. M. Brackett, L. V. Azarraga, M. A. Castles, L. B. Rogers: Anal. Chem. **56**, 2007 (1984)

[43] R. A. Spragg: Appl. Spectrosc. **38**, 604 (1984)

[44] P. W. Yang, H. H. Mantsch: Appl. Optics **26**, 326 (1987)

[45] P. J. Brimmer, P. R. Griffiths, N. J. Harrick: Appl. Spectrosc. **40**, 258 (1986)

[46] P. J. Brimmer, P. R. Griffiths: Appl. Spectrosc. **41**, 791 (1987)

[47] P. J. Brimmer, P. R. Griffiths: Appl. Spectrosc. **42**, 242 (1988)

[48] A. J. Sommer: "Mid-infrared Transmission Microspectroscopy", in: Handbook of Vibrational Spectroscopy, Vol. 2, J. M. Chalmers, P. R. Griffiths (Eds.), John Wiley & Sons, Chichester, 2002, S. 1369

[49] D. L. Wetzel, S. M. LeVine: "Biological Applications of Infrared Microspectroscopy", in: Infrared and Raman Spectroscopy of Biological Materials, H.-U. Gremlich, B. Yan (Eds.), Marcel Dekker, New York, 2001, S. 101

[50] D. Naumann: "Ft-Infrared and FT-Raman Spectroscopy in Biomedical Research", in: Infrared and Raman Spectroscopy of Biological Materials, H.-U. Gremlich, B. Yan (Eds.), Marcel Dekker, New York, 2001, S. 323

[51] L. H. Kidder, A. S. Haka, E. N. Lewis: "Instrumentation for FT-IR Imaging", in: Handbook of Vibrational Spectroscopy, Vol. 2, J. M. Chalmers, P. R. Griffiths (Eds.), John Wiley & Sons, Chichester, 2002, S. 1386

[52] M. D. Schaeberle, I. W. Levin, E. N. Lewis: "Biological Vibra-
    tional Spectroscopic Imaging", in: Infrared and Raman Spectros-
    copy of Biological Materials, H.-U. Gremlich, B. Yan (Eds.),
    Marcel Dekker, New York, 2001, S. 231

[53] M. W. Sigrist: "Air Monitoring by Laser Photoacoustic Spec-
    troscopy", in: Air Monitoring by Spectroscopic Techniques,
    M. W. Sigrist (Hrsg.), John Wiley & Sons, New York, 1994,
    S. 163

[54] J. Oelichmann: Fresenius Z. Anal. Chem. **333**, 353 (1989)

[55] J. F. McClelland, R. W. Jones, S. J. Bajic: "Photoacoustic
    Spectroscopy", in: Handbook of Vibrational Spectroscopy,
    Vol. 2, J. M. Chalmers, P. R. Griffiths (Eds.), John Wiley &
    Sons, Chichester, 2002, S. 1231

[56] K. Krishnan: Appl. Spectrosc. **35**, 549 (1981)

[57] J. A. Graham, W. M. Grim III, W. G. Fately: "Fourier Trans-
    form Infrared Photoacoustic Spectroscopy of Condensed-Phase
    Samples", in: Fourier Transform Infrared Spectroscopy, Bd. 4,
    J. R. Ferraro, L. J. Basile (Hrsg.), Academic Press, Orlando,
    1985, S. 345

[58] P. S. Belton, R. H. Wilson, A. M. Saffa: Anal. Chem. **59**, 2378
    (1987)

[59] D. H. Sullivan, W. C. Conner, M. P. Harold: Appl. Spectrosc. **46**,
    811 (1992)

[60] J. Mink, G. Keresztury: Appl. Spectrosc. **47**, 1446 (1993)

[61] K. Schäfer, R. Haus, J. Heland, A. Haak: Ber. Bunsenges. Phys.
    Chem. **99**, 405 (1995)

[62] S. F. Kapff: J. Chem. Phys. **16**, 446 (1948)

[63] P. R. Griffiths: Appl. Spectrosc. **26**, 73 (1972)

[64] M. A. Ford, R. A. Spragg: Appl. Spectrosc. **40**, 715 (1986)

[65] F. J. DeBlase, S. Compton: Appl. Spectrosc. **45**, 611 (1991)

[66] J. Mink: "Infrared Emission Spectroscopy", in: Handbook of
    Vibrational Spectroscopy, Vol. 2, J. M. Chalmers, P. R. Griffiths
    (Eds.), John Wiley & Sons, Chichester, 2002, S. 1193

[67] D. F. Horning: Disc. Faraday Soc. **9**, 115 (1950)

[68] M. Hineno, H. Yoshinaga: Spectrochim. Acta **28A**, 2263 (1972)

[69] T. S. Hermann, S. R. Harvey: Appl. Spectrosc. **23**, 435 (1969);
    T. S. Hermann, S. R. Harvey, C. N. Honts: Appl. Spectrosc. **23**,
    451 (1969); T. S. Hermann: Appl. Spectrosc. **23**, 461 u. 473
    (1963)

[70] A. Leipertz, M. Spiekermann: "Low- and high-temperature
    techniques, spectrometric determination of sample temperature",
    in: Infrared and Raman Spectroscopy, B. Schrader (Hrsg.), VCH,
    Weinheim, 1995, S. 658

[71] J. W. Hellgeth: "Thermal Analysis-IR Methods", in: Handbook
    of Vibrational Spectroscopy, Vol. 2, J. M. Chalmers, P. R. Grif-
    fiths (Eds.), John Wiley & Sons, Chichester, 2002, S. 1699

[72] M. Buback: "Applications of high-pressure techniques", in:
    Infrared and Raman Spectroscopy, B. Schrader (Hrsg.), VCH,
    Weinheim, 1995, S. 640

[73] B. Jordanov, E. H. Korte, B. Schrader: J. Mol. Struct. **174**, 147
    (1988)

[74] J. Michl, E. W. Thulstrup: "Spectroscopy with Polarized Light",
    2. Aufl., VCH, Weinheim, 1995

[75] I. Noda: "General Theory of Two-dimensional (2D) Analysis",
    in: Handbook of Vibrational Spectroscopy, Vol. 3, J. M. Chal-
    mers, P. R. Griffiths (Eds.), John Wiley & Sons, Chichester,
    2002, S. 2123

[76] H. M. Heise, D. Kolev: Appl. Spectrosc. **42**, 878 (1988)

[77] L. A. Nafie, R. K. Dukor, T. B. Freedman: "Vibrational Circular Dichroism", in: Handbook of Vibrational Spectroscopy, Vol. 1, J. M. Chalmers, P. R. Griffiths (Eds.), John Wiley & Sons, Chichester, 2002, S. 731

[78] L. A. Nafie, T. B. Freedman: "Biological and Pharmaceutical Applications of Vibrational Optical Activity", in: Infrared and Raman Spectroscopy of Biological Materials, H.-U. Gremlich, B. Yan (Eds.), Marcel Dekker, New York, 2001, S. 15

[79] R. White: "Chromatography/Fourier Transform Infrared Spectroscopy and its Applications", Marcel Dekker, New York, 1990

[80] K. Beyermann: Fortschr. Chem. Forsch. **11**, 484 (1969)

[81] R. A. Edwards, J. S. Fagerson: Anal. Chem. **37**, 1630 (1965)

[82] K. Witte, O. Dissinger: Fresenius Z. Anal. Chem. **236**, 119 (1969)

[83] J. A. de Haseth, T. L. Isenhour: Anal. Chem. **49**, 1977 (1977)

[84] W. Herres: "HRGC-FTIR: Capillary Gas Chromatography – Fourier Transform Infrared Spectroscopy", Dr. Alfred Hüthig Verlag, Heidelberg, 1987

[85] D. Welti: "Infrared Vapour Spectra", Heyden & Son, London, 1970

[86] R. A. Nyquist: "The Interpretation of Vapor-Phase Infrared Spectra", Bd. 1 u. 2, Sadtler-Heyden, Philadelphia und London, 1984

[87] C. J. Wurrey, D. F. Gurka: "Environmental Applications of Gas Chromatography/Fourier Transform Infrared Spectroscopy (GC/FT-IR)", in: Vibrational Spectra and Structure – Applications of FT-IR Spectroscopy, Bd. 18, J. R. Durig (Hrsg.), Elsevier, Amsterdam, 1990, S. 1

[88] R. Kuckuk, W. Hill, P. Burba, A. N. Davies: Fresenius J. Anal. Chem. **350**, 528 (1994)

[89] R. J. Leibrand (Hrsg.): "Basics of GC/IRD and GC/IRD/MS", Hewlett-Packard, Palo Alto, 1993

[90] N. R. Smyrl, D. M. Hembree, Jr., W. E. Davis, D. M. Williams, J. C. Vance: Appl. Spectrosc. **46**, 277 (1992)

[91] A. Otto, U. Bode, H. M. Heise: Fresenius Z. Anal. Chem. **331**, 376 (1988)

[92] W. J. de Klein: Anal. Chem. **41**, 667 (1969)

[93] P. Krohmer, G. Kemmner: Fresenius Z. Anal. Chem **243**, 80 (1968)

[94] B. T. Beauchemin, Jr., P. R. Brown: Anal. Chem. **61**, 615 (1989)

[95] G. Glauninger, K.-A. Kovar, V. Hoffmann: Fresenius J. Anal. Chem. **338**, 710 (1990)

[96] K.-A. Kovar, J. Dinkelacker, A. M. Pfeifer, W. Pisternick, A. Wössner: GIT Spezial · Chromatographie, Heft 1, S. 19 (1995)

[97] erhältlich bei Bourne Scientific, Inc., 3 Post Office Square, Acton, MA 01720, USA, www.BourneIRC.com

[98] K. D. Bartle: "SFC/FT-IR (Flow-cell and Direct Deposition)", in: Handbook of Vibrational Spectroscopy, Vol. 2, J. M. Chalmers, P. R. Griffiths (Eds.), John Wiley & Sons, Chichester, 2002, S. 1634

6 Qualitative Spektreninterpretation

6.1 Grundlagen

Wie bereits besprochen, beruht die IR-Spektroskopie auf der Absorption von IR-Strahlung durch die Moleküle der zu untersuchenden Substanz. Dabei werden durch die Absorption von Strahlung im infraroten Bereich des elektromagnetischen Spektrums Molekülschwingungen und Molekülrotationen angeregt.

Viele funktionelle Gruppen von organischen Molekülen zeigen charakteristische Schwingungen, denen Absorptionsbanden in definierten Bereichen des IR-Spektrums entsprechen. Diese Molekülschwingungen sind weitgehend auf die Funktionelle Gruppe lokalisiert und erfassen nicht den Rest des Moleküls, sodass solche Funktionellen Gruppen durch ihre Absorptionsbande identifiziert werden können.

Diese Tatsache, verbunden mit einer unkomplizierten Aufnahmetechnik, macht die IR-Spektroskopie zum einfachsten, schnellsten und oft zuverlässigsten Mittel, um eine Substanz ihrer Verbindungsklasse zuzuordnen. So ist die An- oder Abwesenheit von Carbonylfunktionen, Hydroxygruppen, Aminogruppen, Doppelbindungen oder auch Aromaten und vielen anderen Strukturelementen auf den ersten Blick ersichtlich. Bei genauerer Betrachtung von Lage und Intensität einer Bande sowie unter Berücksichtigung anderer Bereiche des Spektrums lässt sich jedoch oft eine sehr viel detailliertere Zuordnung der erkannten Strukturgruppe machen: so kann z. B. zwischen einem Keton, einer Säure, einem Ester und einem Aldehyd oder einem primären, sekundären und tertiären Alkohol unterschieden werden.

Lage und Intensität der Absorptionsbanden einer Reinsubstanz sind außerordentlich spezifisch. Daher lässt sich – ähnlich wie der Fingerabdruck beim Menschen – das IR-Spektrum als hochcharakteristische Eigenschaft zur Identifizierung benutzen. Dazu stehen heute zahlreiche Vergleichsspektren in Katalogen und digitalen Spektrenbibliotheken zur Verfügung, sodass es oft gelingt, eine unbekannte Substanz allein durch das IR-Spektrum eindeutig zu identifizieren.

Die Stärken der IR-Spektroskopie liegen also in der Bestimmung von Funktionellen Gruppen und in der Identifizierung von Reinsubstanzen.

Ausgehend vom jeweils vorliegenden Spektrum sollen nun die Grundlagen, die Regeln und die Vorgehensweise bei der Interpretation von IR-Spektren erarbeitet werden.

6.1.1 Das IR-Spektrum

Das Spektrum liegt oftmals in der Transmissionsdarstellung (exakt: spektraler Reintransmissionsgrad) als Funktion der Wellenzahl vor. Am Beispiel von Abb. 6-1 sollen zunächst einige allgemeine Begriffe erklärt werden.

1. Basis, Grundlinie, Background: diejenige Kurve, die das Gerät ohne Substanz im Strahlengang aufzeichnet.

2. Gebiet zwischen Basis und Transmission 1.0: Untergrundabsorption bzw. Reflexionsverluste an z. B. Küvettenfenstern.

3. Absorbanzmaximum oder Transmissionsminimum der Schwingungsbande: Diese synonymen Begriffe dienen zur Kennzeichnung der Lage maximaler Strahlungsenergieaufnahme (Absorptionsmaximum) im Spektrum durch das Molekül.

4. Schulter: zwei nicht aufgetrennte Banden.

5. Störungen durch Absorption von CO_2 und H_2O der Luft.

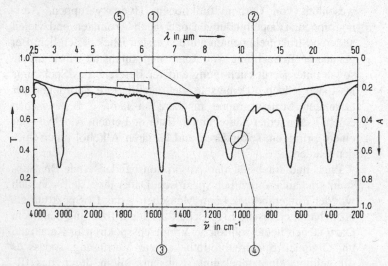

Abb. 6-1. Modellspektrum zur Erklärung grundlegender Begriffe (s. Text).

Wichtige Informationen für jedes Spektrum sind:

- Probenbezeichnung (Name oder Code-Bezeichnung)
- Herkunft (Quelle, Laborjournal etc.)
- Aufnahmetechnik (Film, Lösung, Pressling, Matrix)
- Reinheit (GC, Destillationsfraktion)
- Datum und Name des Operators

Bei umfangreicheren Sammlungen sind ferner wichtig:

Spektrennummer und Gerät; wünschenswert sind Angaben über den Zweck der Aufnahme (Reinheitsprüfung, Kinetik etc.) und über Vergleichsspektren der gleichen Substanz (IR, MS, GC, NMR, UV).

6.2   Erste Spektrenbetrachtung

Bevor die Interpretation eines Spektrums begonnen wird, sollte es auf Fehler, Störeffekte und Anomalien geprüft werden. Schon auf den ersten Blick sieht man einem Spektrum an, ob zu wenig oder zu viel Substanz bei der Probenvorbereitung verwendet wurde (Abb. 6-2). Bei zu geringen Mengen kann man nur die allerstärksten Banden erkennen.

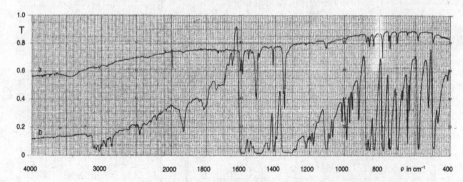

Abb. 6-2. Beispielspektrum für eine Aufnahme mit zu wenig (Kurve a) und zu viel (Kurve b) Substanz in der Messküvette.

Häufig wird zuviel Probenmaterial eingesetzt und dann „hängt das Transmissions-Spektrum am Boden". Es kann nicht sicher interpretiert werden, weil die vielen Banden verwirren.

Die Bandenform lässt Rückschlüsse auf die Aufnahmequalität zu: Eine Zunahme der Transmission der Untergrundabsorption in Richtung zu kleineren Wellenzahlen hin deutet bei Presslingspektren auf große Kristalle und zeugt von schlechter Zerkleinerung der Probe (Abb. 6-3). Eine Verzerrung der

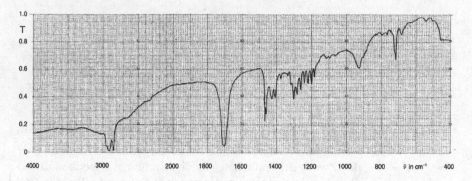

Abb. 6-3. Beispiel für zu große Kristallite bei einem Presslingspektrum: die Streuverluste sind vor allem im kurzwelligen Teil des Spektrums so groß, dass die Untergrundabsorption stark ansteigt.

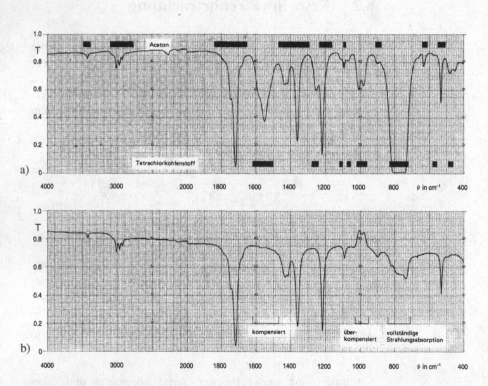

Abb. 6-4. Aufnahme von Aceton in Tetrachlorkohlenstoff:

a) Nicht kompensiertes Spektrum, die Banden sowohl von Aceton (obere Reihe), als auch von CCl_4 (untere Reihe) treten auf. Die Banden des CCl_4 können bei der Spektreninterpretation stören.

b) Kompensiertes Spektrum mit CCl_4 im Vergleichsstrahlengang (Dispersives Spektrometer). Die zum Tetrachlorkohlenstoff gehörenden Banden treten nicht mehr auf, vgl. z. B. den Bereich um 1500 cm^{-1}. Bei etwa 1000 cm^{-1} ist es überkompensiert. Zwischen 820 cm^{-1} und 770 cm^{-1} wird die Strahlung vollständig absorbiert, der Detektor erhält keine Energie und im Spektrum erscheint eine rein willkürliche Kurve. Oft ist die Rauschamplitude in diesen Intervallen auffällig groß.

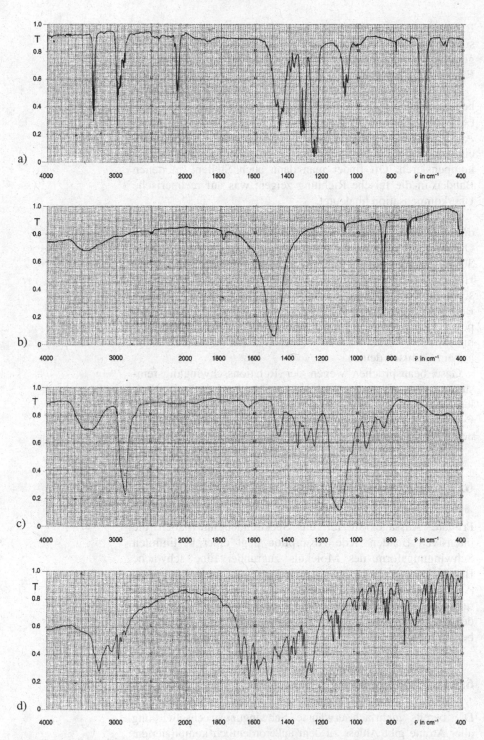

Abb. 6-5. Beispielspektren: (a) Gas (Butin-1), (b) anorganischer Stoff (CaCO₃), (c) Polymeres (Polyethylenoxid) und (d) Gemisch (Destillationsrückstand).

Bandenform bei einer Einzelbande derart, dass die Transmission an der kurzwelligen Flanke größer ist als an der langwelligen Flanke, deutet auf Einbettungsverfahren hin (Christiansen-Effekt, siehe Abschn. 4.2.1.6).

Bei Spektren von Substanzen in Lösung ohne Kompensation beherrschen oft die Banden des Lösungsmittels das Bild (Abb. 6-4): Sehr breite und intensive („am Boden anstoßende") Absorptionen überlagern das Substanzspektrum. Es ist nicht einfach, das Lösungsmittel über das gesamte Spektrum auszukompensieren. Oft findet man dann auch Stellen, an denen Banden in die falsche Richtung zeigen, was auf rechnerische Überkompensation hindeutet.

Aus dem allgemeinen Bild kann oft schon eine Auswahl über den fraglichen Substanztyp getroffen werden (Abb. 6-5a–d). Organische Stoffe zeigen bei guter Auflösung im Allgemeinen 30–40 Banden im Bereich von $2000-400 \text{ cm}^{-1}$ mit einer Häufung im Fingerprintgebiet. An wenigen breiten und intensiven Banden lassen sich oft anorganische Stoffe ausmachen. Bei sehr starken und wenig strukturierten Banden kann man auf polymeres Material schließen. Ein undifferenziertes Spektrenbild mit sehr vielen Banden – etwa ähnlicher Intensität – kann auf ein Gemisch deuten.

Gase beanspruchen wegen der Rotationsschwingungsfeinstruktur trotz oft weniger Schwingungsbanden sehr breite Wellenzahlgebiete für eine Rotationsschwingungsbande mit ihren P- und R-Zweigen. Der gasförmige Aggregatzustand von kleineren Molekülen ist daran eindeutig zu erkennen.

6.3   Zuordnungen allgemeiner Art

Primäre Aussagekraft für die Spektrendeutung haben die intensiven Banden. Jede Absorption liegt einer bestimmten Schwingungsform des Moleküls zugrunde. Eine schwache Bande lässt deshalb genauso eindeutig auf eine bestimmte Atomgruppierung schließen wie intensive Signale. Bei Letzteren ist die Änderung des Dipolmomentes durch die Auslenkung der beteiligten Atome besonders groß. Fehlt eine als intensiv bekannte Bande, dann ist diese negative Aussage eindeutig.

6.3.1   Fingerprintgebiet

Die bereits mehrfach erwähnte Schwingungswechselwirkung aller Atome gibt Anlass zu dem außerordentlich komplizierten, aber sehr charakteristischen Strahlungsabsorptionsverhalten, das im Spektrum zum Ausdruck kommt. Die gegenseitige Beeinflussung ist besonders groß im Bereich ähnlich schwerer Massen mit etwa gleichgroßen Kraftkonstanten (siehe Abschn. 2.1.2.2). Da bei organischen Verbindungen das Grundgerüst aus C-, N- und O-Atomen aufgebaut ist und die Stärke der Einfachbindungen ähnlich groß ist, findet man diese Schwingungen alle im Bereich von etwa $1430-1000 \, cm^{-1}$. Zuordnungen in diesem Abschnitt sind bei mittelstarken und schwachen Banden nur schwer durchzuführen. Für eine Teilstrukturaussage ist ihre Lage häufig zu wenig konstant und nur die intensivsten Banden dienen als Kennzeichen (Ester, Ether, Alkohole). Dieser Bereich (Fingerprintgebiet) wird deshalb bevorzugt für die Substanzidentifikation anhand von Vergleichsspektren authentischer Stoffe verwendet.

6.3.2 Gruppenfrequenzen

Es stellt sich nun die Frage, wieweit aus den Bandenlagen sichere Schlüsse auf eine engbegrenzte Teilstruktur gezogen werden können [1], z. B. auf Ester-, Aryl- oder Nitrogruppen. Das geht nach dem vorhin Gesagten offenbar nur, wenn Schwingungskopplung keine große Rolle spielt.

Es können nur solche Molekülteile stark miteinander in Wechselwirkung treten, deren Masse und Kraftkonstante ähnliche Größe haben. Bei nur geringer gegenseitiger Beeinflussung bleiben dagegen die Absorptionsmaxima der Teilstrukturen in recht enge und charakteristische Bereiche eingegrenzt. Eine Zuordnung ist mit empirischen Regeln möglich und auch sicher genug. Man spricht dann von Gruppenfrequenzen:

Die Absorption der festen C≡C-Dreifachbindung liegt bei höheren Wellenzahlen als die der C=C-Doppelbindung, und diese wiederum liegt höherfrequent als die Bande der C–C-Einfachbindung. Das wird auch, da die Masse der schwingenden C-Atome gleich bleibt, durch einen entsprechenden Zahlenwert der Kraftkonstanten ausgedrückt (Tabelle 6-1).

Die Bande der C–X-Einfachbindung rückt nach kleineren Wellenzahlen, wenn die Masse von X erhöht wird; die Energie der C–X-Bindung bleibt bei diesem Beispiel etwa gleich (Tabelle 6-1). Man kann damit schon eine erste Einteilung des Spektrums versuchen (Abb. 6-6). Außerdem können aufgrund der Gruppenfrequenzen, der verschiedenen Bandenlagen und ihrer Intensitäten oft bereits auf den ersten Blick eine Reihe verschiedener organischer Substanzklassen sicher identifiziert werden.

Die Gebiete der Mehrfachbindungen sind klar abgegrenzt. Auch die C–H, C–X (mit X = C, O, N) und C-Halogen Bereiche sind voneinander getrennt. Die dritte Zeile in Abb. 6-6 deutet eine der Interpretationsschwierigkeiten bereits an. Bei

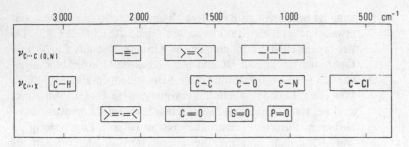

Abb. 6-6. Erste Bereichseinteilung des IR-Spektrums (vgl. Text).

Tabelle 6-1. Abhängigkeit der Absorptionswellenzahl von der Bindungsenergie ΔE und von der Masse der Atome; k ist die jeweilige Bindungskraftkonstante.*

Bindung	$\nu(C \cdots C)$ cm^{-1}	ΔE kJ mol^{-1}	k mdyn Å^{-1}	Bindung	$\nu(C \cdots X)$ cm^{-1}	ΔE kJ mol^{-1}	k mdyn Å^{-1}	Atommasse von X (rel)
$-C\equiv C-$	2000	890	15.6	$-\overset{\|}{C}-H$	3000	420	4.8	1
$\diagdown C=C \diagup$	1600	680	9.6	$-\overset{\|}{C}-\overset{\|}{C}-$	1000	370	4.5	12
$-\overset{\|}{C}-\overset{\|}{C}-$	1000	370	4.5	$-\overset{\|}{C}-Cl$	700	335	3.6	35

* Konversionsfaktoren zu den SI-Einheiten sind: 1 mdyn/Å = 10^2 N/m, 1 mdyn · Å = 10^{-18} J.

komplizierter gebauten Molekülen überlappen sich die Absorptionsbereiche verschiedener Molekülteilstrukturen, beispielsweise das C=O Gebiet mit dem C=C-Doppelbindungsbereich. Trotzdem können aufgrund der Gruppenfrequenzen, der verschiedenen Bandenlagen und ihrer Intensitäten oft bereits auf den ersten Blick eine Reihe verschiedener organischer Substanzklassen sicher identifiziert werden. Darunter fallen:

Alkane, Alkene, Aromaten, Alkohole, Ether, Ester, Ketone, Säuren, Aldehyde, Anhydride, Amine, Nitroverbindungen, Amide, Nitrile und Verbindungen mit kumulierten Doppelbindungen. Meist können auch die aromatischen von rein aliphatischen Vertretern dieser Gruppen unterschieden werden. Wir werden die Spektren der einzelnen Verbindungen nun der Reihe nach kennenlernen. Die angegebenen Bandenlagen sind meist aus IR-Standardwerken entnommen (z. B. [2-10] u. a.). Literaturhinweise werden darum nur in einigen Sonderfällen angegeben.

Wie bereits erwähnt, gibt es für die Spektren zwei Darstellungsarten: als Transmissions- oder als Absorbanzspektrum.

Da die Absorbanz der negative Logarithmus der Transmission ist, durch das Logarithmieren aber aus einer großen Zahl eine kleine Zahl wird, empfiehlt es sich für die qualitative Spektreninterpretation, Spektren in der Transmissionsdarstellung anzuschauen. Denn es kann durchaus sein, dass schwache, für die Interpretation wichtige Banden, die im Transmissionspektrum noch deutlich sichtbar sind, im entsprechenden Absorbanzspektrum nur noch schwach oder gar nicht mehr zu erkennen sind.

Zur quantitativen Analyse hingegen ist es wegen der linearen Beziehung zwischen Absorbanz und Konzentration vorteilhaft, Spektren in Absorbanzdarstellung auszuwerten.

6.4 Die IR-Spektren der einzelnen Stoffklassen [11]

Wir werden zunächst am Beispiel der Alkanketten die allgemeinen Grundlagen, dann funktionelle Gruppen am C-Gerüst besprechen und beobachten, wie sich das Spektrum ändert. Das Verhalten mehrerer Funktioneller Gruppen am gleichen Grundgerüst wird nur in Sonderfällen angeschaut.

6.4.1 Alkane

Die chemisch sehr einfach aufgebauten Alkane zeigen auch ein entsprechend einfaches IR-Spektrum. Für n-Butan sollten nach Gl. (2.31), Abschn. 2.2.2.1, zwar 36 Banden auftreten, trotzdem findet man nur wenige intensive Absorptionsbereiche. Dieser Befund ist außerordentlich wichtig: Keineswegs werden alle möglichen Schwingungsformen im Routinespektrum als Banden deutlich sichtbar. Das hat verschiedene Ursachen:

- einige Banden liegen außerhalb des registrierten Bereiches,
- viele Banden fallen zusammen,
- einige Banden sind intensitätsschwach,
- manche Banden sind „symmetrieverboten".

Methylengruppe

Für die Valenzschwingung der Methylengruppe, einer Bewegung der Atomkerne in Bindungsrichtung, kommen nur zwei Bewegungsformen in Betracht (Abb. 6-7a, b).

Abb. 6-7. Normalschwingungen des CH_2-Fragmentes. Große Kugel: C-Atom, kleine Kugeln: H-Atome. Die Pfeile bedeuten hier – wie in allen entsprechenden Abbildungen dieser Art – die Richtung der Auslenkung der Atomkerne.

a) ν_{as} 2930 cm^{-1} b) ν_s 2850 cm^{-1} c) δ_s 1470 cm^{-1}

Beide Schwingungen unterscheiden sich um $80\ cm^{-1}$ und sind bei Cycloalkanen als intensive Banden gut getrennt sichtbar. Für die Deformationsschwingung, eine Bewegung der Atome, bei der die Bindungswinkel beansprucht werden, ist die Scherenschwingung (scissoring) naheliegend (Abb. 6-7c). Als weitere Möglichkeit kommen aber auch die Drehbewegungen des CH_2-Fragmentes um die kartesischen Koordinaten in Betracht (Abb. 6-8a–c).

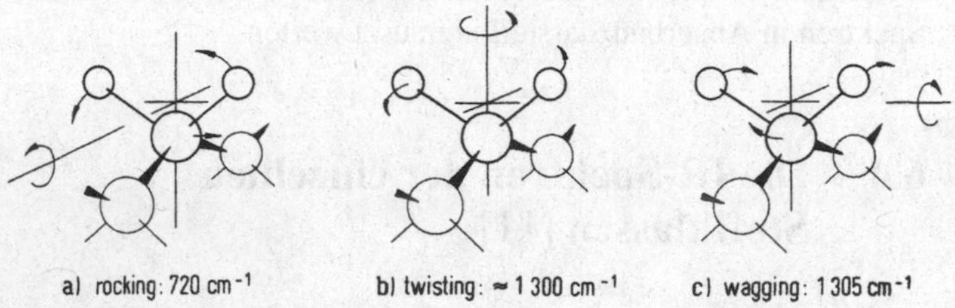

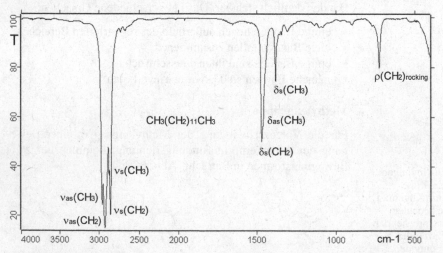

a) rocking: $720\ cm^{-1}$ b) twisting: $\approx 1\,300\ cm^{-1}$ c) wagging: $1\,305\ cm^{-1}$

Abb. 6-8. Deformationsschwingungsformen des CH_2-Fragmentes in Alkanen.

Die Atomverrückungen entsprechen den Rotationsmöglichkeiten des nichtlinearen Dreimassenmodells (z. B. H_2O, siehe Abb. 2-15). Die zugehörende IR-Bande ist aber auf eine Normalschwingung zurückzuführen, nicht auf eine Rotationsbewegung des Gesamtmoleküls. Aus diesem Grunde müssen die Auslenkungen der H-Atome durch eine entsprechende Gegenbewegung des C-Atoms ausgeglichen werden, da sonst Komponenten der Rotation und der Translation für das Gesamtmolekül auftreten würden. Durch diese Gegenschwingung des C-Atoms sind aber wieder Bewegungen der Nachbar-C-Atome angekoppelt.

Die rocking-Schwingung gibt Anlass zu einer charakteristischen Absorption bei $720\ cm^{-1}$, wenn mehr als drei CH_2-Gruppen in einer Kette miteinander verbunden sind (Abb. 6-9).

Abb. 6-9. *n*-Tridecan, Film.

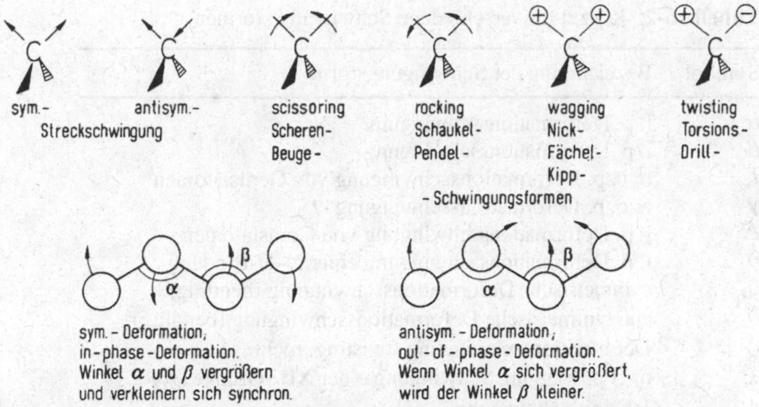

| sym.- Streckschwingung | antisym.- | scissoring Scheren- Beuge- | rocking Schaukel- Pendel- | wagging Nick- Fächel- Kipp- | twisting Torsions- Drill- |

– Schwingungsformen

sym. - Deformation,
in - phase - Deformation.
Winkel α und β vergrößern
und verkleinern sich synchron.

antisym. - Deformation,
out - of - phase - Deformation.
Wenn Winkel α sich vergrößert,
wird der Winkel β kleiner.

Abb. 6-10. Synonyma für verschiedene Schwingungsformen. Obere Reihe: Es sind nur die vom C-Atom ausgehenden Bindungen gezeichnet. Die Pfeile symbolisieren die Schwingungsrichtung der am Kohlenstoff gebundenen Atome. $\oplus$ Schwingungsbewegung aus der Papierebene heraus; $\ominus$ Schwingungsrichtung hinter die Papierebene. Untere Reihe: Zur Erklärung der symmetrischen und der antisymmetrischen Deformationsschwingungsform bei linearen mehratomigen Molekülen (nach [2]).

Bei kristallin vorliegenden Polymethylenverbindungen ist diese Bande in zwei Komponenten aufgespalten.

Die wagging-Form ist in Lösung meist nur bei großer Schichtdicke als schwache Bande erkennbar. Auch bei der twisting-Form ändert sich das Dipolmoment nur in ähnlich geringem Maße wie bei der wagging-Schwingungsform. Da beide ihre Absorptionsmaxima um ≈ 1300 cm^{-1} haben, ist eine Zuordnung schwierig. In kristallinen Carbonsäuren verursachen die wagging-Schwingungen ein charakteristisches Vielbandenmuster (siehe Abschn. 6.4.11.3). Sie sind dort klar zu erkennen und für eine Zuordnung brauchbar.

Man hat die verschiedenen Schwingungsarten zur Unterscheidung in der Literatur mit unterschiedlichen Symbolen gekennzeichnet: ν für die *Streckschwingung* und δ für eine *Deformationsschwingung* haben wir bereits kennengelernt, und wir werden sie in dieser allgemeinen Bedeutung beibehalten. Abkürzungen mit speziellerer Bedeutung sind, da man sie in der Literatur gelegentlich findet, in Tabelle 6-2 zusammengestellt. Die Abkürzung **i. p.** für *in-plane* (in der Ebene) und **o. o. p.** für *out-of-plane* (aus der Ebene) sind allgemein üblich (Tabelle 6-2, siehe Abb. 6-15 und 6-30). Weiter sind die Bezeichnungen „*asymmetrisch*" und, besser, „*anti-symmetrisch*" synonym. Daneben kommen für typische Schwingungsformen noch die in Abb. 6-10 angegebenen Synonyma vor.

Methylgruppe

Meist hat ein IR-Spektrum um 2800–3000 cm^{-1} mehr als zwei starke Banden. Diese zusätzlichen Maxima kommen von C–H-

Tabelle 6-2. Kürzel für verschiedene Schwingungsformen.

Symbol	Bezeichnung der Schwingungsform
α	i. p. Deformationsschwingung
β	i. p. Deformationsschwingung
Γ	o. o. p. Deformationsschwingung von Gerüstatomen
γ	o. o. p. Deformationsschwingung
Δ	i. p. Deformationsschwingung von Gerüstatomen
δ	i. p. Deformationsschwingung einer X–H-Bindung
δ_s	symmetrische Deformationsschwingung (bending)
δ_{as}	antisymmetrische Deformationsschwingung (bending)
δ'	Deformationsschwingung (twisting, rocking)
κ	o. o. p. wagging Schwingung einer XH_2-Gruppe $(X \neq C)$
r	rocking Schwingung
r_β	i. p. rocking Schwingung
r_γ	o. o. p. rocking Schwingung
ρ	i. p. rocking Schwingung einer XH_2-Gruppe $(X \neq C)$
ν	Streckschwingung einer X–H-Bindung
ν_s	symmetrische Streckschwingung
ν_{as}	antisymmetrische Streckschwingung
ν_β	i. p. Streckschwingung
ν_γ	o. o. p. Streckschwingung
t	twisting Schwingung
τ	Torsion, twisting Schwingung einer XH_2-Gruppe $(X \neq C)$
Φ	o. o. p. Ring-Deformationsschwingung
ω	wagging Schwingung
ω	Streckschwingung von Gerüstatomen ohne H-Bindung

Streckschwingungen der Methylgruppe her. Diese Gruppe ist bereits aus vier Atomen aufgebaut und führt daher schon zu komplizierteren Schwingungsbewegungen als es die CH_2-Gruppe kann. Die Streckschwingungsformen kann man, wie in Abb. 6-11 gezeigt, darstellen.

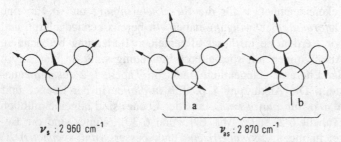

ν_s : 2 960 cm^{-1} ν_{as} : 2 870 cm^{-1}

Abb. 6-11. Streckschwingungsformen der Methylgruppe.

Die symmetrische C–H-Streckschwingung ist ganz analog der Bewegungsform der CH_2-Gruppe (siehe Abb. 6-7). Für die antisymmetrische Streckschwingung gibt es zwei sehr energieähnliche Darstellungen, wobei sogar bei entsprechender Molekülsymmetrie eine zweifach entartete Schwingung auftreten kann (siehe Abschn. 2.2.2.2). Die CH_3-Deformationsschwingungen setzen sich zusammen aus den in Abb. 6-12 gezeichneten Normalschwingungen.

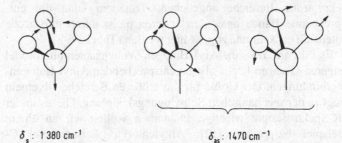

δ_s : 1 380 cm^{-1} $\qquad\qquad$ δ_{as} : 1470 cm^{-1}

Abb. 6-12. Deformationsbewegungen der H-Atome in der Methylgruppe.

Die symmetrische Form ist wieder analog $\delta(CH_2)$, die antisymmetrische Schwingung mit zwei energieähnlichen Möglichkeiten zeigt Abb. 6-12. Die rocking- und torsions-Bewegungen sind, wie bei der CH_2-Gruppe, Rotationen des CH_3-Fragmentes um die kartesischen Koordinaten. Die 1380 cm^{-1} Bande spaltet bei sehr vielen Isopropyl- und tert. Butyl-Verbindungen in ein Dublett auf.

Methingruppe

Ihr wird eine C–H-Streckschwingungsbande bei 2890 cm^{-1} und eine C–C–H-Deformationsbande bei 1340 cm^{-1} zugeschrieben. Als Korrelationsmerkmal ist diese Zuordnung aber nicht geeignet.

Kohlenstoffgerüst

Die unpolare C–C-Kette gibt keinen Anlass zu starker Absorption elektromagnetischer Strahlung. Trotzdem kann man bei größerer Probenschichtdicke ein bandenreiches Gebiet zwischen 1350 und 750 cm^{-1} feststellen, das sichere Substanzidentifizierungen zulässt (siehe Abb. 6-9). Bei Spektren cyclischer Kohlenwasserstoffe treten im Fingerprintgebiet in der Regel intensivere Banden auf. Sie stammen von Ringdeformationsbewegungen.

Identifizierung der Alkane

Diese Banden treten in fast allen Spektren organischer Substanzen auf: C–H-Streckschwingungsbanden 2940–2855 cm^{-1}, Deformationsschwingungsbanden 1470 cm^{-1}; die symmetrische CH_3-Deformationsbande bei 1380 cm^{-1}, die bei Isopropyl- und tert.-Butyl-Derivaten aufgespalten ist, sowie die CH_2-rocking-Absorption bei 720 cm^{-1}. Kettenverzweigungen geben Anlass zu weiteren Banden im Bereich von 1250–910 cm^{-1}.

6.4.2 Halogenverbindungen

Für das Auftreten der C-Halogen-Bande werden in der Regel sehr große Bereiche angegeben. Trotzdem kann die entsprechende Bande unter den anderen meist durch ihre große Intensität erkannt und zugeordnet werden (Tabelle 6-3).

Es fällt auf, dass die Aryl-Halogen-Wellenzahlen alle in viel engeren Grenzen liegen als die entsprechenden Alkyl-Halogen-Verbindungen. Der Grund für die größeren Bereiche allgemein liegt in der mechanischen Schwingungskopplung. Dieses in der IR-Spektroskopie wichtige Phänomen wollen wir an einem Beispiel besprechen [12]: Alkylchloride weisen zwei C-Halogen-Banden auf (Abb. 6-13). Man kann sie den zwei trans- und gauche-Konformeren zuordnen.

Tabelle 6-3. Absorptionsbereiche organischer Halogenverbindungen (in cm^{-1}).

Gruppe	Alkyl-Halogenid	Aryl-Halogenid
C–F	1365–1120	1270–1100
C–Cl	830– 560	1096–1034
C–Br	680– 515	1073–1028
C–I	610– 485	1061–1057*

* p-substituierte Iodverbindungen

Bei der ν(C–Cl)-Streckschwingung wird das α–C-Atom stark aus seiner Ruhelage ausgelenkt. Dieser Vorgang hat bei der trans-Konformation wiederum eine Veränderung des C_1–C_2–C_3-Valenzwinkels zur Folge (Abb. 6-14). Die mechanische Kopplung erfolgt in diesem Fall mit der Winkeldeforma-

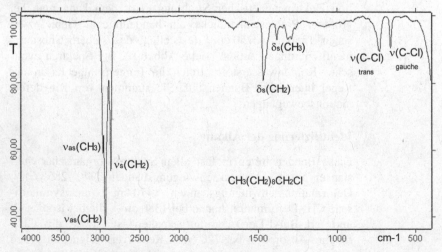

Abb. 6-13. *n*-Decylchlorid, Film.

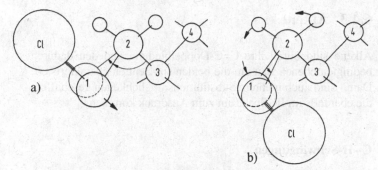

Abb. 6-14. Zur Erklärung der Konformationsabhängigkeit von Kopplungserscheinungen:
a) Trans Cl–C$_3$ Konformation: Bei der C$_1$–Cl-Streckschwingung wird der C$_1$–C$_2$–C$_3$-Winkel durch die Bewegung von C$_1$ in der Ebene der C$_2$C$_3$C$_4$-Atome deformiert (Das Cl-Atom erfährt wegen seiner großen Masse fast keine Auslenkung). Daher: Kopplung von ν(C–Cl) und δ(CCC) ohne Einfluß auf die CH$_2$-rocking Schwingung, ν(C–Cl) = 726 cm^{-1}.
b) Gauche Cl–C$_3$-Konformation: bei der C$_1$–Cl-Streckschwingung wird der Cl–C$_2$–C$_3$-Winkel in der C$_2$C$_3$C$_4$-Ebene nicht verändert. Das C$_1$-Atom schwingt senkrecht zu dieser Ebene. Dadurch wird aber das C$_2$-Atom „mitgezogen", was sich in einer Gegenakt CH$_2$-rocking-Schwingung auswirkt. Daher: Kopplung von ν(C–Cl) mit δ(CH$_2$-rocking), ν(C–Cl) = 645 cm^{-1}. Der dünn eingezeichnete Kreis stellt das ausgelenkte C$_1$-Atom dar.

tionsschwingung des C-Gerüstes. Wenn das Molekül dagegen in der gauche-Konformation vorliegt, zieht die Auslenkung des C$_1$-Atoms keine große Änderung des C-Valenzwinkels bei C$_2$ nach sich, dagegen verursacht das senkrecht aus der Ebene der C$_2$–C$_3$–C$_4$-Kette herausgezogene C$_1$-Atom eine entsprechende Gegenbewegung der CH$_2$-rocking-Schwingung. In allen Fällen gekoppelter Schwingungen haben die Auslenkungen der beteiligten Atome mindestens eine Schwingungsrichtung (Schwingungskoordinate) gemeinsam. Die ν(C–Cl) und die δ(CH$_2$)-rocking-Formen bewegen sich im trans-Konformeren in senkrecht zueinander stehenden Richtungen und können sich darum gegenseitig nicht beeinflussen, auch wenn die Wellenzahlen der koppelnden Schwingungen ähnliche Größe haben (trans-Konformeres: ν(C–Cl) $\approx$ 726 cm^{-1}, δ(CH$_2$)-rocking $\approx$ 720 cm^{-1}). Damit wird der engere Bereich in Tab. 6-3 für ν(C–Br) und ν(C–I) sowie für ν(C$_{Aryl}$–Halogen) erklärbar.

Identifizierung der Halogenalkane

Die C-Halogen-Banden liegen in verhältnismäßig engen Grenzen ($\pm$10 cm^{-1}), solange man nur terminal gebundenes Halogen an höheren Alkylketten betrachtet: R–Cl: 726 cm^{-1} und 645 cm^{-1}, R–Br: 625 cm^{-1}. Bei der Interpretation mittelständiger und mehrfach halogenierter Alkane helfen nur Vergleichsspektren [13].

6.4.3 Alkene

Alkene sind durch ihre C=C-Doppelbindung und den dadurch bedingten ebenen Bau um die beiden sp^2-Zentren charakterisiert. Damit sind auch mehrere Substitutionsmöglichkeiten geschaffen, die ebenfalls im IR-Spektrum zum Ausdruck kommen.

C–H-Schwingungen

Die Schwingungsformen der Alkene sind in den Abb. 6-15 bis 6-18 zusammengestellt. Weil die schwereren Substituenten (R) mit den Bewegungen der H-Atome nicht stark koppeln, bleiben die Schwingungen der Substituenten in den Abbildungen unberücksichtigt. Die C–H-Streckschwingungen zeigen ihr Absorptionsmaximum im Bereich von 3125–3010 cm^{-1}. Ihre Intensität ist, verglichen mit der CH-Bande gesättigter aliphatischer Verbindungen (ε(CH) in –CH_2–: 18500 m · mol^{-1}), geringer (ε(CH) in =CH_2: 2800 m · mol^{-1} [14]). Da aber zudem in der Regel ein organisches Molekül eher mehrfach aliphatisch gebundene H-Atome trägt als vinylisch gebundene Wasserstoffe, dominiert meistens die Alkyl-CH-Bande im 3000 cm^{-1}-Bereich.

Intensivere, aber zur Charakterisierung weniger gut geeignete Banden werden durch solche Deformationsschwingungen der H-Atome verursacht, die in der Ebene erfolgen, welche durch die σ-Bindungen aufgespannt wird (Abb. 6-15). Es sind die sog. „in-plane-Schwingungen" (abgekürzt i. p.).

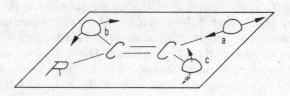

Abb. 6-15. Bewegungsformen der H-Atome bei Alkenen:
a) C–H-Streckschwingung,
b) in-plane C–C–H-Deformationsschwingung,
c) out-of-plane C–C–H-Deformationsschwingung.

Die stärksten Banden stammen aber von denjenigen Auslenkungen der H-Atome, die aus der oben definierten Ebene herausführen, die sog. „out-of-plane-modes" oder „Schwingungen aus der Ebene" (abgekürzt o. o. p.).

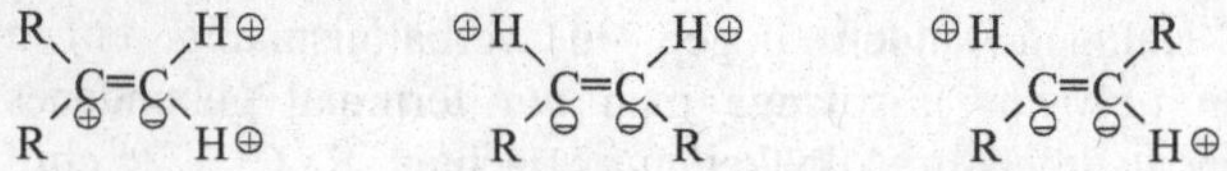

1,1-disubst. CH$_2$-wagging 890 cm^{-1}	1,2-cis-CH-wagging 680 cm^{-1}	1,2-trans-CH-wagging 970 cm^{-1}

Abb. 6-16. Out-of-plane Deformationsschwingungen disubstituierter Alkene.
⊕ Schwingungsrichtung aus der Papierebene heraus.
⊖ Schwingungsrichtung in Richtung hinter die Papierebene.

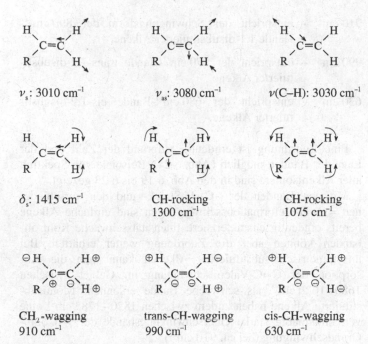

ν_s: 3010 cm^{-1} ν_{as}: 3080 cm^{-1} ν(C–H): 3030 cm^{-1}

Abb. 6-17. In-plane-Deformations-
und C–H-Streckschwingungen bei
monosubstituierten Alkenen.

δ_s: 1415 cm^{-1} CH-rocking
1300 cm^{-1} CH-rocking
1075 cm^{-1}

Abb. 6-18. Out-of-plane-
Dcformationsschwingungen bei
monosubstituierten Alkenen.

CH$_2$-wagging
910 cm^{-1} trans-CH-wagging
990 cm^{-1} cis-CH-wagging
630 cm^{-1}

Trisubstituierte Alkene

Hier gibt es nur eine o. o. p.-Form. Man findet sie bei
$\approx$ 825 cm^{-1} mit mittlerer Intensität, sodass sie sich neben anderen Banden in diesem Gebiet nicht als eindeutiges Kriterium
erweist (siehe Abb. 6-19). Die entsprechende i. p.-Schwin-
gungsform ist nicht zur Identifizierung geeignet.

Disubstituierte Alkene

Bei zweifach substituierten Alkenen gibt es drei Isomerie-
möglichkeiten: vicinale, 1,2-cis- und 1,2-trans-Substitution. Die
zum jeweiligen Substitutionstyp gehörenden o. o. p.-Schwin-
gungsbanden der H-Atome (Abb. 6-16) sind charakteristisch
genug, um als Schlüsselbanden zu dienen (Abb. 6-24). Da die
starke Bande der out-of-plane Deformationsschwingung in 1,2-
trans-disubstituierten Alkenverbindungen sehr zuverlässig zwischen 965 und 980 cm^{-1} auftritt, hat sie einen hohen diagnostischen Wert. Die entsprechenden twisting-Schwingungen sind
dagegen, da sich das Dipolmoment dabei nicht sehr ändert, bei
allen Substitutionstypen ohne Bedeutung (Abb. 6-20 bis 6-22).

Monosubstituierte Alkene (Vinylverbindungen)

Für diese Verbindungsklasse lassen sich ähnliche Schwingungsformen wie bei den disubstituierten Alkenen angeben
(siehe Abb. 6-17 und 6-18). Demnach liegen ihre Banden in
ähnlichen Bereichen (Abb. 6-23 und 6-24).

910 cm^{-1} – entspricht der Schwingungsform der 890 cm^{-1}-
     Bande 1,1-disubstituierter Alkene.

990 cm^{-1} – entspricht der 970 cm^{-1}-Bande trans-1,2-disubsti-
     tuierter Alkene.

630 cm^{-1} – entspricht der 680 cm^{-1}-Bande cis-1,2-disubsti-
     tuierter Alkene.

Eine Zuordnung ist eindeutig aufgrund der Zahl und der
Lage der Banden möglich (Abb. 6-24). Beispiele von Spektren
aller Alkenisomere sind in den Abb. 6-19 bis 6-23 gezeigt.

Mit den Banden der –C–H-Streck- und den verschiedenen =C–H-Deformationsschwingungen sind einfache Alkene
bereits eindeutig charakterisiert. Intensitätsschwache Kontrollbanden können aber die Zuordnung weiter erhärten: Bei
unsymmetrisch substituierten Alkenen kann man die Absorption der C=C-Valenzschwingung im Gebiet zwischen
1680–1620 cm^{-1} als schwache Bande erkennen. Monosubstituierte Alkene haben zudem zwischen 1820–1785 cm^{-1} eine
verhältnismäßig starke Oberschwingungsbande der γ-o. o. p.-
Grundschwingung (bei ca. 910 cm^{-1}).

Zur Beeinflussung der –CH=CH$_2$-wagging-Bandenlage ist
folgendes zu bemerken: Im Allgemeinen treten Gruppenfrequenzen in einem verhältnismäßig engen Bereichsintervall
bis zu rund 100 cm^{-1} auf. Eine genauere Untersuchung zeigt
jedoch, dass verschiedene Substituenten geringfügige Verschiebungen der Bandenlage verursachen. Solche Maximumverschiebungen können oft mit mesomeren, induktiven oder
anderen Effekten korreliert werden. Wir kommen auf diese
Phänomene hier und in Abschn. 6.5 zurück.

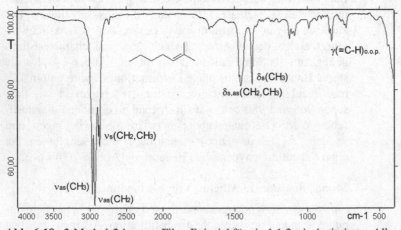

Abb. 6-19. 2-Methyl-2-hepten, Film. Beispiel für ein 1,1,2-trisubstituiertes Alken

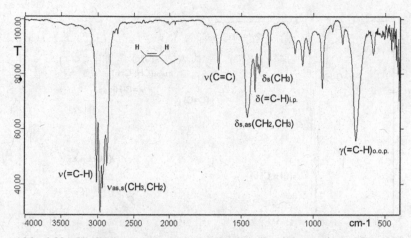

Abb. 6-20. Cis-2-Penten, Film. Beispiel für ein cis-1,2-disubstituiertes Alken.

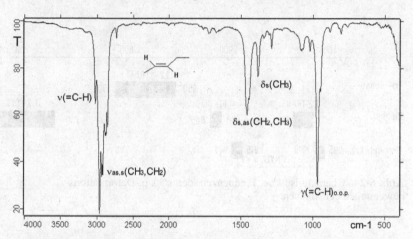

Abb. 6-21. Trans-2-Penten, Film. Beispiel für ein trans-1,2-disubstituiertes Alken.

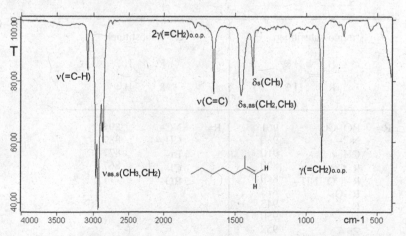

Abb. 6-22. 2-Methyl-1-hepten, Film. Beispiel für ein 1,1-disubstituiertes Alken (Bereich um 3400 cm^{-1}: OH-Verunreinigung).

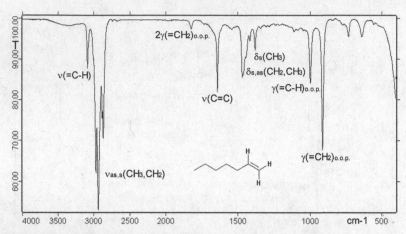

Abb. 6-23. 1-Hepten, Film. Beispiel für ein monosubstituiertes Alken.

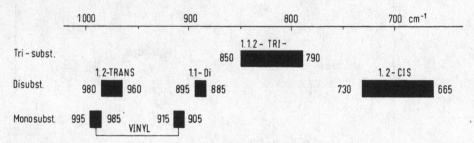

Abb. 6-24. Charakteristische Frequenzen der o. o. p.-Deformations-bewegungen bei Alkenen.

Tabelle 6-4. Geminale $\gamma(CH_2)$-wagging-Wellenzahlen bei substituierten Alkenen (in cm^{-1}).

mono-substituiert		1,1-disubstituiert	
R=	RO–CO– 961	R=	NC– 895
	NC– 960		CH$_3$– 887
	CH$_3$– 910		Br– 877
	R–CO–O– 870		Cl– 867
	R–CO–NH– 840		RO– 711
	R–O– 813		
	D– 943		
	Si– 950		
	Zn– 952		

Geminale wagging-Frequenzen substituierter Alkene sind nicht empfindlich gegenüber Masseneffekten, d. h. der Übergang von z. B. Propylen $(\gamma(CH_2) = 910 \ cm^{-1})$ zu Vinylbromid $(\gamma(CH_2) = 924 \ cm^{-1})$ lässt die $=CH_2$-wagging-Wellenzahl fast unbeeinflusst (Tabelle 6-4). Dagegen ist ihre Lage viel stärker abhängig von mesomeren Effekten:

$$
\left\{
\begin{array}{c}
\overset{\displaystyle O}{\underset{\displaystyle \|}{}} \\
R-O-C-CH=CH_2 \\
\updownarrow \\
{}^{\ominus}|\overline{O}| \\
R-O-C=CH-\overset{\oplus}{C}H_2
\end{array}
\right\}
\qquad
\left\{
\begin{array}{c}
R-\overline{\overset{\ominus}{O}}-CH=CH_2 \\
\updownarrow \\
R-\overset{\oplus}{O}=CH-\overset{\ominus}{C}H_2
\end{array}
\right\}
$$

$\gamma(CH_2)$-wagging: 961 cm^{-1} $\gamma(CH_2)$-wagging: 813 cm^{-1}

Bei der trans-$=CH_2$-wagging-Schwingung der Vinyl-gruppe (Abb. 6-18) und im Fall der trans-1,2-Disubstitution (Abb. 6-16) findet man dagegen nur wenig Einfluss mesomerer und massenbedingter Effekte. Doch verursachen hier elektronegative Gruppen eine Bandenverschiebung zu niedrigeren Wellenzahlen (Tabelle 6-5).

Bei den anderen Alkenbanden sind die Substituenten-Auswirkungen nicht so klar erkennbar. Sie sind teilweise sogar einander gegenläufig und Vorhersagen sind daher nur in beschränktem Rahmen möglich.

Tabelle 6-5. Trans-$\gamma(CH_2)$-wagging-Wellenzahlen bei substituierten Alkenen (in cm^{-1}).

mono-substituiert		trans-1,2-disubstituiert			
${}^{\oplus}$H⟍ ⁄H R⟋ ⁀H${}^{\oplus}$		${}^{\oplus}$H⟍ ⁄R$_2$ R$_1$⟋ ⁀H${}^{\oplus}$			
R=	D– 1000	R$_1$= RO–CO–	R$_2$=	RO–CO–	976
	Si– 1009	CH$_3$–		RO–CO–	968
	Sn– 1000	CH$_3$–		CH$_3$–	964
	Zn– 1008	CH$_3$–		Cl–	926
	F– 925	Cl–		Cl–	893
	Cl– 938	C$_6$H$_5$–		C$_6$H$_5$–	958
	Br– 936				
	J– 943				

Cyclische Verbindungen mit C=C-Gruppen

Doppelbindungen, die sich in oder an einem Ring befinden, zeigen Unterschiede hinsichtlich ihrer Reaktivität im Vergleich zu offenkettigen Alkenen. Im Allgemeinen wird dieses Verhalten durch Ringspannungseinflüsse erklärt. Wenn wir die Lage der ν(C=C)-Bande in Abhängigkeit von der Ringgröße betrachten, dann findet sich ebenfalls ein Zusammenhang (Tabelle 6-6).

Tabelle 6-6. Abhängigkeit der ν(C=C)-Wellenzahl von der Ringgröße (in cm^{-1}).

n	$\underset{(CH_2)_n}{\overset{H \quad H}{\diagdown}}$		$(CH_2)_n \enspace C=CH_2$	
0	Acetylen	(1974)	Ethylen	(1621)
1	Cyclopropen	1641	Allen	(1980)
2	Cyclobuten	1566	Methylencyclopropan	1781
3	Cyclopenten	1611	Methylencyclobutan	1678
4	Cyclohexen	1646	Methylencyclopentan	1657
5			Methylencyclohexan	1651

Während bei chemischen Reaktionen aber sterische Wechselwirkungen der H-Atome (Pizer-Spannung) oder Winkeländerungen im Übergangszustand der Reaktion – oft im Zusammenhang mit mesomeren Effekten – entscheidend für die Reaktionsweise cyclischer Alkene sind, müssen wir in der IR-Spektroskopie die Geometrie der Moleküle im Übergangszustand oder elektronische Anregungszustände ganz außer Acht lassen und dürfen nur den ersten angeregten Schwingungszustand diskutieren. Dann zeigt es sich deutlich, dass die C=C-Bandenlage in Tabelle 6-6 in Abhängigkeit von einer Schwingungskopplung erklärt werden kann (Abb. 6-25).

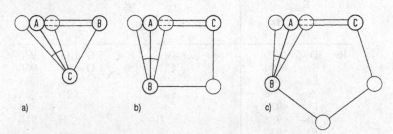

Abb. 6-25. Zur Erklärung der Schwingungskopplung bei endocyclischen Alkene:
a) ν(C=C) und ν(C–C) beeinflussen sich gegenseitig, weil sich der Atomabstand d_{AB} und d_{AC} gleichzeitig ändert (1640 cm^{-1}).
b) ν(C=C) hat keinen Einfluss auf ν(C–C), da d_{AC} praktisch unabhängig von d_{AB} ist (1565 cm^{-1}).
c) ν(C=C) hat wieder Auswirkungen auf ν(C–C), da d_{AB} sich mit d_{AC} ändert (1610 cm^{-1}).
Dünn eingezeichnet: ausgelenkte Lage der C-Atome.

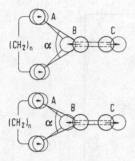

Abb. 6-26. Zur Erklärung der Schwingungskopplung bei exocyclischen Doppelbindungen. Fett gezeichnet: Ausgangslage der C-Atome; dünn gezeichnet: ausgelenkte Lage der C-Atome.

Durch die Änderung des C=C-Abstandes wird auch die Lage der benachbarten C-Atome und ihr gegenseitiger Abstand beeinflusst. Dies hat wieder Rückwirkungen auf die C=C-Wellenzahl. Beim Cyclobuten hat diese Wechselwirkung ihr Minimum, da nur Deformationen, aber keine Bewegungen der einfach gebundenen C-Atome induziert werden.

Analoges trifft ebenfalls für exocyclische Doppelbindungen zu. Auch hier ist die Wellenzahl der C=C-Streckschwingung von der Ringgröße abhängig (Abb. 6-26). Bei der Änderung von d_{BC} wird gleichzeitig der Abstand d_{AB} verändert, und dies umso mehr, je kleiner der Winkel α ist.

Identifizierung der Alkene

Die kurzwellige Schwingung $\nu(=C-H)$ bei 3125–3040 cm^{-1} ist meist vorhanden, ebenso die $\nu(C=C)$-Bande variabler Intensität zwischen 1680 und 1620 cm^{-1}. Charakteristisch sind je nach dem Substitutionstyp die Deformationsbanden im Bereich zwischen 1000 und 905 cm^{-1}, nahe 890 cm^{-1} und 730–665 cm^{-1} bzw. 850–790 cm^{-1}. Der Oberton der Vinylgruppe erscheint bei 1820–1785 cm^{-1} (s. Abb. 6-23).

6.4.4 Moleküle mit Dreifachbindungen

Tabelle 6-7. Bandenlagen bei Acetylenverbindungen.

Schwingung	Wellenzahlbereich
$\nu(\equiv C-H)$	3340–3267 cm^{-1}
$\nu(-C\equiv C-)$	2260–2190 cm^{-1}
$\delta(\equiv C-H)$	700– 610 cm^{-1}

Die Absorption der Dreifachbindungsschwingung erfolgt wegen der festeren Bindung weit abgesetzt von der der Einfach- und Doppelbindung im Bereich zwischen 2300–2000 cm^{-1}. Monosubstituierte Acetylene zeigen hier jedoch wegen der geringen Dipolmomentänderung während der Schwingung nur eine schwache Bande, die bei höher substituierten Acetylenen auch ganz fehlen kann. Im Allgemeinen gelten die in Tabelle 6-7 angegebenen Bereiche.

Was die C≡N-Streckschwingungsbande betrifft, so wird diese Bande bei elektronegativer Substitution am α-Kohlenstoffatom, z. B. Fluoroacetonitril und Methoxyacetonitril, so schwach, dass sie durch das IR-Spektrum allein nicht mehr identifiziert werden kann (siehe Abb. 6-27a, Acetonitril, bzw. Abb. 6-27b, Methoxyacetonitril). In diesen Fällen hilft das Ramanspektrum, wo diese Bande immer stark ist. Meist sind Zuordnungen in diesem Gebiet eindeutig, da nur wenige Gruppierungen in Frage kommen. Weitere Beispiele sind in Tabelle 6-8 zusammengestellt.

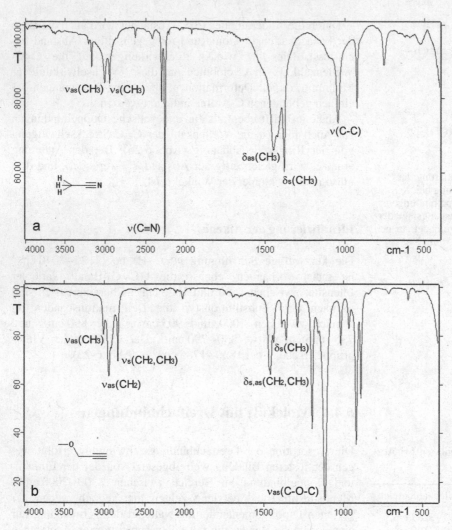

Abb. 6-27. a) Acetonitril, Film; b) Methoxyacetonitril, Film.

6.4.5 Aromatische Verbindungen –
Gerüstschwingungen

Aromatische Verbindungen haben mit den Alkenen die sp^2-
Konfiguration der Kohlenstoffatome und den darin begründeten
ebenen Molekülaufbau gemeinsam. Ansonsten unterscheiden
sich beide Verbindungsklassen chemisch derartig stark voneinander, dass man sie von diesem Standpunkt aus gar nicht zusammen in einem Abschnitt behandeln kann.

Auch die Elektronenspektren der Alkene unterscheiden sich
so stark von denen der aromatischen Verbindungen, dass beide

Tabelle 6-8. Absorptionsbereiche von C≡X-Streckschwingungsbanden in cm^{-1}.

Molekülfragment	Substanzgruppe	Wellenzahlbereich
−C≡C−H	monosubst. Acetylene	2140−2100
−C≡C−	disubst. Acetylene	2260−2190
−CH$_2$−C≡N	Nitrile	2260−2240
−C=C−C≡N	Acrylnitrile	2235−2215
Aryl−C≡N	Benzonitrile	2240−2220
−C≡N→O	Nitriloxide	2304−2288
−S−C≡N	Rhodanide	2170−2135
>N−C≡N	Aminonitrile	2225−2175
Aryl−N≡N	Diazoniumsalze	2309−2136
−N≡Cl	Isonitrile	2165−2110
[C≡N]$^{\ominus}$	Cyanide	2200−2070
Me←IC≡OI	Carbonyle	2170−1900

Gruppen unter ganz verschiedenen Gesichtspunkten behandelt werden müssen. In der IR-Spektroskopie beschäftigen wir uns aber nur mit dem Zustand der Moleküle beim Übergang vom Grundzustand zum ersten angeregten Schwingungszustand, sodass wir viele Grundideen von den IR-Spektren der Alkene bei den Aromaten wiederfinden. Die Unterschiede zwischen den IR-Spektren der Alkene und der Aromaten beruhen in erster Linie nur auf den Wechselwirkungen der C–C- und C–H-Fragmente. Trotzdem unterteilt man aus heuristischen Gründen die Schwingungsarten des aromatischen Ringes in solche, die hauptsächlich von C–C-Bindungen und solchen, die von C–H-Bindungen stammen (Abb. 6-28).

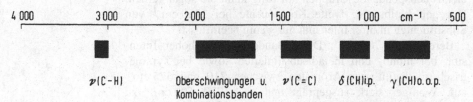

Abb. 6-28. Absorptionsbereiche aromatischer Verbindungen.

C–C-Schwingungen

In allen Spektren aromatischer Verbindungen finden wir einige besonders charakteristische Banden, die auf C–C-Schwingungsformen zurückführbar sind. Sie liegen bei 1600–1585 cm^{-1}, 1500–1430 cm^{-1} und bei 700 cm^{-1}; sie werden von Ringsubstituenten relativ wenig beeinflusst. Die verantwortlichen Normalschwingungen sind in Abb. 6-29 für Benzol dargestellt.

Bereich 1600–1585 cm^{-1}: Die beiden nach Abb. 6-29 für die Absorptionen verantwortlichen C–C-Streckschwingungsformen fallen meist zu einer Bande zusammen. Konjugation mit π-Systemen wie C=O, C=N, C=C oder NO$_2$ bewirken ebenso wie schwere Elemente (Cl, S, P, Si) eine Aufspaltung ohne wesentliche Bandenverschiebung.

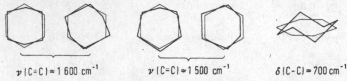

ν (C=C) ≈ 1 600 cm^{-1} ν (C=C) ≈ 1 500 cm^{-1} δ (C–C) ≈ 700 cm^{-1}

Abb. 6-29. Veränderungen des Benzolringes aus der regelmäßigen Sechsecksymmetrie, die für die charakteristischen Aromatenbanden verantwortlich sind (ohne Berücksichtigung der Substituenten). Die Ecken des stark eingezeichnete Sechsecks deuten die Auslenkung der C-Atome vor der Umkehrbewegung an. Die andere Extremform ist jeweils die Rückbewegung der C-Atome über die Punkte der regelmäßigen Sechsecksymmetrie hinaus.

Trotzdem kann die höherfrequente Bande u. U. auch mit Alken-C=C-Banden verwechselt werden.

Bereich 1500–1430 cm^{-1}: Auch diese Schwingungsform hat zwei Komponenten, die aber in der Regel weiter aufgespalten sind als das Bandendoppel im 1600 cm^{-1}-Bereich. Eine der Banden findet man gewöhnlich über 1470 cm^{-1}, die andere liegt zwischen 1465 und 1430 cm^{-1}. Parasubstituierte Vertreter haben diese letztere Bande meist bei 10–20 cm^{-1} höheren Wellenzahlen als anders substituierte Aromaten. Die Intensität der 1500 cm^{-1}-Bande lässt Rückschlüsse auf die Substituenten zu: elektronenabgebende Gruppen erhöhen ihre Intensität, ohne elektronenspendende Gruppen am Ring kann sie sogar fehlen. Dagegen bleibt die zweite Komponente bei 1450 cm^{-1} von Substituenten in ihrer Intensität nur wenig beeinflusst.

Bereich um 700 cm^{-1}: Diese Bande tritt mit hoher Intensität bei mono- und metadisubstituierten sowie bei symmetrisch-trisubstituierten Aromaten zwischen 710 und 675 cm^{-1} auf. Weniger stark ausgeprägt und nach 730–690 cm^{-1} zu etwas höheren Wellenzahlen hin verschoben, findet man diese Bande bei vicinal- und unsymmetrisch-trisubstituierten Benzolen.

Bei ortho- und para-Disubstitutionsprodukten des Benzols tritt ebenfalls im gleichen Gebiet eine schwache Absorption auf, aber nur, wenn die beiden Substituenten verschieden sind. Bei gleichen Resten ist diese Bande IR-inaktiv.

C–H-Schwingungen

Wie bei den Alkenen separiert man hier die verschiedenen möglichen C–H-Schwingungen nach der Auslenkung der H-Atome bezüglich der durch die 6 C-Atome aufgespannten Ebene (Abb. 6-30). Die C–H-Streckschwingungen – sie liegen definitionsgemäß in dieser Ebene – erscheinen, wie die vinylisch gebundenen H-Atome, zwischen $3100-3000$ cm^{-1}. Deformationsschwingungen in der Ring-Ebene geben Anlass zu Banden innerhalb des Fingerprint-Gebietes von $1300-1000$ cm^{-1}.

Abb. 6-30. Zur Definition der in-plane und out-of-plane Schwingungsformen am aromatischen Ring.

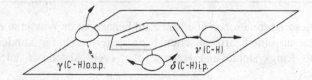

Auf Deformationsschwingungen der H-Atome senkrecht zur Ebene zurückführbare Banden findet man im $1000-675$ cm^{-1}-Gebiet:

- Bereich $3100-3000$ cm^{-1}: In diesem Gebiet absorbieren alle vinylisch gebunden H-Atome mit schwacher Intensität, also auch Alkene. Sie sind daher nicht aromatenspezifisch. Diese Banden sind wegen H-Brücken-Absorptionen oft schwer auffindbar.

- Bereich $1300-1000$ cm^{-1}: Die Banden der in-plane-Bewegungen (rocking) der C–H-Fragmente fallen mitten in das Fingerprint-Gebiet. Aufgrund der wechselnden Intensitäten, der Kopplung mit C–C-Schwingungen und der allgemeinen Kom-pliziertheit dieses Spektrenbereiches, ist eine Interpretation nur unter sehr großer Vorsicht angebracht.

- Bereich $910-660$ cm^{-1}: Die C–H-Deformationsbewegungen aus der Ringebene heraus beeinflussen sich gegenseitig. Die Kopplung benachbarter C–H-Gruppen ist stark, sie wird aber von Substituenten unterbrochen. Auf diese Weise wird die Lage der Absorptionsmaxima dieser Schwingungsformen von der Stellung der Substituenten im Ring abhängig (Tabelle 6-9).

Tabelle 6-9. Bandenlagen der γ(C–H) o. o. p.-Schwingungen substituierter Benzolderivate (s. Abschn. 6.4.14).

Substitutionstyp	Bereich in cm^{-1}	Konfiguration	Ringdeformation in cm^{-1}
mono-	751 ± 15	5 benachbarte H	697 ± 11
ortho-	751 ± 7	4 benachbarte H	
meta-	782 ± 9	3 benachbarte H	690 ± 15
para-	817 ± 13	2 benachbarte H	

Diese Korrelationen über die Zahl benachbarter Wasserstoffatome an einem aromatischen Ring gelten auch für kondensierte Ringsysteme und Heterocyclen (vgl. Abschn. 6.4.15), z. B.:

4 benachbarte H: 740 cm^{-1} — R (Naphthalin) — 3 benachbarte H: 789 cm^{-1} 699 cm^{-1} — R, N (Pyridin) — 3 benachbarte H: 788 cm^{-1} 708 cm^{-1}

Andererseits verursachen einige Ringsubstituenten, wie z. B. $-NO_2$, $-COOH$, $-COO^{\ominus}$, $-CONR_2$, Komplikationen, sodass auf solche Fälle die Angaben der Tabelle 6-9 nicht anwendbar sind. Es hilft dann nur der Vergleich mit Spektren ähnlich substituierter Verbindungen.

Bereich 2000–1600 cm^{-1}: In dieses Gebiet fallen die γ(C–H) o. o. p.-Oberschwingungen zusammen mit einigen Kombinationsbanden. Dadurch kommt ein für den Substitutionstyp des Aromaten charakteristisches Muster zustande, auch ‚Benzolfinger' genannt, das für die Bestimmmung des Substitutionsgrades und der Stellung der Substituenten recht nützlich ist. Dies ist ein Beispiel dafür, dass es zur Erkennung einer Verbindungsklasse oft weniger auf die genaue Bandenlage ankommt, als vielmehr auf das allgemeine Bild.

Abb. 6-31 (a–i) gibt für einige Substitutionsmöglichkeiten am Benzolring Beispiele. Carbonylgruppen im Molekül überdecken naturgemäß die Absorptionen im Bereich zwischen 2000 und 1600 cm^{-1} durch die sehr viel stärkere C=O-Valenzschwingung.

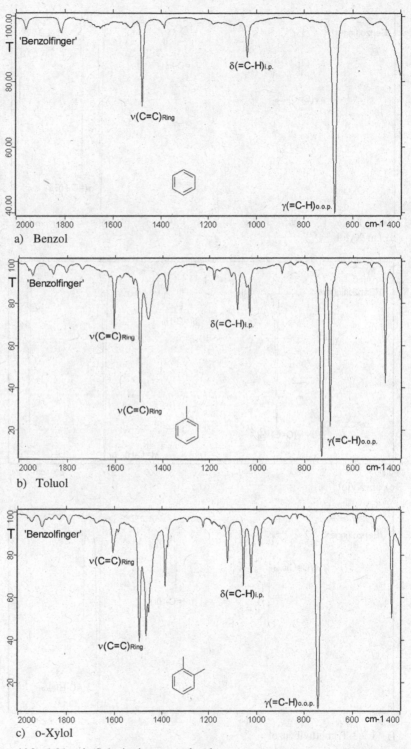

a) Benzol

b) Toluol

c) o-Xylol

Abb. 6-31 a–i. Substitutionsmusterbanden.

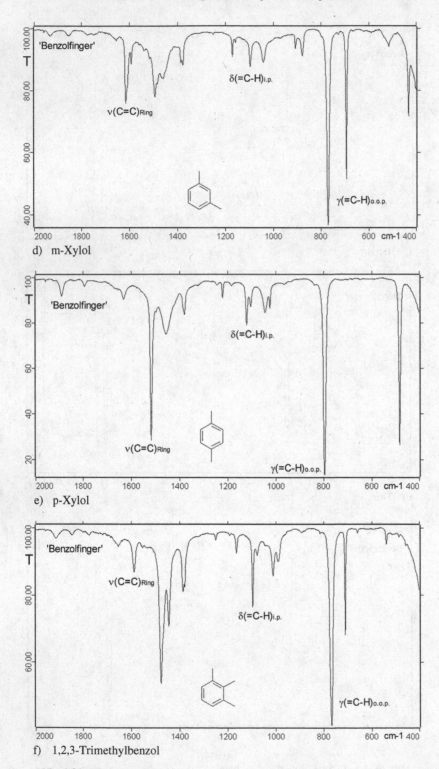

d) m-Xylol

e) p-Xylol

f) 1,2,3-Trimethylbenzol

Abb. 6-31. (Fortsetzung)

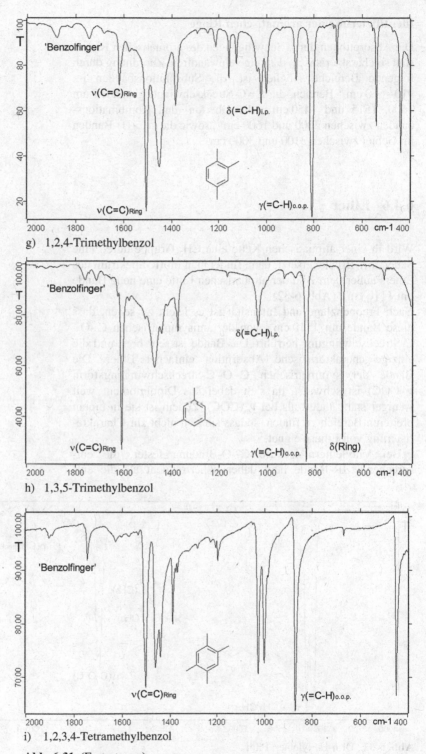

g) 1,2,4-Trimethylbenzol

h) 1,3,5-Trimethylbenzol

i) 1,2,3,4-Tetramethylbenzol

Abb. 6-31. (Fortsetzung)

Identifizierung der aromatischen Ringe

Die Absorptionen durch Schwingungen des aromatischen Ringes sind so charakteristisch, dass eine einwandfreie Zuordnung durch folgende Bereiche möglich ist: die Substitutionsbanden im $910-660 \text{ cm}^{-1}$-Bereich, die C=C-Streckschwingungsbanden um 1600, 1515 und 1450 cm^{-1}, die Oberton- und Kombinationsbanden zwischen 2000 und 1600 cm^{-1}, sowie die ν(C–H)-Banden im Gebiet zwischen 3100 und 3000 cm^{-1}.

6.4.6 Ether

Wird in einer aliphatischen Kette eine CH_2-Gruppe durch eine Sauerstoff-Brücke ersetzt, dann findet man im IR-Spektrum des Ethers außer dem Bild der aliphatischen Kette eine neue Bande um 1110 cm^{-1} (Abb. 6-32).
Nach Frequenzlage und Intensität ist es leicht zu sehen, dass diese Bande um 1110 cm^{-1} von der antisymmetrischen C–O–C-Streckschwingung herrührt. Die Bande ist sehr breit und die einzige charakteristische Absorption einfacher Ether. Die Bande der symmetrischen C–O–C-Streckschwingungsform ν_s(COC) ist schwach, da sich dabei das Dipolmoment weit weniger stark ändert als bei ν_{as}(COC). Zudem ist sie in einem breiteren Bereich zu finden, sodass sie sich nicht zur Charakterisierung von Ethern eignet.

Bei Vinylethern ist die C–O-Bindung fester, die entsprechende IR-Bande liegt daher höherfrequent als die ent-

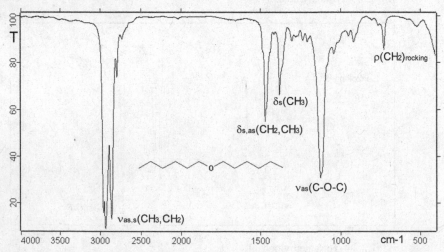

Abb. 6-32. Di-n-Hexylether, Film

$$\begin{bmatrix} H_2C=CH-O-CH_3 \\ \updownarrow \\ H_2\overset{\ominus}{C}-CH=\overset{\oplus}{O}-CH_3 \end{bmatrix}$$

sprechender gesättigter Ether, nämlich nahe bei 1200 cm^{-1}. Natürlich übt der Ether-Sauerstoff auch seine Wirkung auf die Doppelbindung aus. So verschieben sich bei Vinylethern die γ(C–H) o. o. p.-Banden von 990 cm^{-1} und 910 cm^{-1} nach 960 cm^{-1} und 820 cm^{-1}, und die ν(C=C)-Bande erreicht Intensitäten, die jenen der C=N-Gruppe nahekommen. Eine Verwechslungsgefahr ist hier besonders groß.

Spektren rein aromatischer Ether haben ihre starke Bande nahe 1250 cm^{-1}. Diese kann man wieder der C–O-Streckschwingung zuschreiben. Die Verschiebung nach kürzerer Wellenlänge kann sowohl bei den Vinylethern wie auch bei den Arylethern mit mesomeren Effekten erklärt werden.

Bei Aryl-Alkylethern tritt außer der 1250 cm^{-1} Absorption aber noch eine zweite starke Bande bei etwa 1040 cm^{-1} auf. Da diese in den Bereich aliphatischer Ether fällt und bei Diarylethern fehlt, kann man sie der Alkyl-O-Streckschwingung zuschreiben. Natürlich haben wir auch hier keine reine Gruppenschwingung vor uns. Die Bewegungen des Sauerstoffs und des α-C-Atoms sind mit den anderen Atomen des Moleküls gekoppelt. Diese Kopplung ist deutlich bei cyclischen Verbindungen beobachtbar (Tabelle 6-10).

Tabelle 6-10. Bandenlagen cyclischer Ether in cm^{-1}.

n	Substanz	ν_{as}(C–O–C)	ν_s(C–O–C)	Ringgröße
2	Ethylenoxid	839	1270	3-Ring
3	Oxetan	983	1028	4-Ring
4	Tetrahydrofuran	1071	913	5-Ring
5	Tetrahydropyran	1098	813	6-Ring

Cyclische Ether zeigen die C–O-Bande über einen breiteren Bereich (1250–910 cm^{-1}) verteilt als aliphatische Ether; wegen der Ring-Skelettschwingungsabsorptionen, die ebenfalls in diesem Bereich auftreten, ist eine rasche Interpretation oft erschwert und Vergleichsspektren müssen herangezogen werden. Charakteristisch ist vor allem die Epoxybande bei etwa 860 cm^{-1} (890 cm^{-1} für trans- bzw. 830 cm^{-1} für cis-disubstituierte Epoxyverbindungen).

Anmerkung: Für sich allein gesehen haben Strukturelemente wie die Alkene oder die Ether einfache Spektren. Wenn solche Gruppen intramolekular miteinander in Wechselwirkung treten können, wie bei den Vinylethern, kommen zusätzliche Komplikationen – neue Banden, Maximumverschiebungen, Intensitätsänderungen – ins Spektrenbild. Wir werden darum zunächst die einzelnen funktionellen Gruppen allein besprechen und die Wechselwirkungen mit anderen Gruppen nur dann diskutieren, wenn diese besonders wichtig sind. Die gegenseitige Beeinflussung Arylkern-Substituent und ihren Ausdruck im Spektrum werden in Abschn. 6.4.14 behandelt.

6.4.7 Acetale und Ketale

Acetale und Ketale absorbieren, da mehrere C–O-Einfachbindungen im Molekül vorliegen, entsprechend intensiv im Gebiet von $1190-1035\ cm^{-1}$ und haben in der Regel vier C–O-Streckschwingungsbanden, die zu folgenden Normalschwingungen gehören [15]:

$1060-1035\ cm^{-1}$

Diese Bande gehört in der Regel zur symmetrischen Schwingungsform.

$1100-1060\ cm^{-1}$

Die intensivste Bande gehört zur Schwingung, bei der die Dipolmomentänderung am größten ist.

$1145-1120\ cm^{-1}$

Diese Bande wird stark vom Rest R beeinflusst.

$1190-1160\ cm^{-1}$

Dieser restlichen Schwingungsform kann man die Bande in diesem Bereich zuordnen.

Orthoester fallen ebenfalls in diese Kategorie. Sie können daher leicht mit Acetalen und Ketalen verwechselt werden. Meist haben sie ebenfalls mehrere Banden im C–O-Einfachbindungsbereich, deren Lagen stark von Kopplungserscheinungen abhängig sind.

Durch die Ethergruppe werden auch andere Bandenlagen beeinflusst:

$R-O-CH_3$:	$\nu_{as}(C-H)$	2992–2955 cm^{-1}
	$\nu_s(C-H)$	2897–2867 cm^{-1}
	$\delta_{s,\,as}(C-H)$	1470–1440 cm^{-1}
$R-O-CH_2-$:	$\nu_{as}(C-H)$	2955–2922 cm^{-1}
	$\nu_s(C-H)$	2878–2835 cm^{-1}
	$\delta(C-H)$	1475–1447 cm^{-1}

Identifizierung der Ether

Einfache Ether kann man nur an der breiten, intensiven Bande um 1110 cm^{-1} erkennen. Die Abwesenheit anderer charakteristischer Banden bekräftigen die Zuordnung. Acetale, Ketale und Orthoester haben im Bereich von 1175 bis 1065 cm^{-1} mehrere starke Absorptionen.

6.4.8 Alkohole

Alkohole haben mit den Ethern die C–O-Einfachbindung gemeinsam. Sie zeigen darum ebenfalls in dem Gebiet von 1210–1000 cm^{-1} eine starke Bande. Zusätzlich treten Absorptionen durch O–H-Streck- und Deformationsschwingungen auf, die sie von den Alkanen und den Ethern unterscheiden. Wasserstoff-Brückeneffekte und ihre Auswirkungen im Spektrum werden in Abschn. 6.4.9 besprochen.

Schwingungen der O–H-Gruppe

Im flüssigen oder festen Zustand haben die Alkohole und Phenole, deren OH-Gruppe sterisch nicht abgeschirmt ist, ein sehr breites und intensives Absorptionsgebiet von ≈ 3500–2800 cm^{-1}, das Maximum liegt um 3300 cm^{-1} (Abb. 6-33). Im unpolaren Lösungsmittel dagegen findet man in verdünnter Lösung eine scharfe OH-Bande zwischen 3650 und 3590 cm^{-1}, deren Lage für die verschiedenen Formen von OH-Gruppen (primär, sekundär, tertiär, axial, äquatorial, phenolisch) auf wenige Wellenzahlen konstant ist (Tabelle 6-11) [16].

Im assoziierten Zustand (siehe Abschn. 6.4.9) liegen die Atome $-O-H \cdots O-$ in einer Ebene. Die Verrückung des Wasserstoffatoms aus dieser Ebene heraus entspricht einer o. o. p.-

Deformationsschwingung. Die entsprechende Bande ist also nur im H-verbrückten Zustand als diffuse Absorption sinnvoll interpretierbar bei ≈ 650 cm^{-1}. Im nicht-assoziierten Zustand entspricht diese Schwingungsbewegung der H-Torsion um die C–O-Kernverbindungslinie. Die Schwingung der C–O–H i. p.-Deformation gibt nur in konzentrierter Lösung oder in der Flüssigphase eine unscharfe Absorption bei 1400–1300 cm^{-1}. Da sie von δ(CH) überlagert wird, ist sie meist ohne tieferen diagnostischen Wert. Alle OH-Deformationsschwingungen sind stark mit der CH-wagging- und der C–O-Streckschwingung gekoppelt.

Schwingungen der C–O-Gruppe

Ähnlich den Ethern zeigen Alkohole und Phenole die starke Bande der C–O-Einfachbindung. Durch die OH-Absorption kann aber zwischen Alkohol und Ether einwandfrei unterschieden werden. Die Kopplung der C–O-Schwingung mit den benachbarten C-Atomen ist hier infolge ähnlich träger Massen und etwa gleicher Kraftkonstanten so groß, dass α–C-Substituenten die C–O-Bandlage noch beeinflussen. Das reicht zur Unterscheidung verschieden stark verzweigter Alkohole aus (Tabelle 6-11, Abb. 6-33 bis 6-36). Phenole können klar neben primären und sekundären aliphatischen Alkoholen erkannt werden. Die kurzwellige Verschiebung der (C–O)-Bande bei Phenolen kann durch mesomere Effekte erklärt werden (vgl. Abschn. 6.4.6).

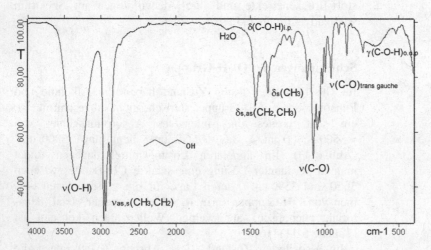

Abb. 6-33. n-Butanol, Film. Beispiel für einen primären Alkohol.

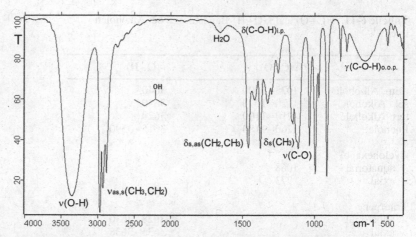

Abb. 6-34. 2-Butanol, Film. Beispiel für einen sekundären Alkohol.

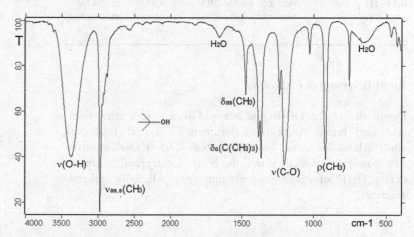

Abb. 6-35. tert.-Butanol, Film, Beispiel für einen tertiären Alkohol.

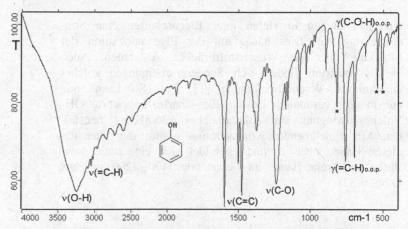

Abb. 6-36. Phenol, KBr-Pressling. Im γ(=C–H) o. o. p.-Gebiet treten durch den Aryl-Substituenten induzierte, neue Banden (*) auf, die sog. „X-sensitive bands".

Tabelle 6-11. $\nu(C-O)$ und $\nu(O-H)$-Bandenlagen bei Alkoholen in cm^{-1}.

	$\nu(C-O)$	$\nu(O-H)$
prim. Alkohole	1075–1000	3640
sek. Alkohole	1120–1090	3630
tert. Alkohole	1210–1100	3620
Phenole	1260–1180	3615–3590
Cyclohexanol		
– äquatorial	1068	
– axial	973	
Triterpene		
– äquatorial		3628–3630
– axial		3635–3638
$\delta(O-H)_{i.p.}$	Bereich: 1400–1300	Zuordnung unklar
$\gamma(O-H)_{o.o.p.}$	Bereich: 750–650	ohne diagnostischen Wert

Identifizierung der Alkohole

Durch die starke OH-Bande bei $\approx$3330 cm^{-1} und eine intensive und breite Absorption zwischen 1250 und 1000 cm^{-1} sind Alkohole sicher identifizierbar. Die COH-Deformationsbanden sind meist durch die breite Untergrundabsorption der γ(OH)-Deformationsschwingung des Alkohols gekennzeichnet.

6.4.9   Wasserstoffbrücken

Alkohole nehmen in vielen ihrer Eigenschaften eine Sonderstellung ein. Dies hängt mit der Eigenassoziation der Moleküle über die Wasserstoffbrücken zusammen. Auch im IR-Spektrum finden sich Sondererscheinungen solcher molekularer Wechselwirkungen [17, 18]. So kann man nur in sehr verdünnter Lösung die scharfe, ungestörte OH-Valenzschwingung der Alkohole bei $\approx$3600 cm^{-1} feststellen. Mit zunehmender Konzentration nimmt die Intensität dieser Bande aber ab und es bildet sich eine neue, sehr starke und breite Bande im Gebiet von 3400–3200 cm^{-1} aus (Abb. 6-37).

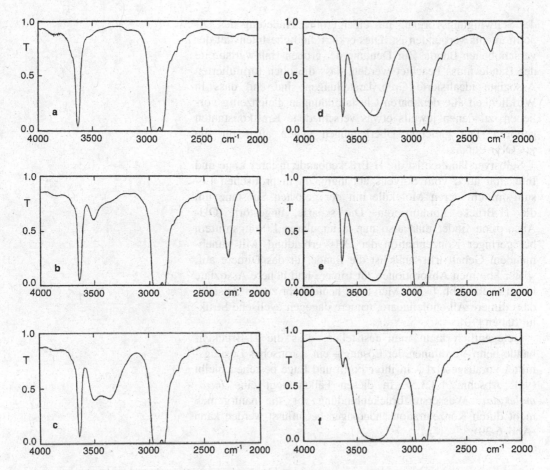

Abb. 6-37. Die Wasserstoffbrückenbindung und ihre Manifestation im IR-Spektrum: n-Butanol in Tetrachlorkohlenstoff. Folgende Konzentrationen und Schichtdicken wurden verwendet:

Spektrum	n-Butanol (mol/l)	Schichtdicke (mm)
a	0.00490	50.00
b	0.0499	5.00
c	0.126	2.00
d	0.247	1.00
e	0.510	0.50
f	4.22	0.05

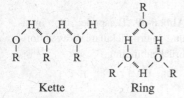

Kette   Ring

Abb. 6-38. Verschiedene Formen der H-Brückenassoziate bei Alkoholen.

Wesentlich für die Bildung der Wasserstoffbrücken ist die eine polare RO–H-Bindung und die Acceptor HO–R-Gruppe mit dem freien Elektronenpaar am Sauerstoff-Atom (Abb. 6-38).

Bei der Aneinanderlagerung der Moleküle nach dem Schema X–H···Y wird die X–H-Bindung gedehnt und dadurch stärker polarisiert. Auf die Bindungslockerung geht die Verschiebung des Absorptionsmaximums zu niedrigeren Wellenzahlen zurück. Die Erhöhung der Bindungspolarisierung hat zur Folge, dass der Schwingungsvorgang mit einer großen Änderung des Dipolmoments verbunden ist. Dies erklärt die hohe Intensität der verschobenen Bande. Zur Deutung der großen Halbwertsbreite der Bande muss beachtet werden, dass die oben formulierten Assoziate idealisierte Grenzdarstellungen sind und dass in Wirklichkeit alle denkbaren Clusterbildungen gleichzeitig vorliegen, zu denen jeweils etwas verschiedene Kraftkonstanten gehören. Die gleichen Überlegungen gelten auch für die γ(COH)-Banden.

Selbstverständlich ist die H-Brückenbande in ihrer Lage und Intensität auch vom Solvens abhängig, da in protischen Lösungsmitteln deren Moleküle mit der gelösten Substanz um die H-Brücke konkurrieren. Die scharfe, ungestörte OH-Absorption findet man also nur in unpolaren Lösungsmitteln bei geringer Konzentration der OH-Verbindung. Mit zunehmendem Gehalt tritt zunächst die Bande für das Dimere auf, später kommen Absorptionen für trimere und höhere Assoziate hinzu (siehe Abb. 6-37). Man neigt heute mehr zu der Ansicht, dass dimere Alkoholelineare, trimere dagegen cyclische Struktur haben [19].

Gelegentlich kann man feststellen, dass die H-Brückenbande beim Verdünnen der Lösung – ein aprotisches Lösungsmittel vorausgesetzt – in ihrer Form und Lage bestehen bleibt (vgl. Abschn. 4.3.3.5). In diesen Fällen liegt eine *intramolekulare* Wasserstoffbrückenbindung vor, die naturgemäß nicht durch Konzentrationsänderungen beeinflusst werden kann (Abb. 6-39):

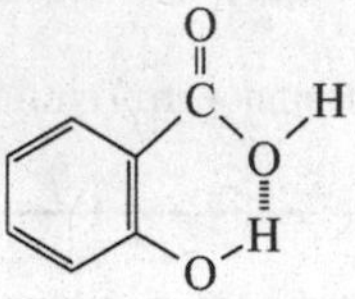

Salicylsäure 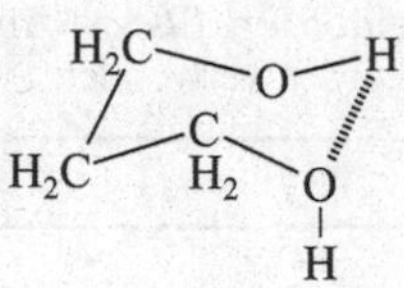　　　　1,3-Propandiol

dagegen:

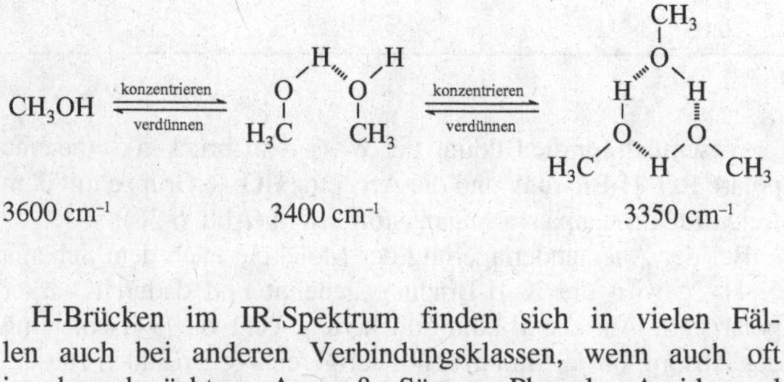

CH$_3$OH ⇌ (konzentrieren / verdünnen) ... (konzentrieren / verdünnen) ...

3600 cm^{-1}　　　　3400 cm^{-1}　　　　3350 cm^{-1}

Abb. 6-39. Beispiele für intra- und intermolekulare Wasserstoffbrückenbindung.

H-Brücken im IR-Spektrum finden sich in vielen Fällen auch bei anderen Verbindungsklassen, wenn auch oft in abgeschwächtem Ausmaß: Säuren, Phenole, Amide und

Amine sind die bekanntesten Beispiele. Daneben geben Untersuchungen in Gemischen wertvolle Aufschlüsse. Besonders im Hinblick auf Lösungsmitteleinflüsse seien Acetylene, Haloforme, Ether und Carbonylverbindungen als Beispiele erwähnt.

6.4.10 Chelate

Im vorhergehenden Abschnitt haben wir gesehen, dass für H-Brücken Bandenverschiebungen, Bandenverbreiterungen und Intensitätsänderungen charakteristisch sind. Die IR-Spektroskopie erfasst dabei gleichzeitig alle denkbaren Molekül-Konfigurationen. Das Spektrum gibt die Mittelung über alle Einzelmoleküle. Ein Beispiel ist das Acetylaceton (Abb. 6-40).

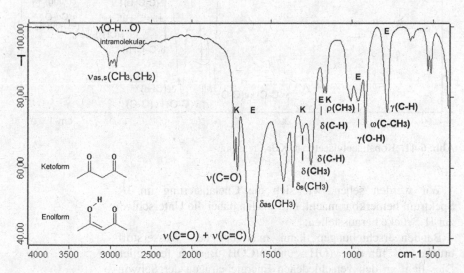

Abb. 6-40. Acetylaceton, Film, 76% Enolgehalt. K = Ketoform, E = Enolform.

Beim Übergang des Acetylacetons in die Ligandensphäre eines Metallatoms ergeben sich dagegen ganz definierte, neue Verbindungen mit festgelegter Konstitution (Abb. 6-41). Sie

haben keine Möglichkeit mehr, gemäß obigem Gleichgewicht
in verschiedenen Formen nebeneinander vorzuliegen:

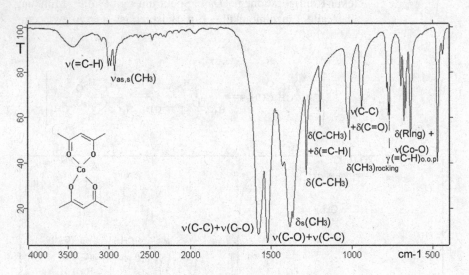

H-Brücke, intramoleku-   Chelat, starre Geometrie
lare Tautomerie möglich.
Unsymmetrischer Bau,
verschiedene Konformere
sind möglich

Abb. 6-41. Kobaltacetylacetonat, KBr-Pressling.

Wir werden sehen, wie sich die Chelatisierung im IR-
Spektrum bemerkbar macht, und wollen dabei die Unterschiede
zur H-Brücke herausstellen:

Bandenverschiebungen kann man bei der Wasserstoff-
brücke nur für die $\gamma(OH)$- und $\delta(COH)$-Banden feststellen.
Dies liegt an den verschiedenen Energiebeträgen der Schwingung (Masse und Kraftkonstante). Bei Koordinationsverbindungen werden wesentlich mehr Banden ihre Lage verändern,
da bei ähnlich großen Massen und Kraftkonstanten der an einer
Normalschwingung beteiligten Atome ausgeprägte Schwingungskopplung auftritt.

Halbwertsbreitenänderungen durch Konzentrationsverschie-
bungen gibt es bei Chelaten – wenn überhaupt – nur in gerin-

gem Ausmaß, da ja alle Moleküle mit definierten Atomabständen vorliegen, die intramolekular abgesättigt sind und intermolekular nur über van der Waals Kräfte zur Aggregation neigen.

Intensitätsbeeinflussung der Ligandenbanden durch Komplexbildung ist nur insofern möglich, wie Dipolmomentänderungen durch das Metallatom in das Molekül eingeführt werden. Dies gilt vor allem für die von den Ligandenatomen ausgehenden Bindungen.

Neue Banden treten bei H-Brücken für die $-$H$\cdots$Y$-$-Bindung im Fernen IR-Bereich unterhalb 200 cm^{-1} auf. Chelate zeigen die Metall-Ligand-Bindung ebenfalls im langwelligen Gebiet. Insbesondere sind Chelate mit verschiedenen Zentralatomen, aber gleichen Liganden oft nur im Bereich unter 800 cm^{-1} unterscheidbar (z. B. Heteropolysäuren).

6.4.11 Carbonylverbindungen

Die Absorptionsbande der C=O-Streckschwingungen liegt mit hoher Intensität in einem von anderen Gruppen nur wenig beanspruchten Gebiet zwischen 1800 und 1650 cm^{-1}. Für die IR-Spektroskopie ist die Carbonylgruppe wegen ihrer Neigung zu intra- und intermolekularen Wechselwirkungen besonders interessant. Auch vom Molekülbau her ist sie ebenso vielfältig beeinflussbar. Viele Effekte können hier gut und verhältnismäßig gezielt analysiert werden. Meist legt man bei Vergleichen für das Verhalten der Carbonylgruppe die Ketone mit gesättigten, unverzweigten Alkylgruppen zugrunde. Wir werden die verschiedenen Effekte an geeigneten Beispielen kennenlernen und sie in Abschn. 6.5 unter einem anderen Gesichtspunkt nochmals kurz behandeln. Eine Tabelle mit Angaben der Absorptionsgebiete der verschiedenen Carbonylverbindungen sei zusammenfassend vorangestellt (Tabelle 6-12).

6.4.11.1 Ketone

Den Grundtyp aller Carbonylspektren repräsentieren die Ketone mit unverzweigten Alkylgruppen. Bei langkettigen Vertretern dieser Verbindungsklasse ist das Muster der Alkanspektren als Grundbild wieder zu erkennen. Neu und auffällig ist eine sehr starke Bande bei 1715 cm^{-1} (Abb. 6-42), die von der Streckschwingung der C=O-Gruppe herkommt.

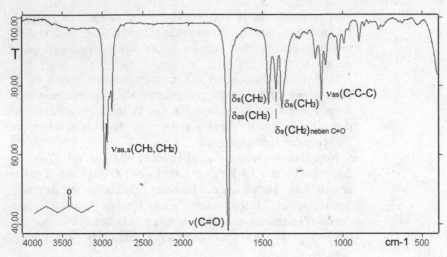

Abb. 6-42. 3-Hexanon, Film.

Tabelle 6-12. Absorptionsbereiche von Carbonylverbindungen.

Verbindungs-klasse	Strukturelement	Carbonylbande Bereich in cm⁻¹	Bemerkungen
Ketone	$-CH_2-\overset{O}{\overset{\|}{C}}-CH_2-$	1725–1700	keine Kontroll-bande
	$-CH=CH-\overset{O}{\overset{\|}{C}}-CH_2-$	1695–1660	Banden der C=C-Doppelbindung bzw. der Aryl-gruppe zusätzlich
	$Aryl-\overset{O}{\overset{\|}{C}}-CH_2-$	1700–1680	
	$-\overset{O}{\overset{\|}{C}}-\overset{O}{\overset{\|}{C}}-$	1730–1710	evtl. 2 Banden bei unsymmetrischer Substitution
	![Struktur]	1640–1535	da keine Ketone im eigentlichen Sinn mehr, auch Keton-atypische spektrale Eigen-heiten
	![Chinon]	1690–1655	
Aldehyde	$-CH_2-\overset{O}{\overset{\|}{C}}-H$	1740–1720	Bandendoppel bei 2850 cm⁻¹ und 2750 cm⁻¹ durch Fermi-Resonanz
	$-CH=CH-\overset{O}{\overset{\|}{C}}-H$	1705–1685	
	$Aryl-\overset{O}{\overset{\|}{C}}-H$	1715–1695	

Tabelle 6-12. (Fortsetzung)

Verbindungs-klasse	Strukturelement	Carbonylbande Bereich in cm^{-1}	Bemerkungen
Säuren	$-CH_2-\overset{O}{\underset{\|}{C}}-OH$	1725–1700	ν(OH)-Brücken-bande, δ(OH)-Absorption, ν(C–O)-Bande neben evtl. C=C- bzw. Aryl-Banden
	$-CH=CH-\overset{O}{\underset{\|}{C}}-OH$	1715–1680	
	$Aryl-\overset{O}{\underset{\|}{C}}-OH$	1700–1680	
	$\overset{Hal}{\underset{\|}{-CH}}-\overset{O}{\underset{\|}{C}}-OH$	1740–1715	evtl. Bandenauf-spaltung der ν(C=O)
Ester	$-CH_2-\overset{O}{\underset{\|}{C}}-O-CH_2-$	1750–1735	Ester C–O-Bande im 1200 cm^{-1}-Ge-biet neben C=C resp. Aryl-Banden
	$\left.\begin{array}{l}-CH=CH-\\ Aryl-\end{array}\right\}\overset{O}{\underset{\|}{C}}-O-CH_2-$	1730–1715	
	$-CH_2-\overset{O}{\underset{\|}{C}}-O-\left\{\begin{array}{l}-CH=CH-\\ -Aryl\end{array}\right.$	1800–1770	
	γ-Lactone	1780–1760	
	δ-Lactone	1750–1735	
Amide	$-CH_2-\overset{O}{\underset{\|}{C}}-NH_2$	1650	zusätzliche Amid-II-Bande, N-H-Streck- und Deformations-banden, sofern NH vorliegt. Bei cycl. sek. Amiden bis zum 6-Ring keine Amid-II-Bande
	$-CH_2-\overset{O}{\underset{\|}{C}}-NH-CH_2-$	1680–1630	
	$-CH_2-\overset{O}{\underset{\|}{C}}-N\overset{CH_2-}{\underset{CH_2-}{}}$	1670–1630	
	γ-Lactame	1700	
	δ-Lactame	1670	
	$-NH-\overset{O}{\underset{\|}{C}}-NH-$	1660	
	$-CH_2-O-\overset{O}{\underset{\|}{C}}-N<$	1735–1700	

Tabelle 6-12. (Fortsetzung)

Verbindungs-klasse	Strukturelement	Carbonylbande Bereich in cm^{-1}	Bemerkungen
Säure-chloride	$-CH_2-\overset{O}{\underset{}{C}}-Hal$	1800	keine eindeutigen Kontrollbanden
	$\left[\begin{matrix}-CH=CH-\\Aryl-\end{matrix}\right\}\overset{O}{\underset{}{C}}-\right]_2 O$	1780–1750	
Anhydride	$-CH_2-\overset{O}{\underset{}{C}}-O-\overset{O}{\underset{}{C}}-CH_2-$	1820 u. 1760	Intensitätsverhältnis der Bandenauf-spaltung gibt weitere Aussagen
	$\left[\begin{matrix}-CH=CH-\\Aryl-\end{matrix}\right\}\overset{O}{\underset{}{C}}-\right]_2 O$	1785–1725	

Bei niederen Alkylgruppen am C=O-Rest treten einige Banden stärker als bei den n-Alkanen hervor. Diese werden vom C=O-Teil des Moleküls induziert und betreffen die Schwingungen der zur Carbonylgruppe benachbarten Methylen- und Methylgruppe. Die Bandenbereiche sind in Tabelle 6-13 zusammengestellt.

Tabelle 6-13. Bandenlagen für Ketone.

Gruppe	Bandenlage in cm^{-1}	Zuordnung	Bemerkungen
$\rangle C=O$	1725–1705	$\nu(C=O)$	
$-\overset{O}{\underset{}{C}}-CH_3$	1370–1350	$\delta_s(CH_3)$	niederfrequent und intensiver als Alkyl-CH$_3$
$-\overset{O}{\underset{}{C}}-CH_2-$	1440–1405	$\delta_s(CH_2)$	stark
$-CH_2-\overset{O}{\underset{}{C}}-CH_2-$	1230–1100	$\nu_{as}(C-C)$	
$Alkyl-\overset{O}{\underset{}{C}}-CH_3$	1170		

Bei den Ketonen ist die Wirkung polarer Substituenten auf das Spektrum deutlich ausgeprägt. Die polare Gruppe selbst gibt Anlass zu einer sehr intensiven und charakteristischen Bande. Absorptionen von Gruppen in unmittelbarer Nachbarschaft des Dipols verändern ihre Lage und werden meist intensiver. Eine Vorhersage der Verschiebungsrichtung ist oft mit

empirischen Regeln möglich. Angaben über Intensitätsänderungen sind sehr schwierig und setzen im Allgemeinen
eine Analyse der Wirkung des Substituenten auf die Änderung
des Dipolmomentes der für die Bande verantwortlichen Normalschwingung voraus.

Der Vergleich verschiedener Ketonspektren zeigt die Brauch-
barkeit des relativen Intensitätsbegriffes „stark-mittel-schwach"
auf. Da die Spektren idealerweise so registriert werden, dass
die intensivste Bande bei $T \approx 0.10$ liegt, kann die Alkankette
bei höheren Ketonen durchaus das Spektrenbild beherrschen.
Die als stark bekannte C=O-Bande bleibt dann mit ihrer Intensität hinter diesen Banden zurück. Andererseits treten bei
niederen Ketonen die typischen C–H-Banden nur noch
schwach in Erscheinung, sodass vom „Alkantyp" nicht mehr
viel übrig ist. Darum darf man bei Angaben zum qualitativen Intensitätsbegriff nie übersehen, dass die Bandenstärke
eine Folge der Anzahl absorbierender Gruppen pro Volumen-
einheit ist (Extrembeispiele: anoxidiertes Polyethylen und
Aceton).

Die Bandenlage gesättigter Ketone wird intermolekular nur
durch Assoziationseffekte und den Aggregatzustand oder durch
das Lösungsmittel beeinflusst. Intramolekular verschieben
polare Substituenten, π-Elektronensysteme, Kopplungseffekte
und Konformationseinflüsse das Absorptionsmaximum (siehe
Abb. 6-43). Zur Identifizierung von Ketonen siehe auch Ende
von Abschn. 6.4.11.

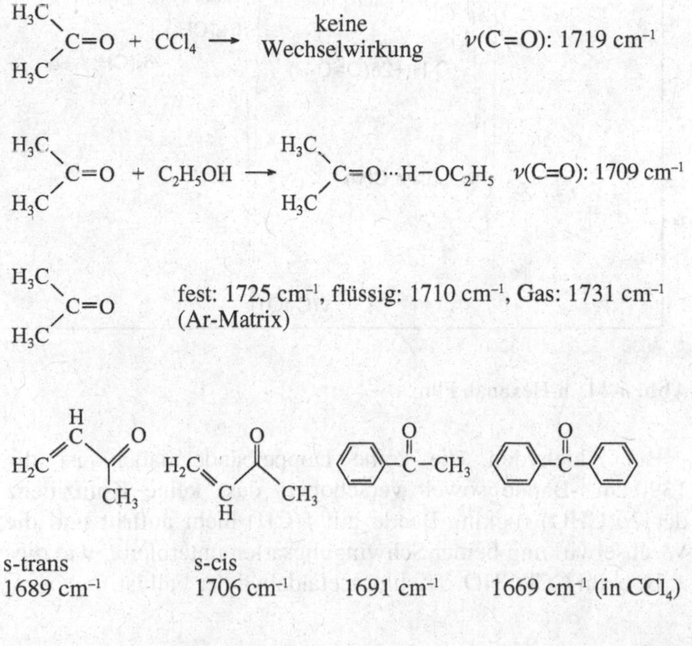

ν(C=O): 1719 cm^{-1}

ν(C=O): 1709 cm^{-1}

fest: 1725 cm^{-1}, flüssig: 1710 cm^{-1}, Gas: 1731 cm^{-1}
(Ar-Matrix)

Abb. 6-43. Wellenzahlbereiche
von Ketonabsorptionsbanden.

s-trans   s-cis
1689 cm^{-1} 1706 cm^{-1} 1691 cm^{-1} 1669 cm^{-1} (in CCl$_4$)

6.4.11.2 Aldehyde

Die formale Substitution einer der Alkylketten eines Ketons durch ein H-Atom führt zum Aldehyd. Wegen geringerer Masseneffekte liegt das C=O-Absorptionsmaximum bei 1740–1720 cm^{-1} etwas höherfrequent als die Ketonbande. Eine Konjugation der C=O-Gruppe mit einer α,β-Olefinbindung verschiebt durch mesomeren Effekt die C=O-Bande nach 1705–1685 cm^{-1}, bei aromatischem Ring nach 1715–1695 cm^{-1} und bei Polyenkonjugationen bis 1680–1660 cm^{-1}. In die umgekehrte Richtung wirken elektronegative Gruppen: CCl$_3$CHO: 1768 cm^{-1}, CHCl$_2$CHO: 1748 cm^{-1}, CH$_2$ClCHO: 1730 cm^{-1} und H$_3$CCHO: 1730 cm^{-1} (alle in CCl$_4$ gemessen, vgl. Abschn. 6.5.5). Aldehyde kann man von den Ketonen anhand der CO-Bandenlage allein nicht immer sicherunterscheiden. Eine Hilfe hierfür findet sich aber im C–H-Streckschwingungsgebiet. Aldehyde zeigen hier ein charakteristisches Bandendoppel bei 2900–2800 cm^{-1} und 2775–2695 cm^{-1} (Abb. 6-44). Ihr Ursprung ist eine Wechselwirkung der aliphatischen C–H-Streckbewegung mit dem Oberton der ebenfalls charakteristischen H–C=O-Deformationsschwingung bei 1410–1380 cm^{-1} (Fermi-Resonanz, vgl. Abschn. 2.2.2.4).

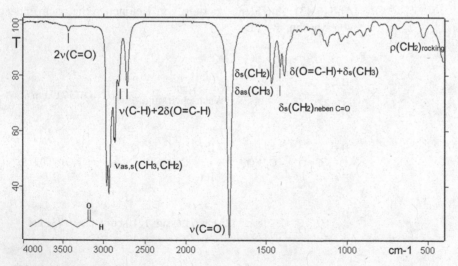

Abb. 6-44. n-Hexanal, Film.

Bei Aldehyden, die keine Doppelbande haben, ist die 1390 cm^{-1}-Bande soweit verschoben, dass keine Koinzidenz der 2δ(CHO) rocking-Bande mit ν(CH) mehr auftritt und die Wechselwirkung beider Schwingungsarten unterbleibt, wie dies z. B. beim CCl$_3$CHO, Trichloracetaldehyd der Fall ist.

Natürlich zeigen nur die freien Aldehyde die Doppelbande. Oligomerisierte Aldehyde (Paraldehyd, Trioxanderivate) haben ein ganz anderes Spektrum (vgl. Abschn. 6.4.7). Eine Übersicht zur Identifizierung von Carbonylverbindungen findet sich am Ende von Abschn. 6.4.11.

6.4.11.3 Carbonsäuren

Organische Carbonsäuren tragen außer der C=O-Gruppe noch zusätzlich die OH-Funktion. Durch diese sehr polare Gruppe sind neue Möglichkeiten molekularer Wechselwirkungen geschaffen, und weitere Banden können zur Charakterisierung dieser Substanzklasse im IR-Spektrum beitragen. Besonders ihre ausgeprägte Neigung zur Ausbildung von Wasserstoffbrückenaggregaten hebt sie von anderen Stoffen ab.

Carbonylgruppe

Die IR-Absorptionsbande der $-C\overset{O}{\underset{OH}{\diagup}}$ -Gruppe ($\approx$1705 cm^{-1})

liegt trotz des Hydroxy-Substituenten derjenigen der Ketone bei 1715 cm^{-1} erstaunlich nahe. Die Ursache dafür ist in der gegenläufigen Wirkung zweier verschiedener Effekte zu suchen: Einerseits erhöht der stark elektronegative O–H-Substituent den Doppelbindungscharakter der C=O-Gruppe und damit seine Streckfrequenz (Strukturen I, II) (vgl. Säurechloride R–CO-X), andererseits müssen bei Carbonsäuren zur Beschreibung ihrer Eigenschaften mesomere Grenzformeln herangezogen werden (Strukturen III,IV):

Hieraus ist ersichtlich, dass der C=O-Doppelbindungscharakter abgeschwächt ist und die Absorptionsfrequenz sich ins längerwellige Gebiet verschiebt.

Einen starken Einfluss auf die Lage der C=O-Bande hat die oben erwähnte Fähigkeit der Säuren, Wasserstoffbrücken-Bindungen einzugehen. Selbst in sehr verdünnten Lösungen liegen Carbonsäuren weitgehend dimer vor, denn durch die Dissoziationsneigung des Protons und durch die gleichzeitige Basizitätserhöhung des Carbonyl-O-Atoms wird die sonst schwache Bindung im Rückkopplungsverfahren sehr verstärkt:

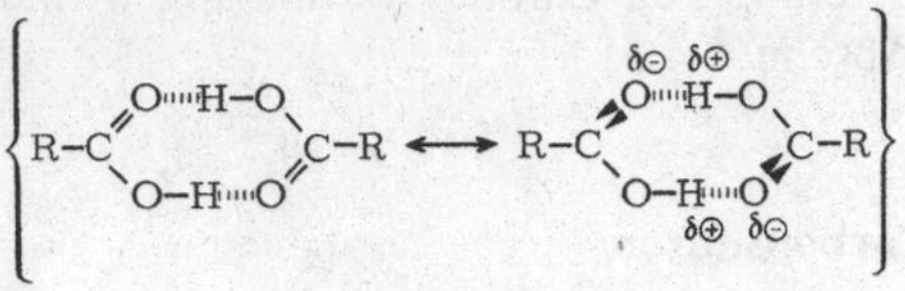

Aus diesem Grund muss das Molekül von der spektroskopischen Seite her als Dimeres behandelt werden. So kann man zwei Schwingungsformen feststellen (Abb. 6-45): Eine IR-aktive Form für die antisymmetrische C=O-Streckschwingung und eine IR-inaktive, aber Raman-aktive symmetrische C=O-Streckschwingungsform (siehe auch Abschn. 8.3).

antisym. Schwingungsform
IR-aktiv 1720 – 1680 cm^{-1}
Raman-inaktiv

sym. Schwingungsform
IR-inaktiv
Raman-aktiv 1680 – 1640 cm^{-1}

Abb. 6-45. Wellenzahlen der Carbonylbanden dimerer organischer Carbonsäuren.

Wird die Dimerenbildung verhindert, indem man der Säure z. B. intra- oder intermolekular Alkohol- oder Ethergruppen anbietet, dann rücken die C=O-Frequenzen in kürzerwellige Bereiche, weil dann der Bindungsausgleich nicht mehr so vollständig ist (Abb. 6-46).

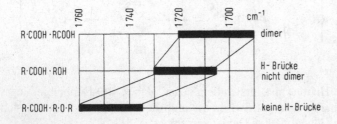

Abb. 6-46. Einfluss des Lösungsmittels auf die Carbonylwellenzahl organischer Carbonsäuren.

Hydroxygruppen

Für dimere Carbonsäuren ist eine ausgesprochen breite und mittelstarke H-Brückenbande um 3000 cm^{-1} sehr charakteristisch (Abb. 6-47). Dieser Bande sind die CH-Streckschwingungen überlagert. Daneben sitzen ihr um 2500 – 2700 cm^{-1}

schwache, aber charakteristische Schultern auf, die von Obertönen und Kombinationsbanden herrühren. Ein ziemlich sicheres Indiz für dimere Carbonsäuren ist die o. o. p.-Deformations-
schwingungsbande $\gamma(-OH\cdots O)$ des Brückenkomplexes bei
$960-875\ cm^{-1}$, erkennbar an ihrer größeren Halbwertsbreite
gegenüber anderen Banden in diesem Bereich.

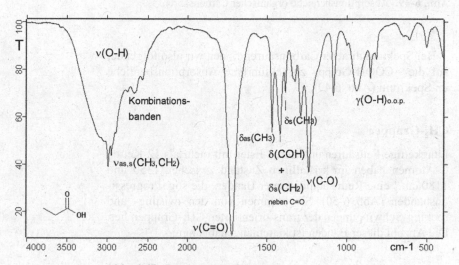

Abb. 6-47. Propionsäure, Film.

C–O-Gruppe mit Einfachbindung

Die C–O-Streckschwingung darf man nicht isoliert sehen,
da sie mit der $\delta(COH)$-Deformationsschwingung koppelt;
dies gilt umgekehrt auch für die $\delta(COH)$-Schwingung, die
zum Teil C–O-Streckschwingungsenergie enthält (siehe auch
Abb. 6-48).

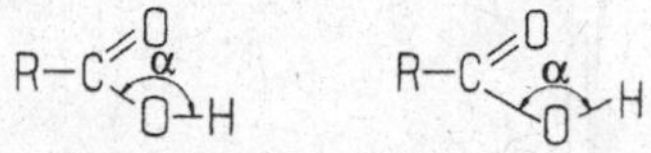

$$R-C\underset{O^-H}{\overset{O}{\lessgtr}}^{\alpha} \qquad R-C\underset{O}{\overset{O}{\lessgtr}}^{\alpha}H$$

Abb. 6-48. Deformationsschwingung des C–O–H-Fragmentes von
Carbonsäuren. Kopplung von $\nu(C-O)$ mit $\delta(COH)$: Bei der Dehnung
der C–O-Bindung wird gleichzeitig die Deformation des Bindungs-
winkels C–O–H beansprucht.

Die Simultanbewegung führt zu je einer gleich- und gegen-
phasigen Schwingungsform. Diejenige bei $1315-1200\ cm^{-1}$
($1325-1280\ cm^{-1}$ bei dimeren Säuren) wird in Analogie zur
Etherbande hauptsächlich der C–O-Streckschwingung zugeschrieben. Die Bande bei $1440-1395\ cm^{-1}$ wird in Analogie
zur $\delta(CH_2)$-Bande als COH-Deformationsbande interpretiert.

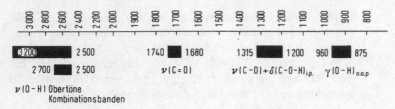

ν (O – H) Obertöne
Kombinationsbanden

Abb. 6-49. Absorptionsbereiche organischer Carbonsäuren.

Bei Spektren dimerer Carbonsäuren finden wir also folgende, auf die –COOH-Gruppe zurückführbare Absorptionsbereiche im Spektrum (Abb. 6-49).

CH_2-Gruppen

Langkettige Fettsäuren und deren Ester mit mehr als 12 Ketten C-Atomen haben im kristallinen Zustand zwischen 1350 und 1180 cm^{-1} eine Reihe äquidistanter Banden, die sog. Progressionsbanden (Abb. 6-50). Sie kommen von den twisting- und rocking-Schwingungen der trans-orientierten CH_2-Gruppen her. Die Anzahl dieser Banden ist kettenlängenabhängig.

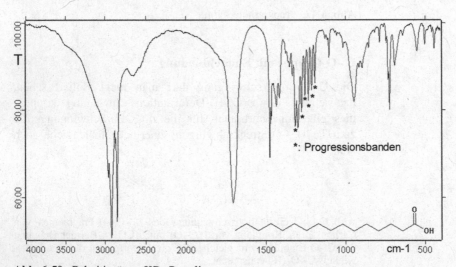

*: Progressionsbanden

Abb. 6-50. Palmitinsäure, KBr-Pressling.

Salze der Carbonsäuren

Wird eine organische Carbonsäure in ihr Salz übergeführt, dann hat das wegen der vollständigen Dissoziation von Anion und Kation einen idealen Bindungsausgleich zwischen der C=O-Doppel- und der C–O-Einfachbindung zur Folge:

$$R-C\overset{\displaystyle O}{\underset{\displaystyle OH}{}} \xrightarrow[-H_2O]{NaOH} \left\{ R-C\overset{\displaystyle O}{\underset{\displaystyle O^\ominus}{}} \longleftrightarrow R-C\overset{\displaystyle O^\ominus}{\underset{\displaystyle O}{}} \right\} Na^\oplus \equiv \left[R-C\overset{\displaystyle O}{\underset{\displaystyle O}{\parallel}} \right]^\ominus Na^\oplus$$

Tabelle 6-14. Bandenlagen von
α-Aminosäuren.

Gruppe	Bandenlage in cm^{-1}
$\nu_{as}(-COO^\ominus)$	1605–1555
$\nu_s(-COO^\ominus)$	1425–1393
$\nu(-NH_3^\oplus)$	3100–2600
$\delta_{as}(-NH_3^\oplus)$	
$+\tau(-NH_3^\oplus)$	2200–2000
$\delta_{as}(-NH_3^\oplus)$	1665–1585
$\delta_s(-NH_3^\oplus)$	1530–1490

Bei beiden Oszillatoren besteht nun – da gleiche Masse und Kraftkonstante vorliegen – ausgeprägte Kopplung der Schwingungen. Die Bande für die antisymmetrische Schwingungsform liegt bei 1650–1550 cm^{-1} und für die symmetrische Form bei 1440–1360 cm^{-1}. Bei wasserfreien Salzen fehlen dann auch natürlich alle Absorptionsbanden, die bei der Säure auf die –OH-Gruppe des Moleküls zurückführbar sind.

Aminosäuren

Ein spezieller Fall liegt vor, wenn innere Salze wie bei den Aminosäuren gebildet werden können. Es liegt eine Zwitterionenform vor, die darum die Absorptionsbanden der –COO$^\ominus$ und der –NH$_3^\oplus$- Gruppe gleichzeitig zeigt (Tabelle 6-14).

6.4.11.4 Säurechloride

Durch den Ersatz des Aldehyd-H-Atoms gegen ein Halogenatom kommt man formal zu den Carbonsäurehalogeniden. Die funktionelle Gruppe R–CO-X ist so einfach, dass eine Bandenzuordnung leicht möglich ist (Abb. 6-51).

Die Bande bei 1815–1770 cm^{-1} entspricht der C=O-Schwingung. Ihre starke Verschiebung ins Kurzwellige – im Vergleich mit Ketonen – ist eine Folge der hohen Elektronegativität der Halogengruppe. Daraus geht hervor, dass in Carbonsäurechloriden der C=O-Doppelbindungsgrad höher ist als z. B. bei

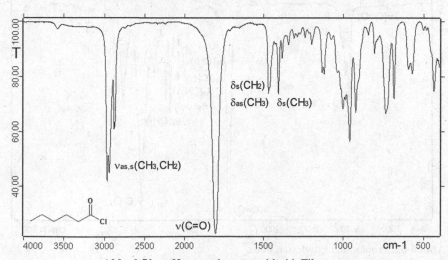

Abb. 6-51. n-Hexancarbonsäurechlorid, Film.

Estern. Darum liegt die R–CO–Cl-Carbonylbande beispielsweise nahe der oberen Grenze im Doppelbindungsbereich.
Die gleichen Überlegungen gelten auch für die übrigen Halo-
gene, sodass die Carbonsäurehalogenide ihre C=O-Bande im
1800 cm^{-1}-Gebiet haben:

$$\text{Alkyl} - \text{C} \begin{matrix} \diagup^{O} \\ \diagdown_{X} \end{matrix}$$

X =	F:	$\nu(C=O)$:	1800 cm^{-1}
	Cl:		1790 cm^{-1}
	Br:		1800 cm^{-1}
	I:		1785 cm^{-1}

6.4.11.5 Ester

Wie andere Carbonylverbindungen werden Ester primär durch
ihre starke Carbonylbande (1740 cm^{-1}) erkannt und durch die
Kontrollbande der C–O-Einfachbindungsschwingungen bei
1200 cm^{-1} charakterisiert.

Carbonylgruppe

Das –COOR-Fragment ist der Carboxylgruppe der Carbonsäuren so ähnlich, dass es zunächst überrascht, dass die C=O-
Bande der Ester mit 1750–1735 cm^{-1} verhältnismäßig hochfrequent liegt (Abb. 6-52). Wenn man aber bedenkt, dass Carbonsäuren durch Dimerisierung über die H-Brücke die C=O-
Doppelbindung lockern können, dann wird die kurzwellige
Verschiebung bei den Estern verständlich.

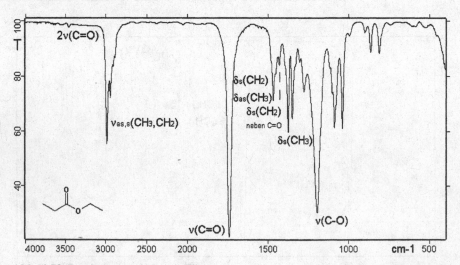

Abb. 6-52. Propionsäureethylester, Film.

Wie in allen bisherigen Fällen verschiebt eine zur C=O-Gruppe α,β-ständige Doppelbindung die Absorption ins langwellige Gebiet:

$$\left\{ R\text{-CH=CH-}\overset{\overset{\displaystyle |\overline{O}|}{||}}{C}\text{-O-R'} \longleftrightarrow R\text{-}\overset{\oplus}{C}H\text{-CH=}\overset{\overset{\displaystyle |\overline{\underset{\ominus}{O}}|}{||}}{C}\text{-O-R'} \right\}$$

1740–1715 cm^{-1}

Ungesättigte Gruppen am etherartig gebundenen Sauerstoff dagegen verschieben die Banden nach kürzeren Wellenlängen, da das zentrale Sauerstoffatom in verschiedenen Mesomerieformen existiert:

$$\left\{ R\text{-}\overset{\overset{\displaystyle O}{||}}{C}\text{-O-CH=CH-R'} \longleftrightarrow R\text{-}\overset{\overset{\displaystyle |\overline{\underset{\oplus}{O}}|}{||}}{C}\text{=O-CH=CH-R'} \longleftrightarrow R\text{-}\overset{\overset{\displaystyle O}{||}}{C}\text{-}\overset{\oplus}{O}\text{=CH-}\overset{\ominus}{C}H\text{-R'} \right\}$$

1800–1770 cm^{-1}

C–O-Gruppe mit Einfachbindung

Allein aus der Lage der C=O-Bande kann ein Ester noch nicht sicher erkannt werden. Erst durch die starke Bande um 1200 cm^{-1} ist eine Identifizierung möglich. Dies ist die antisymmetrische Streckschwingung des C–O–C-Fragmentes mit zusätzlichen Energiebeiträgen aus C–C-Bewegungen. Die zu Ethern (1125 cm^{-1}) verhältnismäßig hohe Lage dieser Bande ist durch Estermesomerie bedingt. Infolge ausgeprägter Schwingungswechselwirkung kann man unterschiedliche Ester IR-spektroskopisch unterscheiden (Tabelle 6-15).

Tabelle 6-15. Bandenlagen zur Unterscheidung verschiedener Ester.

Substanzgruppe	ν(C–O) in cm^{-1}
Formiate	1200–1180
Acetate	1260–1230
höhere aliphatische Ester	1210–1160
Acrylate	1300–1200
Benzoate	1310–1250 und 1150–1100
Acetate mit prim. Alkoholen	1260–1230 und 10600–1035
Acetate mit sek. Alkoholen	1260–1230 und 1100
Acetate mit Phenolen	≈1205

Allgemein wird die Bande um 1250 cm^{-1} der ν_{as} (C–$\overset{\overset{\displaystyle O}{||}}{C}$–O–)-, die Bande um 1050 cm^{-1} der ν_{as}(O–CH$_2$–C)-Schwingungsform zugeordnet.

Nachbargruppenabsorptionen

Bei den Ketonen haben die zur Carbonylgruppe α-ständigen Fragmente verschobene und meist intensivere IR-Banden. Der gleiche Effekt findet sich auch bei Estern wieder (siehe Tabelle 6-16).

Tabelle 6-16. Einfluss der Estergruppe auf die Absorptionsbanden α-ständiger Methyl- und Methylengruppen (in cm^{-1}). Die Bandenlagen in Paraffinkohlenwasserstoffen stehen in Klammern.

	$CH_3-\overset{O}{\overset{\|}{C}}-O-$	$-CH_2-\overset{O}{\overset{\|}{C}}-O-$
δ_s: 1374 (1370)	δ_{as}: 1430 (1460) ν_{as}: 2990 (2962)	δ: 1420 (1460)
	$-\overset{O}{\overset{\|}{C}}-O-CH_3$	$-\overset{O}{\overset{\|}{C}}-O-CH_2-$
	δ_{as}: 1440 (1460) ν_{as}: 2960 (2962)	δ: 1475 (1420) δ_{wag}: 1400 (1305)

Lactone

Spannungsfreie Lactone verhalten sich IR-spektroskopisch wie die entsprechenden offenkettigen Ester. Bei kleinen Ringen ist der C–C–O-Winkel dagegen gespannt. Als Folge davon steigt die C=O-Streckschwingungsfrequenz (jeweils in cm^{-1}) an, wie die folgende Reihe zeigt:

| 1727 | 1750 | 1774 | 1841 | instabil | (2350) |

6.4.11.6 Carbonsäureanhydride

Hier liegt eine Stoffklasse vor, die eindeutig bereits durch ihr Spektrum im 1800 cm^{-1}-Gebiet charakterisiert ist. Bei allen Anhydriden findet man zwei C=O-Banden [20], eine davon sehr hochfrequent um 1820 cm^{-1}, die andere um 1750 cm^{-1} (Abb. 6-53).

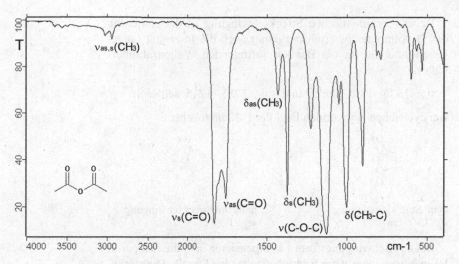

Abb. 6-53. Essigsäureanhydrid, Film.

Dies gilt für offenkettige, nichtkonjugierte Derivate. Die mesomeren Grenzstrukturen II und III

tragen zwar relativ wenig zur Stabilisierung des Moleküls bei, sie sind aber trotzdem verantwortlich für den ebenen Bau des Moleküls um diese $-\overset{O}{\underset{||}{C}}-O-\overset{O}{\underset{||}{C}}-$ -Anordung. Aus diesem Grunde findet sich im IR-Spektrum wieder die Bandenaufspaltung in eine symmetrische und eine antisymmetrische Schwingungsform der gekoppelten Oszillatoren. Anhydride sind einer der wenigen Fälle, bei denen die ν_{as}-Schwingung energieärmer ist als die ν_s-Schwingung. Die Intensität der C=O-Bande ist abhängig vom Molekülbau, d. h. von der gegenseitigen Orientierung der C=O-Oszillatoren. Offenkettige Anhydride liegen hauptsächlich in der Konformation IV (bzw. V) vor.

sym. Streckschwingung   antisym. Streckschwingung

Bei der symmetrischen Streckschwingung ist die Änderung des Dipolmomentes groß und damit auch die Intensität (angegeben sind die für die Banden auftretenden Wellenzahlintervalle):

v_s: 1825 – 1815 stark   und v_{as}: 1755 – 1745 schwach

Bei cyclischen Anhydriden liegt der Fall umgekehrt:

I	II
sym. Streckschwingung	antisym. Streckschwingung
v_s : 1860 cm^{-1}	v_{as} : 1785 cm^{-1}

Bei der Schwingungsform I kompensieren sich die fast parallel in entgegengesetzter Richtung stehenden Dipole. Die stärkere Bande ergibt somit die langwellige v_{as}-Schwingung:

v_s: 1870 – 1845 schwach   und v_{as}: 1800 – 1715 stark

Zusätzliche starke Banden liegen für aliphatische offenkettige Anhydride bei 1050 – 1040 cm^{-1}, bei alicyclischen Anhydriden bei 955 – 895 cm^{-1} und 1300 – 1180 cm^{-1}. Es sind die Banden der C–O-Gruppen mit Einfachbindung.

6.4.11.7 Amide

Die Amidgruppe zeigt komplizierte Schwingungsformen, sodass die Spektren entsprechend bandenreich werden. Die Möglichkeit der cis-trans-Isomerie bei monosubstituierten Amiden und die Fähigkeit primärer und sekundärer Amide, auf vielfache Weise H-Brückensysteme auszubilden, tragen ein Übriges zur Komplizierung der Spektreninterpretation bei. Besonders Spektrenbilder der gleichen Substanz können je nach der Probenvorbereitung recht verschieden sein. Der Aggregatzustand und die Konzentration des Amides sind die wichtigsten Einflüsse dabei.

Für die Bandenzuordnung wurden die für die Amidgruppe charakteristischen Absorptionen zunächst mit römischen Ziffern durchgezählt. So hat die Benennung „Amid-II-Bande" nur namengebende Bedeutung. Die Zuordnung erfolgt in Tabelle 6-17. Die intensiven Banden sind Schwingungen der C=O-, der C–N- und der –NH$_2$-Gruppe zuzuordnen.

Primäre Amide

Die NH$_2$-Gruppe zählt in mesomeren Systemen zu den am stärksten mesomer-elektronenabgebenden Gruppen. So ist es leicht zu erklären, dass die amidische C=O-Bande sehr niedrig bei 1670 – 1620 cm^{-1} erscheint (Abb. 6-54).

Diese Bande ist sehr intensiv und wird im Allgemeinen von einer zweiten Bande begleitet, der $\delta(NH_2)$-Schwingung zwischen 1650 und 1620 cm^{-1}. Diese beiden Banden fallen oft zusammen, wodurch die Absorption primärer Amide sehr breit wird.

Tabelle 6-17. Absorptionsbereiche, Bezeichnung und Zuordnung der Amidbanden.

Bezeichnung	Bereich in cm^{-1}		Zuordnung
	fest	Lösung	
Amid I	≈ 1650	≈ 1690	prim. Amide $\quad \nu(C=O)$
	1680–1630	1700–1670	sek. Amide $\quad \nu(C=O)$
		1670–1630	tert. Amide $\quad \nu(C=O)$
Amid II	1650–1620	1620–1590	prim. Amide $\nu(C-N) + \delta(C-N-H)$
	1570–1515	1550–1510	sek. Amide $\quad \nu(C-N) + \delta(C-N-H)$
Amid III		1330–1200	sek. Amide $[\delta(NH) + \delta(OCN)]^*$
Amid IV		≈ 620	prim. Amide
		630–600	sek.Amide $\quad \nu(C-C) + \delta(O-C-N-)^*$
Amid V		≈ 720	sek. Amide $\delta(N-H \cdots Brücke)$
Amid VI		1440–1400	prim. Amide $\delta(Skelett)$

* Zuordnung unsicher.

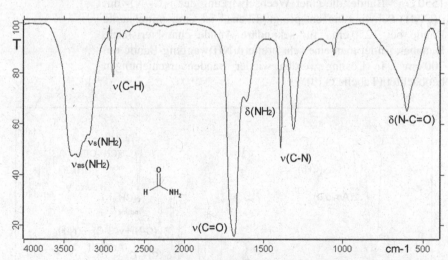

Abb. 6-54. Formamid, Film, Beispiel für ein primäres Carbonsäureamid.

Der Unterschied zu carbonsauren Salzen ist an der doppelten NH$_2$-Streckschwingungsbande zu erkennen (3350 cm^{-1} und 3180 cm^{-1}). Die Wellenzahlbereiche gelten für den Feststoff. In Lösung verschieben sich die Bandenlagen um etwa folgende Beträge (Tabelle 6-18):

Tabelle 6-18. Einfluss des Aggregatzustandes auf die Bandenlagen primärer Amide.

Schwingung	fest	Lösung	$\approx (\nu_{Lsg} - \nu_{fest})$
$\nu_{as}(NH_2)$	3350 cm^{-1}	3520 cm^{-1}	$+170 \text{ cm}^{-1}$
$\nu_s(NH_2)$	3180 cm^{-1}	3400 cm^{-1}	$+220 \text{ cm}^{-1}$
$\nu(C=O)$	$\approx 1650 \text{ cm}^{-1}$	$\approx 1690 \text{ cm}^{-1}$	$+ 40 \text{ cm}^{-1}$
$\delta(N-H)$	$1650-1620 \text{ cm}^{-1}$	$1620-1590 \text{ cm}^{-1}$	$- 30 \text{ cm}^{-1}$

Sekundäre Amide

1. Wenn monosubstituierte Amide, durch den Molekülbau bedingt, nicht in die cis-Form gezwungen werden, dann liegen sie in der trans-Konformation vor:

trans-Anordnung   cis-Anordnung

Im festen Zustand finden wir die C=O-Bande zwischen 1680 und 1630 cm^{-1} mit der ν(NH)-Kontrollbande als Einzelbande bei 3300 cm^{-1} (siehe Abb. 6-55). Die schwache Begleitbande bei 3100 cm^{-1} ist ein Oberton der charakteristischen und starken 1550 cm^{-1}-Bande, die einer Wechselwirkung der ν(C–N)- mit δ(CNH)-Schwingung entspringt. Ebenso ist eine mittelstarke Bande bei 1250 cm^{-1} für sekundäre Amide charakteristisch. Daneben findet man eine sehr breite δ(NH)wagging-Bande um 700 cm^{-1}. In Lösung werden wieder Bandenverschiebungen beobachtet (Tabelle 6-19).

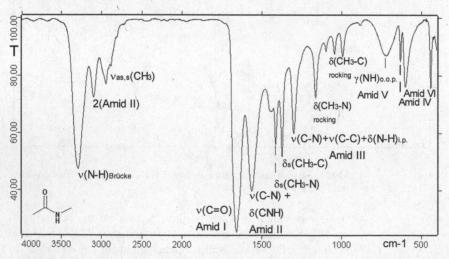

Abb. 6-55. N-Methylacetamid, Film. Beispiel für ein sekundäres Carbonsäureamid.

Tabelle 6-19. Einfluss des Aggregatzustandes auf die Bandenlagen sekundärer Amide.

Schwingung	fest	Lösung	$\approx (\nu_{Lsg} - \nu_{fest})$
ν(N–H) trans	3300 cm^{-1}	3430 cm^{-1}	$+140$ cm^{-1}
ν(N–H) cis	3160 cm^{-1}	3430 cm^{-1}	$+270$ cm^{-1}
ν(C=O)	$1680-1630$ cm^{-1}	$1700-1670$ cm^{-1}	$+ 30$ cm^{-1}
ν(C–N) + δ(CNH)	$1570-1515$ cm^{-1}	$1550-1510$ cm^{-1}	$- 10$ cm^{-1}

2. Cis-konfigurierte sekundäre Amide findet man praktisch nur in Form von Lactamen, bei denen die trans-Anordnung wegen der hohen Ringspannung nicht möglich ist. Im Wesentlichen liegen die Banden aber in den gleichen Bereichen wie bei den trans-konfigurierten Derivaten:

3200 cm^{-1}: ν(N–H)	$1650-1750$ cm^{-1}: ν(C=O)
3100 cm^{-1}: ν(C=O) + δ(N–H)	$1490-1440$ cm^{-1}: δ(N–H)
(Kombinationsbande)	$1350-1310$ cm^{-1}: ν(C–N)

Ähnlich wie bei den Lactonen beeinflusst auch bei den Lactamen die Ringgröße die Lage von ν(C=O) (Angaben in cm^{-1}):

| 1669 | 1673 | 1717 | 1750 | 1850 | (2336) (in CCl$_4$) |

Die cis-Anordnung bringt es mit sich, dass δ(CNH) mit ν(C=O) nicht mehr koppeln kann, sodass hier eine der 1550 cm^{-1} entsprechende Bande der trans-Form fehlt (Abb. 6-56). Dagegen taucht die cis δ(NH) längerwellig bei $1490-1440$ cm^{-1} und die ν(C–N) bei $1350-1310$ cm^{-1} auf. δ(NH)wagging erscheint als breite Bande bei etwa 800 cm^{-1}.

Tertiäre Amide (N,N-disubstituiert)

Zur Identifizierung tertiärer Amide genügt die tiefe Lage der Carbonylbande bei $1680-1630$ cm^{-1} (fest und Lösung) (Abb. 6-57). Die anderen Frequenzen (ν(NH), δ(CNH)) fehlen. Der Unterschied zu den Carbonsäuren kann an der fehlenden OH-Bande erkannt werden.

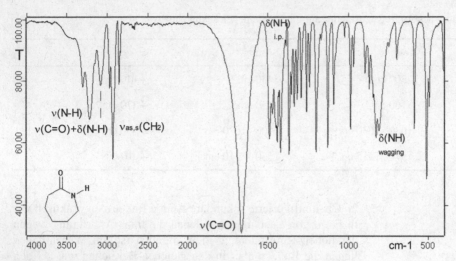

Abb. 6-56. Caprolactam, KBr-Pressling. Beispiel für ein cyclisches, sekundäres Säureamid mit fehlender Amid-II-Bande. Typisch für Alicyclen: viele scharfe Banden im Fingerprintgebiet.

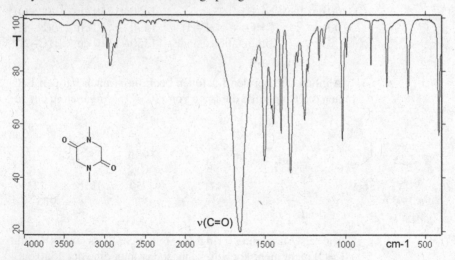

Abb. 6-57. 1,4-Dimethyl-2,5-piperazindion, KBr-Pressling. Beispiel für ein tertiäres Carbonsäureamid.

6.4.11.8 Carbonsäureamidderivate

Mit der Amidgruppe hatten wir schon einen verhältnismäßig komplizierten Baustein vor uns. Das Ausmaß der Schwingungskopplung schloss alle Atome mit ein und gab so Anlass zu den charakteristischen Frequenzen der Amide. Die Komplizierung setzt sich nun weiter fort, wenn am Molekül noch weitere Strukturelemente zu finden sind. Die Spektren werden damit sehr substanzspezifisch; Beispiele dafür bieten die Carbonsäureamidderivate. Die Bandenlagen häufiger vorkommender Strukturgruppen sind in Tabelle 6-20 zusammengestellt.

Tabelle 6-20. Charakteristische Banden verschiedener Carbonsäure-amidderivate in cm^{-1}.

Harnstoffe ($R_2N{-}C({=}O){-}NR_2$) Urethane ($R{-}O{-}C({=}O){-}NR_2$)

	prim.	sek.	tert.
	3450–3200	3340–3250	–
1640	1628–1622	1722–1705	1691–1683
	1540–1530	1620	

Hydroxamsäuren ($R{-}C({=}O){-}NH{-}OH$) Hydrazide ($R{-}C({=}O){-}NH{-}NH_2$)

Hydroxamsäuren	Hydrazide
3300	3320–3180
2800	1700–1640
1640	1633–1652
1550	1542–1502
1440–1360	1150–1050
900	

Imide ($R{-}C({=}O){-}NH{-}C({=}O){-}R$) Diacylhydrazide ($R{-}C({=}O){-}NH{-}NH{-}C({=}O){-}R$)

Imide		Diacylhydrazide	
trans-trans	cis-trans		
3280–3200	3245–3190	3380–3280	3210–3100
1737–1733	1700		3060–3020
1505–1503	1734	1742–1700	
1236–1167	1650	1707–1683	1623–1580
739– 732	836– 816		1506–1480
			1260–1200

Übersicht zur Identifizierung der Carbonylverbindungen

Einfache Carbonylverbindungen können sicher durch ihre sehr intensive C=O-Absorption im Gebiet zwischen 1800 und 1650 cm^{-1} erkannt werden. Die feinere Unterscheidung geschieht anhand von Kontrollbanden.

Ketone: Sie liegen vor, wenn alle anderen C=O-Derivate ausgeschlossen werden können, ν(C=O) um 1715 cm^{-1}.

Aldehyde:	Diese haben neben der C=O-Bande bei 1740–1720 cm^{-1} eine Doppelbande mit etwa gleich intensiven Komponenten um 2850 und 2750 cm^{-1}.
Carbonsäuren:	Außer durch ν(C=O) bei 1705 cm^{-1} sind sie eindeutig an der breiten H-Brückenbande im 3000 cm^{-1}-Gebiet zu erkennen, die von ν(C–H) und einem intensitätsschwachen, aber charaktersti-schen Aufsitzer bei 2500 cm^{-1} überlagert wird. Die δ(O–H)-Kontroll-bande bei 900 cm^{-1} und die ν(C–O)-Einfach-bindungsabsorption (1325–1200 cm^{-1}) sowie δ(CHO) (1440–1395 cm^{-1}) stützen die Zuordnung.
Säurechloride:	Hier genügt die hochfrequente 1800 cm^{-1}-Bande zur Charakterisie-rung.
Ester:	Zu der 1750–1735 cm^{-1}-Bande gehört eine etwas weniger intensive Bande bei etwa 1200 cm^{-1}.
Anhydride:	Sie haben eine eindeutige Doppel-bande mit einer sehr hochfrequenten Komponente oberhalb 1800 cm^{-1}.
Amide, primär:	Außer einer sehr intensiven und breiten Bande ν(C=O) bei 1670 bis 1620 cm^{-1} weisen sie auch zwei Banden für ν_{as}(NH$_2$) und ν_s(NH$_2$) und eine breite δ(NH$_2$)-Deformations-Schwingungsbande um 1620 cm^{-1} auf.
Amide, sekundär:	Sie haben zwei starke Banden bei 1680–1620 cm^{-1} und 1550 cm^{-1} mit einer scharfen ν(N–H)-Streckschwingungsbande bei 3300 cm^{-1} und einer sehr breiten δ(NH) Absorption im 700 cm^{-1}-Gebiet.
Amide, tertiär:	Die sehr niedrige Wellenzahl der intensiven Carbonylbande zwischen 1680 und 1630 cm^{-1} genügt zur Identifizierung.
Carbonsäureamid-derivate:	Hier sind die Spektren oft mehrdeutig, und ohne Vorinformation über die Untersuchungssubstanz (Herkunft, Synthese) sind keine sicheren Aussagen möglich.

6.4.12 Stickstoffverbindungen

Bei den Stickstoffverbindungen können wir oft auf Erkenntnisse, die wir von den entsprechenden Sauerstoffderivaten und Alkanen haben, zurückgreifen. Die C=N-Doppelbindung liegt im gleichen Bereich wie der C=C-Oszillator, die Auswirkung elektrostatischer und mesomerer Effekte auf die Bandenlage ist ähnlich wie bei anderen ungesättigten Systemen. Die Intensität der ν(C=N)-Schwingung liegt zwischen der von ν(C=O) und ν(C=C). Einige N-haltige Verbindungsklassen haben wir bereits in früheren Abschnitten kennengelernt (Nitrile, Amide). Dabei – und wir werden dies wieder bestätigt finden – war die C–N-Einfachbindung nur schwer zuzuordnen. Auch die ν(NH)-Banden dienten mehr der Kontrolle; sie allein können über den Substanztyp nur wenig aussagen. Wir werden die verschiedenen Substanzklassen also nur durch die Lage anderer Gruppenfrequenzen unterscheiden können.

6.4.12.1 Amine

1. N–H-Streckschwingungsbanden: Die Bande der ν(N–H) findet man etwas langwelliger als die entsprechende –OH-Bande. Primäre Amine haben, da symmetrische und antisymmetrische Normalschwingungen auftreten, zwei gut getrennte Banden nahe 3335 cm^{-1}. Ihr Abstand beträgt rund 70 cm^{-1}. Bei sekundären Aminen ist naturgemäß nur eine Bande möglich. Im Unterschied zur –OH-Gruppe sind die NH-Banden sehr viel schärfer (siehe Abb. 6-58 und 6-60). N–H-Streckschwingungsbanden aromatischer Amine sind noch weiter in den kurzwelligen Bereich verschoben und liegen bei 3450–3339 cm^{-1} (siehe Abschn. 6.4.14).

2. Deformationsbanden: Bei primären Aminen liegt die Bande der NH_2-i. p.-Deformationsschwingung (scissoring) bei höheren Wellenzahlen als die entsprechende CH_2-Frequenz, nämlich bei 1650–1590 cm^{-1}. Die C–N–H-Deformationsschwingung sekundärer Amine erscheint im gleichen Bereich bei 1650–1550 cm^{-1}, jedoch mit sehr viel schwächerer Intensität. Die wagging- und twisting-Schwingungen fallen bei primären Aminen in eine sehr breite und starke Bande im Gebiet von 850–750 cm^{-1} zusammen. Sekundäre Amine zeigen die entsprechende Bande nahe 715 cm^{-1}.

3. C–N-Streckschwingung: Ähnlich wie bei den Alkoholen und Ethern sollten bei Aminen ebenfalls starke, massenabhängige CN-Schwingungsbanden auftreten. Man kann bei einfachen Aminen zwar entsprechende, aber nur mittel-

starke Absorptionen finden (Tabelle 6-21), sodass eine Interpretation ohne Vergleichsspektren nicht einfach ist. Andererseits kann man gerade hier aliphatische von aromatischen Aminen unterscheiden. Tertiäre Amine erkennt man
am einfachsten als Hydrochloride.

Tabelle 6-21. Absorptionsbereiche der $\nu(C-N)$-Schwingung.

Amin	$\nu(C-N)$	Amin	$\nu(C-N)$
	aromatisch		aliphatisch
prim.	$1340-1250 \ cm^{-1}$	prim.	
sek.	$1350-1280 \ cm^{-1}$	sek.	$1220-1020 \ cm^{-1}$
tert.	$1360-1310 \ cm^{-1}$	tert.	

4. Ammoniumsalze: Sie sind alle gekennzeichnet durch
ein breites intensives Absorptionsgebiet zwischen 3300 bis
2000 cm^{-1}, das von einer komplizierten Feinstruktur überlagert wird. Diese lässt sich nicht ausschließlich auf die N–H-
Streckschwingungen zurückführen, sondern wird auch durch
Kombinationsbanden der NH_4^+-Gruppe mit verursacht
(Abb. 6-61).

Identifizierung der Amine

a) Primäre Amine (siehe Abb. 6-58) zeigen zwei scharfe Banden um 3335 cm^{-1} und eine breite Bande bei 1615 cm^{-1},
beide etwa mit gleicher maximaler Intensität, aber verschiedener Halbwertsbreite. Eine zusätzliche sehrbreite, intensive
Absorption im Gebiet von 850–750 cm^{-1} ($\gamma(NH_2)$-wagging)
stützt die Zuordnung. Die Protonierung verschiebt die
3335 cm^{-1}-Bande nach 3030–2630 cm^{-1} unter Verbreiterung. Charakteristisch ist eine schwache Bande zwischen
2220 und 1820 cm^{-1}.

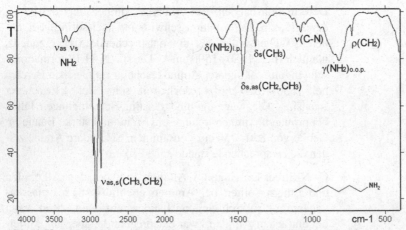

Abb. 6-58. n-Heptylamin, Film. Beispiel für ein primäres Amin.

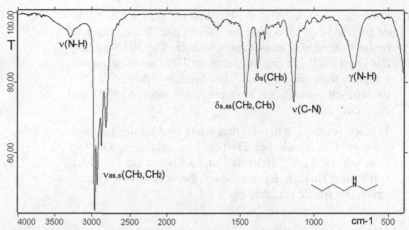

Abb. 6-59. N-Ethylbutylamin, Film. Beispiel für ein sekundäres Amin.

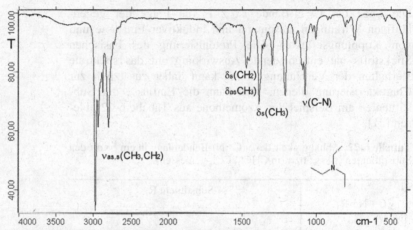

Abb. 6-60. Triethylamin, Film. Beispiel für ein tertiäres Amin.

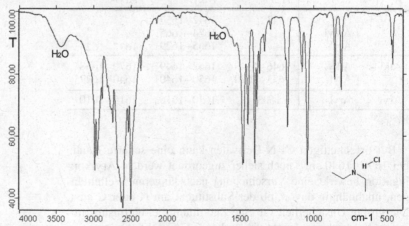

Abb. 6-61. Triethylaminhydrochlorid, KCl-Pressling. Beispiel für das Salz eines tertiären Amins. Aminhydrochloride sind hygroskopisch, darum treten zusätzliche Wasserbanden auf.

b) Sekundäre Amine (Abb. 6-59) haben nur eine scharfe Bande bei 3335 cm^{-1}; um 1615 cm^{-1} findet man keine Absorption im Unterschied zu primären Aminen. Die NH-wagging-Bande ist nach 715 cm^{-1} verschoben. Die Protonierung verschiebt wieder die 3335 cm^{-1}-Bande nach 3030−2630 cm^{-1}. Es tauchen zusätzliche Absorptionen zwischen 2500 und 2220 cm^{-1} auf.

c) Tertiäre Amine (Abb. 6-60 und 6-61) sind an der langwelligen N−CH$_2$-Bande bei 2780 cm^{-1} zu erkennen. Die Gebiete um 3335 cm^{-1}, 1650 cm^{-1} und 850−750 cm^{-1} sind frei von breiten Banden. Die protonierte Form zeigt eine charakteristische Bande bei 2500 cm^{-1}.

6.4.12.2 C=N-Doppelbindung

Die Lage der C=N-Bande ist z. T. die Folge der gegenläufigen Wirkungen mesomerer und induktiver Einflüsse und von Kopplungseffekten. Die Protonisierung des basischen Stickstoffs hat entscheidende Auswirkung auf das spektrale Verhalten der Verbindungen und kann daher zusätzlich zur Charakterisierung dienen. Man kann die Einflüsse der Substituenten am Beispiel der Azomethone aus Tabelle 6-22 ablesen [21].

Tabelle 6-22. Abhängigkeit der v(C=N)-Bandenlage in cm^{-1} von den Substituenten (flüss., bzw. in CHCl$_3$, CCl$_4$ gemessen).

R_1 $\quad$C=N−R$_3$ R_2		N-Substituent R$_3$		
R_1	R_2	H	Alkyl-	Aryl-
H	H	1643*	1642−1657	
	Alkyl		1674−1665	
	Aryl		1665−1629	1637−1625
Alkyl-	Alkyl-	1646−1640	1662−1649	1670−1658
	Aryl-	1633−1620	1650−1640	1640−1627
Aryl-	Aryl-	≈ 1603	1630−1615	1615−1610

* Gas

Bei offenkettigen C=N-Derivaten kann eine scharfe Bande bei 1690−1640 cm^{-1} noch sicher zugeordnet werden. Arylkonjugation bewirkt eine Verschiebung nach längeren Wellenlängen, unabhängig davon, ob der Substituent am N oder C sitzt. Die größte Unsicherheit für eine Zuordnung bei olefinsubstituierten Azomethinen bringt die starke C=C/C=N-Schwingungswechselwirkung. Eine Zuordnung zu einem bestimmten Oszillator ist nicht mehr sinnvoll.

Tabelle 6-23. Lage der ν(C=N)-Bande bei verschiedenen Stoffklassen in cm^{-1} (R = Alkyl, ϕ = Aryl).

Verbindungsklasse	Substituent	ν(C=N)
Oxime	R_1 R_2	
R_1 　C=N$-$OH R_2 ν(O$-$H): 3300$-$3150 ν(N$-$O): $\approx$ 930	R R R ϕ R H ϕ H	1684$-$1652 1640$-$1620 1652$-$1673 1614$-$1645
Imidoester	R_1 R_2 R_3	
OR$_3$ | $R_1$$-$C=N$-R_3$	ϕ R ϕ R R R	1666　CCl$_4$ 1670　CCl$_4$
Carbonsäureamide	R_1 R_2 R_3	
R_1O 　C=N$-$R$_3$ R_2O ν(N$-$H): 3300 ν(C$-$O): 1225$-$1100	R R H	1690$-$1645
Isoharnstoffe	R_1 R_2 R_3 R_4	
R_1 　N R_2　　C=N$-$R$_4$ $R_3$$-$O	ϕ H R ϕ ϕ H R H H H R ϕ	1655　　　　Dioxan 1672 u. 1655 Dioxan 1632　　　　flüssig
Amidine	R_1 R_2 R_3 R_4	
R_1 　N R_2 R_3　C=N$-$R$_4$	R R H H R H R H R H R R ϕ H ϕ ϕ	1654 u. 1634 fest 1680 u. 1593 fest 1641　　　　fest 1637　　　　fest
Hydrazone	R_1 R_2 R_3 R_4	
R_1　　　　R_3 　C=N$-$N R_2　　　　R_4	H R H R R R H R H R R R R R R R	1612$-$1604 1635$-$1625 1647$-$1634 1652$-$1625

Heterosubstituenten am N- oder C-Teil der C=N-Bindung wirken sich durch Änderung der N–X- bzw. C–X-Kraftkonstanten auf die Absorptionsfrequenz aus, sodass dadurch andere Stoffklassen erkannt werden können (Tabelle 6-23).

6.4.12.3 Nitrogruppe

Dieser ebene Dreimassenoszillator ist in erster Näherung der Carboxylatgruppe verwandt, d. h. es treten die zwei intensiven Banden der antisymmetrischen (1550 cm^{-1}) und symmetrischen (1360 cm^{-1}) Streckschwingung auf (Abb. 6-62).

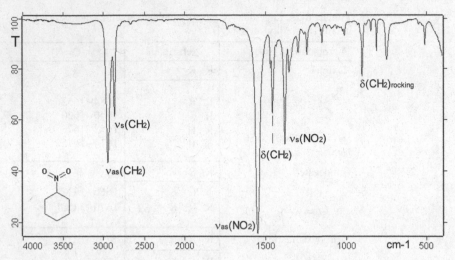

Abb. 6-62. Nitrocyclohexan, Film.

Der durch die semipolare N → O-Bindung hervorgerufene Dipol macht die Bandenlage für polare Einflüsse besonders empfindlich. So kann man z. B. die Banden der antisymmetrischen Streckschwingung bei p-substituierten Nitrophenolen mit der elektronenspendenden bzw. -ziehenden Eigenschaft des Substituenten korrelieren (Hammett-Beziehung). Für die symmetrische NO_2-Schwingung gilt ein derartiger Zusammenhang nicht.

Die Gültigkeit der Hammettschen $\sigma\varrho$-Beziehung ist wahrscheinlich rein zufällig, da es keinerlei theoretische Begründung für eine lineare freie Enthalpie-Beziehung der IR-Schwingungsfrequenzen gibt [22].

Da die C–N- und N–O-Schwingungsfrequenzen in den Nitroverbindungen näher beieinander liegen als die von C–C und C–O in Carboxylaten, haben wir nun noch zusätzlich die Schwingungskopplung zu berücksichtigen und dürfen nicht mehr die Einzeloszillatoren allein in Betracht ziehen. Die $-NO_2$-Streckschwingungsfrequenzen sind in Tabelle 6-24 zusammengestellt.

6.4.12.4 Organische Nitrate, Nitramine, Nitrite, Nitrosamine

Bei Syntheseprodukten will man oft wissen, ob die gewünschte Verbindung erhalten wurde oder ob z. B. Isomere (Nitro-Nitrit) oder Oxidationsprodukte (Nitrit-Nitrat, Nitrosamin-Nitramin) entstanden sind. Im Fall der genannten Verbindungen kann man diese Frage bereits anhand des IR-Spektrums entscheiden (Tabelle 6-25).

Tabelle 6-24. Substituenteneinfluss auf die Lage der NO_2-Banden (in cm^{-1}).

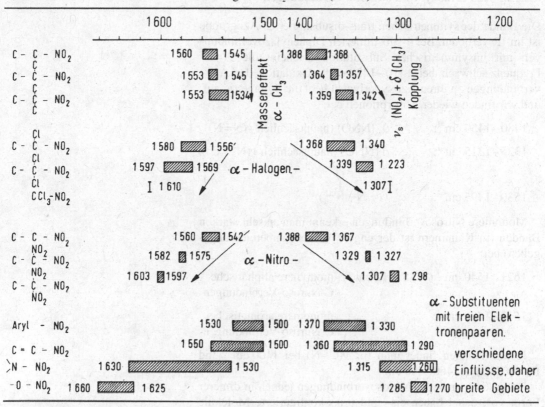

Tabelle 6-25. Absorptionsbereiche organischer Nitro- und Nitroderivate (in cm^{-1}).

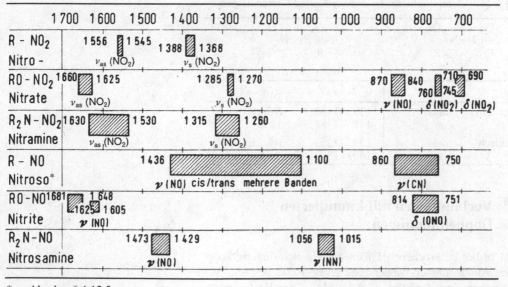

* s. Abschn. 6.4.12.5

6.4.12.5 Azo-, Azoxy- und Nitroso-Verbindungen

Die Bande der symmetrischen trans-disubstituierten Azogruppe ist im IR verboten. Bei 4-substituierten Diphenylazoverbindungen mit unsymmetrischer Substitution erscheint die N=N-Frequenz schwach bei 1410–1420 cm^{-1}. Oxidation der Azoverbindungen zu ihren Azoxyderivaten hebt die Symmetrie auf, und wir finden wieder Absorptionen bei:

1480–1450 cm^{-1}: δ_{as}(NNO) (hauptsächlich ν(N=N))

1335–1315 cm^{-1}: δ_s(NNO) (hauptsächlich ν(N→O))

$$\overset{\overset{\textstyle O}{\uparrow}}{}$$

1530–1495 cm^{-1}: $\nu(-N=\overset{\overset{\textstyle O}{\uparrow}}{N}-)$

Monomere Nitrosoverbindungen erkennt man an sehr starken Banden (in Klammern ist der engere Wellenzahlbereich angegeben) bei:

1621–1540 cm^{-1} (1555 ± 12 cm^{-1}): monomere aliphatische C-Nitroso-Verbindungen

1513–1488 cm^{-1}:   monomere aromatische C-Nitroso-Verbindungen

Kontrollbanden findet man für ν(C–N) bei 1100 cm^{-1} und für δ(CNO) bei 460–400 cm^{-1}.

Im Festkörper liegen Nitrosoverbindungen jedoch in dimerer Form vor; dabei haben cis- und trans-konfigurierte Moleküle verschiedene IR-Spektren (Tabelle 6-26).

Tabelle 6-26. Absorptionsbereiche dimerer Nitroso-Verbindungen.

		ν_{as}(N → O)	ν_s(N → O)
aliphatisch	trans	1300–1160	IR-inaktiv
	cis	1426–1387	1350–1323
aromatisch	trans	1299–1253	IR-aktiv
	cis	1409–1389	1409–1397

6.4.13 Verbindungen mit kumulierten Doppelbindungen

Bei den bisher besprochenen Fällen hat die Schwingungskopplung der Atome immer wieder eine große Rolle gespielt. Wir haben gesehen, dass der Effekt von der Masse, den Kraftkonstanten und von der geometrischen Anordnung der Atome abhängig ist. Dem idealen Kopplungsfall begegnet man bei den Verbindungen mit kumulierten Doppelbindungen. Die Massen der schwingenden Atome sind gleich oder annähernd gleich groß, und die geometrische Anordnung ist für eine Wechselwirkung ideal. Ein gutes Beispiel ist das CO_2-Molekül. Im normalen Bereich der C=O-Schwingung liegt keine Absorptionsbande, dagegen tritt für die antisymmetrische Streckschwingung eine starke Absorption bei 2350 cm^{-1} auf. Die symmetrische Form (1336 cm^{-1}) ist IR-verboten. Die mechanische Kopplung der Molekülschwingungen verschiebt die antisymmetrische Streckschwingungsbande kumulierter Systeme in das charakteristische Gebiet von 2300–2000 cm^{-1}. Dadurch sind sie leicht und sicher identifizierbar. Die symmetrische Streckschwingung liegt bei linearen X=Y=Z-Molekülen im Bereich von 1400–1300 cm^{-1} (ausgenommen schwefelhaltige Verbindungen). Die Intensität ist aber meist zu schwach, um sie unter den anderen Banden eindeutig und sofort herauszufinden. Die Absorptionslagen wichtiger Verbindungsklassen können aus Tabelle 6-27 entnommen werden.

Tabelle 6-27. Bandenlagen von Verbindungen mit kumulierten Doppelbindungen in cm^{-1}.

Verbindungs-klasse	Gruppe	ν_{as}	ν_s	sonst.
Kohlendioxid	O=C=O	2349	*	δ: 667
Kohlenoxisulfid	O=C=S	2062	859	δ: 520
Schwefel-kohlenstoff	S=C=S	1523	*	δ: 397
Allene	$>$C=C=C$<$	2000–1900	1665	$\delta(CH_2)$: 850
Ketenimine	$>$C=C=N–	2050–2000		
Carbodiimide	–N=C=N–	2150–2100	*	
Isocyanate	–N=C=O	2275–2263	1395–1375	
Isothiocyanate	–N=C=S	2150–2050	70–650 Alkyl 945–925 Aryl	
Ketene	$>$C=C=O	2155–2130	1175	
Azide	–N=$\overset{\oplus}{N}$=$\overset{\ominus}{\underline{N}}$I	2170–2080	1343–1177	
aliph. Diazoverb.	$>$C=$\overset{\oplus}{N}$=$\overset{\ominus}{\underline{N}}$I	2135–2010		
Cyanate	[N=C=O]$^{\ominus}$	2220–2130	1334–1292	
Thiocyanate	[N=C=S]$^{\ominus}$	2090–2020	700	

* IR-verboten

6.4.14 Aromatische Verbindungen: Substituenteneinflüsse

In Abschn. 6.4.5 hatten wir die charakteristischen Banden des Grundgerüstes kennengelernt. Wir wollen in diesem Abschnitt nun die Wechselwirkungen des Arylkerns mit Funktionellen Gruppen und deren Effekte auf das IR-Spektrum behandeln.

6.4.14.1 Aromatische Kohlenwasserstoffe

Die Spektren zeigen nur die Absorptionen in den fünf aromaten-charakteristischen Bereichen; aus den o. o. p. CH-Banden lässt sich jedoch das Substitutionsmuster herauslesen (s. Abschn. 6.4.5):

$3100-3000$ cm^{-1} Meist mehrere schwache Banden (ν(C–H)).

$2000-1600$ cm^{-1} Substitutionscharakteristische Oberton- und Kombinationsbanden mit geringer Intensität.

$1665-1430$ cm^{-1} Absorptionsgebiete der C=C-Streckschwingungen. Eine Bande liegt um 1600 cm^{-1}, die anderen bei 1515 und 1450 cm^{-1} sind in ihrer Lage und Intensität stark von Substituenten abhängig.

$1300-1000$ cm^{-1} Zur Charakterisierung wenig geeignet, aber wertvoll zu Identifikationszwecken.

$910-660$ cm^{-1} Substitutionsmusterbanden (siehe S. 231 oben).

6.4.14.2 Aromatische Halogenverbindungen

Außer den Aromatenbanden erscheinen die Banden der Aryl-Halogen-Bindung bei:

Aryl-F	$1270-1100$ cm^{-1}
Aryl-Cl	$1096-1034$ cm^{-1}
Aryl-Br	$1073-1028$ cm^{-1}
Aryl-I	$1061-1057$ cm^{-1}

Die Absorptionen liegen alle im Fingerprint-Gebiet und werden darum oft überlagert. Die Lage der Substitutionsmusterbanden des aromatischen Ringes bleibt meist erhalten.

Zahl der H-Atome zwischen den Substituenten	Substitutionstyp	Bandenbereiche in cm⁻¹
1	1,3-di-* 1,2,4-tri- 1,3,5-tri-* 1,2,3,5-tetra- 1,2,4,5-tetra- 1,2,3,4,5-penta-	910–835
2	1,4-di- 1,2,4-tri-* 1,2,3,4-tetra-	885–800
3	1,3-di- 1,2,3-tri-*	810–750
4	1,2-di-	770–735
5	mono-*	770–730
*Ring	mono- 1,3-di- 1,2,3-tri- 1,2,4-tri- 1,3,5-tri-	730–675

6.4.14.3 Aromatische Ether

Diese Substanzklasse wurde bereits in Abschn. 6.4.7 behandelt. Die Aryl-O-Ether-Bande bei 1250 cm⁻¹ ist deutlich von der O-Alkyl-Absorption (1040 cm⁻¹) abgesetzt. Erwähnenswert ist bei Anisolen die –O–CH₃-Bande bei 2835 cm⁻¹.

6.4.14.4 Phenole

Die phenolische –OH-Gruppe hat ihr starkes und breites Absorptionsmaximum zwischen 3705 und 3125 cm⁻¹. Bei sperrigen o-Substituenten, die eine H-Brückenbindung sterisch verhindern, findet man eine scharfe Linie bei etwa 3705 cm⁻¹.

Die –OH-Deformationsbande liegt bei 1390–1315 cm⁻¹, die Aryl–OH-Schwingung zwischen 1335 und 1165 cm⁻¹, meist in eine Reihe verschiedener Maxima aufgespalten.

Die Substituentenbanden werden in ihrer Lage von der OH-Gruppe nicht beeinflusst: es treten aber zusätzliche, neue Banden auch in diesem Bereich auf (vgl. Abb. 6-36), die sog. „X-sensitiven Banden". Solche treten auf, wenn bestimmte in-plane-Ring-Deformationsschwingungen des Benzolringes mit der C–X-Streckschwingung des Substituenten koppeln [11].

6.4.14.5 Aromatische Aminoverbindungen

Primäre aromatische Amine haben ihre N–H-Streckschwingungsbande etwas kürzerwellig bei 3450–3390 cm^{-1} als die aliphatischen Vertreter und zusätzlich eine schwache Begleitbande bei 3225 cm^{-1}. Sekundäre Amine zeigen eine sehr viel schärfere N–H-Bande bei 3450 cm^{-1} als aliphatische sekundäre Amine. Ansonsten werden die Aromatenabsorptionen durch die Aminofunktion nicht gestört. Die C–N-Bande wurde bereits in Abschn. 6.4.12.1 besprochen. Im Wesentlichen haben wir also ein Summenspektrum von Banden der Aminogruppe und des aromatischen Ringes.

6.4.14.6 Aromatische Nitroverbindungen

Auch hier können wir einen mesomeren Effekt des Phenylringes beobachten:

ν_{as}(NO$_2$): 1540 cm^{-1} ν_s(NO$_2$): 1350 cm^{-1}
(aliphat.: ≈ 1550 cm^{-1})   (aliphat.: ≈ 1378 cm^{-1})

Das Substitutionsmuster zwischen 910 und 660 cm^{-1} wird durch die –NO$_2$-Gruppe stark beeinflusst.

6.4.14.7 Aromatische Carbonylverbindungen

Ketone

Hier wirkt der aromatische Ring in der Regel als ein Elektronendonor und bewirkt eine langwellige Verschiebung der ν(C=O)-Bande im Vergleich zu den aliphatischen Vertretern.

R–C–R   R–C–Aryl   Aryl–C–Aryl

1725 cm^{-1} 1665 cm^{-1} 1615 cm^{-1}

Die Carbonylgruppe beeinflusst in schwächerem Ausmaß die Bandengruppe im 910–660 cm^{-1}-Bereich als der NO$_2$-Substituent.

Aldehyde

Aromatische Aldehyde absorbieren ebenfalls längerwellig als die aliphatischen Aldehyde. Die Doppelbande der ν(CH)/2δ-(CHO)-Fermi-Resonanz ist erhalten geblieben (2750 und 2850 cm^{-1}). Die Substitutionsbanden werden etwa wie bei den Ketonen verändert.

Carbonsäuren

Wieder verschiebt der Phenylrest die C=O-Bande nach 1695–1665 cm^{-1} ins langwellige Gebiet. Die anderen Banden der dimeren Carbonsäuren bleiben unverändert: ν(OH): 3335–2500 cm^{-1}; δ(OH): 1430 cm^{-1}; δ(C–O): 1250 cm^{-1}; δ(OH): 950–870 cm^{-1}.

Umgekehrt ist die Wirkung des –COOH-Substituenten auf den Phenylring so groß, dass gerade in diesem Fall Substitutionsaussagen sehr unsicher sind.

Säurehalogenide

Durch das elektronegative Halogen haben wir wie bei den aliphatischen Derivaten eine starke, durch den Arylring jedoch wieder abgemilderte kurzwellige Verschiebung (1770 cm^{-1}), oft unter Bandenaufspaltung. Daneben findet man die Störung des 910–660 cm^{-1}-Bereiches durch die Carbonylkonjugation wieder.

Halogen	F	Cl	Br	I
ν(C=O)/cm^{-1}	1821	1783	1785	1752

Ester

Die Carbonylbande liegt sehr tief bei 1725–1695 cm^{-1}. Die C–O-Einfachbindungen findet man im Fingerprintgebiet bei 1300–1100 cm^{-1}. Phenolester hingegen haben eine ins Kurzwellige verschobene C=O-Bande bei 1755 cm^{-1}, wie wir es auch bei den Vinylestern kennengelernt haben (siehe Abschn. 6.4.11.5). In den ringkonjugierten Lactonen heben sich beide Effekte auf und die Carbonylabsorption liegt bei 1740–1720 cm^{-1}, wie bei den entsprechenden aliphatischen Lactonen.

1724 cm^{-1} 1754 cm^{-1} 1740–1720 cm^{-1}

Auch die –COOR-Gruppe am aromatischen Ring stört die Interpretation der Substitutionsbanden.

Anhydride

Durch die meist deutliche Doppelbande zwischen 1885 und 1725 cm^{-1} sind sie eindeutig identifizierbar, nicht aber hinsichtlich des Substitutionstypus, weil auch hier die Substitutionsbanden durch den elektronegativen Substituenten lageverschoben sind.

Amide

Diese Stoffgruppe hat fast die gleichen Bandenlagen wie ihre aliphatischen Vertreter, da die Arylkonjugation auf die Amid-I-Bande wenig Einfluss hat. Zwischen 1335 und 1250 cm^{-1} liegt die Phenyl-N-Bande. Der Einfluss der Amidgruppe auf die Substitutionsbanden ist nicht so groß wie der anderer Carbonylgruppen.

6.4.14.8 Aromatische konjugierte Dreifachbindungen und kumulierte Doppelbindungen

Im Wesentlichen werden die Absorptionsgebiete der aliphatischen Vertreter beibehalten:

Aryl–C≡N	2245 cm^{-1}	etwas nach höheren Wellenzahlen verschoben; abhängig von weiteren Substituenten;
Aryl–N=C=S Aryl–S=C=N Aryl–N=C=O Aryl–N=C=N–Aryl Aryl–N=N=N	2175–2130 cm^{-1}	die Substitutionsbanden sind wie bei den alkylsubstituierten Derivaten interpretierbar.

6.4.14.9 Aromatische Oxime, Azomethine und Azoverbindungen

Die intensive OH-Streckschwingungsbande der Oxime liegt mit 3450–3030 cm^{-1} im erwarteten Bereich. Die Bande der C=N-Gruppe erscheint zwischen 1615 und 1585 cm^{-1}, in Abhängigkeit von weiteren Arylsubstituenten meist etwas längerwellig als die aliphatischen Oxime (1695–1585 cm^{-1}). Da im gleichen Bereich die aromatischen Ringschwingungen auftreten, ist die C=N-Bande meist nicht eindeutig erkennbar.

Die N–O-Streckschwingungsbande liegt im Gebiet von 1055 und 870 cm^{-1} und ist oft in mehrere Maxima aufgespalten (Rotationsisomere).

Auch die C=N-Bande von Schiffschen Basen ist meist von den Aromatenbanden überlagert und daher schwierig zuzuordnen.

Tabelle 6-28. Beispiele für Substituenteneinflüsse auf die Bandenlage von Gruppenschwingungen (in cm^{-1}).

Mesomere Effekte

R	ν(C=O)$_{CCl_4}$	
–NH$_2$	1677	elektronenabgebende
–H	1691	Substituenten erniedrigen ν(C=O)
–Cl	1692	
–NO$_2$	1700	

	ν(C=O)$_{CCl_4}$:	
CH$_3$–CH$_2$–CH$_2$–COOH		1721
CH$_3$–CH=CH–COOH		1709

1704

Induktive Einflüsse

R	ν(C=O)$_{CCl_4}$	
–NH$_2$	1689	elektronegative Substituenten erhöhen ν(C=O)
–H	1691	
–Cl	1696	
–NO$_2$	1701	

Sterische Wechselwirkungen

R$_1$	R$_2$	R$_3$	ν_{as}(NO$_2$)	ν_s(NO$_2$) in CHCl$_3$-Lösung
H	H	H	1527	1351
H	H	I	1531	1352
I	H	H	1531	1352
I	I	I	1541	1368

Die Azogruppe zeigt wegen des fehlenden Dipolmomentes bei der Streckschwingung nur schwache Banden aufgrund induzierter Ladungstrennung. Nur para-substitutierte Azobenzole geben starke Absorptionen nahe 1370 und 1150 cm^{-1}. Da in der Regel aber sehr viele Banden bei diesem Verbindungstyp zwischen 1615 und 1000 cm^{-1} auftreten, sind eindeutige Aussagen selten möglich.

Aus der Beschreibung der Aromaten-Spektren geht hervor, dass bei diesen komplizierten Systemen mehrere Einflüsse im Spiel sind, deren Einzelbeiträge nicht immer klar auseinander gehalten werden können. Nur wenn ein Effekt überwiegt, kann man einfache Erklärungen geben (Tabelle 6-28).

6.4.15 Heterocyclen

Um Heterocyclen interpretieren zu können, vergleicht man am besten die Spektren ähnlich gebauter Verbindungen miteinander [23, 24]. Unter den einzelnen Gesichtspunkten der Interpretation zählt zunächst der Grundtypus. Dann orientiert man sich bezüglich der Substitutionsart und der Substituentenstellung und schließlich vergleicht man mit Spektren von Derivaten der vermuteten Verbindung.

a) Grundtyp: Die Feststellung des Gerüstes, z. B. Pyran, Furan, Pyrazin etc., erfolgt am besten durch andere Methoden als die IR-Spektroskopie (UV). Wegen der geringen Anzahl gut untersuchter Beispiele bleibt die sichere Diagnose auf wenige Substanzklassen beschränkt.

b) Substituenten: Die Natur der Substituenten kann man oft aus der Lage der Schlüsselbanden erkennen. Dabei gelten die Regeln, die für den Phenyltyp angegeben wurden. Über die Stellung der Substituenten am Ring geben in erster Näherung die δ(CH) o. o. p.-Banden im $1000-600\,\text{cm}^{-1}$-Gebiet Auskunft. So verhält sich Pyridin ähnlich wie ein monosubstituierter Aromat. Ausschlaggebend ist die Anzahl benachbarter H-Atome. Bei alkylsubstituierten Derivaten kann man ein ebenso charakteristisches Bandenmuster bei $2000-1600\,\text{cm}^{-1}$ beobachten, wie wir es für Benzolderivate kennengelernt haben (Abschn. 6.4.5).

c) Vergleich mit Spektren ähnlicher Derivate: Hierbei sind die Bandenverschiebungen vor allem im Verhältnis zu den lagekonstanten Banden zu diskutieren. In allen solchen Fällen kann die IR-Spektrenanalyse nur Hinweise geben. Sichere Aussagen darf man bei dieser Art der vergleichenden Interpretation nicht erwarten.

6.4.16 Bor-, Silicium-, Schwefel- und Phosphorverbindungen

Diese teilweise sehr umfangreichen Verbindungsklassen bringen für die grundlegende Spektreninterpretation nur wenige neue Gesichtspunkte, sodass die wichtigsten Frequenzlagen nur tabellarisch aufgeführt werden. Die Zuordnung der Spektrenbanden setzt im Allgemeinen ein Studium einschlägiger Spezialsammlungen voraus. Dann aber können ebenso sicher

Schlüsse über den Molekülbau gezogen werden, wie wir das bei den einfachen organischen Verbindungen gesehen haben. In den nachfolgenden Übersichten (siehe Abschn. 6.4.16.1 bis 6.4.16.4), ist der Bindungstyp in der ersten Spalte angegeben. In der zweiten Spalte folgt eine genauere Spezifizierung und in der dritten Spalte steht der Bereich in cm^{-1}, in dem die der Teilstruktur in Spalte 2 zugeordnete Bande zu erwarten ist.

6.4.16.1 Borverbindungen [25, 26]

B–H		2612–2494
		2137–1543
		≈ 2240
	$BH_4^{\oplus}$	
B–C		1185–1100
		844– 770
	$B-(C_{aliphat})_3$	1237–1142
		718– 620
	$B-(C_{aromat.})_3$	1450–1075
B–N	$(-B-N-)_3$ R R'	1517–1374
	R_2B-NR_2	1550–1330
	Hal_3B-NR_2	776– 681
B–O	$B-(OC)_3$	1350–1310
	$(-B-N-)_3$ OR R	1330–1318
	$(-B-O-)_3$ OR	1378–1335
B–Hal	B–F	1497– 844
	B–Cl	1086– 297
	B–Br	1076– 240

6.4.16.2 Siliciumverbindungen [6]

Si–H	R_2Si-H	2157–2117
	$-OSi-H$	2230–2120
	$>SiH_2$	965– 923
		920– 843

Si–C	C–SiCH$_3$	760– 620
	OSi–CH$_3$	800– 770
Si–N	Si–N–Si	950– 830
	Si–NH$_2$	1250–1100
Si–O	R$_3$Si–OH	900– 810
	Si–OC	1110–1000
		850– 800
	Si–O–Si	1090–1030

6.4.16.3 Schwefelverbindungen [6]

S–H	R–S–H	2590–2530
	R–CO–S–H	≈ 2550
S–C	R–CH$_2$–SH	730– 570
	R–CH$_2$–S–CH$_2$–R	730– 570
S–O	R–SO–OH	870– 810
	R–O–SO–OR	740– 720
		710– 690
S=C	R$_2$C=S	1075–1030
	(RS)$_2$C=S	1080–1050
	(RO)$_2$C=S	1117–1075
	RS(R)C=S	1210–1080
S=O	R$_2$S=O	1060–1015
	R–SO–OH	≈ 1100
	(RO)$_2$S=O	1225–1195
	R–SO$_2^{\ominus}$M$^{\oplus}$	1030 ν_{as} u. 980 ν_s

		ν_{as}	ν_s
SO$_2$	R$_2$SO$_2$	1370–1290	1170–1110
	R–SO$_2$–OR	1375–1350	1185–1165
	(RO)$_2$SO$_2$	1415–1390	1200–1185
	R–SO$_2$–NR$_2$	1365–1315	1180–1150
	R–SO$_2$–Hal	1385–1375	1180–1170
	Aryl–SO$_2$–Hal	1410–1385	1205–1175
–SO$_3$	R–SO$_2$–OH	1355–1340	1165–1150
	R–SO$_3^{\ominus}$M$^{\oplus}$	1250–1140	1070–1030
	RO–SO$_3^{\ominus}$M$^{\oplus}$	1315–1220	1140–1050
	R–SO$_2$–SO$_2$–R	1360–1300	1150–1110

6.4.16.4 Phosphorverbindungen [27, 28]

P–H	Phosphine	2320–2275
	$-PH_2$	2440–2275
		1090–1080
P–C	$P-C_{aliphat.}$	700– 800
	$P-C_{aromat.}$	1130–1090
P–N	P–N	1130– 930
	$P-NC_{aliphat.}$	1110– 930
		770– 680
	$P-NC_{aromat.}$	≈ 930
P–O	$P-OC_{aliphat.}$	1050– 970
		830– 740
	$P-OC_{aromat.}$	1260–1160
	P^V-O	995– 915
	$P^{III}-O$	875– 855
	P–O–P	970– 940
	R–P(=O)OH	1040– 910
P=O	$(C_{aliphat.})_3P=O$	≈ 1150
	$(C_{aromat.})_3P=O$	≈ 1190
	P–P(OH)=O	1200–1100
P=S	P=S	700– 625

6.4.17 Anorganische Verbindungen

Die Spektren rein anorganischer Verbindungen [29] unterscheiden sich bereits im Gesamtbild so sehr von denjenigen organischer Verbindungen, dass man sie sofort erkennt. Im Besonderen fehlen die in fast allen organischen Verbindungen vorhandenen CH-Streck- und Deformationsbanden. Es treten oft nur wenige, dafür z. T. sehr breite Banden auf. Die einfach gebauten Anionen anorganischer Salze sind vom schwingungstheoretischen Standpunkt aus gut untersucht; ihre Lage, Intensität und Zuordnung findet man in den ausgezeichneten Zusammenstellungen von Siebert [30] und Nakamoto [31]. Die Spektren von Verbindungen mit gleichen Symmetrie-Eigenschaften ähneln sich viel mehr als Spektren chemisch verwandter, aber symmetrieverschiedener Stoffe (Na_3PO_4, Na_2HPO_4, NaH_2PO_4 haben phänomenologisch sehr verschiedene Spektren, dagegen ähneln sich diejenigen von Na_2CO_3, $NaNO_3$, Na_2SO_3, $NaClO_3$ und $NaBrO_3$ sehr stark). Die Kationen haben nur einen geringen Einfluss auf das Spektrenbild im Mittleren IR-Gebiet. Im Fernen IR (langwelliger Bereich) bestimmen sie jedoch infolge der Gitterschwingungen ganz wesentlich das Strahlungsabsorptionsverhalten. Viele isomorphe anorganische Verbindungen unterscheiden sich daher erst unter etwa $800 \, cm^{-1}$ (z. B.

[Pt en]-Cl$_2$ und [Pt en]Br$_2$ [32]. Die Absorptionsbereiche wichtiger anorganischer Anionen sind in Tabelle 6-29 zu finden.

Tabelle 6-29. Absorptionsbereiche wichtiger anorganischer Anionen und Kationen (Bandenlagen in cm⁻¹).

Substanz	Absorptionsbereich			
AsO_4^{3-}	≈ 800			
BrO_3^-	810– 790			
CO_3^{2-}	1450–1410	880– 800		
HCO_3^-	1420–1400	1000– 990	840–830	705–695
ClO_3^-	980– 930			
ClO_4^-	1140–1060			
CrO_4^-	950– 800			
$Cr_2O_7^{2-}$	950– 900			
JO_3^-	800– 700			
MnO_4^-	920– 890	850– 840		
NH_4^+	3335–3030	1485–1390		
N_3^-	2170–2080	1375–1175		
NO_2^-	1400–1300	1250–1230	840–800	
NO_3^-	1410–1340	860– 800		
NO_2^+	1410–1370			
NO^+	2370–2230			
PO_4^{3-}	1100– 950			
$S_2O_3^{2-}$	1660–1620	1000– 990		
SO_4^{2-}	1130–1080	680– 610		
HSO_4^-	1180–1160	1080–1000	880–840	
SO_3^{2-}	≈ 1100			
SiF_6^{2-}	≈ 725			
SiO_4^{2-}	1100– 900			

6.5   Ursachen von Bandenverschiebungen; Beeinflussungen des Spektrums

Bisher haben wir die Spektren von den einzelnen Verbindungsklassen herkommend beschrieben. Dabei sind uns immer wieder Effekte begegnet, die das Spektrenbild beeinflussen. Wir werden die bislang verstreut erwähnten Ursachen der Bandenverschiebungen und der Schwingungsbeeinflussung nochmals kurz zusammenstellen [33].

6.5.1 Masseneinfluss

Schwingende Moleküle reagieren sehr empfindlich auf die Massenänderungen der beteiligten Atome; den größten Einfluss hat der Austausch von H durch D:

$H_2C=CH_2$ $\nu(C=C)$: 1623 cm^{-1}, $D_2C=CD_2$ $\nu(C=C)^*$: 1515 cm^{-1}
$\nu(C-H)$: 3019 cm^{-1} $\nu(C-D)$: 2251 cm^{-1}

Einen weitaus geringeren Einfluss haben naturgemäß die ^{13}C- und ^{15}N-Substitutionen der normalerweise vorgefundenen ^{12}C- und ^{14}N-Atome. Aber ^{50}Cr/^{53}Cr-Isotope geben noch messbare Bandenverschiebungen der entsprechenden Metall-Ligand-Frequenzen [34]. Wegen seiner Wichtigkeit sei das Problem der Schwingungskopplung nochmals am Fall des gewinkelten unsymmetrischen Dreimassenmodells besprochen (nach Kohlrausch [35]). Beispielmoleküle finden wir in den Ethylderivaten, wenn wir die Methyl- oder Methylengruppe als reine Massenpunkte betrachten:

$$CH_3 \text{------} CH_2 \text{------} X$$
$$m_1 = 15 \quad m_2 = 14 \quad m_3$$

In Abb. 6-63 sind die Normalschwingungen des Modells in Abhängigkeit von der Masse m_3 wiedergegeben. Übereinkunftsgemäß, wie wir im Abschn. 2.2.2.2 gesehen haben, werden die Frequenzen mit $\nu_1, \nu_2 \ldots$ bezeichnet.

Aus den Werten der Abb. 6-63 und 6-64 erkennt man, dass ν_2 für alle Massen m_3 eine Deformationsschwingung ist. Mindestens 88% der Schwingungsenergie sind über die entsprechende Deformationskraftkonstante erklärbar. Wir würden die Schwingung mit $\delta(C-C-X)$ bezeichnen. Anders liegen die Verhältnisse bei ν_1 und ν_3. Die Schwingung ν_1 ist für schwere Massen m_3 eine $\nu(C-X)$-Bewegung, die den größten Energiebeitrag liefert.

Bei kleiner Masse m_3 ist ν_1 aber eine reine $\nu(C-C)$-Schwingung. Umgekehrt liegt der Fall für ν_3. Wenn aber die Massen m_1 und m_3 näherungsweise gleich sind, dann binden beide Oszillatoren C–C und C–X etwa gleich große Energiebeträge. Damit gehen aber auch die charakteristischen Eigenschaften von $\nu(C-C)$ und $\nu(C-X)$ verloren und der Begriff „Gruppenschwingung" wird wegen der Kopplung der einzelnen Molekülbewegungen sinnlos.

---

* Jeweils aus dem Raman-Spektrum (siehe Abschn. 8.3).

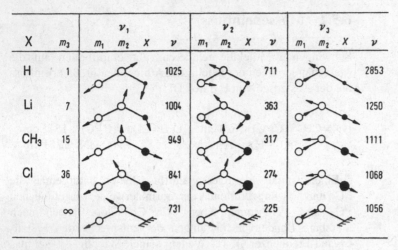

Abb. 6-63. Die Schwingungsformen des gewinkelten Modells C–C–X in Abhängigkeit von der Masse X (nach Kohlrausch [35]).

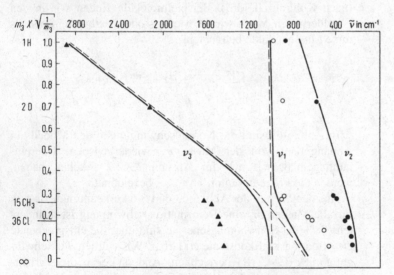

Abb. 6-64. Frequenzgang der Absorptionsbanden eines nichtlinearen Dreimassenmodells m_1–m_2–m_3. Theoretischer Verlauf (durchgezogene Kurven) und beobachtete Werte ($m'_3 = 1$ für Wasserstoff und m_3 entsprechend der variierten Substituenten). Weitere Erklärung s. Text.

Da bei $m_1 = 15$ (CH$_3$) und $m_2 = 14$ (CH$_2$) auch $m_3 = 17$ (–OH) oder $m_3 = 16$ (–NH$_2$) ähnliche Massen haben, lassen sich für Ethanol und Ethylamin (und ihre Homologen) Gruppenfrequenzen für ν(C–O) bzw. ν(C–N) nicht festlegen. Die tatsächlich beobachteten Schwingungsfrequenzen der Ethylderivate in Abb. 6-64 folgen nur in erster Näherung dem berechneten Frequenzgang. Die Abweichungen sind durch Modellvereinfachungen und andere Einflüsse als den Masseneffekt verursacht.

6.5.2 Sterische Wechselwirkungen

Mit gegenseitigen Beeinflussungen dieser Art kann man rechnen, wenn etwa erwartete Frequenzgänge nicht einer kontinuierlichen Reihe folgen. Ein Beispiel dafür sind die Frequenzlagen der NO_2-Banden in p- und o-Nitrochlorbenzol (in $CHCl_3$):

$$
\begin{array}{c}
NO_2 \\
CH_2 \\
CH_2 \\
CH_2 \\
CH_2 \\
CH_2 \\
CH_3
\end{array}
$$

ν_s (NO$_2$):	1553 cm^{-1}	1522 cm^{-1}	1540 cm^{-1}
ν_{as} (NO$_2$):	1345 cm^{-1}	1345 cm^{-1}	1358 cm^{-1}

Durch die voluminösen Cl-Substituenten wird die NO_2-Gruppe im o-Nitrochlorbenzol aus der Benzolringebene herausgedreht und die mesomere Wirkung des Phenylringes damit unterbunden. Ähnliches findet man häufig bei 1,2-disubstituierten Aromaten.

Tabelle 6-30. Einfluss der Ringgröße auf die intramolekulare Wechselwirkung [$\big>$NI$\rightarrow$C=O] (m Anzahl der Ringatome).

$R-N\big<^{(CH_2)_n-C=O}_{(CH_2)_n-CHOH}$			ν(C=O) in CCl$_4$	Strukturvorschlag bei vollkommenem Elektronenübergang
R	n	m		
C_6H_5	2	7	1701	
CH_3	3	9	1666	
C_2H_5	4	11	1705	
C_2H_5	5	13	1708	
C_2H_5	6	15	1709	

Ein anderer Fall ist die Carbonylwellenzahl in cyclischen Aminoketonen [36]. Die nucleophile Wirkung des basischen *N*-Atomes auf die Carbonylgruppe kann nur für bestimmte *n*-Werte zur Wirkung kommen. Die Größe von *n* für die seitlich gezeigte Wechselwirkung ist abhängig von den geometrischen Voraussetzungen (siehe Tabelle 6-30).

Ringspannungseffekte wurden in Abschn. 6.4.3 beschrieben, und die Ursachen auf Kopplungserscheinungen zurückgeführt.

6.5.3   Mesomere Effekte

Wechselwirkungen der π-Elektronen lassen sich weitgehend durch mesomere Grenzformeln beschreiben. Eine Diskussion solcher Formeln nach Anzahl und Energiebedarf gibt wichtige Hinweise auf die Molekülgeometrie und auf Bindungseinflüsse bei π-Systemen auf das Schwingungsverhalten. Die im Laufe der Spektreninterpretation aufgeführten Einzelbeispiele sollen durch einen Fall aus der aromatischen Reihe zusammenfassend charakterisiert werden (Tabelle 6-31) [37].

Die ν(C=O)-Streckschwingungsfrequenzen folgen der linearen Energiebeziehung nach Hammett [38] (vgl. Abschn. 6.4.12.3).

Tabelle 6-31. Beispiel für die Auswirkung des Mesomerieeffektes auf die Bandenlage der Carbonylgruppe.

–X	–NH$_2$	–H	–Cl	–NO$_2$
ν(C=O)$_{CCl_4}$	1677	1691	1692	1700

$\rightarrow$ Elektronenaffinität von X steigt $\rightarrow$

6.5.4   Induktive Effekte

Innerhalb eines Moleküls haben viele Bindungen polaren Charakter. Heteroatome beeinflussen nun den Dipolcharakter benachbarter Bindungen und damit die Frequenz und Intensität der IR-Absorption. Dieser sog. „induktive Effekt" wirkt nur entlang der chemischen Bindungen. Seine Wirkung ist abhängig von der Elektronegativität der Substituenten oder der Substituentengruppen und von der Molekülgeometrie. Einen einfachen Fall finden wir bei den substituierten Acetonitrilen:

	CH_3–CN	Cl–CH_2CN	F–CH_2–CN
ν(C≡N) in cm^{-1}	2255	2259	2266

Induktive Effekte wirken sich infolge ihres Einflusses auf die Hybridisierung benachbarter Bindungen auch auf die Lage von Deformationsschwingungsbanden aus. Der Fall der δ(CH$_2$)-rocking-Frequenz bei halogensubstituierten Methylenderivaten X–CH$_2$–Y soll dies zeigen [39] (siehe auch Tabelle 6-32). Andere Beispiele, aus denen die Wirkung des induktiven Effektes hervorgeht, sind in Tabelle 6-33 aufgeführt [40].

Tabelle 6-32. $\delta(CH_2)$-rocking-Wellenzahlen von halogensubstituierten Methylenverbindungen CH_2XY.

X	Y			
	F	Cl	Br	I
F	1176	1004	940	
Cl		899	852	801
Br			810	754
I				714

Tabelle 6-33. Einfluss des induktiven Effektes auf die Carbonylstreckschwingungsfrequenz [37].

| $\nu(C=O)_{CHCl_3}$ | 1724 | 1747 | 1765 | 1770 cm^{-1} |

Hier verursacht der Einbau weiterer Stickstoff-Atome in den Ring einen zunehmenden Elektronensog. Dadurch wird induktiv die negative Ladung am Sauerstoff-Atom zum Kohlenstoff hin verschoben. Als Folge wächst der Doppelbindungscharakter der C=O-Bindung und damit verschiebt sich auch die Absorption ins kurzwellige Gebiet.

6.5.5 Dipol-Dipol-Wechselwirkungen (Feld-Effekt)

Im Abschn. 6.5.4 wurden Wellenzahlverschiebungen auf die Wirkung des induktiven Effektes zurückgeführt, der entlang der Bindung wirkt. Daneben gibt es noch elektrische Wechselwirkungen, die durch den Raum übertragen werden. Solche Effekte sind z. B. bei α-Chlorcarbonsäurechloriden anzutreffen. Sie zeigen im Spektrum zwei Carbonylbanden. Man kann das auf verschiedene Konformationsisomere zurückführen:

I (cis) II (gauche) III

Bei den Molekülstrukturen I und II haben die durch den Raum wirkenden elektrischen Effekte des C–Cl-Dipols verschiedenen Einfluss auf die C=O-Gruppe.

Für Struktur II findet man die Lage der C=O-Bande relativ zum Methylderivat III durch den induktiven Effekt des gauche-ständigen α-Cl-Atoms etwas kurzwellig verschoben. Bei Struktur I kommt zusätzlich der Feld-Effekt des cis-ständigen α-Cl-Atoms hinzu (Tabelle 6-34). Eine Erklärung für diese Erscheinung gibt Bellamy [41]. Durch die räumliche Nähe des elektronegativen Chlor-Atoms wird in der leicht polarisierbaren C=O-Bindung am Sauerstoffatom eine positive Ladung induziert (Abb. 6-65). Gleiches gilt auch umgekehrt. Dadurch verlieren die Bindungen etwas von ihrer Polarität und die Schwingungsfrequenzen erhöhen sich [37].

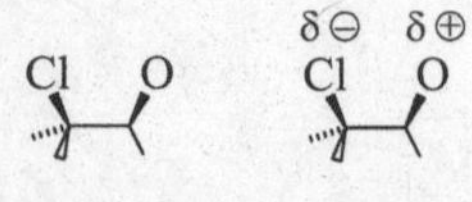

Abb. 6-65. Ladungsverteilung bei Struktur I ohne Wirkung des Feld-Effektes. Dieser reduziert in der Struktur II den polaren Charakter der C=O und der C−Cl-Bindung, wenn der Doppelbindungscharakter der C=O-Bindung wächst.

Tabelle 6-34. Einfluss des Feld-Effektes auf die Lage der ν(C=O)-Bande bei α-chlorierten Acetophenonen; Angaben in cm^{-1}, Lösungsmittel ist CCl$_4$ [42].

	cis		gauche
Ph−C(=O)−CH$_3$			1691
Ph−C(=O)−CH$_2$−Cl	1714		1694*
Ph−C(=O)−CHCl$_2$	1716*		1693
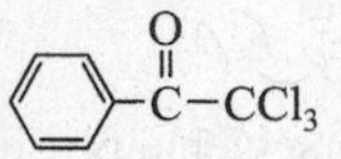 Ph−C(=O)−CCl$_3$	1717 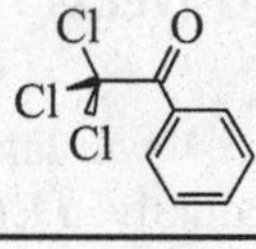		

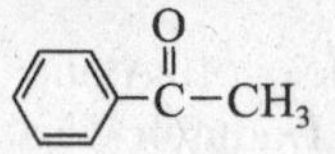

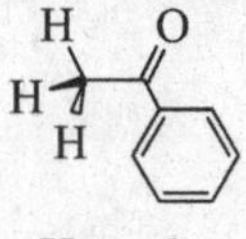

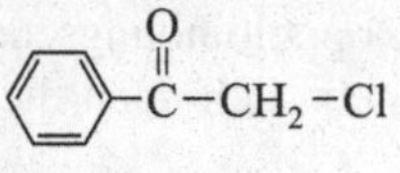

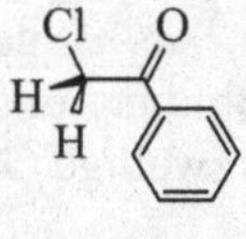

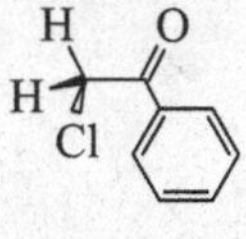

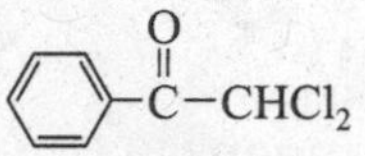

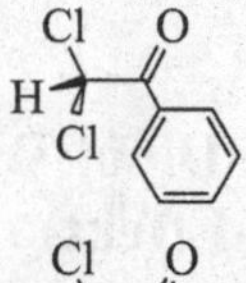

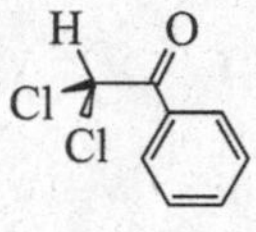

* Bei diesen Konformationen existiert jeweils eine zur CCO-Ebene spiegelsymmetrische Struktur.

Die C=O-Absorption in Acetophenon liegt bei 1691 cm^{-1} (Tabelle 6-34). Das erste α-ständige Cl-Atom verschiebt sie nach 1694 cm^{-1} (induktive Wirkung). Gleichzeitig erscheint eine neue, hochfrequente Bande bei 1714 cm^{-1}. Die Einführung eines zweiten Cl-Atoms hat fast keinen Einfluss auf ν(C=O), dagegen auf das Intensitätsverhältnis beider Banden. Die höherfrequente Bande wird intensiver (statistischer Effekt). Erst mit dem dritten Cl-Atom verschwindet die induktiv verschobene C=O-Bande bei 1693 cm^{-1}, da eine cis-(H−C−C=O)-Konformation nicht mehr vorkommen kann.

Das Intensitätsverhältnis beider C=O-Banden ist temperatur- und lösungsmittelabhängig [43]. Abgeleitet wurden die Untersuchungen aus dem Verhalten von α-Chlor-2-keto-steroiden. Axial gebundenes Chlor hat keinen Einfluss auf die Frequenz der ν(C=O)-Schwingung. Bei α-Chlorcyclohexanon führen andere Autoren [42, 44] den Effekt der Frequenzverschiebung auf eine Fermi-Resonanz zurück.

6.5.6 Intermolekulare Wechselwirkungen

Intermolekulare Wechselwirkungen lassen sich nicht leicht in abgegrenzte Kategorien einteilen, da man kontinuierliche Übergänge vom Gaszustand bis zum Festkörper finden kann. Dementsprechend wirken sich diese Effekte auch im Spektrum in allen Abstufungen aus [45]. Dennoch hat sich eine gewisse Einteilung herausgebildet. Die Bereiche überschneiden sich allerdings weit.

Solvens-Effekte

Lösungsmittelbedingte Bandenverschiebungen sind klein, solange keine spezifischen Molekülwechselwirkungen auftreten. Die bekannteste Beziehung zwischen der Lösungsmittelverschiebung und der Dielektrizitätskonstanten des Solvens stammt von Kirkwood, Magat und Bauer. Sie bringen die Frequenzen im Gaszustand (ν_{Gas}) und in Lösung (ν_{Lsg}) mit der Dielektrizitätskonstanten D in Zusammenhang (KMB-Beziehung [46], nach den Anfangsbuchstaben der oben genannten Autoren):

$$\frac{\nu_{\text{Gas}} - \nu_{\text{Lsg}}}{\nu_{\text{Gas}}} = \frac{k(D-1)}{(2D+1)} \tag{6.1}$$

k ist ein Proportionalitätsfaktor. Die Gleichung gilt nur für isotrope und unpolare Stoffe und Gemische; bereits Benzol fällt aus der Reihe. Bei Lösungsmittelbeziehungen, die nicht dieser Gleichung gehorchen, spielen Assoziationsphänomene die tragende Rolle.

Für substanzklassenspezifische Solvens-Wechselwirkungen kommt man mit der Messung relativer Bandenverschiebungen zu befriedigenderen Beziehungen als mit der KMB-Methode [47, 48]. Auch zur Untersuchung von Fermi-Resonanzaufspaltungen kann man die Lösungsmittelabhängigkeit bei beteiligten Banden ausnutzen: Durch die solvensbedingte Verschiebung des Absorptionsmaximums einer an der Fermi-Resonanz beteiligten Banden kann man die Koinzidenz des Obertons mit der Grundschwingung einer solchen Resonanz zerstören und so diese Ursache für Bandenverdopplungen aufklären [49].

Die Temperaturabhängigkeit von Solvens-Effekten wurde für Stoffe mit Funktionellen Gruppen wie OH, NH_2, und C=O untersucht. Temperaturänderungen verschieben hierbei merklich die Gleichgewichte von Rotationsisomeren [50]. Studien zu ν(OH)-Banden finden allgemein großes Interesse. Eine weitere Untersuchung zur Lösungsmittelabhängigkeit von ν_s(OH)-Schwingungen inclusive Bandenformanalyse soll zitiert werden [51]. Es wurden die IR-Spektren von o-Halogenphenolen und Derivaten gemessen, bei denen intramolekulare Wasserstoffbrücken auftreten. Die Bandenverschiebungen können mit den elektro-optischen Eigenschaften des Lösungsmittels über die sog. Buckingham-Beziehung korreliert werden. Aussagen über die Wechselwirkung der Moleküle mit ihrer Umgebung und über das zeitliche Schwingungsverhalten eines Molekülensembles liefern allgemein Bandenprofiluntersuchungen (siehe auch [52]) .

Assoziate

Wenn intermolekulare Wechselwirkungen vorliegen, können sich Assoziate bilden. Schwache, aber bemerkbare intermolekulare Anziehungskräfte sind die Regel. Meist werden Assoziate mit dem Lösungsmittel vorliegen. Durch die Assoziatbildung steigert sich das Lösungsvermögen. Bei Aneinanderlagerung der gelösten Molekeln untereinander wird rasch die Löslichkeitsgrenze erreicht. Als Beispiel seien die Phthalocyanine erwähnt.

Wasserstoffbrücken

Ein spezieller Fall zwischenmolekularer Wechselwirkungen ist die Dimerisierung organischer Carbonsäuren. Das kann, wie wir in Abschn. 6.4.9 gesehen haben, sogar soweit gehen, dass wir solche beständigen Aggregate als Gesamtheit behandeln müssen. Immer werden jedoch die unmittelbar an der H-Brückenbildung beteiligten Bindungen beansprucht, sodass man sie an der langwelligen Verschiebung der O–H- und der C–O-Bande, zusammen mit vergrößerter Halbwertsbreite der Deformationsbanden, erkennen kann.

Feststoffe

Die kontinuierliche Weiterführung zwischenmolekularer Effekte von der idealen Lösung über Assoziate und H-Brücken führt schließlich zur festen Phase. Amide sind ein gutes Beispiel dafür. Ihre Spektren sind im Festzustand in hohem Maße von der Vorbehandlung der Proben abhängig. Im kristallinen Zustand kommen im langwelligen Gebiet die Gitterschwingungen zusätzlich hinzu. Gitterschwingungen sind die Bewegungen, die die Moleküle als Ganzes gegeneinander ausführen, sog. äußere Schwingungen im Gegensatz zu den inneren Schwingungen, die wir bis jetzt ausschließlich betrachtet haben. Zur theoretischen Behandlung muss man hier auch die örtliche Symmetrie des Moleküls in der Elementarzelle der Kristallstruktur berücksichtigen [53, 54].

Gleichgewichte (dynamische Effekte)

Wenn ein Stoff im Gleichgewicht mit einem zweiten steht, dann setzt sich das IR-Spektrum additiv aus den Einzelspektren der Komponenten zusammen. Die Schwingungsvorgänge sind so schnell, dass immer alle Molekülzustände gleichzeitig erfasst werden. Dies gilt besonders für Konformere. Die intramolekularen Schwingungen sind sehr viel häufiger als die Umwandlung der verschiedenen Konformeren ineinander:

	cis		trans
ν(C–Cl):	800 cm^{-1}	entsprechend	$0.8 \cdot 10^{13}$ s^{-1}
ν(C–H):	3000 cm^{-1}	entsprechend	$3 \cdot 10^{13}$ s^{-1}

d. h., der C–Cl-Dipol schwingt etwa 10^9mal, bevor die cis- in die trans-Konformation übergeht. Da ein Molekül definitionsgemäß mindestens eine Schwingung lang leben muss, beobachten wir immer alle möglichen Molekülkonformationen gleichzeitig im IR-Spektrum. Im Gegensatz dazu steht die NMR-Spektroskopie: sie ist eine langsame Methode. Mit ihr kann man dynamische Vorgänge über 10^3 s^{-1} nicht mehr wahrnehmen, es entsteht ein „gemitteltes" Spektrum der Komponenten. Lediglich einen Fall kann man im IR-Bereich analog der NMR-spektroskopischen Linienverbreiterung deuten: den Übergang von Protonen zwischen verschiedenen H-Acceptoren. Damit ist ein Teil der kontinuierlichen IR-Untergrundabsorption erklärbar [55].

Eine interesssante Studie zur Lebensdauer von Konformationen wurde über eine Profilanalyse der OH-Streckschwingungsbanden von phenylsubstituierten Alkoholen wie z. B. 2-Phenylethanol vorgestellt [56]. Durch den Einsatz von Kohlenwasserstoffen als Lösungsmittel kann man die Streck-

schwingung der OH-Gruppe in gauche-Stellung neben der
der trans-Konformation als separate Bande beobachten. Die
unterschiedlichen Strukturen sind in Abb. 6-66 vorgestellt. Die
Untersuchung der Obertonspektren im Nahen IR liefert sogar
eine bessere Separierung dieser Banden, womit sich eine Lebensdauer der genannten Strukturen von mindestens 3 ps ab-
schätzen lässt. Anzumerken bleibt, dass die ν(OH)-Schwingung
der Konformation mit intramolekularer Wasserstoffbrücke zum
aromatischen π-Elektronensystem im Grundschwingungsspek-
trum deutlich um ca. 30 cm^{-1} zu niedriger Wellenzahl verschoben ist.

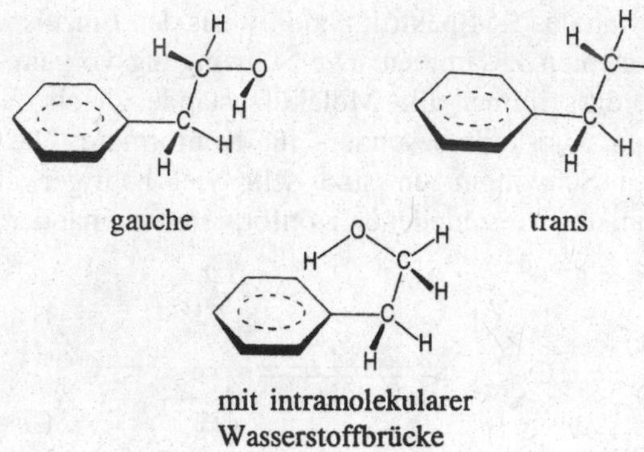

Abb. 6-66: Unterschiedliche
Molekülkonformationen des
2-Phenylethanols.

6.6 Die Spektreninterpretation
    als mehrdimensionale Aufgabe

In Abschn. 6.4 haben wir die Spektren vom chemischen Aufbau der Moleküle her kennengelernt, d. h. wir kannten den
Stoff und ordneten die Banden bestimmten Gruppen im Molekül zu. Bei der umgekehrten Aufgabe – aus einem Spektrum
auf die unbekannte Substanz zu schließen – ist das Lesen des
Spektrums nicht mehr so einfach. Trotzdem kann man bei ge-
schickter Anwendung aller Interpretationshilfen sehr weit
kommen, wenn man das Problem von verschiedenen Seiten her
angeht.

Jede Substanz hat ihre Vorgeschichte: Synthese, Isolierungs-
weg, Herkunft, Anwendungsgebiet, Reinigungsoperationen u. a.
mehr geben erste Hinweise. Ebenso hat jeder Stoff seine Elemen-
tarzusammensetzung und seine physikalischen Kenndaten.
Man sollte nie mit der Spektreninterpretation beginnen, ohne
diese Dinge zu kennen. Je mehr Vorinformationen dem Analytiker zur Verfügung stehen, um so eindeutiger werden seine
Aussagen.

6.6.1 Banden-Struktur-Korrelationen

Für alle chemischen Stoffklassen, für die charakteristische Banden aufgefunden wurden, sind z. T. sehr umfangreiche Tabellen ihrer Absorptionsbereiche zusammengestellt worden [7, 8, 11, 57–62]. Sie geben einen ersten Hinweis darauf, wo Banden für bestimmte Verbindungen im Spektrum auftreten werden, bzw. im umgekehrten Fall, welche Funktionelle Gruppe für eine bestimmte Bande im Spektrum in Frage kommt. Solche Tabellen sind meist umständlich zu handhaben, die Intensitätsverhältnisse werden nur grob angegeben und die Mehrdeutigkeit ihrer Aussage liegt auf der Hand.

Nicht nur die im Spektrum auftretenden Banden sind wichtig, oft ist die Aussage, dass eine Absorption fehlt, ebenso wertvoll, vor allem wenn es sich um Kontrollbanden handelt. Für solche Fragen kann man, wie oben gesagt, Tabellen zu Rate ziehen. Ausführliche Auskunft, vor allem in Sonderfällen, bekommt man in Spezialwerken, wie z. B. denjenigen von Colthup-Daly-Wiberley [2], Szymansky [3] und Bellamy [4], in Spezialartikeln der Literatur oder durch Spektren ähnlicher Verbindungen (siehe hierzu Kap. 9).

Nachdem sich die Aussagen verdichtet haben und verschiedene Strukturvorschläge in die engere Wahl kommen, wird man die dafür zu erwartenden Spektren bzw. Bandenlagen genauer studieren. Tabellen genügen in diesem Stadium nicht mehr. Die oben erwähnten Spezialwerke leisten gute Dienste, besonders geeignet sind aber die von Hediger bearbeiteten Werke: die Bandentabellen [6] und die IRSCOT-Kartei [15, 63].

Seit einigen Jahren gibt es Computerprogramme zur Interpretation von IR-Spektren. Ein Programmpaket, das kommerziell erhältlich ist und auf einem PC installiert werden kann, ist z. B. Sadtler IR MENTOR der Fa. Bio-Rad [64]. Es enthält eine on-line Datenbank von charakteristischen Gruppenfrequenzbereichen und ungefähren Bandenintensitäten, die hauptsächlich den Werken [2, 4] entnommen sind. Die etwa 500 Bandenzuordnungen entsprechen ca. 170 Funktionellen Gruppen, die in 24 allgemeine chemische Klassen eingeordnet werden können. Korrelations- und Übersichtsfunktionen erlauben eine schnelle Zuordnung von importierbaren digitalisierten Spektren. Auf die neuen Möglichkeiten, insbesondere mit Expertensystemen einschließlich Kopplung mit anderen Spektroskopiearten wird noch in Kap. 9 weiter eingegangen werden.

6.6.2   Spektrenvergleich

Stehen nur wenige Strukturvorschläge zur Auswahl, dann kann man in Spezialsammlungen für diese oder ähnliche Verbindungen nach Vergleichsspektren suchen. Die Sadtler-Kataloge und die DMS-Kartei, sowie einige andere Sammlungen sind dafür geeignet (siehe Kap. 9). Zur leichteren Übersicht für Spektren-interpretationen haben einige Verlage stark reduzierte Zusammenstellungen der großen Sammlungen herausgegeben [65–67]. Damit wird versucht, mit einer beschränkten Anzahl von Spektren einen Überblick über gemeinsame Charakteristika der Spektren innerhalb einer Stoffklasse aufzubereiten.

Durch den Einsatz von Spektrometerrechnern und durch die Tatsache, dass die Spektren heutzutage in digitalisierter Form vorliegen, gehören die Spektrenbibliothekssuche und der Vergleich der Spektren mit dem Rechner zur Grundausrüstung eines Arbeitsplatzes mit IR-Spektrometer.

Sind keine endgültigen Hinweise zur Strukturaufklärung gefunden worden, dann hilft oft die chemische Umwandlung in bekannte Derivate weiter, deren Spektren in Sammlungen vorliegen. Darunter fallen vor allem Abbauprodukte, da deren Spektren einfacher und meist bekannt sind.

Selten wird eine Strukturaufklärung allein IR-spektroskopisch durchführbar sein. Die Aussagen anderer Methoden sind notwendig [68]. Sie gehören eigentlich schon zur Vorinformation. Die IR-Spektroskopie steht darum meist am Ende einer Strukturaufklärung [69]. Aber auch hier existieren rechnergestützte Systeme, die beispielsweise zusätzlich neben IR-Spektren auch andere Informationen wie MS- und NMR-Spektren einbinden und so die Strukturaufklärung absichern helfen (zu weiteren Details siehe auch Kap. 9).

6.6.3   Beispiele zur Spektreninterpretation

Zwei Fälle sollen für das Vorgehen bei der Interpretation von Spektren beispielhaft angeführt werden:

1. Beispiel

Abb. 6-67 zeigt das IR-Spektrum eines aus technischer Adipinsäure isolierten Nebenproduktes. Inzwischen haben wir die Spektren soweit kennengelernt, dass wir an den C–H-Banden bei ≈2900 und 1460 cm^{-1} sehen, dass es sich um eine organische Verbindung handelt. Da wir aus der Vorgeschichte wissen, dass es sich um ein Beiprodukt der Adipinsäure-Herstellung handelt, vergewissern wir uns, dass die Hauptsubstanz nicht mehr als Störkomponente vorliegt (Säure: 1705/3000/900 cm^{-1}; Salz: 1500/1400 cm^{-1}; Säurederivat: ν(C=O) 1800–1650 cm^{-1}). Die Grobeinteilung in Alkan-Alken-Aromat (oder Kombinationen hiervon) versuchen wir durch die entsprechenden Kontrollbanden zu finden. Da aber der Spektralbereich unterhalb 1000 cm^{-1} frei von intensiven Banden mit kleiner Halbwertsbreite ist, kommt nur der aliphatische Grundtypus für unsere Substanz in Betracht.

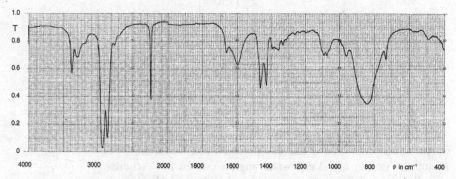

Abb. 6-67. IR-Spektrum einer unbekannten Festsubstanz in KBr 1:300; Diskussion siehe Text.

Im nächsten Schritt müssen wir die funktionellen Gruppen herausfinden. Zunächst fällt uns die scharfe Absorption bei 2245 cm^{-1} auf. Anhand von Tabellenwerken können wir sie einem disubstituierten Acetylen, einem Alkylnitril und einem Aminonitril zuordnen. Für ein Dialkylalkin ist die Intensität der Bande zu groß, sodass wir entweder eine aliphatisch gebundene Nitrilgruppe oder ein Dialkylaminonitril annehmen müssen. Eine endgültige Entscheidung, welche Zuordnung richtig ist, kann in diesem Stadium noch nicht getroffen werden.

Der weiteren Interpretation legen wir zugrunde, dass einige sehr breite, wenig strukturierte Banden im Spektrum vorkommen. Eine Ursache dafür kann man in stark polaren (vorzugsweise anorganischen) Verbindungen vermuten; auch polymere Stoffe können solche Spektren geben oder Systeme mit ausgeprägten Wasserstoffbrückenbindungen. Anorganische Stoffe haben wir bereits ausgeschlossen; polymer kann die Verbindung wegen ihres Verhaltens bei der Probenvorbereitung (Flüchtigkeit etc.) auch nicht sein, sodass wir Alkohole und Amine in die engere Wahl ziehen müssen, da diese Substanzklasse die stärksten $\rangle$C=O -freien H-Brückensysteme ausbildet.

Die hochfrequente Doppelbande bei 3380 und 3300 cm^{-1} weist eindeutig auf ein primäres Amin hin. Diese Zuordnung sichern wir durch die dazugehörigen $-NH_2$-Deformationsbanden (1600/840 cm^{-1}).

Um evtl. noch weitere Funktionelle Gruppen finden zu können, müssen wir die bis jetzt diagnostizierten Teilstrukturen zur Kontrolle den IR-Banden zuordnen:

3380	} $\nu_{as,s}(NH_2)$	1460	$\delta(CH_2)$
3300		1428	(?)
2930	} $\nu_{as,s}(CH_2)$	1190	} $\nu(C-N)$ (?)
2860		1175	
2245	$\nu(-C\equiv N)$ oder $\nu(N-C\equiv N)$	960	(?)
1662	2×840 (?)	840	$\delta(NH_2)$
1660	$\delta(NH_2)$	728	$\delta(CH_2)$

Aus dieser Aufstellung, die das Ergebnis von Kenntnis, Vermutung, Versuch und Vergewisserung ist (sie ist nur Arbeitsgrundlage), ersehen wir beispielsweise, dass keine CH_3-Gruppe auftritt, was wir bei der ersten Grobeinteilung einfach nicht beachtet haben. Weiter sehen wir an dem Auftreten der CH_2-rocking-Bande (728 cm^{-1}), dass eine Kette ($-CH_2-$)$_{\geq 4}$ vorliegen muss. Die Zuordnungen 1662 cm^{-1}, 1190/1175 cm^{-1} und 960 cm^{-1} sind unsicher; da es sich jedoch um Banden geringer Intensität handelt, können wir sie für die Suche nach weiteren funktionellen Gruppen vernachlässigen. Mit der mittelstarken Absorption bei 1428 cm^{-1} können wir zunächst nichts anfangen, da sie nicht mit einer Teilstruktur in Verbindung gebracht werden kann. Sie wird uns aber später beim Spektrenvergleich wichtig sein. Die meisten Banden haben wir klären können, sodass wir jetzt zum Aufbau der Strukturformel die Einzelbefunde zusammenfügen müssen. Damit kommen wir zwangsläufig zu:

$$H_2N-(CH_2)_{\geq 4}-C\equiv N \quad \text{und} \quad \begin{matrix} H_2N-(CH_2)_n \\ H_2N-(CH_2)_m \end{matrix} \Big> N-C\equiv N$$

$$\text{I} \qquad\qquad\qquad\qquad n = 0, 1 \dots \qquad \text{II}$$
$$m \geq 4$$

Der Struktur II werden wir aufgrund der Herkunft der Probe die geringere Wahrscheinlichkeit geben, die zutreffende Formel zu sein, sodass wir uns mit dem Strukturvorschlag I bevorzugt näher befassen und die Vergleichsspektren der entsprechenden ω-Aminonitrile $H_2N–(CH_2)_n–CN$ mit $n = 4, 5, 6 \dots$ heranziehen. Auf diesem Weg, natürlich auch über die relative Molekülmasse, die CH-Analyse, aus NMR, MS, Retentionsindex u. a. m., findet man dann, dass 6-Aminocapronsäurenitril vorliegt.

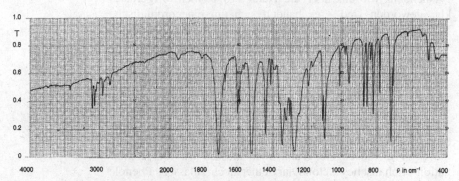

Abb. 6-68. IR-Spektrum einer unbekannten Festsubstanz in KBr 1 : 200; Diskussion siehe Text.

2. Beispiel

Abb. 6-68 zeigt das IR-Spektrum einer Festsubstanz aus einer unleserlich beschrifteten Flasche. Wir vermuten, dass es sich um eine organische Verbindung handeln muss, da Banden im C–H-Streckschwingungsbereich bei 3000 cm^{-1} auftreten. Gleichzeitig erkennt man Banden „oberhalb" und „unterhalb" der 3000 cm^{-1}-Marke, die zu vinylisch (=C–H) und aliphatisch (–C–H) gebundenem Wasserstoff gehören.

Um den Aufbau des C-Gerüstes weiter einzugrenzen, versuchen wir wieder herauszufinden, ob der ungesättigte Strukturteil olefinischer oder aromatischer Natur ist, oder ob beide Gruppen gleichzeitig vorliegen. Die Entscheidung fällt hier sofort zu Gunsten des Aromaten aus, da bei 1600 cm^{-1}, 1440 cm^{-1} und zwischen 910 und 660 cm^{-1} eine Reihe von Banden liegen, die von einem Arylkern herkommen können. Eine olefinische Gruppe liegt nicht vor, obwohl die schwache Bande bei 1680 cm^{-1} eine solche Vermutung zulassen könnte: die dazugehörige γ(CH)-o. o. p.-Schwingung würde zu einer entsprechenden Bande unterhalb 1000 cm^{-1} führen. Die 958 cm^{-1} -Bande ist zu wenig intensiv für ein trans-Alken, und die intensive 720 cm^{-1} -Bande ist zu scharf für ein cis-Alken. Andere Olefine kommen wegen der Bandenlage nicht in Betracht. Weiter schließen wir aus der Intensität der Alkyl-C–H-Streckschwingungsbanden bei 2955 und 2850 cm^{-1} relativ zu den Aryl-C–H-Banden zwischen 3108 und 3010 cm^{-1}, dass der aromatische Strukturteil der wesentliche Bauteil des CH-Gerüstes ist und nicht der Alkylteil. Außerdem

finden wir nur zwei Banden unterhalb 3000 cm^{-1}, sodass nur
–CH$_2$- oder nur –CH$_3$-Gruppen vorliegen können. Eine Entscheidung darüber ist aufgrund der Lage (2955 und 2850 cm^{-1}) noch
nicht möglich, denn bei etwa 1460 cm^{-1} haben wir zumindest
eine Schulter.

Nachdem wir uns über die Natur des Kohlenstoffgerüstes
klar geworden sind – es handelt sich um eine aromatische
Verbindung mit nur wenigen gesättigten C-Atomen – wenden
wir uns den Funktionellen Gruppen zu. Sie geben sich durchaus
als intensive Banden im Spektrum zu erkennen.

Zunächst fällt uns bei 1720 cm^{-1} eine Carbonylbande
auf, deren Natur – Keton, Aldehyd, Säure, Säurechlorid,
Ester, Anhydrid oder Amid – aus den Kontrollbanden erschlossen werden muss. Nach den Ausführungen in Abschn. 6.4.11 kommen wegen der starken Bande bei 1274 cm^{-1}
die Ester in die engere Wahl, doch müssen wir die Kombination aliphatisches Keton/Diarylether noch zulassen. Phenole
scheiden wegen der fehlenden OH-Absorption sicher aus.

Die nächst intensive Bande bei 1523 cm^{-1} ist in ihrer Lage,
Intensität und Form so charakteristisch, dass wir sie – evtl.
anhand von Tabellen – der –NO$_2$-Gruppe zuordnen und diese
Vermutung durch die ähnlich intensive 1344 cm^{-1}-Bande
sichern. Die nächst intensive Bande bei 720 cm^{-1} nehmen
wir zu einer Aryl-CH-o. o. p.-Bande gehörig an, denn sie kann
schon aus Intensitätsgründen relativ zu ν(C–H) nicht von
einer aliphatischen Kette kommen. Für die Bande bei
1103 cm^{-1} fällt uns zunächst keine Erklärung ein, sodass wir
mit den bis jetzt gewonnenen Erkenntnissen versuchen, ein
Molekül zusammenzusetzen. Wir haben folgende Substruktur-
elemente:

$$\text{Arylring, } -\overset{\overset{\textstyle O}{\|}}{C}-O- \text{ oder } -CH_2-\overset{\overset{\textstyle O}{\|}}{C}-CH_2- \text{ und Ar}-O-\text{Ar}$$

$$-CH_2- \text{ oder } -CH_3 \text{ und } -NO_2$$

Aufgrund der Bandenlage muss die –NO$_2$-Gruppe direkt am
Arylkern sitzen, dasselbe gilt für die Carbonylgruppe, wenn sie
zu einem Ester gehört. Die Einzelbefunde haben sich nun zu
folgenden Möglichkeiten verdichtet:

mit R = H für $n = 1$
$\neq$ H für $n > 1$, da sonst eine
–CH$_3$-Gruppe auftreten
würde.

$$R = \ -O-\overset{\overset{\textstyle O}{\|}}{C}-C_6H_4-NO_2 \text{ für } n \geq 1;$$ die –NO$_2$-Gruppe müsste
an der gleichen Stelle wie bei Struktur I stehen, da sonst
zwei ν(C=O)-Banden vorhanden wären.

$$O_2N-\!\!\!\bigcirc\!\!\!-(CH_2)_n-\overset{\overset{\displaystyle O}{\|}}{C}-(CH_2)_m-\!\!\!\bigcirc\!\!\!^{R'}-O-\!\!\!\bigcirc\!\!\!-R''$$

II

R′ = H, –NO$_2$ in beliebiger Stelle, (II) da keine Wirkung mehr auf ν(C=O), $n + m \geq 2$ (niedrig).

R″ = H oder eine der zur Diskussion stehenden Gruppen.

Es ist nun sinnvoll, zunächst die Alkylgruppe, ob –CH$_2$– oder –CH$_3$, festzulegen. Anhand der Literatur suchen wir uns die Bandenlagen (Angaben in cm^{-1}) für die entsprechenden Teilstrukturen heraus und finden:

$$-\overset{\overset{\displaystyle O}{\|}}{C}-O-CH_2-\qquad\qquad -\overset{\overset{\displaystyle O}{\|}}{C}-O-CH_3$$

2980	2960
1475	1440

$$\overset{\diagdown}{\underset{\diagup}{}}C-CH_2-\qquad\qquad -CH_2-\overset{\overset{\displaystyle O}{\|}}{C}-CH_2-$$

2940–2915	3000–2900
2865–2800	1440–1405
1455–1435	

Die 2960 und 1440 cm^{-1}-Kombination ist sicher genug, um den Strukturvorschlag II vorläufig zurückzustellen und Nitrobenzoesäuremethylester näher zu untersuchen. Aus der Literatur entnehmen wir, dass Benzoate zwischen 1300 und 1250 cm^{-1} stark absorbieren und das Absorptionsmaximum häufig nahe 1270 cm^{-1} liegt. Ferner haben Benzoate und Phthalate zwei starke Banden zwischen 1150 und 1100 cm^{-1}. Diese Information hilft uns bei der Zuordnung der noch ohne Deutung gebliebenen Banden in diesem Gebiet, sodass jetzt Vertreter der Struktur II ziemlich unwahrscheinlich geworden sind. Wir haben also einen Nitrobenzoesäuremethylester vor uns. Offen ist damit nur noch der Substitutionstyp. Da sowohl die Nitro- als auch die Estergruppe die Substitutionsmusterbanden der CH-o. o. p.-Banden stören, können wir uns nicht auf die langwelligen Absorptionen stützen. Wir können auch nicht auf die schwachen Banden bei 1952 und 1818 cm^{-1} ausweichen, da diese in ihrer Lage auch von den o. o. p.-Banden abhängig sind, außerdem wird ein großer Teilbereich durch die Carbonylgruppe verdeckt.

Nun empfiehlt es sich, mit der vermuteten Struktur – wie beim vorhergehenden Beispiel – nochmals eine Bandenzuordnung zu treffen. Bei diesem Versuch sollte von $4000-1400$ cm^{-1} und ab 1000 cm^{-1} eine möglichst weitgehende Zuordnung angestrebt werden. Im Fingerprintgebiet sollten die intensivsten Banden eine Erklärung finden. Für unseren Fall ergibt sich vorläufig:

3420	2×1720	1720	ν(C=O)	1322 oder 1302	$\left.\right\}\nu$(C–N)

3108 3075 3050 3020 3010	$\left.\right\}$ (=C–H) (Aromat)	1609 1598	$\left.\right\}$ ν(C=C) des Arylrings, durch π-Mesomerie doppelt	1274 $\overset{\overset{\text{O}}{\|}}{\nu}$(C–O)

	1523	ν_{as}(NO$_2$)$_{Aryl}$

2955 2850	$\left.\right\}$ ν_{as}(CH) ν_s(CH)	1442	δ(CH$_3$)	1117 1103	$\left.\right\}$ $\overset{\overset{\text{O}}{\|}}{\nu}$(COC)
1952 1818	$\left.\right\}$ Komb. u. Obertöne des Arylkerns	1412 1390	$\left.\right\}$ (?)	1112	δ(=CH)$_{i.\,p.}$
		1344	ν_s (NO$_2$)$_{Aryl}$	876 858 838 821 784 720 710	$\left.\right\}$ δ(=$\overset{\|}{\text{C}}$H)$_{o.\,o.\,p.}$

Bei dieser Arbeit treten die Feinheiten zu Tage: Die 1442 cm^{-1}-Bande wurde zuerst der δ(CH$_3$) Schwingungsform zugeordnet, andererseits fehlen die beiden 1500 cm^{-1}-Arylbanden. Nun ist die 1442 cm^{-1}-Bandenabsorption verhältnismäßig intensiv, sodass man eine zufällige Koinzidenz von δ(CH$_3$) und ν(Aryl-C=C) annehmen darf. Die zweite Komponente des 1500 cm^{-1}-Aryldoppels wäre dann die Schulter an der niederfrequenten Seite der 1523 cm^{-1}-Nitrobande. Die δ(=C–H)-o. o. p.-Banden können wir ohne Vergleichsspektren nicht weiter aufschlüsseln, da wir über die Störung durch die polaren Substituenten ja wissen. Wir haben aber die Zahl der möglichen Verbindungen so weit reduziert, dass wir mit vertretbarem Zeitaufwand die drei *o-*, *m-* und *p-*Nitrobenzoesäuremethylester-Spektren in der Literatur suchen können. Schließlich werden wir auf einem der in Kap. 9 beschriebenen Wege die Vergleichsspektren finden und die Zuordnung für 4-Nitrobenzoesäuremethylester sichern.

6.7 Besonderheiten und Artefakte

In den vorstehenden Abschnitten haben wir die IR-Spektren näher kennengelernt. Dabei konnten wir immer wieder feststellen, dass die einzelnen Stoffklassen sehr unterschiedliche Absorptionsspektren haben. Wie steht es nun um die Spezifität der Spektren bei sehr ähnlichen Verbindungen?

Tatsächlich haben z. B. die n-C_{18}- und n-C_{16}-Carbonsäuren sehr ähnliche Absorptionsmuster. Erst ein genauer Vergleich beider Spektren im Fingerprintgebiet bei größerer Schichtdicke bringt Unterschiede an den Tag. Solche Differenzen werden immer kleiner, je länger die CH_2-Kette wird; d. h. wir bekommen für homologe Reihen bei langen C-Ketten typische Spektrenbilder, die sich nur noch in Einzelheiten unterscheiden. Analoges ist auch bei Polymeren der Fall. Das gilt aber nur, solange die Skelettfrequenzen des Moleküls unbeeinflusst von zusätzlichen Substituenten bleiben.

Typische Spektren sind aber eher die Ausnahme als die Regel, was gerade die Spezifität der IR-Spektren ausmacht. Darum ist auch eine Teilstrukturanalyse – im Gegensatz zur UV-Spektroskopie – so gefährlich. Die Banden von funktionellen Gruppen verhalten sich, sofern sie sich durch keine der in Abschn. 6.5 beschriebenen Effekte gegenseitig beeinflussen, im Spektrum additiv, d. h. ein äquimolares Gemisch von z. B. 1-Nitrohexan und 1-Hexancarbonsäure kann von ω-Nitrododecancarbonsäure primär nur durch die fehlenden CH_3-Gruppen-Absorptionen erkannt werden. Bei ungünstiger Zusammensetzung kann man Gemische nicht erkennen (siehe auch Abschn. 9.4). Die IR-Interpretation Funktioneller Gruppen bei unbekannten Proben braucht darum noch nichts über die Molekülgröße und die Stoffreinheit auszusagen.

Eine große Hilfe für Spektrenvergleiche ist es, wenn man häufig auftretende Störbanden von Fremdstoffen kennt. Der Abschn. 10.1 bringt eine Zusammenstellung der wichtigsten Absorptionen. Hierzu können noch die Banden der Lösungsmittelspuren kommen, die beispielsweise vom Umkristallisieren her der Substanz anhaften. Hygroskopische Substanzen ziehen Wasser an (KBr). Wenn Zweifel über die richtige Zuordnung auftauchen, dann kann man die fragliche Substanz zur Probe hinzumischen. Die entsprechenden Banden werden dann stärker hervortreten (vgl. Gaschromatographie, Peakidentifizierung durch Zumischen). Interferenzbanden bei Folien verraten sich durch ihre Regelmäßigkeit.

Oft finden Schultern an der Flanke einer Bande keine Beachtung. Trotz ihrer Unauffälligkeit können sie aber zu wichtigen Aussagen führen, etwa über vinylisch gebundenen Wasserstoff, über Rotationsisomere, Verunreinigungen oder Änderungen im Aggregatzustand. Andererseits muss man dann überprüfen, ob nicht etwa der Christiansen-Effekt eine Schulter vortäuscht. In diesem Zusammenhang ist auch die Wahl einer ungeeigneten Apodisationsfunktion zu nennen, die Bandennebenmaxima erzeugen kann. Auch schlechte spektrale Auflösung führt zu Schultern. Banden, die im Spektrum der flüssigen Probe als einzelne Absorptionsbanden erscheinen, spalten im Festkörper gelegentlich auf. Es muss erinnert werden, dass die Probenmesstechniken (Messung im Durchstrahlverfahren, mit ATR oder Diffuser Reflexion) ebenfalls die Banden in ihrer Form, Intensität und Lage beeinflussen.

Ganz allgemein sind Vergleiche der Bandenintensität mit Vergleichsspektren sehr nützlich. Ähnlich gebaute Stoffe einer Stoffklasse kann man oft nur daran unterscheiden, vor allem kann man einzelne Moleküleigenschaften eingrenzen: Monool – Diol – Polyol, die Länge der CH_2-Kette im Verhältnis zu CH_3-Gruppen ist abschätzbar, die 1250 cm^{-1} C–O-Ester-Bande hat größenordnungsmäßig meist eine ähnlich hohe Intensität wie die 1740 cm^{-1} ν(C=O)-Ester-Bande.

Es gibt Fälle, beispielsweise bei quantitativen Arbeiten oder bei Zuordnungsproblemen, bei denen die Banden der –OH-Gruppe stören. Durch Überführung in die –OD-Gruppe – analog der NMR-Spektroskopie – verschieben sich die –OH-abhängigen Banden ins langwellige Gebiet. Das ist ein einfaches Beispiel einer Derivatbildung. Auch andere chemische Umwandlungen können zur Sicherung einer Spektreninterpretation dienen (Hydrierungsprodukte, Salzbildung bei Aminen, Dehydrierung zu aromatischen Derivaten u. a.). Andererseits kann das Spektrum auch an Eindeutigkeit verlieren: Die 2,4-Dinitrophenylhydrazone der isomeren C_7-Ketone kann man nur an Feinheiten im Spektrum unterscheiden, weil die 2,4-Dinitrophenylhydrazon-Gruppe im Spektrum zu sehr dominiert.

Ein wichtiges Kriterium ist auch die Reproduzierbarkeit eines Spektrums. Aufnahmen von Chloriden oder Bromiden z. B. in CsI-Presslingen sind wegen des Halogenaustausches nicht reproduzierbar (siehe Abschn. 4.2.1.7). Ebenso sei daran erinnert, dass die Art und Weise der Probenvorbereitung Einfluss auf die Spektren haben kann. Flüssigphasen- und Festphasenspektren der gleichen Substanz können derart voneinander verschieden sein, dass man sie mitunter nicht sofort derselben Substanz zuordnen möchte (vgl. Abb. 4-9).

6.8 Spektrenberechnung

Bisher war die gesamte Interpretationsarbeit auf empirische Regeln und ein breites Erfahrungsmaterial gestützt. Eine andere Ausdeutung eines Spektrums gibt es für unseren Zweck – die IR-spektroskopische Strukturaufklärung – nicht, es sei denn, es wird der relativ aufwendige Weg der Normalkoordinaten- analyse beschritten. Die grundlegende Theorie dazu ist in [2, 70–73] beschrieben und soll hier nicht weiter erläutert wer- den.

Literatur zu Kap. 6

[1] G. Dijkstra, W. G. DeRuig: Z. Anal. Chem. **264**, 204 (1973)

[2] N. B. Colthup, L. H. Daly, S. E. Wiberley: "Introduction to Infrared and Raman Spectroscopy", 3. Aufl., Academic Press, San Diego, 1990

[3] H. A. Szymansky: "IR-Theory and Practice of Infrared Spectros- copy", 2. Aufl., Plenum Press, New York, 1972

[4] L. J. Bellamy: "The Infrared Spectra of Complex Molecules", 3. Aufl., Chapman and Hall, London, 1975; "The Spectra of Complex Molecules", Bd. 2: Advances in Infrared Group Fre- quencies, Chapman and Hall, London, New York, 1980

[5] D. Lin-Vien, N. B. Colthup, W. G. Fateley, J. G. Grasselli: "The Handbook of Infrared and Raman Characteristic Frequences of Organic Molecules", Academic Press, Boston, 1991

[6] H. J. Hediger: „Infrarotspektroskopie", in: Methoden der chemi- schen Analyse, Band 11, 1. Aufl., Akademische Verlagsgesell- schaft, Frankfurt a. M., 1971

[7] A. D. Cross: "Introduction to Practical Infrared Spectroscopy", Butterworths Scientific Publ., London, 1960

[8] N. P. G. Roeges: "A Guide to the Complete Interpretation of Infrared Spectra of Organic Structures", J. Wiley and Sons, Chichester, 1994

[9] W. Gottwald, G. Wachter: "IR-Spektroskopie für Anwender", Wiley-VCH, Weinheim, 1997

[10] H. F. Shurvell: "Spectra-Structure Correlations in the Mid- and Far-infrared", in: Handbook of Vibrational Spectroscopy, Vol. 3, J. M. Chalmers, P. R. Giffiths (Eds.), John Wiley & Sons, Chichester, 2002, S. 1783

[11] G. Socrates: "Infrared Characteristic Group-Frequencies", 2. Aufl., J. Wiley and Sons, Chichester, 1994

[12] A. B. Dempster: J. Mol. Spectrosc. **35**, 18 (1970)

[13] A. B. Dempster, H. Uslu: J. Mol. Struct. **21**, 197 (1974)

[14] A. S. Wexler: Spectrochim. Acta **21**, 1732 (1965)

[15] R. G. J. Miller, H. A. Willis, H. J. Hediger (Hrsg.): "IRSCOT- Infrared Structural Correlation Tables and Data Cards", Heyden and Son, London, 1969

[16] J. H. van der Maas, E. T. G. Lutz: Spectrochim. Acta **30A**, 2005 (1974); J. H. van der Maas, in: H. M. Heise, E. H. Korte, H. W. Siesler (Hrsg.), Proceedings of 8th International Conference on Fourier Transform Spectroscopy, Proc. Soc. Photo-Opt. Instrum. Eng. **1575**, 117 (1992)

[17]	M. Tichy: in: D. A. Raphael, E. C. Taylor, H. Wynberg (Hrsg.): "Advances in Organic Chemistry", Bd. 5, Interscience Publ. 1965, S. 115

[18]	G. C. Pimentel, A. L. McClellan: "The Hydrogen Bond", Kap. 3, W. H. Freeman and Comp., San Francisco and London 1960, S. 67–141

[19]	G. Geiseler, H. Seidel: „Die Wasserstoffbrückenbindung", 1. Aufl., Vieweg u. Sohn, Braunschweig, und Akademie-Verlag, Berlin 1977, S. 159

[20]	L. J. Bellamy, B. R. Connelly, A. R. Philpotts, R. L. Williams: Z. Elektrochem. Ber. Bunsenges. Physik. Chem. 64, 563 (1960).

[21]	M. Yamaguchi in: Y. Yukawa (Hrsg), Handbook of Organic Structural Analysis, W. A. Benjamin, New York, Amsterdam 1965. S. 399–410 .

[22]	E. A. Braude, F. C. Nachod: "Determination of Organic Structures by Physical Methods", Academic Press, Bd. 2, New York 1955, S. 223

[23]	A. R. Katritzky, A. P. Ambler: in: A. R. Katritzky (Hrsg.), Physical Methods in Heterocyclic Chemistry, Academic Press, New York, London, Bd. II, 1963, S. 165

[24]	A. R. Katritzky, P. J. Taylor: in: A. R. Katritzsky (Hrsg.), Physical Methods in Heterocyclic Chemistry, Academic Press, New York, London, Bd. IV, 1971, S. 265

[25]	W. Gerrard: "Organic Chemistry of Boron", Academic Press, London und New York, 1961, S. 223

[26]	A. Meller: Organomet. Rev. 2, 1 (1967)

[27]	D. E. C. Dorbridge: in: M. Grayson, E. J. Griffith (Hrsg.), Topics in Phosphorous Chemistry, Bd. 6: "The Infrared Spectra of Phosphorous Compounds", Intersc. Publ., John Wiley and Sons, New York, Sydney, Toronto, 1969, S. 235–365

[28]	L. C. Thomas: "Interpretation of the Infrared Spectra of Organophosphorous Compounds", Heyden and Son, London, 1974

[29]	R. A. Nyquist, R. O. Kagel, C. L. Putzig, M. A. Leugers: "Handbook of Infrared and Raman Spectra of Inorganic Compounds and Organic Salts", Academic Press, London, 1996

[30]	H. Siebert: „Anwendungen der Schwingungsspektroskopie in der anorganischen Chemie", Springer-Verlag, Berlin, Heidelberg, New York, 1966

[31]	K. Nakamoto: "Infrared and Raman Spectra of Inorganic and Coordination Compounds", 5. Aufl., J. Wiley and Sons, Chichester, 1997

[32]	R. W. Berg, K. Rasmussen: Spectrochim. Acta 29A, 319 (1973).

[33]	L. J. Bellamy: Appl. Spectrosc. 33, 439 (1979)

[34]	K. Nakamoto: Angew. Chem. 84, 755 (1972)

[35]	K. W. F. Kohlrausch: „Ramanspektren", Hand- und Jahrbuch der chemischen Physik, Bd. 9, Abschn. VI, Akademische Verlagsgesellschaft 1943, S. 227. Nachdruck. Heyden u. Son, 1973

[36]	N. J. Leonard, M. Oki: J. Amer. Chem. Soc. 76, 5708 (1954)

[37]	M. Gianturco: in: S. K. Freeman (Hrsg.), „Interpretive Spectroscopy", 1. Aufl., Reinhold Publ., New York, 1965, S. 95

[38]	R. N. Jones, W. F. Forbes, W. A. Mueller: Can. J. Chem. 35, 504 (1957)

[39]	R. G. Jones, W. J. Orville-Thomas: Spectrochim. Acta 20, 291 (1964)

[40]	Lit. [37], S. 88

[41]	L. J. Bellamy et. al.: J. Chem. Soc. 1956, 3704; 1957, 4292

[42] J. Petrissans, S. Gromb, J. Deschamps, Bull. Soc. Chim. France **1967**, 4381

[43] R. N. Jones, E. Spinner: Can. J. Chem. **36**, 1020 (1958)

[44] J. Reisse, R. A. Peters, R. Ottinger, J. P. Bervelt, G. Chiurdoglu, Tetrahedron Letters **23**, 2511 (1966)

[45] R. P. Young, R. N. Jones: Chem. Rev. **71**, 219 (1971)

[46] G. L. Caldow, H. W. Thompson: Proc. Roy. Soc. **254**, 1 (1960)

[47] L. J. Bellamy, R. L. Williams: Trans. Faraday Soc. **54**, 1120 (1958); **55**, 14 (1959)

[48] L. J. Bellamy, H. E. Hallam: Trans. Faraday Soc. **55**, 220 (1959)

[49] L. Ballester, C. Cario, J. E. Bertran, Spectrochim. Acta **28A**, 2103 (1972)

[50] R. A. Nyquist: Appl. Spectrosc. **40**, 79 (1986)

[51] M. A. Broda, P. Hawranek: J. Mol. Struct. **177**, 351 (1988)

[52] D. Steele, J. Yarwood (Hrsg.): "Spectroscopy and Relaxation of Molecular Liquids", Elsevier, Amsterdam 1991

[53] R. L. Carter: J. Chem. Educ. **48**, 297 (1971)

[54] C. H. J. Schütte: Fortschr. chem. Forsch. **36**, 57 (1972)

[55] J. Husar, M. M. Kreevoy: J. Amer. Chem. Soc. **94**, 2902 (1972)

[56] H.-H. Kirchner, W. Richter, Ber. Bunsenges. Phys. Chem. **81**, 1250 (1977); ibid. **83**, 192 (1979)

[57] W. Ottin: „Spektrale Zuordnungstafel der Infrarot-Absorptionsbanden", 1. Aufl., Springer Verlag, Berlin, Heidelberg, New York, 1963

[58] H. Weitkamp: in: F. Korte (Hrsg.), „Methodicum Chimicum", Bd. 1, Teil 1: „Analytik". 1. Aufl., Georg Thieme Verlag, Stuttgart u. Academic Press, New York, London 1973, S. 274

[59] J. G. Grasselli (Hrsg.): "Atlas of Spectral Data and Physical Constants for Organic Compounds", The Chemical Rubber Co., Cleveland, Ohio 1973

[60] B. Schrader: „Infrarot- und Raman-Spektroskopie", in: Ullmanns Enzyklopädie der technischen Chemie, Band 5, 4. Aufl., Verlag Chemie, Weinheim 1980, S. 303

[61] H. Weitkamp, R. Barth: „Infrarot Strukturanalyse", Georg Thieme-Verlag, Stuttgart, 1972

[62] D. Dolphin, A. E. Wick: "Tabulation of Infrared Spectral Data", J. Wiley and Sons, London, Sidney, Toronto, 1977

[63] H. J. Hediger, Kirba-Kartei: „Kommentare zu Infrarot-Banden", H. J. Hediger: Eigenacker 692, CH-8193 Eglisau ZH (vgl. [6], 151)

[64] Sadtler IR MENTOR, Fa. Bio-Rad Sadtler Division, 3316 Spring Garden Street, Philadelphia, PA 19104 (U.S.A.)

[65] K. G. R. Pachler, F. Matlok, H.-U. Gremlich (Hrsg.): „Merck FT-IR Atlas", Wiley-VCH, Weinheim 1988

[66] B. Schrader. „Raman/Infrared Atlas of Organic Compounds", 2. Aufl., Wiley-VCH, Weinheim, 1989

[67] C. J. Pouchert (Hrsg.): "The Aldrich Library of Infrared Spectra". Aldrich Chemical, Milwaukee, 3. Aufl., 1981.; vom gleichen Verlag und Herausgeber: "The Aldrich Library of FT-IR Spectra", 1985; "The Aldrich Library of FT-IR Spectra: Vapor Phase", Bd. 3, 1989

[68] E. Pretsch, J. T. Clerc, J. Seibl, W. Simon: "Tables of Spectral Data for Structure Elucidation of Organic Compounds", 2. Aufl., Springer Verlag, Berlin-Heidelberg-New York, 1989

[69] R. M. Silverstein, T. C. Morrill, G. C. Bassler: "Spectrometric Identification of Organic Compounds", 5. Aufl., J. Wiley and Sons, New York, 1991

[70] T. Shimanouchi: "The Molecular Force Field" in: H. Eyring,
     D. Henderson, W. Jost (Hrsg.), "Physical Chemistry", Bd. VI,
     Kap. 6, Academic Press, New York, London, 1970, S. 233
[71] G. M. Barrow: "Introduction to Molecular Spectroscopy",
     McGraw Hill, New York, 1962
[72] E. B. Wilson, Jr., J. C. Decius, P. C. Cross: "Molecular Vibra-
     tions", Mc Graw-Hill, New York, 1955
[73] L. A. Gribov, W. J. Orville-Thomas: "Theory and Methods of
     Calculation of Molecular Spectra", J. Wiley and Sons, Chiches-
     ter, 1988

7   Quantitative Spektrenaussagen

Ganz allgemein kann man jede Stoffeigenschaft, die in eindeutiger Weise mit der Konzentration einer Substanz zusammenhängt, zur Grundlage einer quantitativen Analyse machen.
Bei IR-spektroskopischen Messungen wird der Betrag absor-
bierter elektromagnetischer Strahlung bei ihrer Wechselwirkung mit der Probe ermittelt. Die Messgröße ist das Intensitätsverhältnis der Strahlung vor und nach Durchgang durch die
Probe bei einer bestimmten Wellenlänge. Den Zusammenhang
der experimentell erfassbaren Größen mit der Stoffkonzentra-
tion beschreibt das Lambert-Beer'sche Gesetz.

7.1   Grundlagen

7.1.1 Das Lambert-Beer'sche Gesetz

Bereits 1760 fand Lambert, dass die Abnahme der Strahlungsintensität bei ihrem Weg durch die Materie proportional zu der
jeweiligen Intensität erfolgt (Abb. 7-1). Zerlegen wir die absorbierende Schicht in differentielle Lamellen der Dicke dx, dann
kann man diesen Sachverhalt durch Gl. (7.1) ausdrücken:

$$-\frac{dI}{dx} = \alpha I \qquad (7.1)$$

Dabei bedeutet I die Strahlungsintensität. Den Proportionalitätsfaktor α nennt man Absorptionskoeffizient.

Die Intensität I an einer beliebigen Stelle $x = l$ (vgl. Abb. 7-1)
erhält man durch Integration der Gl. (7.1) in den Grenzen $x = 0$
bis $x = l$, wobei I_0 die Intensität der auf die Probe auffallenden
Strahlung bedeutet:

$$\int_{I=I_0}^{I} \frac{dI}{I} = -\int_{x=0}^{x=l} \alpha \, dx \qquad (7.2)$$

Daraus folgt bereits die Grundform des Lambert'schen
Gesetzes:

$$\ln I - \ln I_0 = -\alpha \cdot l \qquad (7.3)$$

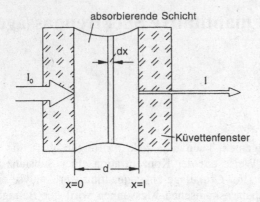

absorbierende Schicht

I_0

I

dx

Küvettenfenster

d

x=0   x=l

Abb. 7-1. Zur Ableitung des Lambert-Beer'schen Gesetzes. Die von der Quelle herkommende Strahlung der Intensität I_0 wird durch die absorbierende Schicht entlang des Weges l auf den Betrag I geschwächt.

Die übliche Schreibweise ist:

$$I = I_0\, e^{-a\,l} \qquad\qquad (7.4)$$

Beer erkannte 1852 den Einfluss der Konzentration c auf die Strahlungsschwächung. Demnach hat eine 1.0 molare Lösung eines Stoffes in einer 1.0 cm dicken Schicht die gleiche absorbierende Wirkung wie eine 0.5 molare Lösung in 2.0 cm dicker Schicht. Damit erhält man das Lambert-Beer'sche Gesetz:

$$\ln I - \ln I_0 = -a' \cdot b \cdot c \qquad\qquad (7.5\,\text{a})$$

wobei a' der Absorptionskoeffizient und b die Schichtdicke ist. Nach dem Übergang vom natürlichen zum dekadischen Logarithmus folgt:

$$\log I - \log I_0 = -a \cdot b \cdot c \qquad\qquad (7.5\,\text{b})$$

mit $a = 0.434a'$ (wobei $\log e = 0.434$). Die übliche Schreibweise ist, analog Gl. (7.4), die Exponentialform:

$$I = I_0 \cdot 10^{-a \cdot b \cdot c} \qquad\qquad (7.6)$$

Die Größe a wird der dekadische Absorptionskoeffizient genannt. Während der Absorptionskoeffizient α in den Gl. (7.1) bis (7.4) von der Konzentration c abhängig war, sind a' und a von diesem Parameter unabhängig und werden als Stoffkonstanten angesehen. Zum leichteren Umgang mit Gl. (7.6) wurde die Absorbanz A eingeführt:

$$A \equiv -\log\,(I / I_0) = a \cdot b \cdot c \qquad\qquad (7.7)$$

Dadurch lässt sich mit additiven Größen rechnen, da mit Gl. (7.7) der logarithmische Zusammenhang zwischen den Messgrößen I und I_0 mit der Konzentration c linearisiert wird. Die Absorbanz A ist also ein der Konzentration direkt proportionales Maß. Daher muss die Absorbanz A für die quantitative Analyse eingesetzt werden, während die Transmission T oft für die qualitative Spektreninterpretation verwendet wird. Der Grund liegt darin, dass das Logarithmieren aus einer Zahl eine kleine Zahl macht. Daher könnte es passieren, dass Banden geringer Intensität, die dennoch wichtig für die Interpretation des Spektrums sind, in der Absorbanz-Darstellung des Spektrums nur noch schwach zu erkennen sind.

Gl. (7.7) beschreibt den Zusammenhang von drei veränderlichen Größen (A, b, c) und einer Stoffkonstanten a. Bei quantitativen Messungen will man in der Regel die Konzentration c eines Stoffes in einem Mehrkomponentengemisch ermitteln, also muss man die anderen Größen kennen. Angemerkt sei, dass es noch andere Messtechniken als die Messung im Durchstrahlverfahren gibt; so wurden in Abschn. 5.1 verschiedene Reflexionstechniken vorgestellt. Hierbei liegen nach Signaltransformation (Logarithmierung oder Kubelka-Munk-Transformation des Reflexionsgrades) ebenfalls – oft nur in bestimmten Intervallen – lineare Konzentrationsabhängigkeiten vor. Wir werden uns jedoch hauptsächlich auf die Absorbanz und die Bestimmung der Parameter b und a bei flüssigen Proben beschränken.

7.1.2 Ermittlung der Schichtdicke

Bringt man eine leere Flüssigkeitsküvette in den Strahlengang eines Spektrometers und registriert den Verlauf des Untergrundes, dann erhält man bei kleinen Schichtdicken und einwandfreien Küvetten keine geradlinige Aufzeichnung, sondern einen sinusartigen Wellenzug.

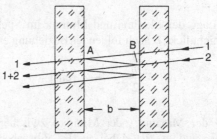

Abb. 7-2. Die Entstehung des spektralen Interferenzmusters (es werden nur Mehrfachreflexionen innerhalb der Küvette gezeigt). Die Verhältnisse lassen sich leichter beim schräg einfallenden Strahl erklären, sie gleichen denen beim senkrechten Strahlauffall, wobei dann $b = \overline{AB}$ gilt: Ein Teil des Strahles 1 wird bei A reflektiert, davon wieder ein Teil bei B. Von der Stelle B ab interferiert dieser Teil mit Strahl 2 unter Intensitätsverstärkung, wenn die Wellenlänge in einem ganzzahligen Verhältnis zu $2\overline{AB}$ steht. Die übrigen Wellenlängen erfahren eine Intensitätsverminderung.

Dieses Muster ist das Ergebnis von Interferenzerscheinungen innerhalb der Küvette (Abb. 7-2). Im lufterfüllten Küvetteninnenraum ist die Differenz der Brechungsindices zwischen Luft und dem Fenstermaterial groß genug, um einen Teil der Strahlung darin hin und her zu reflektieren (vgl. auch Abschn. 4.2.4.4). Je nach Gangunterschied zwischen reflektiertem und nicht reflektiertem Strahl tritt bei bestimmten Wellenlängen konstruktive oder auslöschende Interferenz auf. Das Spektrum zeigt, bei welchen Wellenlängen Auslöschung bzw. Intensitätsverstärkung eintritt. Dies hängt jedoch vom Abstand b der Küvettenfenster ab (siehe Abb. 7-3).

Wichtig ist aber auch die Parallelität der Küvettenfenster. In Abb. 7-3 ist das Interferenzmuster einer guten Küvette, sowie das einer Küvette mit etwas „keilförmig" angeordneten Fenstern gezeigt. Bei Letzterer erhält man eine beachtliche Reduzierung der Intensitätsunterschiede zwischen Minima und Maxima, was die Auswertung erschwert. Die durch den Küvettenkeil vorgegebene veränderliche Schichtdicke kann auch zu einer von der Konzentration nichtlinearen Signalabhängigkeit führen (siehe auch weiter unten).

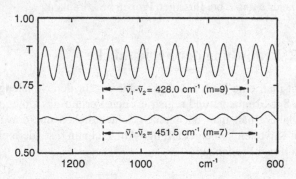

Abb. 7-3. Spektrale Interferenzen von zwei verschiedenen Küvetten mit KBr-Fenstern (oben: Schichtdicke 105.1 µm; unten versetzt gezeigt: 77.5 µm mit keilförmig angeordneten Fenstern); die Berechnung der Schichtdicke erfolgt nach Gl. (7.8).

Aus der Lage der Maxima und Minima im Spektrum kann man die Schichtdicke b nach folgender Beziehung ermitteln:

$$b = \frac{m}{2} \frac{1}{\tilde{\nu}_1 - \tilde{\nu}_2} \, [\text{cm}] \qquad (7.8)$$

Die Anzahl der Maxima (oder Minima) zwischen den Wellenzahlen $\tilde{\nu}_1$ und $\tilde{\nu}_2$ ist dabei m. Es gibt aber auch aufwendigere Verfahren als das Vorgestellte, z. B. über die Berechnung des Transmissionsspektrums einer Küvette und Anpassung der Küvettenparameter, wobei beispielsweise die Nichtparallelität der Küvettenfenster und die konvergente Strahlung im Probenraum mitberücksichtigt werden. Oder es kann ebenfalls das spektrale Interferenzmuster Fourier-transformiert werden, womit sich eine schnelle und präzise Methode der Schichtdickenbestimmung realisieren lässt. Ein Vergleich von verschiedenen Methoden zur spektrometrischen Schichtdickenbestimmung findet sich in [1].

Eine weitere Möglichkeit der Schichtdickenbestimmung erhält man über den Vergleich gemessener Absorbanzen von bestimmten Flüssigkeiten mit deren entsprechenden Standardspektren [2].

7.1.3 Bestimmung der Absorbanz

Ein Maß für die Strahlungsabsorption eines Stoffes ist die Intensität seiner Banden im Spektrum. Die Bestimmung der Gesamtfläche einer einzelnen Bande, der sog. „integralen Absorbanz", erfordert etwas größeren Aufwand. Man begnügt sich darum meist mit der Intensitätsmessung im Bandenmaximum und erhält so die „maximale Absorbanz" A_{max} an der Stelle $\tilde{\nu}_{max}$.

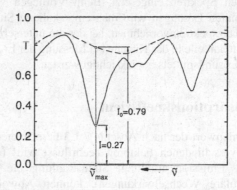

Abb. 7-4. Zur Berechnung der Absorbanz A_{max} (Schemazeichnung mit übertrieben gekrümmter, gestrichelter Untergrundlinie; für das Beispiel erhält man $A_{max} = -\log (0.27/0.79) = 0.466$; weitere Erläuterung siehe Text).

Die Größe A_{max} kann man auf folgendem Weg aus dem Spektrum erhalten (s. Abb. 7-4): Zunächst registrieren wir die Untergrundlinie. Dazu bringen wir die Küvette ohne die Probe, die als verdünnte Lösung vorliegen soll, in den Strahlengang. Interferenzerscheinungen sollten bei der nur mit reinem Lösungsmittel gefüllten Küvette vernachlässigbar sein. Dies ist allgemein der Fall, wenn der Unterschied der Brechungsindices von Küvetteninhalt und Fenstermaterial nicht groß ist. Das Spektrometer zeichnet dann ungefähr die in Abb. 7-4 gestrichelt eingezeichnete Kurve. Wenn wir anschließend die Messprobe in die Küvette geben und ihr Spektrum registrieren, dann erhalten wir den ausgezogenen Linienzug. Es ist also leicht einzusehen, dass die Bande allein von der Probe stammt. Wir brauchen jetzt nur noch ihre Intensität zu berechnen.

Hierzu fällen wir im Absorptionsmaximum ein Lot auf die Abszisse und erhalten zusätzlich als Schnittpunkt mit der Untergrundlinie auch deren Transmission. Der Ordinatenwert der Basislinie bei der Wellenzahl $\tilde{\nu}_{max}$ kann als Maß für den durch die Küvette ohne Messsubstanz hindurchtretenden Strahlungsanteil verwendet werden (entsprechend I_0). In Gegenwart der zu messenden Probe erreicht nur noch die Strahlung, die durch den Ordinatenwert im Spektrum an der Stelle $\tilde{\nu}_{max}$ beschrieben wird, den Detektor (entsprechend I). Wenn wir die an der Wellenzahl $\tilde{\nu}_{max}$ vorliegenden Ordinatenwerte der ·Untergrundlinie und des Probenspektrums, die jeweils einem bestimmten Transmissionsgrad entsprechen (bzw. I_0 und I), durcheinander dividieren und den Quotienten logarithmieren, dann erhalten wir definitionsgemäß die Absorbanz A (siehe auch Gl. 7.7).

Bei den heutigen rechnergekoppelten Spektrometern erhält man diese Werte durch Abfahren des Spektrums mit dem Cursor; Wellenzahl und Transmissionswerte werden vom Computer angezeigt. Auch kann die Darstellung in Absorbanz durch einfaches Umschalten im Bedienungsmenu ermöglicht werden. In diesem Fall ist nur die Differenzbildung der beiden Absorbanzwerte vorzunehmen, bzw. es werden üblicherweise sogar die vollständigen Spektren eingesetzt. Beim Vorliegen von nicht sehr verdünnten Lösungen wird man eine skalierte Subtraktion der Absorbanzspektren vornehmen, bei der die unterschiedlichen Lösungsmittelanteile in der Küvette bei Messung der Lösung und des reinen Lösungsmittels berücksichtigt werden.

7.1.4 Absorptionskoeffizient

Da der Zahlenwert der nach Abschn. 7.1.3 berechneten Absorbanz von verschiedenen Faktoren beeinflusst wird (spektrale Auflösung, Emissionsstrahlung, Streustrahlung etc.*, sowie intermolekulare Wechselwirkungen), können Abweichungen vom linearen Zusammenhang zwischen der Konzentration c und der Absorbanz A bei konstanter Schichtdicke b auftreten, der sonst nach dem Lambert-Beer'schen Gesetz zu erwarten ist (konstanter Absorptionskoeffizient a). Um dennoch verlässliche quantitative Ergebnisse auf IR-spektroskopischem Weg zu erhalten, ermitteln wir den Zusammenhang zwischen c und A empirisch über eine Kalibrierkurve, die den Konzentrationsbereich der zukünftigen Proben einschließen sollte. Extrapolationen zu außerhalb des Kalibrierintervalls liegenden Konzentrationen können zu größeren systematischen Fehlern führen.

Es gibt verschiedene Fehlerquellen, die zum Teil sogar beachtlich sind. Einige davon kann man auf das Spektrometer zurückführen, wobei es spezielle Fehlerarten gibt, die dispersiven bzw. FT-Spektrometern eigen sind. Eine ausführliche Diskussion der photometrischen Genauigkeit würde hier zu

---

* Diese Parameter müssen bei der praktischen Analyse reproduzierbar sein. Sie werden bei Absolutmessungen experimentell oder rechnerisch auf Null extrapoliert.

weit führen, doch sollen einige wichtige Effekte genannt werden. So beobachtet man eine Drift, die z. B. aus einer ungenügenden Thermostatisierung des Spektrometers resultiert, oder Fehlstrahlung bei Gitterspektrometern. Weiter werden eine ungenügend reproduzierbare Wellenzahleinstellung, die Detektornichtlinearität gegenüber verschiedenen Strahlungsleistungen, eine zu gering gewählte spektrale Auflösung oder auch die Strahldivergenz im Probenraum eine Rolle spielen. Desweiteren können Unsicherheiten durch die Probe und die Küvette bedingt sein: Die Variabilität der Schichtdicke, Temperaturschwankungen, Nichtparallelität der Küvettenfenster, Reflexions- und Interferenzeffekte oder auch thermische Emission haben ihren Einfluss. Verunreinigung der Probe, z. B. durch Probenverschleppung in der Küvette, kann durch sorgfältiges Arbeiten vermieden werden. Einen Einblick in die Komplexität der Spektrenmessung, wenn höchste Ansprüche gestellt werden, sollen einige ausgewählte Veröffentlichungen geben, die Hinweise zu weiterführender Literatur enthalten [3–5].

Ein wichtiger Parameter der Spektrenaufnahme ist die spektrale Auflösung, die die gemessenen Bandenintensitäten erheblich beeinflussen kann, wenn sie im Vergleich zur Bandenhalbwertsbreite zu klein gewählt wurde. Bereits in den 1950er Jahren wurden die Effekte von Spaltbreiten bei Spektrometern mit Monochromatoren untersucht. Das sogenannte Ramsay-Kriterium [6] fordert als Wert für die spektrale Auflösung ein Fünftel der Bandenhalbwertsbreite, wenn für die maximale Bandenintensität nur eine Abweichung von kleiner 3% zwischen der gemessenen und der wahren Intensität resultieren soll. Diese Effekte sind auf die Faltung des Transmissionsspektrums mit der entsprechenden Spektrometerfunktion zurückzuführen (siehe auch Abschn. 3.4.2.1). Griffiths und Anderson [7] haben die Auswirkungen von verschiedenen Apodisationsfunktionen, untersucht. Zu beachten ist, dass bei ungenügender Auflösung im Vergleich zur ursprünglichen wahren Halbwertsbreite der zu messenden Absorptionsbanden von Absorbanzwerten ab etwa 1.0 größere Nichtlinearitäten zwischen experimenteller maximaler Absorbanz und der Konzentration zustande kommen. Dies spielt oft bei der IR-spektrometrischen Gasanalytik eine Rolle, da die Linien der Rotations-Vibrations-Feinstruktur der Banden eine Halbwertsbreite kleiner $0.25 \, \text{cm}^{-1}$ (bei Atmosphärendruck) aufweisen können. Im nächsten Abschnitt wird hierzu noch ein Beispiel vorgestellt, das den Einfluss verschiedener Apodisationsfunktionen (und der damit verbundenen unterschiedlichen spektralen Auflösung) deutlich zeigt.

Die Bestimmung absoluter Absorptionskoeffizienten von reinen Flüssigkeiten ist sehr aufwendig, doch sind entsprechende Verfahrensweisen hierfür bekannt [8]. Solche IR-Daten existieren für eine Reihe von Substanzen, sodass diese als Sekundärstandards für Intensitätsmessungen verwendet werden können [9].

7.2 Kalibrierung

7.2.1 Basislinienkorrektur zur Absorbanzbestimmung

Die Kalibrierkurve zeigt graphisch den Zusammenhang zwischen der Absorbanz A bei einer bestimmten Wellenzahl und der Konzentration c eines quantitativ zu bestimmenden Stoffes. Zu ihrer Festlegung müssen Gemische verschiedener Konzentrationen erzeugt werden, was relativ unproblematisch ist, wenn die zu analysierenden Komponenten in reiner Form vorliegen.

Zur Bestimmung von A empfiehlt es sich nicht, als Basis für die Auswertung die Untergrundlinie – analog der gestrichelt gezeichneten Kurve in Abb. 7-4 – zu verwenden. Sie bringt Unsicherheiten in die Messung und erfordert eine zusätzliche Spektrenaufnahme. Besser wählt man eine durch zwei Punkte gezogene Gerade, die lineare *Basislinie* (siehe (a) in Abb. 7-5). Als sogenannte Basispunkte nimmt man zwei Stellen im Spektrum beiderseits der Messbande, die an gut reproduzierbaren Stellen etwa gleicher Transmission liegen. In der Regel sind dies Absorbanzminima. Die weitere Auswertung beruht dann auf der entsprechenden, bereits im vorhergehenden Abschnitt besprochenen Vorgehensweise (Abb. 7-4).

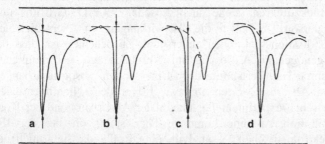

Abb. 7-5. Die Ermittlung der Absorbanz A nach dem Basislinienverfahren: a) Normalfall: gerade Basislinie durch zwei definierte Punkte, b) waagerechte Basis, c) gekrümmte Basis (angenäherte Bandenzerlegung), d) Untergrundabsorption als Basislinie. Die Werte zwischen den Pfeilen ergeben umgerechnet die jeweilige „maximale Absorbanz".

Auswertungen mit stark geneigter Basislinie kommen vor, wenn die Auswertebande in Flanken anderer Absorption liegt. Solche Einflüsse werden aber mit „einkalibriert". Auf dem beschriebenen Weg werden die meisten Absorbanzbestimmungen für quantitative Auswertungen durchgeführt. Die anderen Möglichkeiten für die Festlegung einer Basislinie, wie z. B. die waagerechte Basislinie durch nur einen Basispunkt (Abb. 7-5b), eine gekrümmte Basislinie (Abb. 7-5c) oder auch die Untergrundlinie selbst (wenn eine schwache Bande der Hauptsubstanz unter der Auswertebande liegt) (Abb. 7-5d), gehören zu den Ausnahmen, da sie alle in ihrer Reproduzierbarkeit etwas hinter der zuerst angeführten Methode zurückstehen.

7.2.2 Ermittlung der Kalibrierdaten

Zunächst sei der Weg zur Erstellung einer Kalibrierkurve am Beispiel der Einzelbestimmung von Benzonitril in Tetrachlorkohlenstoff erläutert. Dazu wiegen wir verschiedene Mengen Benzonitril in CCl_4 ein (siehe Tabelle 7-1, Spalten 1–3).

Tabelle 7-1. Experimentelle Werte zur Erstellung der Kalibrierkurve für Benzonitril in Tetrachlorkohlenstoff.

Einwaage [g]		Massenanteil w	
C_6H_5CN	CCl_4	C_6H_5CN in %	A
1.298	3.785	25.54	0.148
2.866	2.899	49.71	0.301
4.102	1.236	76.85	0.422
rein	0.0	100.0	0.479

Von jeder Probe registrieren wir dann das Gebiet der Nitrilbande von 2500–1500 cm^{-1} und bestimmen die Absorbanz im Bandenmaximum nach dem Basislinienverfahren (Tabelle 7-1, Spalte 4). Dazu wählen wir die Schichtdicke b so, dass das Nitrilbandenmaximum der Probe mit dem höchsten Benzonitrilanteil bei etwa $T = 0.25$ liegt.

Zur Erstellung der Kalibrierkurve müssen wir die zur Konzentration c gehörenden Absorbanzwerte in ein Koordinatensystem mit der Konzentration c als Abszisse und der Absorbanz A als Ordinate eintragen. Die durch diese Wertepaare gezogene Kurve dient anschließend zur quantitativen Auswertung unserer Probe mit dem unbekannten Benzonitrilanteil (Abb. 7-6).

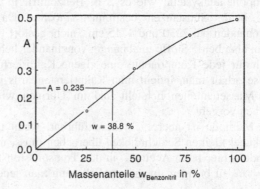

Abb. 7-6. Kalibrierkurve für Benzonitril in CCl_4.

Zur Messung und Auswertung füllen wir dieselbe Küvette, die zur Kalibrierung benutzt wurde, mit der zu messenden Probe, ermitteln die Absorbanz der Nitrilbande und lesen nun aus der Kalibrierkurve mit dem errechneten Absorbanzwert den Benzonitrilanteil ab. Angenommen, die Absorbanz sei zu $A = 0.235$ ermittelt worden, dann enthält nach Abb. 7-6 die Tetrachlorkohlenstofflösung einen Massenanteil von 38.8% Benzonitril.

Die Übertragung von Kalibrierfunktionen ist nicht fehlerfrei auf andere Spektrometer möglich. Auch können Literaturwerte für Absorptionskoeffizienten nur unter bestimmten Bedingungen herangezogen werden, wenn z. B. die Schichtdicke genau bekannt ist und Spektrometereinflüsse (begrenzte Auflösung, Apodisation, unterschiedliches Raster zur digitalen Wellenzahlabtastung u. a.) ausgeschlossen werden können, doch sind die Fehlermöglichkeiten vielfältig (siehe Abschn. 7.1.4). Eine Überprüfung der Gültigkeit der Kalibrierfunktion ist in solchen Fällen unumgänglich (Validierung).

Für multivariate Kalibrierungen unter Verwendung von NIR-Spektren, bei denen nicht nur jeweils ein Absorbanzwert, sondern ein breites Spektrenintervall verwertet wird (siehe auch Abschn. 7.5), wurden verschiedentlich Versuche unternommen, eine Standardisierung von Spektrometern zu erreichen, über die ein Kalibrierungstransfer ermöglicht werden soll. Bouveresse et al. untersuchten die in der Literatur vorgeschlagenen Möglichkeiten und schlugen Verbesserungen vor [10]. Dies ist bei den sehr aufwendigen Kalibrierungssätzen wichtig, wie sie z. B. für die Futter- und Lebensmittelanalytik eingesetzt werden.

7.2.3 Mehrkomponentenanalyse
mit getrennten Analysenbanden

Im vorhergehenden Abschnitt haben wir die Konzentrationsbestimmung einer Komponente in einem Lösungsmittel behandelt. Ganz analog kann man vorgehen, wenn man bei einem Zweikomponentensystem, wie es z. B. Benzonitril in Aceton darstellt, beide Substanzen bestimmen möchte. Da beide Auswertebanden bei 2230 und 1715 cm^{-1} nicht gestört werden, kann man also beide Stoffe unabhängig voneinander behandeln und stellt für jede Komponente eine eigene Kalibrierfunktion auf. Diese erhält man, indem man Kalibrierstandards mit bekannten Massenanteilen herstellt und im Übrigen wie oben beschrieben vorgeht.

Diese Methode ist aber nicht durchführbar, wenn man zu unpraktikabel kleinen Schichtdicken übergehen muss, um eine Messbande – hier beim Aceton – in den Transmissionsbereich über $T = 0.2$ zu bringen. In diesem Fall kann man jedoch die erhaltene Mischung von Benzonitril und Aceton mit einem im Messgebiet IR-transparenten Lösungsmittel verdünnen, um diese Schwierigkeit zu umgehen. Bei der heutigen Messtechnik ist der optimale Transmissionsbereich ($T = 0.25$ bis 0.7) zwar nicht mehr so eingeschränkt wie früher, doch wir werden sehen, dass die Messfehler für den angesprochenen Bereich am geringsten ausfallen.

Bei unserem Beispiel finden wir, dass die optimalen Bedingungen bei 10% des binären Gemisches in CCl_4 mit einem Acetonanteil w_{Aceton} zwischen 25 und 100% erfüllt werden. Für diesen Bereich werden entsprechende Kalibrierstandards bereitgestellt und vermessen. Bei der Messung von Proben gehen wir den gleichen Weg: Wir stellen eine Lösung mit einem Massenanteil der Untersuchungssubstanz von etwa 10% in Tetrachlorkohlenstoff her und messen die jeweilige maximale Bandenintensität. Unterscheidet sich der Verdünnungsgrad der Probe geringfügig gegenüber dem der Kalibrierstandards, so kann dies durch lineare Umrechnung berücksichtigt werden. Mit dem korrigierten Wert entnehmen wir der Kalibrierkurve den Acetonanteil.

Aus den Ausführungen geht hervor: Zu jedem Konzentrationsbereich gibt es eine optimale Kalibrierkurve. Im Beispiel existieren diese für unverdünnte Proben mit einem Massenanteil von $w_{Aceton} = 0 - 25\%$, sowie von $w_{Benzonitril} = 0 - 100\%$, für 10%ige Lösungen von $w_{Acceton} = 25 - 100\%$. Im Benzonitril-Fall ist ein Verdünnen nicht notwendig, da die Bandenintensität nicht groß ist. Dafür liegt jedoch die Bestimmungsgrenze ungünstiger und die Präzision ist nicht so hoch wie bei Aceton.

7.2.4 Auswertung über relative Absorbanzwerte

7.2.4.1 Quantitative Messung von Flüssigkeiten

Die Kalibrierkurven $A = f(c)$ gelten nur, solange sich die Schichtdicke der Probe nicht ändert. Eine Möglichkeit, Kalibrierungen ohne Rücksicht auf größere Schichtdickenänderungen zu benutzen, bieten relative Absorbanzangaben. Hierbei wird bei der Kalibrierkurve als Ordinate nicht die Absorbanz A der Messbande, sondern deren Verhältnis mit der Absorbanz A_{St} einer Bande einer Standardsubstanz, nämlich A/A_{St}, aufgetragen. Beide Messungen werden hierzu in derselben Küvette ausgeführt. Mathematisch kommt dies einer Division der entsprechenden Ansätze für das Lambert-Beer'sche Gesetz gleich:

$$\frac{A}{A_{St}} = \frac{a \cdot c \cdot b}{a_{St} \cdot c_{St} \cdot b} \tag{7.9}$$

wobei a und a_{St} Stoffkonstanten sind und c·ermittelt werden soll bzw. beim Kalibrieren bekannt ist; die Konzentration c_{St} ist ebenfalls konstant, da die reine Standardsubstanz ohne Verdünnungsmittel in die Messküvette eingefüllt wird. Somit fällt die Schichtdicke b heraus, und man erhält für die Kalibrierfunktion:

$$\frac{A}{A_{St}} = k \cdot c \quad \text{mit} \quad k = \frac{a}{a_{St} \cdot c_{St}} \qquad (7.10)$$

Als Standardsubstanz hat sich Cyclohexan bewährt, da im Spektrum drei Banden verschiedener Intensität auftreten, womit die Substanz für jeden Schichtdickenbereich geeignet ist (Tabelle 7-2).

Tabelle 7-2. Auswertebanden von Cyclohexan für verschiedene Küvettenschichtdicken.

Bandenlage/cm^{-1}	Geeignet für Schichtdicke b in mm
906	bis 50
1013	50– 250
1109	250–2000

Bei der praktischen Ausführung misst man die Absorbanz der entsprechenden Cyclohexanbande vor und nach jeder Messserie. Schichtdickenänderungen, die während einer Messreihe auftreten, können leicht erkannt und noch linear interpoliert werden.

7.2.4.2 Quantitative Messung bei Presslingen

Presslinge eignen sich schlecht für quantitative Untersuchungen (siehe auch Abschn. 4.2.1.8). Der Grund hierfür liegt hauptsächlich in der nicht reproduzierbaren Streuung der IR-Strahlung an den Kristalloberflächen, in Konzentrationsinhomogenitäten und in einer unregelmäßigen Kristallgröße. Außerdem ist die Voraussetzung einer idealen Lösung der Substanz in der Matrix eher die Ausnahme als die Regel. Die beispielsweise beschriebenen Beispiele der Messung einiger Carbonate verlangen eine sorgfältig auf das spezielle Problem angepasste Vorbereitungstechnik [11]. Die relative Standardabweichung liegt um 10%.

In manchen Fällen kann man aber bei reproduzierbarer Präparation und durch Zugabe eines inneren Standards mit Relativmessungen bessere als halbquantitative Ergebnisse erreichen. Bewährt haben sich für solche Auswertungen [12]:

K_2CO_3	875 cm^{-1}
DL-Alanin	851 cm^{-1}
$K_3[Fe(CN)_6]$	2100 cm^{-1}
KSCN	2100 cm^{-1}

Anders liegen die Verhältnisse, wenn im langwelligen IR-Gebiet unterhalb 600 cm^{-1} gemessen wird. Dort fallen die Streuverluste nicht mehr ins Gewicht, wenn Vermahlzeit und Pressbedingungen bei Kalibrierung und Messprobenvorbereitung gleichgehalten werden [13].

7.2.5 Quantitative Gasanalyse

Gase erfordern ein etwas abgewandeltes Auswerteverfahren, denn als Komplikation kommt gegenüber der Analyse in kondensierter Phase die Bandenintensitätsabhängigkeit vom Druck und von der Temperatur hinzu. Grundlage ist natürlich wieder das Lambert-Beer'sche Gesetz in der Form

$$P_c = \frac{A}{a \cdot b} \qquad (7.11)$$

Für die Konzentration c steht häufig nun der Partialdruck P_c. Schichtdickenänderungen sind naturgemäß bei den verwendeten Gasküvetten vernachlässigbar klein.

Das Erstellen einer Kalibrierkurve erfolgt ähnlich, wie wir es bei Lösungen kennengelernt haben: Zunächst füllt man das Reingas in die Küvette. Um hinsichtlich der Druckverbreiterung der Banden eindeutige Verhältnisse zu bekommen, wird meistens mit Stickstoff auf einen immer gleichen Gesamtdruck P_G, z. B. Atmosphärendruck, aufgefüllt. Geringfügige Abweichungen können hierbei ignoriert werden. Ist die Auswertebande zu intensiv, dann verdünnt man soweit auf einen bestimmten Partialdruck, bis die Messbande in einem günstigen Messbereich liegt. Anschließend verdünnt man nacheinander das Messgas auf niedrigere Partialdrücke, füllt jeweils wieder auf den vorher gewählten Gesamtdruck mit Stickstoff auf und registriert das Spektrum im Bereich der interessierenden Bande. Die Kalibrierkurve ergibt sich aus der Abhängigkeit der nach dem Basislinienverfahren errechneten Absorbanz vom Partialdruck P_c. Sie gilt für die Temperatur T_K, bei der die Kalibrierdaten ermittelt wurden.

Bei der späteren Analyse steht nach der Probenvorbereitung das zu analysierende Gasgemisch unter dem bekannten Einfülldruck P in der Gaszelle. Wenn die Gastemperatur bei der Messung (T) von derjenigen der Kalibrierung (T_K) abweicht, muss sie über das 2. Gay-Lussac'sche Gesetz korrigiert werden.

Bei einem Beispiel sei der Partialdruck des Analysengemisches P = 317 hPa bei T = 294.15 K (21 °C). Anschließend wird mit N_2 auf Atmosphärendruck (z. B. 1000 hPa) aufgefüllt. Die Kalibrierkurve gilt für T_K = 300.15 K (27°C). Der Partialdruck P', den das Gemisch bei der Kalibrierungstemperatur T_K

hätte, ist dann

$$P' = \frac{PT_K}{T} = \frac{317 \cdot 300.15}{294.15} \ hPa = 324 \ hPa$$

Wäre das eingefüllte Gas rein, dann entspräche P' einem Volumenanteil von 100%. Aus der Kalibrierkurve entnehmen wir aber z. B. für eine Absorbanz von $A = 0.345$ einen Partialdruck P_c von 234 hPa. Aus dem Verhältnis $P' : 100 = P_c : x$ folgt für den relativen Komponentenpartialdruck 72.3% (entspricht dem gleichen Volumenanteil in %).

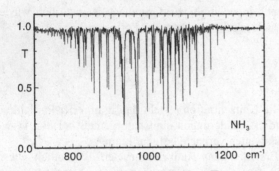

Abb. 7-7. Spektrum der ν_2-Bande von Ammoniak (43 ppm (V/V) in N_2), aufgenommen bei einer optischen Weglänge von 20 m (spektrale Auflösung 1 cm^{-1}, Boxcar-Apodisation).

Ein Beispiel sei zur Raumluftanalytik gegeben. Mit einer Multireflexionsküvette wurden Prüfgase mit unterschiedlichen Volumenanteilen von Ammoniak in Stickstoff über eine dynamische Verdünnung mittels Kapillardosierer hergestellt [14]. Die Prüfgase wurden im Küvettendurchfluss nach kurzer Zeitspanne spektroskopiert, um Verluste der polaren Komponente durch Adsorption an der inneren Küvettenoberfläche auszuschließen. Das Spektrum eines Prüfgases ist in Abb. 7-7 gezeigt.

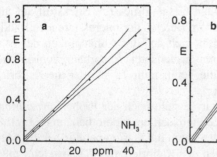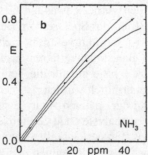

Abb. 7-8. Kalibrierkurven mit Vertrauensbereichen basierend auf gleichen Ammoniakprüfgasstandards, aber mit unterschiedlicher FT-Spektrenberechnung (Auswertung der maximalen Absorbanz bei 967 cm^{-1}, nominale Auflösung 1.0 cm^{-1}; (a) Boxcar-Apodisation und (b) Dreiecksapodisation).

In Abb. 7-8 sind zwei Kalibrierkurven für den gleichen Satz von Kalibrierstandards gezeigt, jedoch wurden die mit einem FT-Spektrometer gemessenen Spektren bei gleicher nominaler Auflösung, aber mit unterschiedlichen Apodisationsfunktionen berechnet. Für die gegenüber den übrigen Rotations-Vibrationslinien relativ breite Q-Zweigbande bei 967 cm^{-1} finden wir mit Boxcar-Apodisation eine lineare Abhängigkeit der maximalen Absorbanz über den vorliegenden Volumenanteilbereich; die Dreiecksapodisation bringt bereits eine merkliche Verschlechterung der spektralen Auflösung mit sich, da die dazugehörige sinc^2-Spektrometerfunktion gegenüber der sinc-Funktion (Boxcar-Apodisation) eine größere Halbwertsbreite aufweist. Dies wirkt sich, wie theoretisch vorausgesagt [7], auf die experimentell gemessenen Absorbanzen so aus, dass eine nichtlineare Kalibrierfunktion zustande kommt. Gezeigt sind ebenfalls die sogenannten Vertrauensbereiche der Kalibrierfunktionen, die sich über die Fehlerfortpflanzung berechnen lassen und die ein Maß für die Unsicherheit der Messergebnisse liefern.

7.3 Die Interpretation quantitativer Ergebnisse

Aus den vorangegangenen Abschnitten geht hervor, wie quantitative Bestimmungen aus IR-spektroskopischen Messungen erhalten werden können. Zur Auswertung und Planung der Experimente verwendet man statistische und chemometrische Methoden. Als Chemometrie bezeichnet man alle multivariaten Kalibrationsverfahren in der Analytischen Chemie. Bei diesen Verfahren wird, im Gegensatz zur klassischen univariaten Kalibration, nicht nur ein spektraler Datenpunkt, sondern eine gesamte spektrale Struktur zur Kalibration herangezogen. Der generelle Vorteil dieser Art der Kalibration ist, dass hier mehr spektrale Information zur Modellbildung verwendet wird, wodurch noch geringste Unterschiede in den jeweiligen Substanzspektren verwendet werden können.

Zwar existiert bereits umfangreiche Literatur zu diesem Thema [15, 16], doch ist deren streng mathematische Sprache für den Analytiker oftmals nur schwer verständlich. Dennoch sind diese neuen, statistischen Auswerteverfahren heute ein unerlässliches Werkzeug in der modernen industriellen Analytik. Sie ermöglichen Untersuchungen komplexer Systeme, die noch vor wenigen Jahren undenkbar gewesen wären. Einige Beispiele sollen die einfachsten Grundsätze näherbringen.

7.3.1 Mittelwert und Standardabweichung

Bei der Acetonbestimmung haben wir eine Probe mehrmals gemessen und fanden für die Absorbanz die Ergebnisse in Spalte 2 der Tabelle 7-3. Daraus ermittelten wir die Acetonanteile aus der Kalibrierkurve (Spalte 3).

Tabelle 7-3. Mehrfachmessung einer Probe zur Berechnung des Mittelwertes $\overline{w}$ und der Standardabweichung s über Gl. (7.12).

Probe	A	w	$(w - \overline{w})$	$(w - \overline{w})^2$
1	0.5485	67.5	+3.85	14.82
2	0.5370	66.0	+2.35	5.52
3	0.5285	64.7	+1.05	1.10
4	0.5200	63.5	−0.15	0.02
5	0.5075	61.8	−1.85	3.42
6	0.5070	61.7	−1.95	3.80
7	0.5090	62.0	−1.65	2.72
8	0.5080	62.0	−1.65	2.72
		$\overline{w} = 63.65$		$\Sigma = 34.12$
$s = \pm (34.12 / 7)^{1/2}$		$= \pm 2.21$		$(\pm 3.5 \% \text{ rel.})$

Aus Tabelle 7-3 erkennt man, dass die Werte in Spalte 2 bzw. 3 unregelmäßig streuen. Meistens wird man den arithmetischen Mittelwert ($\overline{w} = 63.65$ %) als „besten" Wert ansehen. Wäre die erste Messung in Tabelle 7-3 aber nicht ausgeführt worden, dann läge $\overline{w}$ bei 63.10%. Wir sehen, dass aus den Messdaten allein nur unvollständige Aussagen möglich sind: die Einzelwerte schwanken von $w_{\text{Aceton}} = 61.7\%$ bis 67.5% und der Mittelwert ist von der Zahl der Messungen abhängig. Man kann aber mit statistischen Verfahren zu einer Reihe weiterer Aussagen kommen.

Aus Tabelle 7-3 geht hervor, dass sich die einzelnen Messwerte um den Mittelwert häufen. Bei sehr vielen Messungen kann man sie in Klassen zusammenfassen (Abb. 7-9a). Eine Klasse umfasst einen engen Wertbereich, z. B. 1.0 Einheiten. Die Anzahl der Messbefunde innerhalb einer Klasse wird auf die Ordinate aufgetragen. Die graphische Darstellung entspricht einem Balkendiagramm wie in Abb. 7-9a. Beim Übergang zu unendlich vielen Messungen bei differentieller Klassenbreite geht die Umhüllende der Abb. 7-9a in eine Gauß'sche Glockenkurve über (Abb. 7-9b). Man sagt dann: die Messergebnisse folgen einer Gauß-Verteilung oder: sie ist um den Mittelwert μ normalverteilt mit der Standardabweichung σ (σ^2 wird die Varianz genannt).

Eine der wichtigsten Kenngrößen einer Messserie ist die Schätzung der Standardabweichung s. Sie hängt mit der Lage der Wendepunkte der Gauß-Kurve zusammen. Bei sehr vielen Daten liegen innerhalb ihrer Grenzen ($\mu \pm \sigma$) 68.3% aller Einzelwerte, im Intervall $\mu \pm 2\sigma$ jeweils 95.5%, sowie bei $\mu \pm 3\sigma$ 99.7% aller Ergebnisse. Die Schätzung s ist ein Maß für die Güte der Messergebnisse. Je kleiner s ist, um so enger liegen die Ergebniswerte beisammen, und um so präziser ist das Messverfahren. Den Zahlenwert von s kann man nach folgender Formel berechnen:

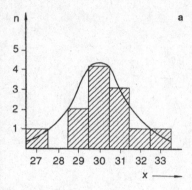

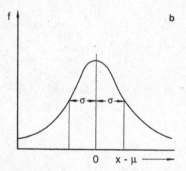

Abb. 7-9.
a) Balkendiagramm für wenige Messwerte ($n = 12$).
b) Normalverteilung der Messwerte bei unendlich vielen Messungen.

$$s = \pm \sqrt{\frac{\sum\limits_{i=1}^{n} (\overline{x} - x_i)^2}{n-1}} \qquad (7.12)$$

wobei $\overline{x}$ der arithmetische Mittelwert der Einzelmessungen ist, x_i ist der Wert der i-ten Einzelmessung und n bedeutet die Anzahl der Messungen. Bei IR-spektroskopischen Analysen kann die relative Standardabweichung im Allgemeinen besser ±2% liegen, z. B. vorausgesetzt $n = 10$ Messungen im Bereich von $T = 0.20$ bis 0.70 ($A = 0.15$ bis 0.70). In Tabelle 7-3 ist ein Beispiel für die Acetonbestimmung durchgerechnet (vgl. Abschn. 7.3.3).

7.3.2 Streubereich von Einzelmessungen und Vertrauensintervall von Mittelwerten

Die vorstehenden Ausführungen gelten für sehr viele Wiederholungsmessungen an derselben Probe ($n > \approx 30$). Bei 8 Messungen (wie im Beispiel der Tabelle 7-3) darf man aber noch nicht die Idealform einer Gauß-Verteilung den Aussagen zugrunde legen. Wegen der zu kleinen Anzahl der Messdaten muss auch die Verteilung der Einzelmessungen berücksichtigt werden. Dies geschieht durch den Student-Faktor t. Der Bereich, in dem die Einzelmessungen streuen, wird angegeben mit $\overline{x} \pm s \cdot t$, wobei s die nach Gl. (7.12) errechnete Standardabweichung ist, und t die nicht ideale Messwertverteilung bei wenigen Daten berücksichtigt. Der Faktor t ist von zwei Parametern abhängig: Von der Anzahl der Einzelmessungen und der statistischen Sicherheit. Je mehr Ergebnisse vorliegen, um so besser ist die Gauß-Verteilung erfüllt und um so kleiner ist der Faktor (siehe Tabelle 7-4).

Die statistische Sicherheit ist mit der Breite des Vertrauensintervalls verknüpft, wobei die Angabe mit dem Faktor $t_{95\%}$ bedeutet, dass 95% der Einzelmessungen innerhalb der Grenzen $\overline{x} \pm t_{95\%} \cdot s$ liegen. Bei unserem Beispiel heißt das: Die Einzelmessungen $w_{i,\,Aceton}$ liegen im Bereich von 58.4 bis 68.9%.

Tabelle 7-4. Student-Faktoren t in Abhängigkeit von der Zahl der Messungen und der statistischen Sicherheit (statistische Tabellen enthalten statt n die Anzahl der Freiheitsgrade $n - 1$).

Zahl n der Wiederholungsmessungen	2	3	4	5	6	7	8	9	10	∞
95%	12.71	4.30	3.18	2.78	2.57	2.45	2.37	2.31	2.26	1.96
99%	63.66	9.92	5.84	4.60	4.03	3.71	3.50	3.36	3.25	2.58

Als Endergebnis und Entscheidungsgrundlage interessiert eigentlich nur der Mittelwert der Messungen. Darum ist oft die Unsicherheit des Mittelwertes $\bar{x}$ eine wichtigere Kenngröße als die Streuung der Einzelergebnisse. Der Vertrauensbereich des Mittelwertes $\bar{x}$ ist einfach aus der Zahl n und der Standardabweichung s der Einzelmessungen errechenbar mit $\pm t_{95\%} \cdot s/\sqrt{n}$. Der Wert von 95% Sicherheit bedeutet hier, dass mit dieser Wahrscheinlichkeit der gefundene Mittelwert innerhalb der Grenzen $\bar{x} \pm t_{95\%} \cdot s/\sqrt{n}$ liegt. Mit anderen Worten kann von 20 Ergebnissen eines außerhalb des angegebenen Vertrauensbereiches liegen. Bei riskanten Entscheidungen wird man 99%ige oder 99.7%ige Sicherheit anstreben. Für unser Beispiel ergibt sich mit 95%iger Sicherheit: der Massenanteil w_{Aceton} der Probe liegt irgendwo zwischen 61.8 und 65.5%. Eine Einengung des Bereiches kann nur durch zusätzliche Messungen an der gleichen Probe erreicht werden oder durch präzisere Messungen.

7.3.3 Zufällige und systematische Fehler

Alle oben abgeleiteten Aussagen beziehen sich auf unregelmäßige Schwankungen der Einzelmessergebnisse um einen Mittelwert. Die Ursache liegt in den zufälligen Fehlern infolge apparativer und manueller Unzulänglichkeiten (z. B. Detektor- und Verstärkerrauschen, Schwankungen bei der Einwage). Sie sind bei jeder physikalischen Messung vorhanden und können nur durch erhöhten Aufwand verringert werden.

Die Einflüsse unsystematischer Fehler liegen bei IR-spektroskopischen Messungen nur zum kleinen Teil bei der Einwaage. Ein besonderer Einfluss kommt der Absorbanz zu. In der Nähe von $A = 0$ ($T = 1.0$) ist die Unsicherheit durch das Rauschen der Basislinie gegeben, für große Werte von A ($T \rightarrow 0$) resultiert ebenso wegen der logarithmischen Abhängigkeit von der Transmission eine enorme relative Unsicherheit. Der relative Fehler σ_E/A der Absorbanzmessung errechnet sich nach Gl. (7.13) mit $A = -\log T$ zu:

$$\frac{\sigma_E}{A} = \frac{\log e \cdot 10^A \cdot \sigma_\tau}{A} \qquad (7.13)$$

wobei $\log e = 0.4343$ ist und σ_τ die Standardabweichung in der Basislinie in Transmissionseinheiten (z. B. über eine 100%-Linie abgeschätzt) darstellt. Die Funktion σ_E/A ist in Abb. 7-10 für einen Basislinienrauschpegel mit $\sigma_\tau = 0.001$ abgebildet. Das Kurvenminimum bei 36.7% Transmission sagt aus, dass die Messgenauigkeit dort am größten ist. Bei neueren Geräten kann durchaus im Bereich von $A = 0.03$ bis 1.6 gemessen werden.

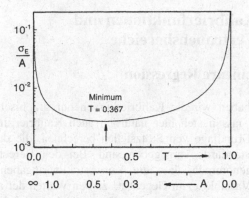

Abb. 7-10. Fehlerkurve IR-spektroskopischer Messungen, für die das Lambert-Beer'sche Gesetz gültig ist ($\sigma_r = 0.001$).

Ein gut belegtes und reproduzierbar gemessenes Analysenergebnis kann trotzdem völlig falsch sein. Eine dejustierte Waage oder ein falscher Faktor z. B. ändern das Ergebnis einseitig und doch reproduzierbar, womit systematische Fehler angesprochen werden. Systematische Fehler sind oft schwer erkennbar, und man kommt ihnen meist nur durch Anwendung prinzipiell verschiedener Methoden auf die Spur. Erst die Übereinstimmung der Ergebnisse von z. B. IR, UV, GC innerhalb der Standardabweichung geben eine relativ sichere Gewähr dafür, dass kein systematischer Fehler vorliegt.

Einen klaren systematischen Fehler weisen die Daten der Tabelle 7-3 auf: Die Messwerte für die Absorbanz – und damit auch für den Massenanteil – zeigen bis zur Probe 5 einen kontinuierlichen Abfall zu kleineren Zahlenwerten. Dieser Trend hat seine Ursache in der Erwärmung der Küvette im Strahlengang: das Lösungsvolumen vergrößert sich bis zum Temperaturausgleich bei näherungsweise gleicher Küvettenschichtdicke und die Konzentration nimmt ab. Daraus können wir entnehmen, dass erst nach einer Aufwärmperiode der Küvette (etwa 10 min) reproduzierbar gemessen werden kann. Wenn man diese Grundregel bei quantitativen IR-Messungen beachtet, dann sinkt die Standardabweichung (bei 4 Messungen) auf $s = \pm 0.15$ und der Mittelwert liegt mit 95%iger Aussagewahrscheinlichkeit bei $\overline{w} = 61.87 \pm 0.24$ (entsprechend einem relativen Fehler von ± 0.4 %).

Werte, die nicht in eine Serie passen (sogenannte Ausreißer), werden eliminiert, wonach die statistischen Kenndaten neu errechnet werden. Ausreißer dürfen aber nur auf Grund entsprechender statistischer Tests als solche behandelt werden [17]. Messwertreihen, die nicht normal verteilt sind (logarithmische Verteilungen nahe der 0%- oder der 100%-Grenze, binomische Verteilungen auf Grund von ja-nein-Entscheidungen u. a.) müssen nach anderen Verfahren ausgewertet werden.

7.4 Kalibrierfunktionen und Vertrauensbereiche

7.4.1 Lineare Regression

Bislang haben wir die Kalibrierkurven nur graphisch dargestellt. Es lassen sich hier natürlich auch Kalibrierfunktionen
auf der Grundlage von Stützstellen berechnen, die durch die
Kalibrierstandards vorgegeben sind. Bei den Berechnungen
wird angenommen, dass die Konzentrationsangaben (unabhängige Variable x) im Gegensatz zu den Werten der abhängi-
gen Variablen y fehlerfrei sind. Der einfachste Fall liegt vor,
wenn lineare Signalabhängigkeiten existieren, sodass eine
Geradengleichung $y = a + bx$ zugrunde gelegt werden kann,
wobei der Ordinatenabschnitt a und die Steigung b zu berechnen sind. Die optimale Geradengleichung verläuft derart, dass
die Summe der Abweichungsquadrate der jeweiligen y_i-Werte
zu den entsprechenden Ordinatenwerten der Geraden bei
gleicher Abszisse x_i minimiert wird (Ausgleichsrechnung).

Die beiden Konstanten einer solchen Geradengleichung
lassen sich folgendermaßen berechnen:

$$a = \bar{y} - b\bar{x} \qquad (7.14)$$

und

$$b = \frac{\sum_{i=1}^{n}(x_i - \bar{x})(y_i - \bar{y})}{\sum_{i=1}^{n}(x_i - \bar{x})^2} \qquad (7.15)$$

wobei $\bar{x}$ und $\bar{y}$ die auf den Kalibrierwertepaaren basierenden
Mittelwerte darstellen. Eine weitere Voraussetzung ist, dass
innerhalb des Arbeitsbereiches der Kalibrierung die Fehler für
die y_i-Werte normal verteilt und gleich groß sind. Ist die letztere Annahme nicht erfüllt (sog. Heteroskedastizität, Varianz-
inhomogenität), so muss eine gewichtete Regression durchgeführt werden, siehe z. B. [18, 19]. Wie wir bereits mit
Gl. (7.13) gesehen haben, gilt dies für die Spektrometrie, da der
Absorbanzfehler exponentiell von den Absorbanzwerten abhängig ist.

Ein wichtiges Kriterium für die Güte der Geradenanpassung ist
deren Standardabweichung, die über folgende Gleichung definiert ist, wobei $\hat{y}_i$ die Funktionswerte der Kalibriergeraden sind:

$$S_{y/x} = \pm \sqrt{\frac{\sum_{i=1}^{n}(y_i - \hat{y}_i)^2}{n - 2}} \qquad (7.16)$$

Ein anderer Parameter, der häufig für die Einschätzung einer Regression herangezogen wird, ist der Korrelationskoeffizient r, bzw r^2, das sog. Bestimmtheitsmaß:

$$r = \frac{\sum\limits_{i=1}^{n}(x_i - \bar{x})(y_i - \bar{y})}{\sqrt{\sum\limits_{i=1}^{n}(x_i - \bar{x})^2 \sum\limits_{i=1}^{n}(y_i - \bar{y})^2}} \qquad (7.17)$$

Der Korrelationskoeffizient wird häufig zu Aussagen zur Linearität bzw. zu Abweichungen hiervon missbraucht, wozu dieser nicht geeignet ist, was jedoch eine graphische Darstellung der x, y-Wertepaare offensichtlich leisten kann [20].

Über die Fehlerrechnung lassen sich auch Vertrauensbereiche der Kalibriergeraden (siehe Abb. 7-8) definieren. Für den Analytiker sind insbesondere die Unsicherheiten in den Konzentrationsangaben wichtig, wobei die statistische Sicherheit nicht nur durch die Kalibrierung, sondern auch durch die Anzahl der Wiederholungsmessungen bei der Analyse gewährleistet werden kann [21].

Aufwendiger ist die Berechnung von nichtlinearen Kalibrierfunktionen, die über Polynome approximiert werden können. Auch hier gibt es umfangreiche Literatur einschließlich zur Berechnung von Vertrauensbereichen, z. B. [22, 23].

7.4.2 Besondere Verfahrenskenngrößen

Eine wichtige Frage bei quantitativen Bestimmungen stellt sich hinsichtlich der methodischen Grenzen. Die durch Vielfachmessungen überprüfbare Streuung der Messergebnisse spielt eine große Rolle, sodass statistische Kriterien herangezogen werden müssen, um so wichtige Kenngrößen wie z. B. das Nachweisvermögen einer Methode beurteilen zu können. Vielfach wird auch die Empfindlichkeit als wichtige Größe genannt und mit dem Nachweisvermögen verwechselt, wobei die Empfindlichkeit eindeutig als Steigung der Kalibrierfunktion definiert ist, die im linearen Arbeitsbereich eine Konstante darstellt.

Die Nachweis-, Erfassungs- und Bestimmungsgrenze haben im analytischen Bereich einen äußerst wichtigen Platz. Die Nachweisgrenze (engl. *detection limit*) markiert die Möglichkeit, z. B. geringste Stoffmengenanteile eines Stoffes zu erkennen, wobei für eine eindeutige Bestimmung diese Menge dennoch nicht ausreicht. Die Kenngrößen lassen sich über die Messung von Blindproben definieren, die den zu bestimmenden Bestandteil nicht enthalten, aber auch über die Kalibrierfunktion, die üblicherweise zur Grundlage einer quantitativen Be-

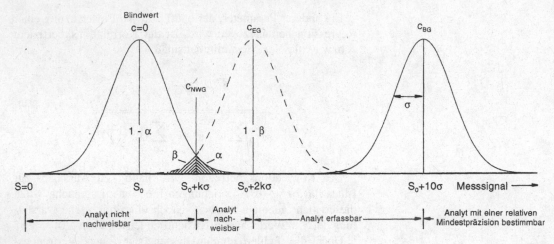

Abb. 7-11. Definition verschiedener Verfahrenskenngrößen wie Nachweis-, Erfassungs- und Bestimmungsgrenze (zur weiteren Erläuterung siehe Text).

stimmung herangezogen wird. Ihre Definition wurde zwar durch eine DIN-Norm festgelegt [24], doch finden sich verschiedentlich in der Literatur für die gleichen Sachverhalte unterschiedliche Begriffe und Bereiche. Eine Übersicht zur Vielfalt und zur historischen Entwicklung findet sich in [25].

In Abb. 7-11 sind die Normalverteilungskurven um drei verschiedene Signale, u. a. um den Wert S_0, der im Mittel den Blindproben zugeordnet werden kann, dargestellt. Die Gesamtfläche der Gaußkurven ist jeweils auf 1, entsprechend der Wahrscheinlichkeit von 100%, normiert. Die willkürlich gezogene Grenze bei $S_0 + k\sigma$ (sog. kritischer Wert der Messgröße) wird zur Charakterisierung der Nachweisgrenze herangezogen, wobei verschiedene Faktoren k unterschiedliche Wahrscheinlichkeiten für die jenseits der Grenze liegenden Messergebnisse bedingen. Der Wert $k = 2$ führt zu einem einseitigen Vertrauensbereich $(1 - \alpha)$ von 97.7%, wobei bei Abwesenheit einer Normalverteilung für die Messfehler sich dieser auf nur 75% reduziert. Dies ist ein Grund, weswegen bevorzugt der Faktor $k = 3$ vorgeschlagen wurde, mit dem ein Vertrauensbereich von 99.86% erreicht wird (89% bei Abweichungen von der Normalverteilung).

Die Analyse der Blindprobe mit $c = 0$ kann hinsichtlich der Nachweisgrenze zu zwei möglichen Ergebnissen führen:

1. richtig – negativ (entspricht der Abwesenheit der zu messenden Substanz) mit der Wahrscheinlichkeit $(1 - \alpha)$ sowie

2. falsch – positiv mit der Wahrscheinlichkeit α (sog. Fehler 1. Art)

Weiterhin lässt die Analyse einer Probe mit der Konzentration c_{EG} ebenfalls zwei Möglichkeiten zu:

1. richtig – positiv mit der Wahrscheinlichkeit $(1 - \beta)$ und

2. falsch – negativ mit der Wahrscheinlichkeit β
(sog. Fehler 2. Art)

Zur Festlegung der Erfassungsgrenze (engl. *identification limit*; andere Begriffe werden synonym verwendet) wird die gleiche Fehlerwahrscheinlichkeit für α und β vorgegeben. Die Erfassungsgrenze ist der kleinste Wert z. B. einer Konzentration, die mit einer bestimmten Wahrscheinlichkeit Signale liefert, die größer als das an der Nachweisgrenze sind. Wie man sich klar machen kann, ist für Konzentrationen oberhalb c_{EG} die relative Standardabweichung (auch Variationskoeffizient genannt) recht hoch, sodass man als weitere Kenngröße die Bestimmungsgrenze (engl. *quantification limit*) eingeführt hat, für die eine relative Mindeststandardabweichung gefunden werden kann. Der Faktor für σ ist üblicherweise so gewählt, dass für den Variationskoeffizienten ein Wert von 10% resultiert.

In ähnlicher Weise können die Nachweis-, Erfassungs- und Bestimmungsgrenze über die Kalibrierfunktion definiert werden; siehe hierzu auch [24]. Abb. 7-12 zeigt die beiden in der Literatur vorgeschlagenen Möglichkeiten: zum einen über die Vertrauensbereiche der Signalmessung einschließlich Kalibrierungsvarianz, zum anderen über die entsprechenden Vertrauensintervalle um die x-Werte. Doch auch bei nichtlinearen Kalibrierungen mit nicht konstanter Varianz für die y-Werte unterscheiden sich die jeweils erhaltenen Grenzwerte nur unwesentlich [25]. Eine ausführliche Darstellung zu Fehlerfortpflanzung und Vertrauensbereichen wurde von Ebel gegeben [26].

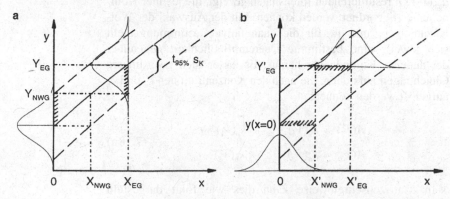

Abb. 7-12. Definition der Nachweis- und Erfassungsgrenze über die Vertrauensbereiche der Kalibrierung in der Signal- (a) oder Konzentrationsdomaine (b) ($t_{95\%}$ Studentfaktor (zweiseitige Hypothese), s_K Standardabweichung mit Varianzanteilen von Signalmessung und Kalibrierung).

7.5   Mehrkomponentenanalyse mit multivariater Auswertung

7.5.1 Klassische Modellbildung

Die Vielzahl von multivariaten Methoden lässt sich damit erklären, dass umfangreichere und verbesserte Aussagen möglich sind, als bei der Betrachtung einzelner Variablen. Unter bestimmten Bedingungen ist es zudem absolut erforderlich, weitere Informationen zur Auswertung heranzuziehen. Dies trifft insbesondere für den Fall zu, dass keine geeignete ungestörte Analysenbande zur Auswertung zur Verfügung steht, weil Überlagerungen von Banden verschiedener Komponenten vorliegen. An einem Beispiel soll die erforderliche Strategie veranschaulicht werden.

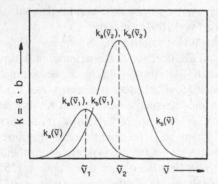

Abb. 7-13. Querempfindlichkeiten von zwei Komponenten bei Bandenüberlagerung.

In Abb. 7-13 sind zwei Banden mit ihren aus dem Produkt $a_{a,b}(\tilde{\nu}) \cdot b$ resultierenden Intensitäten gezeigt, die je einer Komponente zugeordnet werden können. Mit der Auswahl der Wellenzahlen $\tilde{\nu}_1$ und $\tilde{\nu}_2$ für die quantitative Bestimmung stellt sich jeweils eine bestimmte Querempfindlichkeit gegenüber der anderen Komponente heraus. Es lassen sich zwei lineare Gleichungen aufstellen, die nach den Konzentrationen c_a und c_b aufgelöst werden können:

$$A(\tilde{\nu}_1) = k_a(\tilde{\nu}_1) \cdot c_a + k_b(\tilde{\nu}_1) \cdot c_b$$
$$A(\tilde{\nu}_2) = k_a(\tilde{\nu}_2) \cdot c_a + k_b(\tilde{\nu}_2) \cdot c_b \tag{7.18a}$$

In Matrizenschreibweise kann dies wie folgt dargestellt werden, wobei die Lösung über die Matrixinversion erfolgt:

$$\begin{bmatrix} A_1 \\ A_2 \end{bmatrix} = \begin{bmatrix} k_{1,a} & k_{1,b} \\ k_{2,a} & k_{2,b} \end{bmatrix} \begin{bmatrix} c_a \\ c_b \end{bmatrix}$$

bzw.

$$A = K \cdot C \tag{7.18b}$$

Zur quantitativen Bestimmung können günstigerweise weitere Absorbanzwerte an zusätzlichen Wellenzahlvariablen berücksichtigt werden, womit der Vektor **A** eine höhere Dimension erhält und die Matrix **K** nicht mehr quadratisch, sondern rechteckig ist (überbestimmtes System). Zur Lösung eines solchen linearen Gleichungssystems setzt man die Ausgleichsrechnung (engl. *least-squares*) ein [15]. Zu beachten gilt, dass die Anzahl der spektralen Datenpunkte größer bzw. gleich der Anzahl der zu bestimmenden Komponenten sein muss, um ein sinnvolles Ergebnis zu erhalten. In Abb. 7-14 ist die Grundlage der quantitativen Bestimmung über die Anpassung von Komponentenspektren graphisch illustriert.

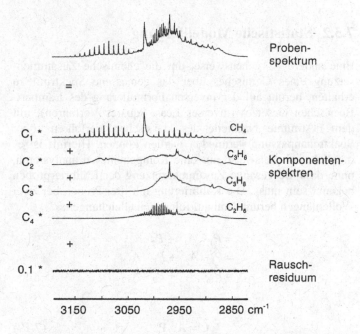

Abb. 7-14. Mehrkomponentenanalyse über Spektrenanpassung mit Spektren reiner Komponenten (Referenzspektren), deren Gewichte mittels Bestimmung über die kleinsten spektralen Abweichungsquadrate (Ausgleichsrechnung) geschätzt werden (das Rauschspektrum wurde zur besseren Darstellung um den Faktor 10 vergrößert).

Im Prinzip lassen sich bei Mehrkomponentengemischen bei näherungsweise idealem Verhalten der Komponenten deren Reinstoffspektren heranziehen, jedoch empfiehlt es sich, bei Wechselwirkungen mit der Matrix (Druckverbreiterung in der Gasanalytik, Assoziation, Verschiebung von Banden aufgrund von Lösungseffekten u. a.) entsprechende Mischungsverhältnisse bei den Standards vorzugeben, ähnlich denen, wie sie bei der Analyse zu erwarten sind. Über verschiedene Kalibrierstandards mit bekannter Zusammensetzung können die jeweiligen „K-Spektren" der Komponenten mittels Bestimmung über die kleinsten Abweichungsquadrate berechnet werden.

Es lassen sich entsprechende Tests bzgl. Modellgüte durchführen, wie weit nichtlineare Effekte z. B. wegen nicht ausreichender spektraler Auflösung oder falsch gewählter Apodisation auftreten. Über die lineare Regression lassen sich auch
die Vertrauensbereiche der Konzentrationswerte berechnen
[27]. Zu erwähnen ist noch, dass beispielsweise eine spektrale
Basislinie oder Nichtlinearität in der Absorbanz bei der Spektrenanpassung mitberücksichtigt werden kann [28]. Modellfeh-
ler wie z. B. das Nichtberücksichtigen von Komponenten, die
einen Beitrag zum Mischungsspektrum im ausgewerteten
Spektrenintervall liefern, führen zu systematischen Fehlern bei
der Konzentrationsberechnung. Hier ist es empfehlenswert, sich
die spektralen Residuen nach der Spektrenanpassung anzusehen, ob größere Abweichungen von einem reinen Rauschspektrum existieren (siehe auch Abb. 7-14).

7.5.2 Statistische Modellbildung

Eine andere Vorgehensweise, um die chemische Zusammensetzung eines Gemisches über das gemessene Spektrum zu
erhalten, beruht auf der inversen Formulierung des Lambert-
Beer'schen Gesetzes (inverses Least-Squares Verfahren), mit
dem bestimmte Nachteile des klassischen Verfahrens über
Spektrenanpassung vermieden werden können. Hiermit ist es
möglich, beispielsweise nur eine Komponente zu analysieren,
ohne dass die gesamte Zusammensetzung der Kalibrierproben
bekannt sein muss. Die Kalibrierung mit drei Proben bei zwei
Wellenlängen beruht dann auf folgenden Gleichungen:

$$c_1 = P_1 \cdot A_{1,1} + P_2 \cdot A_{1,2}$$
$$c_2 = P_1 \cdot A_{2,1} + P_2 \cdot A_{2,2}$$
$$c_3 = P_1 \cdot A_{3,1} + P_2 \cdot A_{3,2}$$

bzw.

$$\mathbf{C} = \mathbf{A} \cdot \mathbf{P} \qquad\qquad (7.19)$$

wobei der Vektor **C** die jeweiligen Konzentrationswerte der zu
bestimmenden Einzelkomponente beinhaltet und die Zeilen von
A die Koordinaten des dazu gehörigen Standardspektrums enthalten. Der Vektor **P** mit den „Proportionalitätsfaktoren" kann
über Least-Squares-Anpassung berechnet werden. Es ist natürlich auch eine Formulierung für mehrere Komponenten möglich. Die allgemeine Voraussetzung ist, daß die Anzahl der
Standardproben größer als die Anzahl der Wellenzahldaten ist.

Die Kalibrierproben, deren Anzahl meistens erheblich größer
als beim klassischen Kalibrieransatz ist, sollten nicht nur den

interessierenden Konzentrationsbereich, sondern auch alle sonstigen zu erwartenden Varianzfaktoren einschließen.

Die auftretenden linearen Gleichungssysteme sind im Allgemeinen teilweise aufgrund großer Ähnlichkeit zwischen den Kalibrierspektren schlecht konditioniert, sodass unzureichende Ergebnisse erzielt werden, wenn nicht z. B. eine Regressorauswahl von Absorbanzen bei Wellenzahlen vorgenommen wird, die besonders signifikant für die Regression sind, wobei verschiedene Strategien zur multiplen linearen Regression existieren [29].

Eine andere Möglichkeit zur Berechnung optimaler Kalibriermodelle besteht in der Verwendung von Faktoranalyseverfahren. Bei den spektroskopischen Anwendungen überwiegen eindeutig die Ansätze mittels Partial Least-Squares (PLS) und Principal Component Regression (PCR). Hierbei wird die Kalibrationsmatrix geeignet zerlegt, und basierend auf einer bestimmten signifikanten Anzahl von Faktoren kann eine Matrixinversion zur Schätzung von geeigneten Regressionsvektoren vorgenommen werden. Bei der PCR-Methode wird zur Matrixfaktorisierung allein die Matrix der Kalibrierspektren herangezogen, währenddessen bei PLS die Korrelation spektraler Charakteristika mit den Probenkonzentrationen bei der Definition des ersten Faktorspektrums berücksichtigt wird [30]. Ein Freiheitsgrad bei der Berechnung der optimalen Kalibrierung ist bei PLS die Anzahl der nacheinanderfolgenden Faktoren, während bei PCR verschiedentlich zusätzlich eine Auswahl nach statistischer Signifikanz vorgenommen wird. Generell beinhalten die letzten Faktoren Rauschanteile der Spektren, wobei durch Nichtberücksichtigung dieser eine Eliminierung spektralen Rauschens möglich wird.

Da sich der PLS-Algorithmus als die in der Praxis am meisten bewährte Methode etabliert hat, soll dieser näher erläutert werden.

Um eine PLS-Regression für ein bestimmtes System durchzuführen, müssen die Informationen der Substanzspektren mit denen der entsprechenden Konzentrationswerte verglichen werden. Veränderungen, die in beiden Datenstrukturen auftreten, müssen erkannt und miteinander verknüpft werden. Zu diesem Zweck wird eine größere Anzahl von Proben vermessen. Zur mathematischen Darstellung der Veränderungen in beiden Datensätzen werden diese zunächst in Form einer Datenpunktmatrix niedergeschrieben (siehe Abb. 7-15) und dann in ihre Eigenvektoren zerlegt. Diese Eigenvektoren nennt man Faktoren oder Hauptkomponenten. Sie können bei der Konzentrationsvorhersage anstelle der ursprünglichen Spektren verwendet werden, da sie alle relevanten spektralen Informationen über das untersuchte System enthalten. Der Vorteil dieser Zerlegung ist der, dass die analytisch wichtigen Informatio-

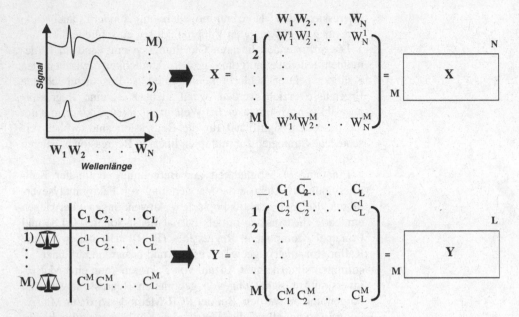

Abb. 7-15. Kodierung von Spektral- und Konzentrationsdaten in Matrixschreibweise. In dem gezeigten Beispiel wurden zunächst M Kalibrationsproben vermessen. In einem zweiten Schritt werden alle N Wellenlängen der erhaltenen Spektren zeilenweise in eine (M, N)-Matrix geschrieben. Diese Matrix entspricht der spektralen Datenmatrix X. Analog werden alle L Komponentenwerte in eine (M, L)-Konzentrationsdaten-Matrix Y geschrieben. (Reproduziert mit Erlaubnis von Dr. J.-P. Conzen, Bruker Optik GmbH, D-76275 Ettlingen.)

nen sehr großer Datenpunktmengen in Form dieser Faktoren komprimiert werden, die sich ohne weiteres zur Kalibration verwenden lassen.

Die Eigenvektoren werden nun nach sinkendem Eigenwert sortiert, wobei der erste Faktor die Hauptveränderungen des betrachteten Spektrums charakterisiert und somit die größte Bedeutung für das Kalibrationsmodell hat. Mit höherer Faktorenzahl werden immer kleinere Veränderungen in der Datenstruktur erklärt, was eine wichtige Konsequenz für die Auswertung der Spektren hat: Niedrige Faktoren charakterisieren zumeist die für die spätere Auswertung wichtigen Veränderungen der spektralen Strukturen, während höhere Faktoren den störenden Anteil des spektralen Rauschens repräsentieren.

So ist die Auswahl der optimalen Zahl an Faktoren von zentraler Bedeutung für die Qualität des PLS-Modells. Bei der Wahl zu geringer Faktorenzahlen werden die vorhandenen spektralen Strukturen nur ungenügend erkannt, sodass man in diesem Fall von ‚Underfitting‘ spricht. Aber auch eine zu große Anzahl von Faktoren führt zu einer Verschlechterung der Analyse, denn hier werden die störenden Anteile spektralen Rauschens mit in die Regression aufgenommen („Overfitting').

Bei der PLS-Regression werden die Spektralmatrix X und die Konzentrationsmatrix Y auf nur wenige Faktoren reduziert. Die ursprünglichen Matrizen werden dabei als Summe von Produkten eines sogenannten Scoresvektors t_i und eines sogenannten Loadingsvektors p_i beziehungsweise q_i dargestellt:

Spektraldaten:

$$X = t_1 p_1^T + t_2 p_2^T + t_3 p_3^T + \dots + F \qquad (7.20)$$

Konzentrationsdaten:

$$Y = t_1 q_1^T + t_2 q_2^T + t_3 q_3^T + \dots + G \qquad (7.21)$$

In allen Fällen werden die Scores- und Loadingswerte als Vektoren dargestellt. Das wird deutlich, wenn man beispielsweise das Blockschema von Gl. (7.20) betrachtet:

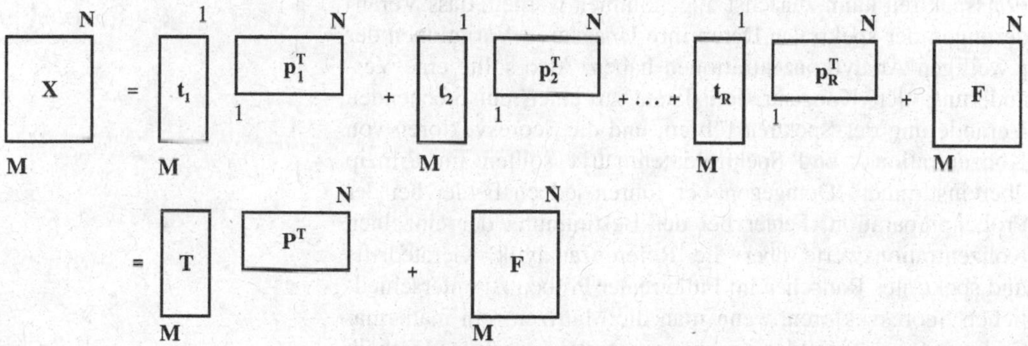

Abb. 7-16. Blockschema für eine Faktorisierung der Spektralmatrix X. (Reproduziert mit Erlaubnis von Dr. J.-P. Conzen, Bruker Optik GmbH, D-76275 Ettlingen.)

Dabei entspricht der Rang R der Anzahl der Faktoren, und T kennzeichnet die Transponierte der jeweiligen Loadingsvektoren. F und G sind die sogenannten Residualmatrizen der Spektral- und Konzentrationsdaten. Diese repräsentieren Veränderungen in den Datenstrukturen, die nicht durch die vorherige Faktorisierung erklärt werden.

Die Anzahl der eingelesenen Absorbanzwerte übertrifft im Allgemeinen die Anzahl an vorhandenen Komponenten um ein Vielfaches, wodurch das System überbestimmt ist. Daher können die Konzentrationsdaten nicht nur mit einem spektralen Datenpunkt (wie etwa dem Bandenmaximum im Fall der univariaten Kalibration), sondern mit einer gesamten spektralen Datenstruktur korreliert werden. Folglich ist der Informationsgehalt eines auf diese Weise kalibrierten Datensatzes erheblich höher als bei einer univariaten Kalibration. Ausserdem können während der Analyse Ausreißer erkannt werden, und man kann entscheiden, ob unbekannte Störkomponenten, die mit dem Kalibrationsdatensatz nicht korrelieren, zu spektralen Veränderungen geführt haben. Da hier im Gegensatz zur univariaten Kalibration auch die spektroskopischen Informationen an den Bandenflanken zur Auswertung herangezogen werden, ist es möglich, die Spektren auch anhand ihrer Struktur auszuwerten. Deshalb können auch stark überlappende Banden in den Substanzspektren unterschieden werden, wenn sie sich in ihrer Gestalt wenigstens ein bisschen unterscheiden. In ähnlicher Weise können spektrale Strukturen in stark verrauschten Regionen des Spektrums erkannt werden, was eine entsprechende Verbesserung der Vorhersagegenauigkeit der Konzentrationsdaten erwarten lässt.

Die besondere Bedeutung der PLS-Regression liegt in der gleichzeitigen und voneinander unabhängigen Faktorisierung des X- und Y-Datensatzes. Im Fall der Auswertung von Absorptionsspektren kann zunächst angenommen werden, dass Veränderungen der spektralen Daten ihre Ursache in Variationen der jeweiligen Analytkonzentrationen haben. Also sollte eine Veränderung der Konzentrationsdaten zu einer entsprechenden Veränderung der Spektren führen, und die Scoresvektoren von Konzentrations- und Spektraldatenmatrix sollten im Prinzip übereinstimmen. Demgegenüber führen jedoch Fehler bei der Probenpräparation, Fehler bei der Bestimmung der einzelnen Konzentrationswerte über die Referenzanalytik, Gerätedrifts und spektrales Rauschen im Falle realer Proben zu unterschiedlichen Scoresvektoren, wenn man die Matrizen rein mathematisch, d. h. voneinander unabhängig zerlegen würde. Deshalb werden bei der PLS-Kalibration identische Scores-Vektoren bei den jeweiligen Faktorenzahlen in beiden Datensätzen angenommen. Diese werden so gewählt, dass sie eine möglichst geringe Abweichung von den ursprünglichen Werten aufweisen, was einen Kompromiss darstellt zwischen der Fähigkeit der Faktoren, die Proben zu beschreiben, und der Erhöhung der Korrelation der Datensätze.

Literatur zu Kap. 7

[1] H. M. Heise: Fresenius J. Anal. Chem. **346**, 604 (1993)
[2] J. A. Bertie, S. L. Zhang, R. N. Jones, Y. Apelblat, C. D. Keefe: Appl. Spectrosc. **49**, 1821 (1995)
[3] H. Staat, H. M. Heise, E. H. Korte: Fresenius Z. Anal. Chem. **316**, 170 (1983)
[4] H. M. Heise: Fresenius J. Anal. Chem. **350**, 505 (1994)

[5] J. R. Birch, F. J. J. Clarke: Spectrosc. Europe **7** (4), 16 (1995)

[6] D. A. Ramsay: J. Am. Chem. Soc. **74**, 72 (1952)

[7] R. J. Anderson, P. R. Griffiths: Anal. Chem. **47**, 2339 (1975)

[8] J. E. Bertie, S. L. Zhang, C. D. Keefe: Vibr. Spectrosc. **8**, 215 (1995)

[9] J. E. Bertie, C. D. Keefe, R. N. Jones: "Tables of Intensities for the Calibration of Infrared Spectroscopic Measurements in the Liquid Phase", International Union of Pure and Applied Chemistry Chemical Data Series No. 40, Blackwell Science, 1995

[10] E. Bouveresse, D. L. Massart, P. Dardenne: Anal. Chem. **67**, 1381 (1995)

[11] D. E. Chasan, G. Norwitz: Appl. Spectrosc. **25**, 226 (1971); **28**, 195 (1974)

[12] I. Kössler: „Methoden der Infrarot-Spektroskopie in der chemischen Analyse", Akademische Verlagsgesellschaft Geest u. Protig KG, Leipzig, 1961, S. 97

[13] H. Malissa, R. Kellner: Anal. Chim. Acta **63**, 263 (1973)

[14] H. M. Heise, H.-H. Kirchner, W. Richter: Fresenius Z. Anal. Chem. **322**, 397 (1985)

[15] R. C. Graham: "Data Analysis for the Chemical Sciences – A Guide to Statistical Techniques", VCH Publ., New York, 1993

[16] M. J. Adams: "Chemometrics in Analytical Spectroscopy", Royal Society of Chemistry, Cambridge, 1995

[17] W. Rechenberg: Fresenius Z. Anal. Chem. **311**, 590 (1982)

[18] H. Bubert, R. Klockenkämper: Fresenius Z. Anal. Chem. **316**, 186 (1983)

[19] D. L. Massart, B. G. M. Vandeginste, L. M. C. Buydens, S. De Jong, P. J. Lewi, J. Smeyers-Verbecke: "Handbook of Chemometrics and Qualimetrics: Part A", Elsevier, Amsterdam, 1997; B. G. M. Vandenginste, D. L. Massart, L. M. C. Buydens, S. De Jong, P. J. Lewi, J. Smeyers-Verbecke: "Handbook of Chemometrics and Qualimetrics: Part B", Elsevier, Amsterdam, 1998

[20] B. D. Ripley: Analyst **113**, 1469 (1988)

[21] S. Ebel: Comp. Anw. Lab. **1**, 55 (1983)

[22] S. Ebel, D. Alert, U. Schaefer: Comp. Anw. Lab. **2**, 172 (1983)

[23] L. M. Schwartz: Anal. Chem. **51**, 723 (1979)

[24] DIN 32645: „Nachweis-, Erfassungs- und Bestimmungsgrenze", DIN Deutsches Institut für Normung, Beuth Verlag, Berlin, Mai 1994

[25] H. M. Heise: Fresenius Z. Anal. Chem. **323**, 368 (1986)

[26] S. Ebel: „Fehler und Vertrauensbereiche analytischer Ergebnisse", in: Analytiker-Taschenbuch, Bd. 11, H. Günzler, R. Borsdorf, K. Danzer, W. Fresenius, W. Huber, I. Lüderwald, G. Tölg, H. Wisser, Hrsg., Springer-Verlag, Berlin, 1993

[27] P. Saarinen, J. Kauppinen: Appl. Spectrosc. **45**, 953 (1991)

[28] D. M. Haaland, R. G. Easterling, D. A. Vopicka: Appl. Spectrosc. **39**, 73 (1985)

[29] N. R. Draper, H. Smith: "Applied Regression Analysis", 2. Auflage, Wiley & Sons, New York, 1981

[30] R. Marbach, H. M. Heise: Chemom. Intell. Lab. Syst. **9**, 45 (1990)

8 Spektroskopie im Nahen und Fernen IR, sowie verwandte Verfahren

8.1 Spektralbereiche außerhalb des Mittleren IR

Bei den klassischen Anwendungen der IR-Spektroskopie beschränkte man sich hauptsächlich auf das Mittlere IR. Es ist der Bereich, in dem die Fundamentalschwingungen zu finden sind. In Tabelle 8-1 findet sich eine Übersicht über die verschiedenen Bereiche und die grundlegenden Phänomene.

Tabelle 8-1. Übersicht zu den verschiedenen IR-Spektralbereichen.

	Nahes IR		Mittleres IR	Fernes IR
Wellenlänge:	0.78 –	2.5 –	25 –	1000 µm
Wellenzahl:	12800 –	4000 –	400 –	10 cm^{-1}
Phänomene:	Ober- und Kombinations-schwingungen unter hauptsächlicher Beteiligung von Molekülgruppen mit C-H, O-H und N-H		Fundamental- und Kombinationsschwingungen unter Beteiligung von:	
			leichten und schweren Atomen	schweren Atomen
	Langwellige elektronische Übergänge			weiterhin: Molekülgerüst-schwingungen, Molekül-torsionen, Kristallgitter-schwingungen, Rotationsspektren kleiner Moleküle

8.1.1 Der kurzwellige Bereich (Nahes IR)

8.1.1.1 Vergleich Nahes und Mittleres IR

Die Nah-Infrarot (NIR) Spektroskopie [1, 2] hat während der 1980er Jahre eine Renaissance erlebt sowohl durch die Entwicklung chemometrischer Methoden als auch durch die Einführung von Faseroptiken. Im NIR werden sowohl verbesserte konventionelle, d.h. dispersive als auch FT-Spektrometer eingesetzt.

Ein Nah-Infrarot-Spektrum unterscheidet sich in verschiedener Hinsicht von einem Mittleren-Infrarot-Spektrum (siehe Tabelle 8-1). Während im Mittleren IR zwischen 4000 und 400 cm^{-1} Grundschwingungen auftreten, werden im Nahen IR zwischen 12800 und 4000 cm^{-1} Obertöne und Kombinationen dieser Grundschwingungen beobachtet. NIR-Banden basieren hauptsächlich auf C–H-, N–H- und O–H-Streckschwingungen, deren Grundschwingungsbanden zwischen 4000 und 2000 cm^{-1} auftreten, sodass deren Oberton- und Kombinationsbanden oberhalb von 4000 cm^{-1} erscheinen. Da NIR-Absorptionen von mehratomigen Molekülen größtenteils von nur wenigen Funktionellen Gruppen verursacht werden, ist die NIR-Spektroskopie weniger geeignet für die qualitative Spektreninterpretation als die Spektroskopie im Mittleren Infrarot, zu der alle (IR-aktiven) Grundschwingungen sowie Obertöne und Kombinationen von energetisch tiefliegenden Schwingungen beitragen. Die Hauptanwendung der NIR-Spektroskopie liegt demgemäß in der quantitativen Analytik.

Die NIR Oberton- und Kombinationsbanden sind mehr von ihrer chemischen Umgebung abhängig als die Bande der entsprechenden Grundschwingung: Eine kleine Änderung in der chemischen Bindung verursacht nur geringfügige Änderungen in der Grundschwingung, aber signifikante Verschiebungen und Intensitätsänderungen der NIR-Banden.

Wenn man von der Grundschwingung zum ersten Oberton geht, nimmt die Intensität der Absorptionsbande um einen Faktor zwischen 10 und 100 ab, sodass das Nachweisvermögen im NIR reduziert ist im Vergleich zum Mittleren Infrarot. Während das ein Nachteil für Messungen von Gasen ist, bedeutet es einen großen Vorteil für Messungen von Flüssigkeiten punkto Probenpräparation, da Küvetten zwischen 1 mm und 10 cm benützt werden. Glas oder Quarz dient als Fenstermaterial.

Da NIR-Banden von Flüssigkeiten und Farbstoffen relativ große Bandbreiten zwischen 30 und 60 cm^{-1} haben, überlappen sie stark, was eine direkte Bandezuordnung für größere, komplexe Moleküle im Allgemeinen unmöglich macht. Daher müssen chemometrische Methoden [3–5] zur quantitativen Analytik herangezogen werden (siehe Abschn. 7.5).

8.1.1.2 Anwendungen der Nah-Infrarot-Spektroskopie

Die Anwendungen der NIR-Spektroskopie umfassen Chemie [6, 7], Öl-Industrie [8], klinische Analytik [9], biologische und medizinische Analytik [10] sowie die pharmazeutische Industrie [11, 12]. Da die Intensitäten typischer NIR-Banden unabhängig bzw. nur schwach abhängig sind vom Zustand des Systems, wird die NIR-Spektroskopie vor allem auf Flüssigkeiten und komprimierte Gase angewendet.

Die Anwendung der NIR-Spektrometrie zur quantitativen Analyse wurde von Norris [13] initiiert, der mittels Diffuser Reflexion (siehe Abschn. 5.1.3) Hauptkomponenten wie Feuchtigkeit, Protein und Fett in agrochemischen Proben bestimmt hat. Im Vergleich zum Mittleren Infrarot können im NIR pulverförmige Proben mittels Diffuser Reflexion mit minimaler Probenvorbereitung gemessen werden [14]. Außerdem bietet sich die quantitative Analyse geradezu an, da ein besseres Streuungs/Rausch-Verhältnis erhalten wird wegen der kleineren Absorptionskoeffizienten und der größeren Streuungskoeffizienten bei kürzeren Wellenlängen. Obwohl NIR-Analytik mittels Diffuser Reflexion ursprünglich für agrochemische und Nahrungsmittel-Anwendungen [15] entwickelt worden ist, wird sie inzwischen zusammen mit chemometrischen Methoden auch auf Polymere [16], Pharmazeutika [17], Organische Verbindungen [18], geologische Proben [19] und Fraktionen der Dünnschicht-Chromatographie [20, 21] angewendet.

Die ausgezeichnete Transmission von Quarz im Nahen Infrarot hat außerdem das Potential der NIR-Spektroskopie durch die Einführung von Faseroptiken erweitert [22]. Diese werden benützt, um NIR-Strahlung vom Spektrometer zur Probe und, nach erfolgtem Durchtritt durch dieselbe oder Reflexion an derselben, wieder zurückzuführen.

Die meisten faseroptischen Kabel bestehen aus drei konzentrischen Komponenten: dem inneren Teil („Core"), durch den sich das Licht fortbewegt, einem mittleren Teil („Cladding") und einer äußeren, schützenden Ummantelung. Das Licht aus der Quelle, das über eine Stirnfläche in das Innere des Leiters gelangt, wird mittels Totaler Interner Reflexion (siehe Abschn. 5.1.2) an der Grenzschicht zwischen dem inneren und dem mittleren Teil durch die Faser geleitet. Entscheidend für den Lichtdurchsatz durch das faseroptische Kabel ist die Differenz der Brechungsindices der Materialien von innerem und mittlerem Teil, da dadurch der maximal mögliche Winkel bestimmt wird, unter dem Totale Interne Reflexion stattfindet. Je größer dieser Winkel ist, um so mehr Licht wird in dem Lichtleiter transportiert. Häufig findet man zur Charakterisierung von Fasern eine weitere Größe, die direkt mit diesem Winkel zusammenhängt: die sogenannte *nummerische Apertur* (N.A.). Diese ist definiert als der Sinus des halben Akzeptanzwinkels 2α, unter dem die Lichtstrahlen reflektiert werden. Die nummerische Apertur berechnet sich gemäß

$$\sin \alpha = \text{N.A.} = (n^2_{\text{innerer Teil}} - n^2_{\text{mittlerer Teil}})^{1/2} \qquad (8.1)$$

Auch hier gilt: Je größer der Wert der nummerischen Apertur, um so mehr Licht wird in der Faser transportiert, da alles Licht ausgekoppelt wird, das in einem größeren Winkel als der Akzeptanzwinkel auf die Faser auftrifft. Der innere und mittlere Teil sind gewöhnlich aus optisch reinen Quarzgläsern mit unterschiedlichen Brechungsindices gemacht, während die Ummantelung meistens ein Polymer ist. Andere Fasermaterialien sind Zirkonium Fluorid (ZrF) und Chalcogenid (AsGeSe). Normale Quarzgläser enthalten üblicherweise Spuren von OH-Gruppen, die zu einer Absorption im NIR-Spektrum bei 7200 cm^{-1} führen. Das ist gerade bei der Verwendung größerer Faserlängen kritisch zu bewerten, da in diesem Bereich nennenswerte Lichtanteile durch Absorption verlorengehen. Aus diesem Grund werden ausschließlich Fasern aus möglichst OH-armen Gläsern verwendet, und die Qualität eines Lichtleiters wird üblicherweise durch die Lichtdämpfung bei der Absorptionswellenlänge der OH-Gruppe, also bei 7200 cm^{-1} bzw. 1389 nm spezifiziert. Je geringer diese Dämpfung ist, um so höher ist die Qualität der Faser.

In gleicher Weise ist die optische Reinheit der Gläser von Bedeutung. Geringste Spuren von Verunreinigungen und Oberflächenrauhigkeiten zwischen innerem und mittlerem Teil wirken als Streuzentren, die ebenfalls zu Lichtverlusten führen. Nur Materialien höchster optischer Reinheit sind für die NIR-Messtechnik brauchbar.

Da dank der Faseroptik Spektrometer und Probe zwischen zwei und einigen hundert Metern auseinanderliegen können, kann die NIR-Spektrometrie für Online Konzentrationsbestimmungen z. B. bei chemischen Reaktionen eingesetzt werden. Verschiedene Fasern können in unterschiedliche Reaktionsgefäße oder Bypass-Vorrichtungen eingeführt werden, was zahlreiche Möglichkeiten für die Prozess-Kontrolle [23] oder – ganz wichtig – für die Analytik von gefährlichen oder giftigen Stoffen eröffnet. Weitere Anwendungen sind z. B. die Bestimmung der Oktan-Zahl in Benzin bzw. von Aromaten in Brennstoffen, die Zusammensetzung von Lösungsgemischen [24, 25] sowie Polymer-Analytik.

8.1.2 Der langwellige Bereich (Fernes IR)

Nach der langwelligen Seite hin wird das Spektrum meist durch das Küvettenfenstermaterial begrenzt. Durch geeignete Auswahl, z. B. Polyethylen, kommt man aber leicht bis 10 cm^{-1}. Viel gravierender ist in diesem Bereich die geringe Energie, die von thermischen Strahlern abgegeben wird. Durch breite Spalte und Trockenluftspülung oder Evakuieren des Gerätes wegen der beachtlichen Wasserdampfabsorption konnten dispersive Geräte realisiert werden [26]. Ihre Weiterentwicklung wurde aber durch die FT-Spektroskopie abgebrochen (siehe Abschn. 3.4.2). Die ersten FT-Spektrometer waren aus technischen Gründen nur für das langwellige IR-Gebiet vorgesehen. Die Gründe für einen vorteilhaften Einsatz von FT-Geräten sind bereits im Abschn. 3.4.2 erwähnt worden, wobei diese für die Spektroskopie im Fernen IR aufgrund der begrenzten spektralen Strahlungsleistungen einen entscheidenden Fortschritt mit sich brachten.

Im Fernen IR findet man die Valenzschwingungen von Molekülen mit schweren Atomen (siehe auch Tabelle 8-1). Anorganische Verbindungen und metallorganische Komplexe [27], vor allem die Zentralatom-Ligand-Schwingungen und die Kristallgitter-Schwingungen, zeigen unter $400 \, cm^{-1}$ interessante Absorptionsbanden. Auch haben Moleküldeformationsschwingungen ihre Frequenzen im langwelligen IR-Gebiet. Dadurch sind neue Untersuchungen über Ringpuckering-, Torsions- und Gerüstschwingungen allgemein möglich geworden, z. B. [28]. Zur Ermittlung thermodynamischer Daten ist die Spektroskopie in diesem Bereich unumgänglich. Zudem sind Rotationsspektren von Gasmolekülen mit zwei oder drei Atomen hier zu finden, sowie können optische Eigenschaften von Halbleitern und Dielektrika gemessen werden [29]. Daneben ist die Spektroskopie von oxidischen Supraleitern ein interessantes Gebiet, das längere Zeit eine große Aufmerksamkeit erfuhr [30]. Die gleichen oder teilkomplementären Aussagen kann übrigens prinzipiell auch die Raman-Spektroskopie liefern (siehe Abschn. 8.3).

8.2 IR-Laserspektroskopie

Nach dem klassischen Schema des Spektrometerbaus mit Strahlungsquelle, Monochromator und Detektor könnte man auf den Monochromatorteil verzichten, wenn eine möglichst monochromatisch durchstimmbare Strahlungsquelle zur Verfügung steht. Seit dem Aufkommen von Lasern kann dieser Weg beschritten werden. Die Bezeichnung für diese Strahlungsquellen ist das Akronym für „*L*ight *A*mplification by *S*timulated *E*mission of *R*adiation". Im Lasermedium findet kohärente, d. h. gleichphasige Verstärkung durch stimulierte Emission statt, wofür die Voraussetzung eine größere Besetzungsdichte im oberen Energieniveau als im unteren ist, was durch äußere Energiezufuhr, sog. „Pumpen", erreicht werden kann [31].

Bei den IR-Lasern kann man zwischen Gas- und Festkörperlasern unterscheiden. Von den Gaslasern ist der CO_2-Laser der wohl bekannteste, zudem dieser auch für atmosphärische Luftanalytik eingesetzt wird, z. B. beim LIDAR (*Light Detection and Ranging*). Bei den durchstimmbaren Lasern haben die Diodenlaser eine große Bedeutung erlangt. Vielfach findet man diese in Geräten der Unterhaltungselektronik (CD-Spieler) oder in der Kommunikationstechnik. Die IR-Spektroskopie profitiert naturgemäß von solchen Entwicklungen. Man kann die kommerziellen Diodenlaser generell in zwei Kategorien fassen: Die eine beruht auf III-V Halbleitermaterialien, die Dioden für den Spektralbereich zwischen 0.63 und etwa 1.55 µm ermöglichen. Die andere Klasse wird aus IV-VI-Halbleitermaterialien hergestellt, die den Bereich zwischen 3 und 30 µm abdecken. Leider sind zu deren Betrieb im Gegensatz zu dem vorhergenannten Typ sehr tiefe Temperaturen erforderlich (siehe Abb. 8-1).

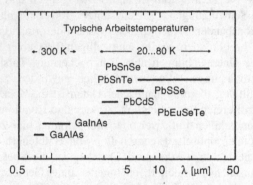

Abb. 8-1. Übersicht zum Einsatzbereich verschiedener Diodenlasermaterialien.

In der Regel rekombinieren die Überschusselektronen in einem n-Leiter mit den Löchern eines p-Leiters in der Grenzschicht unter Wäremeentwicklung. Bei den Laserdioden wird als Folge dieser Rekombinationsprozesse kohärente, extrem monochromatische IR-Strahlung mit hoher Energiedichte ausgesandt, wobei mit geringem Aufwand eine spektrale Auflösung von 10^{-4} cm^{-1} erreichbar ist (siehe Abb. 8-2). Die Durchstimmung erfolgt über eine Änderung des Diodenstromes, bzw. der Temperatur in einem Bereich von 15 bis 100 K bei einer Temperaturstabilität von $3 \cdot 10^{-4}$ K (Abstimmungsbereich von

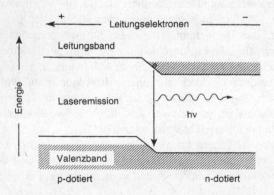

Abb. 8-2. Energieschema eines Diodenlasers.

4 cm^{-1}/K). Durch die Änderung im Brechungsindex des Halbleitermaterials und der damit verbundenen Änderung der Resonanzfrequenz im Fabry-Pérot-Resonator wird die Abstimmbarkeit verständlich.

Durch Kopplung an einen veränderlichen externen Resonator können Laserdioden ebenfalls durchgestimmt werden. Der Vorteil ist zum einen eine höhere spektrale Auflösung und zum anderen bessere Reproduzierbarkeit und Unabhängigkeit von Alterungsvorgängen im Lasermaterial, allerdings ist zusätzlicher Aufwand für den Resonator notwendig.

Trotz der hohen spektralen Auflösung ist bei kommerziellen Laserspektrometern zur Modenselektion doch noch ein Monochromator eingebaut, es sei denn, man kann auf teuere Monomodenlaser zurückgreifen. Generell erlaubt die Laserspektroskopie die Aufnahme von hochaufgelösten Spektren von Gasen, was für die Bestimmung genauer molekularer Parameter vorteilhaft ist. Aber auch für die Gasanalytik sind solche extrem nachweisstarken Systeme hervorragend einzusetzen, wobei Multireflexionsküvetten mit Optischen Weglängen um 100 m bei Unterdruckbedingungen verwendet werden; es kann jedoch ebenso erfolgreich eine photoakustische Detektion bei äußerst geringen Probengasvolumina berücksichtigt werden [32]. NIR-Laser, die bei Raumtemperatur betrieben werden, haben natürlich Betriebsvorteile gegenüber den Bleisalzlasern, doch müssen demgegenüber auch die geringeren Absorptionskoeffizienten der dann vorliegenden Obertonbanden diskutiert werden. Dennoch sind nachweisstarke Analysengeräte, z. B. für gasförmiges HF oder NH$_3$, entwickelt worden.

Eine weitere, allerdings technisch aufwendige Möglichkeit zur Erzeugung durchstimmbarer monochromatischer IR-Strahlung bieten die optischen parametrischen Oszillatoren. Bei ihnen wird die IR-Strahlung durch den nichtlinearen optischen Prozess der Differenzfrequenzbildung aus dem Licht eines frequenzfesten und eines durchstimmbaren Lasers mit Emission im Sichtbaren oder Nahen IR erzeugt. Vorteile dieser gegenwärtig vor allem in der Grundlagenforschung benutzten Anordnung sind weite Durchstimmbereiche, hohe Zeitauflösung und große Impulsleistung.

8.3 Raman-Spektroskopie

8.3.1 Physikalische Grundlagen

Der IR-Spektroskopie sehr nahe verwandt ist die Raman-Spektroskopie [33–36], die ebenfalls eine Methode zur Beobachtung von Molekülschwingungen ist. Beide Spektroskopiearten geben häufig ähnliche Spektren, doch existieren auch genügend Unterschiede, dass sie einander ergänzende oder komplementäre Informationen liefern können. Es gibt spezielle Anwendungen, bei denen die IR-Spektroskopie der Raman-Spektroskopie überlegen ist und umgekehrt (siehe auch Tabelle 8-2).

Tabelle 8-2. Übersicht zu den Besonderheiten der Raman-Spektroskopie im Vergleich zum IR.

- andere Auswahlregeln, d. h. teilweise komplementäre Informationen,
- geringe Nachweisstärke, da schwacher Streueffekt,
- auf wässerige Lösungen gut anwendbar, da IR-Absorption des Wassers nicht stört (Einschränkung: FT-Raman-Spektroskopie mit langwelliger Anregung),
- bei Anregung im Sichtbaren kann Fluoreszenz der Probe oder von Verunreinigungen das Signal überlagern und eine Messung verhindern,
- in der Regel keine Probenpräparation erforderlich, Messung durch optisch transparente Stoffe (u. a. Verpackungen, Glasfenster, Kristalle),
- Banden unter 400 cm^{-1} bis zu wenigen cm^{-1} (z. B. Kristallgitterschwingungen) sind mit der gleichen Apparatur messbar,
- gute Eignung für eine Mikrobereichsanalyse

Der Ramaneffekt beruht auf einer anderen Wechselwirkung zwischen Materie und elektromagnetischer Strahlung, als sie für die IR-Spektroskopie vorliegt. Bestrahlt man eine Probe z. B. über einen Laser mit monochromatischer Strahlung, dann treten folgende physikalische Erscheinungen auf:

- **Absorption und Fluoreszenz:** Reicht die Energie der auf die Probe gestrahlten $h\nu_0$-Quanten aus, um einen Elektronensprung anzuregen, dann wird die zugeführte Strahlung absorbiert. Die Anregungsenergie der Elektronen kann teilweise oder ganz in Wärme umgewandelt, jedoch auch als längerwellige Emissionsstrahlung, der sogenannten Fluoreszenz, wieder abgegeben werden.

- **Rayleigh-Streuung:** Ein Teil ($\approx 10^{-4}\,\phi_0$) wird in alle Raumrichtungen mit der ursprünglichen Frequenz ν_0 gestreut. Diesen Streuanteil kann man sich durch elastische Stöße der Strahlungsquanten ($h\nu_0$) mit den Molekülen der Probe entstanden denken.

- **Raman-Streuung:** Ein geringer Teil des Lichts (ca. $10^{-8}\,\phi_0$) wird inelastisch, d. h. unter Änderung der Frequenz gestreut. Die Frequenzverteilung, bzw. das Spektrum des Streulichts weist Banden mit Frequenzdifferenzen zur Anregung auf, die den Schwingungsfrequenzen der Moleküle entsprechen (Abb. 8-3).

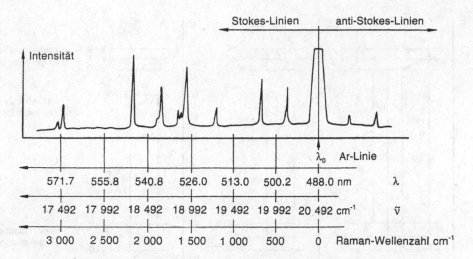

Abb. 8-3. Schema eines Raman-Spektrums (λ_0 = Einstrahlwellenlänge, z. B. beim Ar-Laser 488.0 nm, entspricht $\tilde{\nu}_0$ = 20492 cm⁻¹).
Obere Skala: Wellenlänge der Streustrahlung; *mittlere Skala:* Wellenzahlen der Streustrahlung; *untere Skala:* Differenz zwischen den Wellen-Wellenzahlen der Streustrahlung und der Anregungsstrahlung $\tilde{\nu}_R - \tilde{\nu}_0$ (Raman-Wellenzahlen).

Die Entstehung eines Raman-Spektrums kann man sich folgendermaßen vorstellen: Ein Teil der eingestrahlten monochromatischen Strahlung wird von den Molekülen elastisch gestreut (Rayleigh-Streuung), doch einige der Quanten geben einen Teil ihrer Energie an die Moleküle ab und treten längerwellig gestreut mit der Frequenz ν_R, da um den übertragenen Energiebetrag ärmer, wieder aus der Probe aus. Die Differenz $\Delta E = h \cdot (\nu_0 - \nu_R)$ wird vom Molekül zur Erhöhung seiner Schwingungsenergie verbraucht. Wir haben also einen dem Compton-Effekt analogen Vorgang. Ist die Anregungsenergie $h\nu_0$ für einen Elektronensprung ausreichend, dann kann der Raman-Effekt von der Fluoreszenz vollkommen überdeckt werden. Die Vorgänge lassen sich in einem Termschema darlegen (siehe Abb. 8-4).

Einen weiteren möglichen Fall zeigt Abb. 8-4c: Wenn die Anregungsstrahlung auf schwingungsangeregte Moleküle trifft, dann können diese ihre Schwingungsenergie auf die einfallende Strahlung übertragen. Es tritt dann ein energiereicheres Quant aus der Probe aus. Es gibt also auch Raman-Linien auf der kurzwelligen Seite der Rayleigh-Linie, man nennt sie „anti-Stokes-Linien" im Gegensatz zu den „Stokes-Linien" im langwelligen Bereich (siehe auch Abb. 8-3).

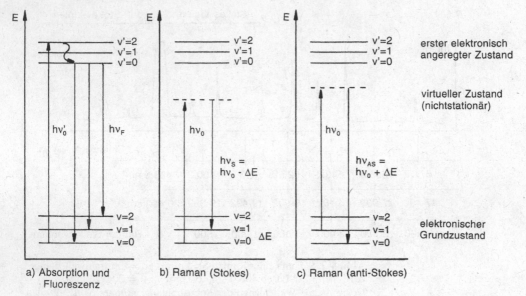

a) Absorption und Fluoreszenz   b) Raman (Stokes)   c) Raman (anti-Stokes)

Abb. 8-4. Termschema zur Wechselwirkung von monochromatischer Strahlung mit Molekülen (v und v' Schwingungsquantenzahlen von Schwingungszuständen im elektronischen Grund- bzw. angeregten Zustand, ν_0 bzw. ν_0' Anregungsfrequenzen, ν_F Fluoreszenzfrequenzen, $\nu_0 - \nu_S$ Stokes-Ramanlinie, $\nu_0 - \nu_{AS}$ anti-Stokes-Ramanlinie).

Mit diesen Grundprinzipien kann man wesentliche Voraussetzungen der Raman-Spektroskopie verstehen:

- Die Anregung sollte mit monochromatischer Strahlung erfolgen. Bei mehreren Anregungsfrequenzen würde jede für sich ein Raman-Spektrum erzeugen mit der Folge ineinanderverschachtelter Spektren.

- Geringe Anteile fluoreszierender Fremdstoffe in der Untersuchungsprobe können durch ihre intensive Fluoreszenz das Raman-Spektrum überdecken.

- Wegen der geringen Ausbeute an Raman-Streustrahlung benötigt man sehr intensive Strahlungsquellen.

- Da bei der Raman-Streuung das gesamte Spektrum simultan entsteht, ist für optimale Nachweisgrenzen eine parallele Messung aller Spektralkanäle angebracht.

Diese physikalischen Voraussetzungen beeinflussen vor allem den Geräteaufbau (siehe Abschn. 8.3.2). Eine Anmerkung sei zum Resonanz-Raman-Effekt gemacht, der dann auftritt, wenn der virtuelle Zustand einem elektronisch angeregten Zustand nahe kommt, sodass eine erhebliche Verstärkung der Raman-Streuung bis um den Faktor 10^6 beobachtet werden kann.

Zur Auswahl der Anregungswellenlänge ist festzustellen, dass die Abstrahlungsleistung der induzierten Dipole proportional zu ν_s^4 ist, womit sich Vorteile aus der Wahl einer hohen Anregungsfrequenz ν_0 ergeben; andererseits kann mit großen Quantenenergien $h\nu_0$ störende Fluoreszenz angeregt werden, weswegen eine relativ niedrige Anregungsfrequenz gewählt werden sollte. Die üblichen Kompromisslösungen bewegen sich zwischen der Verwendung von Argonionen-Lasern (Wellenlängen bei 514.5 nm (grün) bzw. 488.0 nm (blaugrün) mit intensiver Raman-Streuung, aber gelegentlich störender Fluoreszenz) und der von Nd:YAG-Lasern bei 1064 nm, womit praktisch ohne Fluoreszenz, aber mit gegenüber dem Ar^+-Laser etwa 20fach schwächerer Streuung gemessen wird. Außerdem werden Laser mit 532, 633 und 785 nm eingesetzt.

Wir hatten festgestellt, dass die Raman- und IR-Spektroskopie einander ergänzende Aussagen liefern können. Beim Vergleich eines Raman-Spektrums mit einem IR-Spektrum (Abb. 8-5) stellen wir deutliche Unterschiede fest, die wir nicht mit den vorstehend genannten Grundlagen allein erklären können:

- Im Raman-Spektrum treten – insbesondere bei symmetrischen Molekülen mit Inversionszentrum – Banden auf, die wir im IR-Spektrum nicht finden, wobei auch der umgekehrte Fall eintritt.

- Die Intensitäten der Banden stehen bei beiden Methoden in völlig anderen Verhältnissen zueinander.

Die Erklärung für diese Phänomene liegt in den unterschiedlichen physikalischen Grundlagen für die Wechselwirkung mit der Strahlung. Um eine IR-Absorption zu erlauben, ist es notwendig, dass sich das molekulare Dipolmoment während der Schwingung ändert. Für das Auftreten einer Raman-Bande hingegen muss sich die Polarisierbarkeit des Moleküls während der Schwingung ändern.

Polarisierbarkeit

Die Polarisierbarkeit ist ein Maß für die Deformierbarkeit der Elektronenhülle gegenüber den Atomkernen: Bringt man ein Ensemble von Atomen zwischen den Platten eines Kondensators in ein elektrisches Feld (Abb. 8-6), dann werden die Elektronen zur positiv geladenen, der Atomkern zur negativ geladenen Kondensatorplatte hin verschoben. Man induziert so ein Dipolmoment. Analog verhalten sich Moleküle im elektromagnetischen Wechselfeld (oszillierender Dipol). Dieser Oszillator sendet Strahlung seiner Schwingungsfrequenz aus, die der Rayleigh-Linie und den Raman-Übergängen (siehe Abb. 8-4) entspricht.

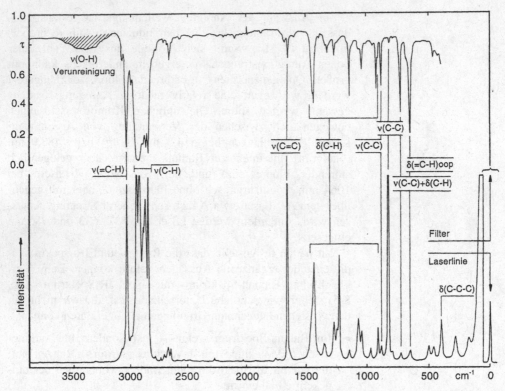

Abb. 8-5. IR- und Raman-Spektrum von Cyclohexen zum Vergleich.

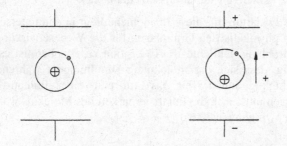

Abb. 8-6. Wirkung eines elektrischen Feldes auf die Ladungsverteilung im Atom.

Wenn wir nun die Polarisierbarkeit eines CO_2-Moleküls betrachten, dann ist sie abhängig von der Art der Schwingung der Atomkerne gegeneinander (Abb. 8-7). Im gestreckten Zustand ist die Polarisierbarkeit kleiner als im gestauchten Zustand. Die Polarisierbarkeit ändert sich also mit der symmetrischen Streckschwingung (Form I und II). Wir bemerken jedoch, dass sich das Dipolmoment insgesamt nicht verändert hat.

Anders ist es bei der antisymmetrischen Streckschwingung. Hier ändert sich die Polarisierbarkeit für den Übergang von Form III zu Form IV nicht. Daher ist diese Schwingung im Raman-Spektrum nicht erlaubt. Ähnliche Verhältnisse finden

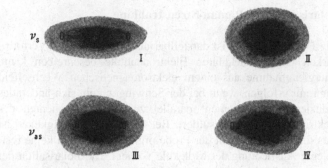

Abb. 8-7. Änderung der Polarisierbarkeit beim CO_2-Molekül während der symmetrischen und antisymmetrischen Streckschwingung.

wir häufig bei solchen symmetrischen Molekülen. Die Änderung der Polarisierbarkeit ist abhängig von der Molekülgeometrie. Abb. 8-8 verdeutlicht die Verhältnisse am Beispiel einer tetragonalen Bipyramide.

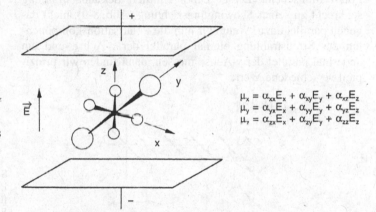

Abb. 8-8. Zum Zusammenhang der induzierten Dipolmomente $\mu_{x,y,z}$ über die Komponenten α_{ij} der Polarisierbarkeit und die Komponenten $E_{x,y,z}$ des elektrischen Feldes $\vec{E}$. Im Experiment wird $\vec{E}$ durch die $\vec{E}$-Komponenten des anregenden elektromagnetischen Feldes ersetzt.

$$\mu_x = \alpha_{xx}E_x + \alpha_{xy}E_y + \alpha_{xz}E_z$$
$$\mu_y = \alpha_{yx}E_x + \alpha_{yy}E_y + \alpha_{yz}E_z$$
$$\mu_z = \alpha_{zx}E_x + \alpha_{zy}E_y + \alpha_{zz}E_z$$

Das Gleichungsschema in Abb. 8-8 zeigt die Abhängigkeit der induzierten Dipolmomente $\mu_{x,y,z}$ von den Komponenten der elektrischen Feldstärke $E_{x,y,z}$. Die Proportionalitätsfaktoren α_{ij} sind die Polarisierbarkeiten, die die Elemente des sog. Polarisierbarkeitstensors darstellen. Der Tensor ist übrigens symmetrisch, d. h. es gilt $\alpha_{ij} = \alpha_{ji}$. Er ordnet Anteile der Polarisierbarkeit den Vektoren des elektrischen Feldes zu, die die jeweiligen Dipolmomentkomponenten zusammensetzen, wobei außerdiagonale Tensorelemente wie α_{xy}, α_{yz} und α_{xz} die Induktion von Dipolmomentanteilen beschreiben, die nicht mit der elektrischen Feldrichtung übereinstimmen. Es ist nun entscheidend, welche Komponenten der Polarisierbarkeit sich beim Schwingungsvorgang der Kerne ändern. Damit ist ein Effekt verbunden, den wir nur bei der Raman-Spektroskopie finden: die Depolarisation von Streustrahlung, obwohl mit polarisierter Erregerstrahlung eingestrahlt wird.

Polarisation der Raman-Streustrahlung

Die Polarisierbarkeit ist darstellbar als Matrix, die die Verformbarkeit einer molekularen Elektronenhülle beschreiben kann. Energieaufnahme aus einem elektromagnetischen Wechselfeld kann nur erfolgen, wenn bei der Schwingung ein sich änderndes induziertes Dipolmoment parallel zu den Komponenten des elektrischen Vektors resultiert. Bei Gasen und Flüssigkeiten ist dies für die Gesamtheit der Probe immer der Fall, da keine festgelegte Ausrichtung der Moleküle vorliegt. Die Polarisation der gestreuten Strahlung ist aber abhängig von den Komponenten des induzierten Dipolmomentes. Nehmen wir zunächst die totalsymmetrische Schwingung des CCl_4-Moleküls als Beispiel [37]. Hierfür liegt eine isotrope, d. h. kugelförmige Verteilung der schwingungsabhängigen Polarisationsänderung vor.

Das Erregerfeld induziert einen Dipol parallel zu seiner Polarisationsebene. Dieser Dipol emittiert Sekundärstrahlung senkrecht zu seiner Schwingungsrichtung (Abb. 8-9), nicht dagegen parallel dazu. Wenn wir nun die Polarisationskomponenten der Streustrahlung einmal parallel der z-Achse und ein andermal parallel der y-Achse messen, dann finden wir prinzipiell verschiedene Werte.

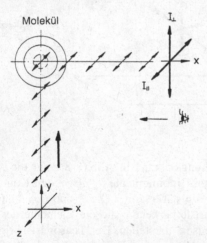

Abb. 8-9. Abhängigkeit der Streustrahlungsintensität von der Polarisation der Erregerstrahlung für eine totalsymmetrische Schwingung eines Moleküls mit kugelsymmetrischer Polarisierbarkeit (Einstrahlung entlang der y-Achse, Beobachtung in x-Richtung); Polarisationsrichtung der Primärstrahlung in der yz-Ebene, Polarisation des Streulichtes in der xz-Ebene; keine Komponente in der xy-Ebene ($I_\perp = 0$).

Das Verhältnis $I_\perp/I_\parallel$ nennt man den *Depolarisationsgrad ϱ*. Dabei ist $I_\parallel$ die parallel zur Polarisationsrichtung der Erregerstrahlung gemessene Intensität des Streustrahls und $I_\perp$ die senkrecht auf $I_\parallel$ stehende Komponente der Raman-Strahlung (parallel zur Einfallsrichtung der Anregungsstrahlung). Für unser spezielles Beispiel der CCl_4-Schwingung ist der Depolarisationsgrad $\varrho = 0$, da die Komponente in der xy-Ebene, $I_\perp$, gleich Null ist.

Bei allen anderen nicht totalsymmetrischen Molekülschwingungen hat die Raman-Steustrahlung Komponenten in beiden Richtungen y und z. Die Streustrahlung ist „depolarisiert". So

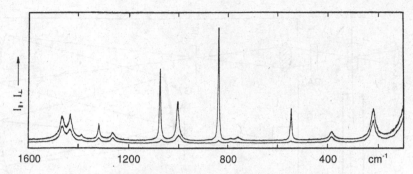

Abb. 8-10. Raman-Spektrum des flüssigen Propionitrils ($I_{\parallel}$ und $I_{\perp}$).

ist es möglich, über den Depolarisationsgrad der Ramanbande eine Aussage über die Symmetriezugehörigkeit der Schwingung zu machen. Bei unpolarisierter (z. B. natürlicher) Erregerstrahlung haben totalsymmetrische Schwingungen einen Wert für ϱ_n mit $0 \leq \varrho_n < 6/7$, andere einen Polarisationsgrad von $\varrho_n = 6/7$. Bei Einsatz linear polarisierter Strahlung, wie z. B. bei Laserlicht, weisen totalsymmetrische Schwingungen einen Polarisationsgrad ϱ_L mit $0 \leq \varrho_L < 3/4$ auf, andere jedoch $\varrho_L = 3/4$. Dies gilt für Substanzen mit statistischer Molekülorientierung wie z. B. Gase und Flüssigkeiten.

An Einkristallen können durch entsprechende Kombinationen von Probenorientierung, sowie Einstrahlungs- und Beobachtungspolarisation insgesamt bis zu sechs unterschiedliche Polarisationskomponenten gemessen werden. Die einfache Ausführbarkeit solcher Untersuchungen hat Polarisationsmessungen im IR weitgehend verdrängt, zumal zusätzliche Informationen über die Symmetrie der Schwingungen gewonnen werden können. Wichtig ist, dass Schlüsse über den Molekülbau und über Bandenzuordnungen gezogen werden können, da man hiermit die Komponenten des Polarisierbarkeitstensors einzeln untersuchen kann.

8.3.2 Geräteaufbau

8.3.2.1 Konventionelle Gitterspektrometer

Der geringe frequenzverschobene Streustrahlungsanteil beim Raman-Effekt erfordert eine intensive Strahlungsquelle. Für spezielle Anwendungen mit schwachem Signal (z. B. bei Gasen) wird quer zur Durchstrahlungsrichtung beobachtet (siehe Abb. 8-11). Einfacher ist die 180°-Anordnung, da hier die Fokusse des Lasers und der Sammeloptik automatisch übereinstimmen (Abb. 8-12).

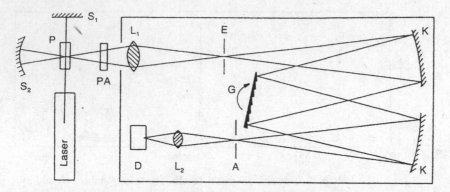

Abb. 8-11. Schema eines Raman-Spektrometers (P: Probe, PA: Polarisationsanalysator, S_1: und S_2: Spiegel, $L_{1,2}$: Linsen, E und A: Ein- und Austrittsspalt, G: Gitter, K: Kollimatorspiegel, D: Detektor).

Der Laser sendet monochromatische Strahlung aus, die die Untersuchungssubstanz P durchsetzt. Der Spiegel S_1 reflektiert den Anregungsstrahl und verdoppelt seine Wirkung; dies kann jedoch problematisch wegen der Rückkopplung in den Laser sein. Das Streulicht wird in diesem Beispiel 90° zur Einstrahlungsrichtung durch die Linse L_1 auf den Eintrittsspalt E fokussiert. Der Spiegel S_2 verdoppelt die Intensität der gesammelten Streustrahlung. Sie wird vom Kollimatorspiegel K auf das Gitter G geworfen, dort spektral zerlegt und trifft nach Durchgang durch den Austrittsspalt A schließlich auf den Detektor D. Vielfach wurden Doppel- oder Dreifachmonochromatoren eingesetzt, um unerwünschtes Streulicht zu minimieren.

Verwendet man Strahlung im Sichtbaren Spektralbereich, kann man Photomultiplier als Empfänger einsetzen. An der Stelle PA kann ein Analysator zur Untersuchung der Polarisa-

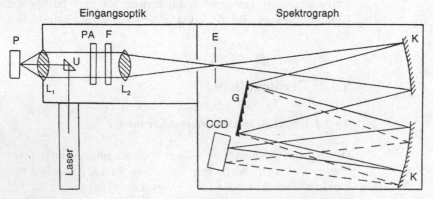

Abb. 8-12. Schema eines Raman-Spektrometers mit Vielkanaldetektion (P: Probe, PA: Polarisationsanalysator, U: Umlenkprisma, $L_{1,2}$: Linsen, F: Filter zur Unterdrückung der Rayleigh-Linie (auf Interferenzbasis oder holographisch), E: Eintrittsspalt, G: Gitter, K: Kollimatorspiegel, CCD: Detektor).

tionsrichtung der Streustrahlung eingesetzt werden. Durch die Photomultiplierdetektion fallen viele Probleme der geringen Signalintensität, wie sie bei IR-Spektrometern auftreten, fort. Man kann leicht niederfrequente Schwingungsvorgänge erfassen, bis die sog. „Rayleigh-Linie" durch ihre Intensität diese verdeckt. Ohne besondere Vorkehrungen kommt man an Raman-Verschiebungen bis etwa 100 cm^{-1}, mit mehr Aufwand bis unter 5 cm^{-1} (siehe auch Abb. 8-10).

Heutzutage verwendet man meist Vielkanaldetektoren, mit denen sog. Polychromatoren gebaut werden können (siehe Abb. 8-12). Zur gleichzeitigen Detektion eines ganzen Spektralintervals wird ein Detektorarray benötigt. Extrem empfindlich für den Bereich von 300 bis 1100 nm sind gekühlte CCD-Zeilen (engl. *Charge-coupled device*), die auf Siliciumhalbleiterbasis entwickelt wurden [38]. Wegen des bestehenden Multiplexvorteils können durchaus auch schwächere Laser, z. B. Diodenlaser, zur Raman-Messung ausreichen.

Bis etwa 1960 beschränkten große Probenmengen und die geringe Leistung einer Quecksilber-Niederdruck-Lampe die Anwendbarkeit dieser Methode. Mit der Einführung des Lasers stieg die Bestrahlungsdichte um 10 Größenordnungen. Vielfach werden Argonionen-Laser mit Strahlungsleistungen im W-Bereich eingesetzt. Mit einem konfokalen Raman-Mikroskop kann nun ein Meßvolumen von ca. 1 µm^3 realisiert werden (entspricht etwa 10^{-12} g) [39], und die Registrierzeiten gingen von Stunden auf Minuten zurück bei gleichzeitig deutlicher Verbesserung des Signal/Rausch-Verhältnisses.

Die Linienbreiten des Einstrahllichtes spielen bei hochaufgelösten Gasspektren keine Rolle mehr: Hg-Brenner ($\lambda = 435.8$ mm): $\Delta\tilde{\nu} = 0.3 \text{ cm}^{-1}$; Ar-Laser ($\lambda = 514.5$ nm): $\Delta\tilde{\nu} = 0.15 \text{ cm}^{-1}$ – mit Etalon (Einmodenbetrieb): 0.001 cm^{-1} [40]. Solch Single-Mode-Laser werden zur Messung nichtlinearer Raman-Effekte eingesetzt (siehe z. B. [41]), wofür sich aber der experimentelle Aufwand erheblich höher gestaltet. Für die Untersuchung von hochaufgelösten Gasspektren ist insbesondere die kohärente anti-Stokes-Raman-Spektroskopie (CARS) sehr interessant, da hiermit spektrale Auflösungen besser als 0.001 cm^{-1} erreicht werden können. Für eine ausführliche Darstellung muss jedoch auf weiterführende Literatur verwiesen werden, siehe z. B. [42].

8.3.2.2 FT-Raman-Spektrometer

Eine bedeutende Einschränkung der Raman-Spektroskopie war stets das Vorhandensein von Fluoreszenz aus der Probe, sei es vom Analyten oder etwaigen Verunreinigungen. So konnten farbige Stoffe kaum spektroskopiert werden. Ein Ausweg wurde mit einer langwelligeren Anregung gefunden. Der Einsatz von Nd:YAG-Lasern ist hierfür sehr geeignet

(λ_0 = 1064 nm), da dessen Strahlung im Allgemeinen keine elektronische Anregung bewirken kann. Doch erkauft man sich die Untergrundfreiheit mit sehr kleinen Signalintensitäten aufgrund der kleinen Raman-Streuquerschnitte, die – wie bereits erwähnt – zur Funktion ν^4 proportional sind. Hinzu kommt, dass die im Nahen IR zur Verfügung stehenden Halbleiterdetektoren, meistens aus InGaAs oder Ge, nicht die gleiche Detektivität aufweisen, wie z. B. Photomultiplier oder CCD-Detektoren im Sichtbaren Spektralbereich.

Zur Erinnerung seien noch einmal die Vorzüge der FT-Spektrometer zusammengefasst (siehe auch Abschn. 3.4.2):

- neben dem schon bei dispersiven Vielkanalgeräten genutzten Multiplex-Vorteil können FT-Geräte bei Verwendung eines Makrofokus auch den Jacquinot-Vorteil nutzen,
- variable und hohe spektrale Auflösung,
- hohe Wellenzahlgenauigkeit.

Als Nachteile sind neben der Erfordernis einer Präzisionsmechanik die zur Verfügung stehenden schlechteren Detektoren im Vergleich zu den sonst verwendeten Empfängern zu nennen. Dennoch war es naheliegend, FT-Spektrometer zur Messung des Raman-Spektrums zu verwenden, obwohl lange Zeit der Einsatz solcher Geräte sehr umstritten war. Extrem wichtig sind bei einem solchen System äußerst effiziente Filter (z. B. holographische Filter), um die Rayleigh-Streustrahlung zu unterdrücken. Für eine weitere Diskussion der Vor- und Nachteile dieser Geräte im Vergleich zu dispersiven Raman-Spektrometern siehe [34, 43].

8.3.3 Anwendungen

Viele Aussagen der Schwingungsspektroskopie können sowohl aus dem IR- als auch aus dem Raman-Spektrum abgeleitet werden. Der einfacheren Arbeitsweise wegen wurde bislang meist auf IR-Spektren zurückgegriffen. Seit dem Einsatz von Laserlichtquellen und neuerdings auch durch die FT-Raman-Spektroskopie nimmt die Anwendung der Raman-Spektroskopie aber zu. Während die IR-Spektroskopie hervorragend zur Untersuchung polarer Verbindungen geeignet ist, werden Raman-spektroskopisch bevorzugt unpolare Stoffe erfasst. Darauf gründen sich verschiedene Einsatzbereiche.

8.3.3.1 Zuordnung von Schwingungsbanden

Zu jeder Spektreninterpretation gehört letztlich die Zuordnung aller Normalschwingungen zu bestimmten Banden, die Bestimmung der Kraftkonstanten, das Studium der Schwingungswechselwirkungen und der Potentialenergieverteilung neben Intensitätsangaben oder Aussagen über thermodynamische Größen. Dazu ist die Kenntnis des Raman-Spektrums unbedingte Voraussetzung. Bei hochsymmetrischen Molekülen können stereochemische Probleme aus dem IR-Spektrum allein gar nicht beantwortet werden. Ein großer Anwendungsbereich der Raman-Spektroskopie liegt also bei Interpretations- und Zuordnungsproblemen (Normalkoordinatenanalyse).

8.3.3.2 Wässerige Proben

Wasser ist ein ungeeignetes Lösungsmittel in der IR-Spektroskopie, es sei denn, dass die ATR-Technik eingesetzt werden kann. Umgekehrt hat Wasser ein linienarmes und wenig intensives Raman-Spektrum, womit wässerige Lösungen ohne weiteres Raman-spektroskopiert werden können. Dies eröffnet weite Möglichkeiten für die Untersuchung ausschließlich wasserlöslicher Substanzen.

Dennoch sind beispielsweise quantitative Analysen für Metaboliten wie Glucose, Harnstoff und Milchsäure in wässerigen Lösungen doch noch besser mit der IR- als mit der Raman-Spektroskopie durchzuführen [44, 45]. Die Charakterisierung von verschiedenen menschlichen Körpergewebearten, u. a. Brustkrebsgewebe, über die Raman-Spektroskopie wurde verschiedentlich vorgeschlagen [46, 47].

8.3.3.3 Quantitative Analyse

Die Technik der Probenvorbereitung wurde in letzter Zeit sehr vervollkommnet. Insbesondere können z. B. luftempfindliche Stoffe direkt in der Glasampulle aufgenommen werden, sodass umständliche Überführungsarbeiten unter Schutzgas fortfallen. Über entsprechende Kalibrierkurven können, wie bei der IR-Spektroskopie, quantitative Messungen durchgeführt werden. Vor allem anorganische Stoffe, die im IR-Spektrum oft wegen hoher Symmetrie nur wenige Banden zeigen, lassen sich z. B. an Raman-erlaubten, aber IR-inaktiven Banden quantitativ messen. Voraussetzung dafür ist eine sehr stabile Probenhalterung, um die Küvetten reproduzierbar einbauen zu können. Auch wurden multivariate Kalibrierungen mittels PLS (Partial Last Square) beispielsweise zur Bestimmung von Oktan-Zahlen von Kraftstoffen vorgestellt [48].

Eine interessante Anwendung der Raman-Spektroskopie ist für die Autoabgasanalytik beschrieben worden. Vorteilhaft ist hier, dass auch Komponenten wie O_2, N_2 und H_2 erfasst werden können, die kein IR-Spektrum (Ausnahme „verbotene Übergänge" von O_2 in Nahen IR) aufgrund ihrer Symmetrie vorzeigen können [49, 50].

Da die Raman-Streuquerschnitte doch relativ gering ausfallen, macht man sich einen anderen Effekt zunutze, den der oberflächenverstärkten Raman-Streuung (SERS *Surface Enhanced Raman Scattering*). Hierbei werden Substanzen spektroskopiert, die an rauhen Metalloberflächen oder Metallpartikeln aus Silber oder Gold angelagert sind [51], wobei die beobachteten Verstärkungsfaktoren bei etwa 10^3 bis 10^6 liegen.

8.3.3.4 Feststoffuntersuchungen

Im Gebiet unterhalb 30 cm^{-1} können Erscheinungen untersucht werden, die der dispersiven IR-Spektroskopie nicht mehr zugänglich sind. Reine Rotationsspektren, Phononenwellen, Gitterschwingungen seien nur als Beispiele erwähnt. Eine Übersicht dazu findet man bei Brandmüller und Schrötter [52].

Auch sonst zeigen sich Vorteile der Raman-Spektroskopie aufgrund der Tatsache, dass der Laser sich äußerst gut zur Fokussierung auf kleinste Flächen und Volumina eignet. Hierauf beruht der vielfache Einsatz zur zerstörungsfreien Untersuchung von Mikroproben. Hierzu ist eine Anpassung von Mikroanordnungen und Mikroskopen an das Raman-Spektrometer erforderlich, siehe z. B. [53].

Literatur zu Kap. 8

[1] Workman, Jr., J.: J. Near Infrared Spectrosc. **1**, 221 (1993)
[2] Murray, I., Cowe, I. A. (eds.): "Making Light Work: Advances in Near Infrared Spectroscopy". Weinheim: VCH Verlagsgesellschaft, 1992
[3] Geladi,. P., Dabbak, E.: J. Near Infrared Spectrosc. **3**, 119 (1995)
[4] Massart, D. L., Vandeginste, B. G. M., Buydens, L. M. C., de Jong, S., Lewi, P. J., Smeyers-Verbecke, J.: "Handbook of Chemometrics and Qualimetrics, Part. A." Amsterdam: Elsevier, 1997
[5] Massart, D. L., Vandeginste, B. G. M., Buydens, L. M. C., de Jong, S., Lewi, P. J., Smeyers-Verbecke, J.: "Handbook of Chemometrics and Qualimetrics, Part B." Amsterdam: Elsevier, 1998
[6] Donahue, S. M., Brown, C. W., Caputo, B., Modell, M. D.: Anal. Chem. **60**, 1873 (1988)
[7] Lin, J., Brown, C. W.: Vibr. Spectrosc. **7**, 117 (1994)
[8] Westbrook, S. R.: SAE Tech. Paper Ser. 930734, **1** (1993)
[9] Heise, H. M.: in: Gremlich, H.-U., Yan, B. (eds.): "Infrared and Raman Spectroscopy of Biological Materials". New York: Marcel Dekker, 259 (2001)
[10] Dempsey, R. J., Davis, D. G., Buice, J., R. G., Lodder, R. A.: Appl. Spectrosc. **50**, 18A (1996)

[11] Kirsch, J. D., Drennen, J. K.: Appl. Spectrosc. Rev. **30**, 139 (1995)

[12] Plugge, W., Van der Vlies, C.: J. Pharm. Biomed. Anal. **14**, 891 (1996)

[13] Ben-Gera, I., Norris, K. H.: Israel J. Agric. Res. **18**, 125 (1968)

[14] Wetzel, D. L.: Anal. Chem. **55**, 1165A (1983)

[15] Williams, P., Norris, K. (eds.): "Near-Infrared Technology in the Agricultural and Food Industries". St. Paul: AACC, 1987

[16] Miller, C. E.: Appl. Spectrosc. Rev. **26**, 277 (1991)

[17] MacDonald, B. F., Prebble, K. A.: J. Pharm. Biomed. Anal. **11**, 1077 (1993)

[18] Weyer, L. G.: Appl. Spectrosc. Rev. **21**, 1 (1985)

[19] Honigs, D. E., Hirschfeld, T. B., Hieftje, G. M.: Appl. Spectrosc. **39**, 1062 (1985)

[20] Ciurczak, E. W., Cline-Love, L. J., Mustillo, D. M.: Spectrosc. Int. **3**, no. 5, 39 (1991)

[21] Ciurczak, E. W., Murphy, W. R., Mustillo, D. M.: Spectrosc. Int. **3**, no. 5, 39 (1991)

[22] Todd, T. R.: "Fiber-optic Probes for Near-infrared Spectroscopy", in: Handbook of Vibrational Spectroscopy, Vol. 2, J. M. Chalmers, P. R. Griffiths, Eds., John Wiley & Sons, Chichester, S. 1574, 2002

[23] McDermott, L. P.: Ad. Instrum. Control. 45, 669 (1990)

[24] Guided Wave, Inc.: Application Note no. A3-987, El Dorado Hills, CA 95630

[25] Guided Wave, Inc.: Application Note no. A4-188, El Dorado Hills, CA 95630

[26] Kimmit, M. F.: "Far-infrared Techniques" Pion, London, 1970

[27] Schnöckel, H., Willner, H.: "Inorganic Substances", in: Infrared and Raman Spectroscopy, Schrader, B., Hrsg., VCH, Weinheim, S. 223, 1995

[28] During, J. R., Sullivan, J. F.: "Chemical Utility of Low Frequency Spectral Data", in: Chemical, Biological and Industrial Applications of Infrared Spectroscopy. During, J. R., Hrsg., J. Wiley & Sons, Chichester, S. 335, 1985

[29] Chantry, G. W.: "Long-wave Optics", Bd. 2, Academic Press, London, 1984

[30] Kuzmany, H.: "Conducting Polymers, Semiconductors, Metals, and Superconductors", in: Infrared and Raman Spectroscopy, Schrader, B. Hrsg., VCH, Weinheim, S. 372, 1995

[31] Demtröder, W.: "Laser Spectroscopy", 2. Aufl., Springer, Berlin, 1996

[32] Heise, H. M.: „Infrarotspektrometrische Gasanalytik – Verfahren und Anwendungen", in: Infrarotspektroskopie. Günzler, H. Hrsg., Springer, Berlin, S. 1, 1996

[33] Colthup, N. B., Daly, L. H., Wiberley, S. E.: "Introduction to Infrared and Raman Spectroscopy". 3. Aufl., Academic Press, San Diego, 1990

[34] Hendra, P., Jones, C., Warnes, G.: "Fourier Transform Raman Spectroscopy: Instrumental and Chemical Applications", Prentice Hall, Englewood Cliffs, 1991

[35] Lin-Vien, D., Colthup, N. B., Fateley, W. G., Grasselli, J. G.: "The Handbook of Infrared and Raman Characteristic Frequences of Organic Molecules", Academic Press, Boston, 1991

[36] Handbook of Raman Spectroscopy: From the Research Laboratory to the Process Line, Lewis, I. R., Edwards, G. M., Hrsg., Marcel Dekker, New York, 2001

[37] Tobias, R. S.: J. Chem. Educ. **44**, 2 (1967)

[38] The Potonics Design & Application Handbook, Laurin Publ., Pittsfield, MA, 1995

[39] Markwort, B., Kip, B., Da Silva, E., Roussel, B.: Appl. Spectrosc. **49**, 1411 (1995)

[40] Heise, H. M., Schrötter, H. W.: "Rotation-Vibration Spectra of Gases", in: Infrared and Raman Spectroscopy, Schrader, B., Hrsg., VCH, Weinheim, S. 253, 1995

[41] Schrötter, H. W., Berger, H., Boquillon, J. P., Lavrel, B., Millot, G.: "High-resolution nonlinear Raman Spectroscopy of Rovibrational Bands in Gases", in: Progress in Molecular Spectroscopy, Salzer, R., Kriegsmann, H., Werner, G., Hrsg., Teubner Texte zur Physik, Bd. 20, Teubner, Leipzig, S. 102, 1988

[42] Kiefer, W.: "Nonlinear Raman Spectroscopy", in: Infrared and Raman Spectroscopy, Schader, B., Hrsg., VCH, Weinheim, S. 162, 1995

[43] Chase, B.: Appl. Spectrosc. **48**, 14A (1994)

[44] Wicksted, J. P., Erckens, R. J., Motamedi, M., March, W. F.: Appl. Spectrosc. **49**, 987 (1995)

[45] Heise, H. M., Bittner, A.: J. Mol. Struct. **348**, 21 (1995)

[46] Frank, C. J., McCreery, R. L., Redd, D. C. B.: Anal. Chem. **67**, 777 (1995)

[47] Keller, S., Schrader, B., Hoffmann, A., Schrader, W., Metz, K., Rehlaender, A., Pahnke, J., Ruwe, M., Budach, W., Raman, J.: Spectrosc. **25**, 663 (1994)

[48] Cooper, J. B., Wise, K. L., Groves, J., Welch, W. T.: Anal. Chem. **67**, 4096 (1995)

[49] Hirschberger, R., D'Orazio, M.: Intern. J. Environ. Anal. Chem. **48**, 115 (1992)

[50] Hirschberger, R.: MTZ Motortechn. Zeitschr. **57**, 2 (1996)

[51] Otto, A., Mrozek, I., Grabhorn, H., Akemann, W.: J. Phys. Condens. Matter **4**, 1143 (1992)

[52] Brandmüller, J., Schrötter, H. W.: Fortschr. Chem. Forsch. **36**, 85 (1972)

[53] Schrader, B.: „Infrarot- und Raman-Mikrospektroskopie", in: Analytiker-Taschenbuch, Bd. 13. Günzler, H., Bahadir, A. M., Borsdorf, R., Danzer, K., Fresenius, W., Huber, W., Lüderwald, I., Schwedt, G., Tölg, G., Wisser, H., Hrsg., Springer-Verlag, Berlin, S. 3, 1995

9 Vergleichsspektren und Expertensysteme

Die Aufklärung oder die Bestätigung der Struktur einer chemischen Verbindung basiert vielfach auf empirischem Wissen um Teilspektren und charakteristische Bandenkombinationen, die bestimmten molekularen Substrukturen zugeordnet werden können. Die Berechnung einer chemischen Struktur aufgrund physikalischer Modellierung des Spektrums scheitert meist an der Komplexität des Problems. Am einfachsten ist die Spektreninterpretation, wenn man von einer bekannten oder vermuteten Strukturformel ausgehen und die Banden zuordnen kann. Ungleich schwieriger ist der umgekehrte Weg, allein aus dem Spektrum auf die Molekülstruktur zu schließen. In Kap. 6 wurden bereits eine Reihe von Tabellen und Sammelwerken genannt, die bei der Spektren-Struktur-Korrelation eingesetzt werden können (siehe Abschn. 6.3 und 6.4). Diese Wissensbasis kann für rechnergestützte Interpretationssysteme genutzt werden.

Andererseits kann die Identität einer Substanz über ein Vergleichsspektrum bestimmt werden. Die Spektrenbibliothekssuche wird hierzu seit Jahren mit Erfolg eingesetzt, wobei die Verfügbarkeit von leistungsfähigen Computern eine wichtige Rolle spielt. Beide Ansätze, die Interpretation von IR-Spektren und die Suchverfahren, werden in den folgenden Abschnitten ausführlich behandelt.

9.1 Spektrensammlungen

9.1.1 Vergleichssammlungen

In der Vergangenheit wurden verschiedentlich Versuche unternommen, umfangreiche Spektrensammlungen anzulegen. So existiert für die qualitative Spektreninterpretation ein 1973 abgeschlossenes Sammelwerk, die Dokumentation der Molekülspektroskopie (DMS), wobei 23 560 Spektren je auf einer DIN-A-5 Randlochkarte zusammen mit weiteren Informationen zu Spektrometer, Präparation, Herkunft, Literaturzitat, Strukturformel, Name, Bandenlagen u. a. m. aufgeführt wurden.

Die Sichtlochkartei ermöglichte einige Vorsortierungen nach speziellen Merkmalen. Andere als Buch gebundene Spektrensammlungen seien aufgeführt, z. B. der Raman/IR-Atlas von Schrader [1] und die Handbücher von Hummel/Scholl zur Polymeranalyse, die ein unentbehrliches Werk für jeden mit Polymeren befassten Spektroskopiker sind [2]. Eine weitere geordnete und gedruckte Sammlung ist die Aldrich-Sammlung [3].

Ausschließlich FT-IR-Spektren (Anzahl über 3000), hauptsächlich mit der KBr-Presstechnik aufgenommen, sind im Merck FT-IR-Atlas zu finden [4]. Die hochwertigen Spektren liegen zusammen mit suchbaren Informationen wie Molekülsummenformel, Struktur, CAS-Kennzahl u. a. auch in digitaler Form vor. Neueren Datums sind ebenso die vier Bände der Sprouse Sammlung (Polymere, Tenside, Lösungsmittel und andere organische Substanzen); zur Verfügung stehen ebenfalls digitalisierte Bandentabellen [5].

Eine umfangreiche Anzahl von Spektrenhandbüchern vertreibt die Fa. Bio-Rad/Sadtler Division: etwa 3000 Referenzspektren (IR, NMR, UV) liegen in einem dreibändigen Handbuch vor [6]. Für das Nahe IR besteht eine Sammlung von 1000 Spektren [7]. Weiter existiert ein zweibändiges Werk zur Interpretation von Gasphasen-Spektren; zusätzlich sind 500 Spektren dargestellt, die mittels GC/IR-Technik registriert wurden [8]. Für über 345 anorganische Substanzen wurden Spektren abgebildet [9]. Desweiteren liegen Handbücher vor über Mineralien, Monomere und Polymere, Polymeradditive, Klebstoffe, Komponenten der Gummiindustrie, Substanzen, die als Luftverunreinigungen von besonderer Bedeutung sind, und andere toxische Stoffe, Tenside, Lösungsmittel, Ester u. a.; weitere ausführliche Informationen hierzu sind erhältlich [10].

Eine spezielle Sammlung von Transmissionspektren existiert für anorganische Mineralien [11]. Für andere anorganische Verbindungen gibt es eine Reihe älterer Publikationen und Monographien, unter anderem die von Nyquist und Kagel [12] für ausgefallenere einfache anorganische Verbindungen (Salze), von Siebert [13] und Nakamoto [14] für anorganische und Koordinationsverbindungen und von Ferraro [15], der vor allem über Zentralatom-Liganden-Untersuchungen berichtet.

Ein spezieller Atlas von Spektren im Nahen IR wurde von Buback und Vögele zusammengestellt [16] (die entsprechende digitale Datenbank steht über Chemical Concepts, Weinheim [17] zur Verfügung).

Eine Gasspektrenbibliothek mit Daten zur quantitativen Analytik liegt von der Fa. Infrared Analysis vor, die ebenfalls in digitaler Form erhältlich ist [18]. Interessant ist ein Atlas mit Absorptionslinien von atmosphärischen Gasen im Bereich von 17.900 cm^{-1} bis in den Millimeterwellenbereich mit der Angabe von Linienstärken [19]; die Grundlage dieser Darstellung ist die sog. HITRAN-Bibliothek (siehe auch Abschn. 9.1.2). Im Zusammenhang mit hochaufgelösten Spektren ist ein zweibändiges Werk von Guelachvili und Rao zu nennen [20].

Quantitative Standardspektren von verschiedenen organischen Lösungsmitteln, die als Sekundärstandards zur Überprüfung der photometrischen Genauigkeit Verwendung finden können, wurden bereits im Abschn. 7.1.4 genannt [21].

9.1.2 Digitale Spektrenbibliotheken

Spektroskopische Datenbanken sind wertvolle Hilfsmittel für die Strukturaufklärung. Jedoch erst rechnerunterstützte IR-Spektrometer lieferten digitalisierte Spektren, die die Basis für Spektrensuchsysteme auf Computern abgaben. Neben extrem langen Rechenzeiten und ungenügender Speicherkapazität hatten in der Vergangenheit auch unzureichende Benutzeroberflächen der Bedienungsprogramme und hohe Kosten den Gebrauch solcher Systeme eingeschränkt. Eine übliche Datenreduktion für die Codierung von Spektren durch Speicherung von binären Daten (z. B. An- oder Abwesenheit von Banden) reduzierte den Informationsgehalt eines IR-Spektrums naturgemäß erheblich. Die Grenzen liegen heute jedoch in den Algorithmen und teilweise in der Qualität und Anwendbarkeit der Referenzdaten.

Die Erstellung qualitativ hochwertiger Spektrenbibliotheken ist weiterhin ein Anliegen, wobei verschiedentlich Vorschläge zu Qualitätskriterien zur Aufnahme von IR-Referenzspektren gemacht wurden, z. B. [22]. Eine Reihe von Datenbanken enthalten durchaus substantielle Fehler, die ihre Benutzbarkeit einschränken können. Der Aufwand, wie er für die Bereitstellung von Intensitätsstandards über die Bestimmung optischer Konstanten von Flüssigkeiten betrieben wurde, ist naturgemäß nicht anwendbar bei der Vielzahl von aufgenommenen Spektren. Weiter ist zu beachten, dass Bibliotheken verschiedener Hersteller i. Allg. nicht kompatibel sind. Mittlerweile existiert jedoch für die Spektren ein allgemein akzeptiertes Datenaustauschformat mit JCAMP-DX (Joint Committee on Atomic and Molecular Physical Data) [23], das inzwischen auch für NMR- und MS-Spektren verwendet werden kann. Eine Weiterentwicklung ermöglicht den Austausch von Strukturinformationen [24]. In einer Monographie wird die Wiedergabe von Strukturen speziell behandelt [25].

Die umfangreichsten IR-Spektren-Datenbanken mit insgesamt mehr als 130000 Spektren in über 50 verschiedenen

Paketen werden von der bereits im vorherigen Abschnitt genannten Firma Bio-Rad/Sadtler Division [10] vertrieben. Die mächtigsten Spektrenbibliotheken enthalten beispielsweise nahezu 72 000 IR-Spektren von Substanzen in kondensierter Phase, und über 9000 Spektren von in der Gasphase gemessenen Stoffen. Die schon bei den Spektrenhandbüchern aufgeführten Substanzklassen sind auch hierbei neben einer Vielzahl von speziellen Kategorien wie die der pharmazeutischen Wirkstoffe, Duftstoffe, metallorganische Verbindungen u. v. m. als separate Datenbanken zu finden. Bei einigen sind Molekülstrukturen enthalten, die dargestellt und zur Substruktursuche eingesetzt werden können. Daneben werden von verschiedenen Spektrometerherstellern eigene Datenbanken angeboten.

Eine ganz andere Qualität liegt bei den Datenbanken zur Berechnung von Spektren der hauptsächlich in der Atmosphäre vorkommenden Gase vor. Zu nennen sind die HITRAN-Datenbank (High Resolution Transmission) vom Philips Laboratorium, Air Force Department (USA) [26], die GEISA-Datenbank (Gestion et Etude des Informations Spectroscopiques Atmosphériques) von der ARA Gruppe am Laboratoire de Météorologie Dynamique, CNRS (Frankreich) [27], sowie die ATMOS-Datenbank (Atmospheric Trace Molecule Spectroscopy) vom Jet Propulsion Laboratory (USA) [28], deren Anwendungsbereiche in der quantitativen Atmosphärenspektroskopie liegen, wobei das ATMOS-Experiment Stratosphärenmessungen während der SPACELAB 3-Mission beinhaltete. Insgesamt liegen zur Zeit etwa 720 000 Einträge für 40 Moleküle und 86 isotope Spezies vor. Hierbei sind verschiedene spektroskopische Parameter wie Linienlagen und Linienstärken, sowie Druckverbreiterungskoeffizienten zur Berechnung von Linienhalbwertsbreiten enthalten. Die Spektrenparameter sind über viele hochwertige, höchstaufgelöste Spektren bestimmt worden. Verschiedene Linienprofile (Gauß-, Voigt- oder Lorentz-Funktionen) sind berechenbar in Abhängigkeit von den Druckbedingungen. Ein Vergleich der verschiedenen Liniendatenkataloge wurde vor einiger Zeit veröffentlicht [29].

Die Gasspektrendatenbank mit etwa 250 verschiedenen Substanzen von Infrared Analysis für z. B. die quantitative Luftanalytik wurde bereits im vorangegangenen Abschnitt erwähnt. Die Spektren wurden mit Multireflexionsküvetten gemessen und liegen größtenteils mit einer Auflösung von 0.5 cm^{-1} vor, davon ca. 150 Masterspektren auch mit 0.125 cm^{-1}. Für diesen Einsatzbereich ist auch die Entropy-Bibliothek mit etwa 400 Spektren mit einer spektralen Auflösung von 0.25 cm^{-1} von 120 Komponenten verfügbar, die über die Fa. ENTROPY, Inc. erhalten werden kann [30]. Die Daten sind aber auch über das Internet verfügbar [http://info.arnold.af.mil/epa].

9.1.3 Spektroskopie im Internet

Zur Spektroskopie gibt es im Internet mittlerweile eine Vielzahl an Webseiten. Jeder Geräte- und Zubehörhersteller ist mit seiner eigenen Webseite und zahlreichen Informationen online. So bietet z. B. der Infoserver von Harrick Scientific [31] die Möglichkeit, zu jeder spezifischen Probe die optimale IR-Messtechnik mit dem dafür am besten geeigneten Zubehörteil zu finden. Neben diesen Angeboten gibt es auch reine Informationssammlungen und Datenbanken für die Spektroskopie, von denen einige vorgestellt werden sollen.

Mit *SpectroscopyNow* [32] steht der gesamten Spektroskopiewelt ein umfangreiches Informationsportal zur Seite. Für die Spektroskopietechniken IR, Raman, MS, NMR, UV, Röntgen- und Atomspektroskopie stehen jeweils einzelne Unterbereiche zur Verfügung, wobei auch der Chemometrie ein eigener Bereich gewidmet ist.

Eine *Spektrendatenbank* [33] mit über 26 000 IR-, NIR-, UV/VIS-, 1H-NMR-, 13C-NMR- und Massenspektren bietet Thermo Galactic an. Die Spektren stammen dabei von Thermo Galactic oder registrierten Anwendern, wurden aber vom Betreiber keiner Prüfung unterzogen.

Mit *FTIRsearch.com* [34] steht eine leistungsfähige Datenbank für die Suche in über 87 000 FT-IR- und Raman-Spektren zur Verfügung. Die Datenbank ist kostenpflichtig, über einen Demozugang kann man sich jedoch einen guten Eindruck verschaffen.

Auf verschiedene Spektren Organischer Verbindungen hat sich das *Integrated Spectral Data Base System for Organic Compounds (SDBS)* [35] spezialisiert. Hier können insgesamt ca. 100 000 Spektren aus den Bereichen IR, Raman, MS, 1H-NMR, 13C-NMR sowie ESR abgerufen werden.

Das National Institute of Standards and Technology (NIST) bietet mit dem *WebBook* [36] eine sehr umfangreiche Sammlung thermodynamischer Daten an. Daneben sind auch 8700 IR-, 400 UV/VIS- sowie 12 000 Massenspektren abrufbar. Das Besondere an den hier angebotenen Spektren ist, dass ihre Darstellungsform direkt online verändert werden kann. So können bei allen Spektren beliebige Bereiche vergrößert oder Hilfslinien hinzugefügt werden. Bei IR-Spektren kann man zusätzlich angeben, ob diese in Absorbanz oder Transmission angezeigt werden sollen.

9.2 Rechnerunterstützte Recherchen

9.2.1 Bibliothekssuche

Bei der Spektrensuche hat man zwei verschiedene Kriterien herangezogen, die Frage nach Spektrenidentität oder -ähnlichkeit. Bei Vorliegen von Spektrenähnlichkeit wird die Hypothese unterlegt, dass sich auch die Molekülstrukturen näherungsweise gleichen. Dieser recht große Spielraum zur Interpretation ist nicht gegeben, wenn tatsächlich ein nahezu identisches Spektrum in der Referenzbibliothek auffindbar ist [37].

Die Spektrensuche kann über den Vergleich von Bandenlagen und Intensitäten (sog. Peaksuche) realisiert werden, doch häufiger erfolgt sie mit vollständig gespeicherten Spektren, von denen aber auch Teilbereiche eingesetzt werden können. Einige Bibliothekssuchsysteme erlauben, weitere Parameter wie z. B. die Summenformel bei der Suche einzubinden.

Vor der Spektrenbibliothekssuche wird üblicherweise eine Spektrenvorbearbeitung vorgenommen, die unter anderem ein Anpassen der spektralen Auflösung an den der Datenbank zugrundeliegenden Parameter (häufig 4 cm^{-1} oder 8 cm^{-1}) berücksichtigt; weiterhin erfolgt eine Spektrennormierung derart, dass die maximale Absorbanz der stärksten Bande im Spektrum einen bestimmten Wert, meistens 1.0, annimmt.

Für die Einschätzung der Ähnlichkeit kommen verschiedene Ähnlichkeitsmaße in Frage. Am häufigsten werden folgende vier Definitionen verwendet, die für die Erstellung eines Bewertungsparameters, dem sog. *Hit Quality Index* (HQI), herangezogen werden können [38]:

$$M_{AB} = \Sigma \ |S_i - R_i|$$
$$M_{SQ} = \Sigma \ (S_i - R_i)^2$$
$$M_{AD} = \Sigma \ |dS_i - dR_i| \tag{9.1}$$
$$M_{SD} = \Sigma \ (dS_i - dR_i)^2$$

Beim ersten Algorithmus werden punktweise absolute Differenzen zwischen den Absorbanzen des Proben- und des Referenzspektrums berechnet und als Summenwert verglichen, während beim zweiten die quadratischen Abweichungen addiert werden, wobei größere Abweichungen naturgemäß erhebliche Gewichte erfahren können. Bei den beiden letzten Algorithmen wird jeweils die erste Ableitung der Spektren herangezogen, die den Vorteil mit sich bringt, dass lineare Basislinien oder einfache Grundlinienverschiebungen keine negativen Auswirkungen auf die Berechnung des Ähnlichkeitsmaßes mehr haben. In diesen Fällen wird die beste Übereinstimmung bei einem HQI nahe null bestehen; bei anderen Definitionen nehmen die Bewertungszahlen demgegenüber Werte nahe unterhalb 100 oder auch 1000 an.

Eine andere Möglichkeit besteht in der Berechnung der Euklidischen Distanz [39, 40], wobei auch eine andere Spektrennormierung, z. B. über die Spektrenvektorlänge erfolgt:

$$M_{EU} = \{\Sigma\,(S_i - R_i)^2\}^{1/2} \qquad (9.2)$$

oder über die Verwendung des skalaren Vektorprodukts [41] oder des Korrelationskoeffizienten [42]. Ein anderer Ansatz verwendet die „Fuzzy-set Theorie" zum Vergleich unscharfer Proben- und Referenzspektren, siehe z. B. [43]. Anzumerken bleibt, dass die skalare Größe, wie es ein Ähnlichkeitsmaß darstellt, nicht immer besagt, dass ähnliche Koeffizienten auch Spektren mit ähnlichen Banden bedingen; dessen ungeachtet sollte man durch einen visuellen Vergleich eine Bestätigung der Aussagen vornehmen, um eine entsprechende Sicherheit zu erreichen (siehe Abb. 9-1).

In Abb. 9-1 wird das Ergebnis einer Vollspektrensuche für ein FT-IR-Spektrum von Acrolein gezeigt, wie es bei der gaschromatographischen Trennung eines Lösungsmittelgemisches erhalten wurde (siehe auch Abschn. 5.8.1 sowie Abb. 5-19 und 5-20). Die Suche erfolgte im Bereich 4000 bis 700 cm^{-1} mit einem intensitätsnormierten und basislinienkorrigierten Spektrum auf der Basis der Summe der Abweichungsquadrate gegenüber verschiedenen Bibliotheksspektren. Die Spektren der ersten drei Substanzen aus der Hitliste sind im Vergleich zum gemessenen GC/FTIR-Spektrum aufgeführt. Zusätzlich werden die ersten fünf Komponenten einer Hitliste gezeigt, die über eine Peaksuche erhalten wurden.

Auffällig ist der jeweilige Sprung im HQI nach dem ersten gefundenen Reinstoffspektrum, das mit dem über die GC erhaltenen nahezu identisch ist, wobei die Summe der Abweichungsquadrate ein besseres Ähnlichkeitsmaß abgibt als der auf Peakübereinstimmung basierende HQI (Identität bei 100). Interessant ist noch, dass das Spektrum von Benzaldehyd in zwei verschiedenen Bibliotheken vorliegt; die geringfügigen Differenzen in den gefundenen HQI weisen auf experimentell bedingte Unterschiede bei der jeweiligen Benzaldehydspektrenaufnahme hin.

Ein wichtiger Hinweis für den Praktiker ist die sinnvolle Wahl der Spektrenbibliothek, denn deren Spezialität ist entscheident für das Suchergebnis. Ein zweiter Punkt ist die Güte des aufgenommenen Spektrums, wobei gute spektroskopische Praxis ausschlaggebend ist (das Spektrum sollte frei von Wasser- und CO_2-Banden sein, bei Flüssigkeiten sollten spektrale Interferenzen in der Basislinie vermieden werden). Die Auswirkungen einer größeren Rauschamplitude auf das Ergeb-

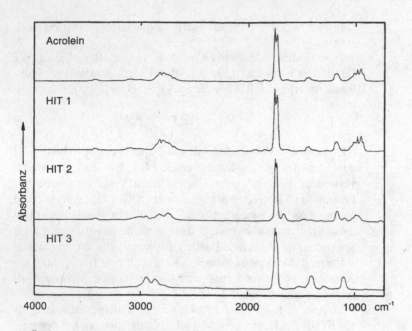

a) Über Spektrensuche erhaltene Hitliste:

HIT	Bibliothek	ID-Nummer	Name	HQI
1	EPA2	GC000696	ACROLEIN/VAPOR	0.08
2	GCPE2000	RK000141	CROTONALDEHYDE C4H6O	0.42
3	EPA2	GC000401	FORMAMIDE, N,N-DIMETHYL-	0.57
4	GCPE2000	RK000149	BENZALDEHYDE C7H6O	0.59
5	EPA2	GC000750	BENZALDEHYDE	0.61

b) Über Peaksuche erhaltene Hitliste:

HIT	Bibliothek	ID-Nummer	Name	HQI
1	EPA2	GC000696	ACROLEIN/VAPOR	89
2	EPA2	GC001681	HEXANETHIOL,2-ETHYL-	50
3	GCPE2000	RK000141	CROTONALDEHYDE C4H6O	50
4	EPA2	GC000441	ISOVALERALDEHYDE	48
5	EPA2	GC000389	ETHANE,1,2-BIS/2-CHLOROETHOXY-	46

Abb. 9-1. Spektrum von Acrolein im Vergleich zu den drei ähnlichsten, über Spektrensuche erhaltenen Spektren, sowie Hitlistenergebnisse verschiedener Bibliothekssuchen (zur Spektrennormierung siehe Text).

nis der Spektrensuche wurden von Hallowell und Delaney untersucht [44]. Interessant sind ebenfalls in diesem Zusammenhang die Effekte, wie Bandenverschiebungen oder unterschiedliche Bandenintensitäten sich auswirken, die durch verschiedene Messtechniken, z. B. ATR oder Diffuse Reflexion, bedingt sind [45].

Die Güte der Suchalgorithmen von Bibliothekssuchsystemen wurde verschiedentlich untersucht, so beispielsweise von Clerc et al. [37, 46]. Eine ähnliche Fragestellung bearbeiteten Harrington und Isenhour [47], die sich auch mit den Auswirkungen von Spektrenrauschen und den Ergebnissen bei Mischungsspektren auseinandersetzten. Ein ganz unterschiedlicher Ansatz zur schnellen Spektrenidentifizierung bei der Bibliothekssuche wurde von Tanabe et al. auf der Basis eines neuronalen Netzes vorgeschlagen [48].

9.2.2 Einbindung verschiedener Spektroskopiearten

Die Zukunft von Spektrendatenbanken liegt bei mehrdimensionalen Systemen, die zusätzliche Informationen beispielsweise über die NMR-Spektroskopie oder die Massenspektrometrie für die Struktursuche einbinden. Auf diese Weise können die Ergebnisse eines Strukturvorschlages abgesichert werden. Dies ist der Grund, weswegen entsprechende Kopplungen z. B. der Gaschromatographie mit FT-IR/MS-Detektion eingesetzt werden. Die Verknüpfung der Ergebnisse beider Recherchen in IR- und MS-Spektrenbibliotheken liefert speziell bei der Untersuchung von Umweltproben erheblich mehr Sicherheit bei der Substanzzuordnung, als wenn nur auf eine Spektroskopieart zurückgegriffen wird [49].

Vom Deutschen Krebsforschungszentrum (DKFZ) wurde das SPEKTREN II-System entwickelt, das ^{13}C-NMR-, Massen- und eine geringere Anzahl von IR-Spektren berücksichtigt [50]. Für den Analytiker wurde das SpecInfo-System [17, 51] mit einer Multispektrendatenbank von zur Zeit ca. 135.000 Spektren und 110 000 Strukturen konzipiert, die on-line über STN International, c/o Fachinformationszentrum Karlsruhe, D-76012 Karlsruhe abgefragt werden können. Neben NMR- und MS-Spektren, die den Hauptteil ausmachen, sind etwa 20 000 IR-Spektren verfügbar. Die Retrievalsprache „Messenger" vermag ähnliche Spektren wie das gemessene Spektrum, das zum Hostrechner hochgeladen wird, aufzuspüren. Bei der automatischen Strukturaufklärung ist die Erarbeitung eines Strukturvorschlages auf der Basis der verschiedenen Spektren einer Substanz, die Substrukturvorschläge erlauben, wesentlich; hierbei kann man z. B. von einer Vielzahl zu einer Summenformel gehörender, plausibler Strukturen ausgehen. Ziel ist die Integration eines Strukturgenerators, der genügend künstliche Intelligenz zur eindeutigen Strukturvorhersage mittels der gemeinsamen spektroskopischen Informationen besitzt.

9.3   Interpretative Systeme

Die Ableitung einer Struktur enthält äußerst komplexe Schritte, die eine Formalisierung erschweren. Expertensysteme, deren Regeln über eine Wissensbasis abgeleitet wurden, versuchen eine allgemeine Anwendbarkeit, für die jedoch Einschränkungen zu finden sind. Dies liegt zum Teil an Symmetriegegebenheiten und auftretenden Schwingungskopplungen über größere Strukturbereiche hinweg, die zu Zuordnungsproblemen zwischen Teilstrukturen und Banden führen können. Es wurden verschiedene Entwicklungen vorgestellt, von denen sich jedoch bisher kein Algorithmus besonders herausgehoben hat.

9.3.1   Computer-Interpretation nach empirischen Regeln

Bei einem ersten Versuch, die Spektreninterpretation auf eine einigermaßen sichere Basis zu stellen, wird man versuchen, die Menge an Erfahrungen mit dem geringsten Aufwand auszuschöpfen. Die Grenzen manueller Interpretationsstrategien und Erfolge sind wegen der Vieldeutigkeit der funktionellen Zusammenhänge jedoch schnell erreicht. Oft kommt man über die Festlegung einer Anzahl funktioneller Gruppen für eindeutige Aussagen nicht hinaus. Im Wesentlichen kann man zwei Möglichkeiten verfolgen: entweder beginnt man mit den Bandenlagen, denen die Funktionellen Gruppen zugeordnet werden, oder man sucht verschiedene Funktionelle Gruppen aus, für die man das Vorhandensein oder die Abwesenheit von Banden abfragt.

Für den Spektroskopiker werden verschiedene Computerprogramme angeboten, die das Nachschlagen in Tabellenwerken ersetzen sollen. Dies ist das bereits in Abschn. 6.6.1 erwähnte IR Mentor-Programm der Fa. Bio-Rad/Sadtler, das eine Spektreninterpretation erleichtert. Verschiedene chemische Klassen wie z. B. Aromaten, Ester und Halogenverbindungen mit nahezu 200 Funktionellen Gruppen und entsprechenden Bandenzuordnungen sind die zur Zeit bestehende Datenbasis.

Im zu interpretierenden Spektrum können zu einer ausgewählten Bande alle zuordenbaren Funktionellen Gruppen dargestellt werden, wobei beispielsweise zu jeder einzelnen Gruppe auch die spektralen Intervallbreiten zum Bandenauftreten und die jeweiligen relativen Bandenintensitäten abfragbar sind.

Ein weitaus umfangreicheres Programm ist SpecTool, das von Pretsch und Mitarbeitern entwickelt wurde und von Chemical Concepts (Weinheim) vertrieben wird [52]. Es ist ein elektronisches Nachschlagewerk (Hypermedia-Anwendung), das spektroskopische Daten zu allen wichtigen Substanzklassen der organischen Chemie enthält, wobei jeder Strukturklasse charakteristische Merkmale aus IR-, ^{1}H-NMR-, ^{13}C-NMR-, MS- und UV-Spektren zugeordnet werden können. Referenzdaten und -Spektren, sowie Unterprogramme, u. a. für die verschiedenen Spektroskopiearten oder zur Berechnung der Molekülformel aus spektroskopischen und elementaranalytischen Daten [53], sind durch ein effizientes „Navigationssystem" innerhalb der Software verknüpft.

Bei den Computerverfahren sind vielfach die spektralen Merkmale vorgegeben, wobei die Substrukturen zuzuordnen sind. Es existieren einige Arbeiten, die eine automatische Ableitung von Spektrum-Struktur-Korrelationen aus größeren Datenbanken erlauben, die verschiedene Vorteile gegenüber tabellierten Werken besitzen. Es ist einerseits eine klare Definition möglich, z. B. basierend auf statistischen Wahrscheinlichkeiten für das Auftreten von Korrelationen im Gegensatz zu möglicherweise vage linguistisch formulierten Zusammenhängen – auch lassen sich bisher nicht bekannte Korrelationen auffinden, zum anderen lässt sich eine schnelle Aktualisierung bei Bibliothekserweiterungen durchführen, bzw. es sind durchaus auch Regeln für größere Substrukturen ableitbar (siehe z. B. [54]).

Eine Reihe von Computerprogrammen zur Interpretation von IR-Spektren wurde in der Vergangenheit entwickelt, die auf der logischen Verknüpfung von Teilstrukturen und entsprechenden charakteristischen spektralen Merkmalen beruhen. Die Programme sind erfolgreich anwendbar, wenn sich das spektroskopische Strukturaufklärungsproblem innerhalb der vorausgesetzten Wissensbasis bewegt. Übersichten hierzu wurden von Luinge [55] und Warr [56] gegeben. In diesem speziellen, doch auch breiteren Zusammenhang ist eine Monographie der letztgenannten Autorin [57] zu empfehlen. Explizit genannt werden sollen *PAIRS* [58], *EXPEC* [59], *CHEMICS* [60], *STREC* [61] und *CASE* [62], sowie *EXPIRS* [63]. Eine Erweiterung des Bestehenden kann in der Verwendung von *Fuzzy*-Systemen zur Interpretation von Spektren [64] gesehen werden, die auf der Basis neuronaler Netze formuliert werden können, wie sie im nächsten Abschnitt besprochen werden.

9.3.2 Multivariate Methoden
zur Spektreninterpretation

Die Anwendung neuronaler Netze im Bereich der IR-Spektroskopie bewegt sich zwischen quantitativen und qualitativen Fragestellungen. Bei den letzteren ist die Interpretation von IR-Spektren eine bereits häufig beschriebene Aufgabe. Seit den 1980er Jahren werden neuronale Netze für „Soft-Modeling"-Ansätze erprobt. Ihren Namen erhielten diese durch den Vergleich ihres Aufbaus von einem massiv parallel arbeitenden System identischer Einheiten mit Modellen biologischer neuronaler Netze. Das Netz muss für ein bestimmtes Problem trainiert werden (Kalibrierung), was sich zum Teil als sehr rechenaufwendig herausstellt, während die Anwendung für Vorhersagen nur geringen Rechenaufwand erfordert. Hierbei lassen sich empirische Modelle erstellen, deren Formulierung sich sonst als unbekannt oder zu schwierig erweist. Da die Darstellung der Grundlagen zu neuronalen Netzen diesen Rahmen sprengt, muss auf weiterführende Literatur verwiesen werden [65, 66].

Als Eingangsdaten zur Substrukturvorhersage werden üblicherweise die Vollspektren verwendet. Verschiedene Veröffentlichungen existieren für dieses Gebiet (siehe z. B. [67]). Interessant ist, dass die Korrelationen auch eingesetzt werden können, um Spektren auf der Basis vorgegebener Strukturen vorherzusagen [68].

Am Computer-Chemie-Centrum Erlangen wurde das Projekt Telespek [69] gestartet, um Spektren- und Strukturinformationen aus dem Infrarotbereich zu simulieren, die bisher nicht in Spektrendatenbanken zu finden sind.

Der über das Internet zugängliche IR-Simulator [70] berechnet Spektren mit Hilfe von Software aus dem Bereich der Computerchemie. Dazu wird die chemische Struktur als Smiles-String eingegeben oder mit einem Java-Struktureditor gezeichnet. Wenige Sekunden nach dem Start erhält man ein vollständiges IR-Spektrum, in dem einzelne Bereiche vergrößert werden können. Das Spektrum kann im JCAMP.DX Dateiformat gespeichert und so auf den eigenen Computer für die Weiterverarbeitung übertragen werden.

Als Alternative zu neuronalen Netzen wurde auch eine Klassifizierung mittels modifiziertem Partial Least-Squares (PLS) (siehe auch Abschn. 7.5.2), das nur geringen Rechenaufwand für die Kalibrierung erfordert, erprobt und mit den Ergebnissen der weitaus aufwendigeren Verfahren verglichen. Die Vorhersageergebnisse für die Projektion der Spektren auf den Substrukturraum waren vergleichbar [71]. Eine rasche Klassifizierung von GC/FT-IR-Spektren mittels Hauptkomponentenanalyse zu bestimmten Substanzklassen wie Alkohole,

Carbonsäuren, Ketone und Aldehyde oder zu auch größeren Struktureinheiten, wie sie beispielsweise Barbiturate aufweisen, wurde von Griffiths und Mitarbeitern gezeigt [72, 73].

9.3.3 Mustererkennungsmethoden (Pattern Recognition)

Eine andere Möglichkeit für eine Substrukturzuordnung über das Spektrum ergibt sich aus den statistischen Mitteln der Mustererkennung (Pattern Recognition) [74–78]. Hierbei kann ein Merkmalsmuster, das nicht direkt messbar ist, durchaus einer bestimmten Klasse, einem sog. Cluster, zugeordnet werden. Dies kann über konventionelle Projektionen, z. B. über eine Haupt-komponentenanalyse, aber auch mittels klassifizierendem neu-ronalen Kohonen-Netz erfolgen. Eine bereits erwähnte Annahme liegt den meisten Methoden zugrunde, dass zueinander ähnliche Objekte auch im Spektrenraum nahe beieinander liegen. Hier spielen Abstands- und Ähnlichkeitsmaße eine entscheidende Rolle. Bevor die Mustererkennungsmethoden angewandt wer-den, mag eine Skalierung der Variablen ratsam sein.

Man unterscheidet zwischen kontrolliertem (supervised) und unkontrolliertem (unsupervised) Lernen. Beim ersten Ansatz kann man einen Trainingssatz zur Festlegung der Unter-scheidungsmerkmale – z. B. Abstände zur die zwei Klassen tren-nenden Entscheidungsebene – voraussetzen, während beim zwei-ten Verfahren keinerlei a-priori Wissen erforderlich ist, um Klassifizierungen vornehmen zu können. Wenn mehr als zwei Klassen zu separieren sind, ist eine Serie von binären Klassi-fizierern erforderlich, wie z. B. bei der KNN-Methode (K-nächs-ter Nachbar, K ist eine kleine ganze Zahl), wobei für ein Objekt unbekannter Klassenzugehörigkeit seine Umgebung überprüft wird. Der Name bezieht sich darauf, dass für K bekannte Objekte in nächster Umgebung deren Klassenzugehörigkeit ermittelt und das zu klassifizierende Objekt über den Abstand der Klasse der Mehrheit der nächsten K Referenzobjekte zugeordnet wird. Bei der linearen Diskriminanzanalyse wird eine Funktion gesucht, die die verschiedenen Klassen voneinander zu trennen vermag.

Bei den bisher genannten nicht-parametrischen Methoden werden soweit nur Abstände zwischen den Datenpunkten, die durch die vieldimensionalen Spektrenvektoren definiert sind, berücksichtigt. Man kann jedoch auch statistische Modelle für jede Klasse zugrundelegen, für die dann Wahrscheinlichkeits-verteilungen definiert werden können.

Die Erzeugung von sog. Dendrogrammen, die ähnliche Mit-glieder einer Population über hierarchische Cluster zusammen-fassen, beruht auf Algorithmen unkontrollierten Lernens zur Zuordnung von Ähnlichkeiten.

9.4 Qualitative Gemischanalyse

Unter qualitativer Gemischanalyse versteht man die Identifizierung von Mischungskomponenten, wobei eine anschließende quantitative Analyse durchaus auch angestrebt werden kann. Die Identifizierung kann über eine Bibliothekssuche realisiert werden, wobei naturgemäß Schwierigkeiten auftreten, da sich das Gemischspektrum aus der Summe der Einzelkomponentenspektren bei angenähert idealem Mischungsverhalten zusammensetzt und die Datenbank nur Reinstoffspektren enthält. Bei einem geeigneten Suchalgorithmus sollte möglichst eine der Komponenten (günstigstenfalls die Hauptkomponente) an oberster Stelle der Hitliste zu finden sein. Als ein Beispiel soll der Fall von zwei nicht getrennten GC-Fraktionen dienen (siehe Abb. 5-19). In Abb. 9-2 sind das Gemischspektrum von Propanol und Toluol, sowie deren Reinstoffspektren gezeigt. Eine Bibliothekssuche über Spektrenvergleich lieferte eine Hitliste, die in Ausschnitten aufgeführt ist. Die ersten acht gefundenen Spektren mit größter Ähnlichkeit sind ausschließlich Alkohole, und erst an 16. Stelle findet sich ein Aromat. Man kann nun das erste geeignete Hitspektrum vom Gemischspektrum mittels skalierter Subtraktion abziehen und für das erhaltene Spektrenresiduum erneut eine Bibliothekssuche vornehmen, die dann in diesem Fall eindeutig Toluol als Substanz mit bester Spektrenübereinstimmung liefert.

Gemische mit zwei oder drei Komponenten lassen sich durchaus noch zuverlässig identifizieren, wobei sich in geringen Konzentrationen vorkommende Anteile nur schwierig aufklären lassen.

Ein anders gearteter Fall ist gegeben, wenn Spektren verschiedener Proben unbekannter Zusammensetzung, jedoch mit veränderlichen Konzentrationsverhältnissen für die jeweiligen Komponenten vorliegen wie z. B. bei der Charakterisierung von überlagerten HPLC-Peaks, reagierenden Materialien oder Werkstoffen. Als zusätzliche Komplikation sind die Informationen (d. h. Spektren) über die reinen Komponenten nicht bekannt, sodass eine Mischungsanalyse mittels Spektrenanpassung über kleinste Fehlerquadrate (siehe Abschn. 7.5.1) oder mittels Spektrensubtraktionstechniken nicht möglich ist, sondern Verfahren z. B. über die Faktoranalyse aller zur Verfügung stehenden Spektren eingesetzt werden müssen. Für einen Überblick über sogenannte „self-modeling“ Mehrkomponentenanalysen sei auf die Artikel von Gemperline und Hamilton [79, 80], sowie von Windig et al. [81] verwiesen. Auch Bibliothekssuchverfahren können für eine Mischungsanalyse genutzt werden (siehe z. B. [82]).

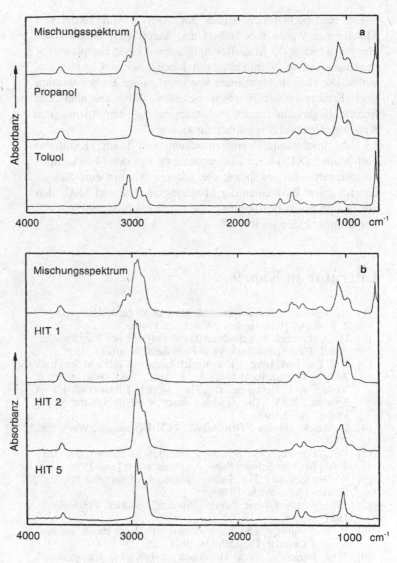

HIT	Bibliothek	ID-Nummer	Name	HQI
1	EPA2	GC000681	PROPANOL	0.32
2	GCIRPE18	GC000016	1-BUTANOL	0.35
3	EPA2	GC000335	BUTANOL	0.36
4	GCIRPE18	GC000077	2-METHYLBUTANOL-1	0.36
5	EPA2	GC000206	PENTANOL,2-METHYL-	0.39
.				.
15	EPA2	GC000332	PENTANOL	0.42
16	EPA2	GC001038	BENZENE,HEXAMETHYL-	0.42

Abb. 9-2. Spektrum einer Mischung von Propanol und Toluol, sowie deren Reinstoffspektren (a), und im Vergleich dazu drei der ähnlichsten, über Spektrensuche erhaltenen Spektren (b), sowie Hitlistenergebnisse einer Bibliothekssuche mittels Spektrenvergleich.

Ein bemerkenswerter Ansatz zur Analyse von komplexen Mischungen wurde von Hobert und Meyer [83] beschrieben. Hierbei wurde eine Klassifizierung anhand einer Hauptkomponentenanalyse in Verbindung mit hierarchischen Clustern gewählt. Die Hauptkomponenten von unbekannten Proben wurden über Korrelationskoeffizienten bestimmt. Eine anschließende lineare Regression ergibt Schätzungen für die Anzahl der Komponenten und deren Konzentrationen.

Eine interessante Veröffentlichung von Liang, Kvalheim und Manne [84] ist im Zusammenhang mit der Mehrkomponentenanalyse zu erwähnen; die Autoren erörtern eine Klassifizierung von Problemen der Mischungsanalyse und Methoden zur quantitativen Bestimmung, für die letztlich Anzahl und Art der Komponenten wichtig ist.

Literatur zu Kap. 9

[1] B. Schrader: „Raman/Infrared Atlas of Organic Compounds", 2. Aufl., VCH Verlagsges., Weinheim, 1989

[2] D. O. Hummel, F. Scholl: „Atlas of Polymer and Plastics Analysis", 3. Aufl., Bd. 1–3, VCH Publishers, Weinheim, 1991

[3] C. J. Pouchert, Hrsg.: „The Aldrich Library of Infrared Spectra", Aldrich Chemical, Milwaukee, 3. Aufl., 1981; vom gleichen Verlag und Herausgeber: „The Aldrich Library of FT-IR Spectra", 1985; „The Aldrich Library of FT-IR Spectra: Vapor Phase", Bd. 3, 1989

[4] E. Merck: „Merck FT-IR Atlas", VCH-Verlagsges., Weinheim, 1988

[5] D. L. Hansen: „The Sprouse Collection of Infrared Spectra", 4 Bd., Elsevier Science Publ., Amsterdam, 1987 und 1988

[6] W. W. Simons: „The Sadtler Handbook of Infrared Spectra", Sadtler, Philadelphia, 1978

[7] "The Atlas of Near Infrared Spectra", Sadtler, Philadelphia, 1981

[8] R. A. Nyquist: "The Interpretation of Vapor-Phase Infrared Spectra", Sadtler, Philadelphia, 1984

[9] "The Infrared Spectra Handbook of Inorganic Compounds", Sadtler, Philadelphia, 1984

[10] Bio-Rad/Sadtler Division, 3316 Spring Garden Street, Philadelphia, PA 19104 (U.S.A.)

[11] G. C. Jones, B. Jackson: "Infrared Transmission Spectra of Carbonate Minerals", Chapman & Hall, London, 1993

[12] R. A. Nyquist, R. O. Kagel: "Infrared Spectra of Inorganic Compounds (3800–45 cm^{-1})", Academic Press, New York, 1971

[13] H. Siebert: „Anwendungen der Schwingungsspektroskopie in der anorganischen Chemie", Springer Verlag, Berlin, 1966

[14] K. Nakamoto: "Infrared and Raman Spectra of Inorganic and Coordination Compounds" Part A and B, 5. Aufl., J. Wiley & Sons, New York, 1997

[15] J. R. Ferraro: "Low Frequency Vibrations of Inorganic and Coordination Compounds", Plenum Press, New York, 1971

[16] M. Buback, H. P. Vögele: „FT-NIR Atlas", VCH, Weinheim, 1993

[17] Chemical Concepts, Boschstraße 12, D-69469 Weinheim

[18] P. L. Hanst, S. T. Hanst, G. M. Williams: „Infrared Spectra for Quantitative Analysis of Gases", Infrared Analysis, Anaheim, CA, 1995 (wird laufend erweitert)

[19] J. H. Park, L. S. Rothman, C. P. Rinsland, H. M. Pickett, D. J. Richardson, J. S. Namkung: "Atlas of Absorption Lines from 0 to 17900 cm^{-1}", NASA Reference Publication 1188, Hampton, 1987

[20] G. Guelachvili, K. N. Rao: "Handbook of Infrared Standards: With Spectral Maps and Transition Assignments between 3 and 2600 μm", Academic Press, London, 1986; "Handbook of Infrared Standards II: With Special Coverage of 1.4 μm–4 μm and 6.2 μm–7.7 μm", Academic Press, London, 1993

[21] J. E. Bertie, C. D. Keefe, R. N. Jones: "Tables of Intensities for the Calibration of Infrared Spectroscopic Measurements in the Liquid Phase", International Union of Pure and Applied Chemistry Chemical Data Series No. 40, Blackwell Science, 1995

[22] P. R. Griffiths, C. L. Wilkins: Appl. Spectrosc. **42**, 538 (1988)

[23] R. S. McDonald, P. A. Wilks, Jr.: Appl. Spectrosc. **42**, 151 (1988)

[24] J. Gasteiger, B. M. P. Hendriks, P. Hoever, C. Jochum, H. Somberg, Appl. Spectrosc. **45**, 4 (1991)

[25] J. E. Ash, W. A. Warr, P. Willett: "Chemical Structure Systems", Ellis Horwood, Chichester, 1991

[26] C. P. Rinsland, A. Goldman, J. M. Flaud: J. Quant. Spectrosc. Radiat. Transfer **48**, 693 (1992); L. S. Rothman, R. R. Gamache, R. H. Tipping, C. P. Rinsland, et al., J. Quant. Spectrosc. Radiat. Transfer **48**, 469 (1992)

[27] N. Husson, B. Bonnet, A. Chédin, N. A. Scott, A. A. Chursin, V. F. Golovko, V. G. Tyuterev: J. Quant. Spectrosc. Radiat. Transfer **52**, 425 (1994)

[28] L. R. Brown, C. B. Farmer, C. P. Rinsland, R. A. Toth: Appl. Optics **26**, 5154 (1987)

[29] N. Husson, A. Chédin, B. Bonnet: NATO ASI Series, Vol. I 9, "High Spectral Resolution Infrared Remote Sensing for Earth's Weather and Climate Studies", A. Chédin, M. T. Chahine, N. A. Scott, Hrsg., Springer-Verlag, Berlin, 1993, S. 443

[30] Entropy, Inc., P.O. Box 12291, Research Triangle Park, NC 27709-2291 (U.S.A.)

[31] http://www.harricksci.com/infoserver

[32] http://www.spectroscopynow.com

[33] http://www.spectra.galactic.com

[34] http://www.ftirsearch.com

[35] http://www.aist.go.jp/RIODB/SDBS/menu-e.html

[36] http://www.webbook.nist.gov/

[37] J. T. Clerc, E. Pretsch, M. Zürcher: Mikrochim. Acta II, I-6, 217 (1986)

[38] S. R. Lowry, D. A. Huppler, C. R. Anderson: J. Chem. Inform. Comp. Sci. **25**, 235 (1985)

[39] A. Hanna, J. C. Marshall, T. L. Isenhour: J. Chrom. Sci. **17**, 434 (1979)

[40] M. Novi, J. Zupan: Anal. Chim. Acta **151**, 419 (1983)

[41] B. J. McGrattan, D. W. Schiering, R. A. Hoult: Spectrosc. **4**, 39 (1989)

[42] L. A. Powell, G. M. Hieftje: Anal. Chim. Acta **100**, 313 (1978)

[43] T. Blaffert: Anal. Chim. Acta **161**, 135 (1984)

[44] J. R. Hallowell, Jr., M. F. Delaney: Anal. Chem. **59**, 1544 (1987)

[45] R. J. Rosenthal, S. R. Lowry: Mikrochim. Acta **II**, (1–6), 291 (1986)

[46] C. Affolter, J. T. Clerc: Fresenius J. Anal. Chem. **344**, 136 (1992)

[47] P. B. Harrington, T. L. Isenhour: Anal. Chim. Acta **197**, 105 (1987)

[48] K. Tanabe, T. Tamura, H. Uesaka: Appl. Spectrosc. **46**, 807 (1992)

[49] J. R. Cooper, C. L. Wilkins: Anal. Chem. **61**, 1571 (1989)

[50] T. Förster, C. W. von der Lieth, H. J. Opferkuch: GIT Fachz. Lab. **33** (4), 318 (1989)

[51] D. Canzler, M. Hellenbrandt: Fresenius J. Anal. Chem. **344**, 167 (1992)

[52] M. Cadisch, E. Pretsch: Fresenius J. Anal. Chem. **344**, 173 (1992)

[53] A. Fürst, J. T. Clerc, E. Pretsch: Chemom. Intell. Lab. Syst. **5**, 329 (1989)

[54] F. Ehrentreich, U. Dietze: „Vergleich computergestützt abgeleiteter IR-Spektrum-Struktur-Korrelationen", in: Software-Entwicklung in der Chemie 7, D. Ziessow, Hrsg., Ges. Deutscher Chemiker, Frankfurt, 1993, S. 53

[55] H. J. Luinge: Vibr. Spectrosc. **1**, 1 (1990)

[56] W. A. Warr: Anal. Chem. **65**, 1087A (1993)

[57] W. A. Warr, C. Suhr: „Chemical Information Management", VCH Verlagsges., Weinheim, 1992

[58] B. Wythoff, X. Hong-Kui, S. P. Levine, S. A. Tomellini: J. Chem. Inf. Comp. Sci. **31**, 392 (1991)

[59] H. J. Luinge: Trends Anal. Chem. **9**, 66 (1990)

[60] K. Funatsu, N. Miyabayaski, S. Sasaki: J. Chem. Inf. Comp. Sci. **28**, 18 (1988)

[61] M. E. Elyashberg, L. A. Gribov, V. V. Serov: "Molecular Spectral Analysis and the Computer" (in russ.), Nauka Publ., Moskau, 1980

[62] M. E. Munk, M. Farkas, A. H. Lipkis, B. D. Christie: Mikrochim. Acta **II**, 189 (1986)

[63] G. N. Andreev, O. K. Argirov: J. Mol. Struct. **347**, 439 (1995)

[64] M. Otto: Anal. Chim. Acta. **283**, 500 (1993)

[65] J. Zupan, J. Gasteiger: Anal. Chim. Acta **248**, 1 (1991)

[66] J. Zupan, J. Gasteiger: "Neural Networks for Chemists", VCH, Weinheim, 1993

[67] J. R. M. Smits, P. Schoenmakers, A. Stehmann, F. Sijstermans, G. Kateman: Chemom. Intell. Lab. Syst. **18**, 27 (1993)

[68] Ch. Affolter, J. T. Clerc: Chemom. Intell. Lab. Syst. **21**, 151 (1993)

[69] http://www2.chemie.uni-erlangen.de/services/telespec/

[70] http://www2.chemie.uni-erlangen.de/services/telespec/simuframe/index.html

[71] H. J. Luinge, J. H. van der Maas, T. Visser: Chemom. Intell. Lab. Syst. **28**, 129 (1995)

[72] J. H. Perkins, E.J. Hasenoehrl, P. R. Griffiths: Chemom. Intell. Lab. Syst. **15**, 75 (1992)

[73] E. J. Hasenoehrl, P. R. Griffiths: Appl. Spectrosc. **47**, 643 (1993)

[74] K. Varmuza: "Pattern Recognition", in: Computer in der Chemie, E. Ziegler, Hrsg., 2. Aufl., Springer, Berlin, 1985

[75] D. L. Massart, B. G. M. Vandeginste, S. N. Deming, Y. Michotte, L. Kaufman: "Chemometrics: a Textbook", Elsevier, Amsterdam, 1988

[76] H. J. Luinge: "Multivariate Methods for Automated Spectrum Interpretation", in: Computing Applications in Molecular Spectroscopy, W. O. George, D. Steele, Hrsg., Roy. Soc. Chemistry, Cambridge, 1995, S. 87

[77] M. J. Adams: "Chemometrics in Analytical Spectroscopy", Royal Soc. Chem., Cambridge, 1995

[78] R. Henrion, G. Henrion: "Multivariate Datenanalyse", Springer-Verlag, Berlin, 1995
[79] P. J. Gemperline: J. Chemom. **3**, 549 (1989)
[80] J. C. Hamilton, P. J. Gemperline: J. Chemom. **4**, 1 (1990)
[81] W. Windig, J. Guilment: Anal. Chem. **63**, 1425 (1991)
[82] D. M. Mauro, M. F. Delaney: Anal. Chem. **58**, 2622 (1986)
[83] H. Hobert, K. Meyer: Fresenius J. Anal. Chem. **344**, 178 (1992)
[84] Y. Liang, O. M. Kvalheim, R. Manne: Chemom. Intell. Lab. Syst. **18**, 235 (1993)

10 Anhang

10.1 Lage der wichtigsten Störbanden im IR-Spektrum

Wellenzahl [cm^{-1}]	Störung durch:	Anmerkungen
3450–3330	H_2O	Wasser in der Substanz bzw. in KBr
um 2345	CO_2	atmosphärische Inkompensation bei Proben- und Hintergrundspektrum
2325	CO_2	gelöst in Flüssigkeiten
2000–1280	H_2O	Wasserdampf (z. B. von nicht kompensierter feuchter Spektrometeratmosphäre)
1755–1695	$>$C=O	Carbonylverbindungen verschiedenen Ursprungs (Weichmacher, Aceton, oxidierte Produkte etc.)
1640	H_2O	flüssiges Wasser
1610–1515	–COO$^\ominus$	organische Salze, evtl. aus der Reaktion mit dem Fenstermaterial
1355	$NO_3^\ominus$	aus KBr, H_2O-Rückständen etc.
1265	$Si–CH_3$	Schliff-Fett
1100–1050	SiO_2 $Si–O–Si$	Glas
973	CCl_4	Lösungsmittel
837	$NO_3^\ominus$	aus KBr, H_2O-Rückständen etc.
667	CO_2	atmosphärische Inkompensation bei Proben- und Hintergrundspektrum

10.2 Spektren gebräuchlicher Lösungsmittel

Die nachfolgenden Spektren von Lösungsmitteln wurden mit einem FT-Spektrometer Perkin Elmer 2000, ausgestattet mit Globar, KBr-Strahlteiler und DTGS-Detektor, unter Mittelung

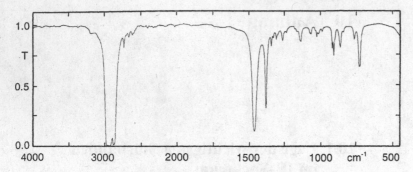

Abb. 10-1. n-Pentan (Reinheit mind. 99% (GC)).

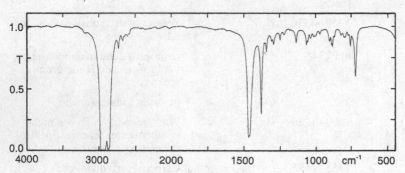

Abb. 10-2. n-Hexan (Reinheit mind. 98%).

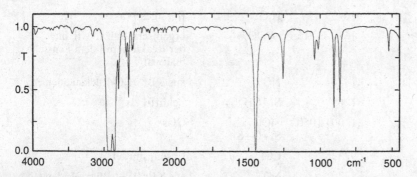

Abb. 10-3. Cyclohexan (Reinheit mind. 99.7% (GC)).

von 20 Interferogrammen aufgenommen (spektrale Auflösung 2.0 cm^{-1}). Hierzu wurde jeweils eine Küvette mit KBr-Fenstern (Schichtdicke 25 μm) eingesetzt. Zur Darstellung wurde eine lineare Basislinienkorrektur verwendet, um die Effekte unterschiedlich ausfallender Reflexionsverluste an den Küvettenfenstern von den Spektren abzutrennen.

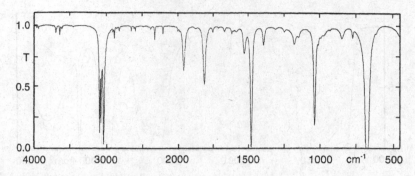

Abb. 10-4. Benzol (Reinheit mind. 99.7% (GC)).

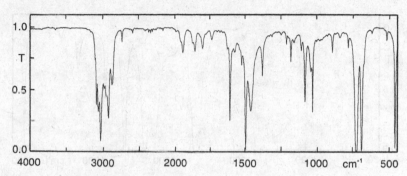

Abb. 10-5. Toluol (Reinheit 99.9%).

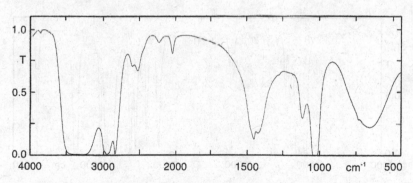

Abb. 10-6. Methanol (Reinheit mind. 99.8% (GC)).

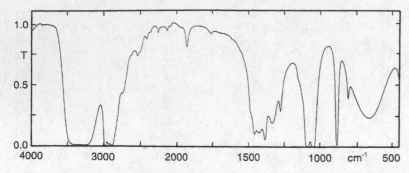

Abb. 10-7. Ethanol (Reinheit mind. 99.9%)

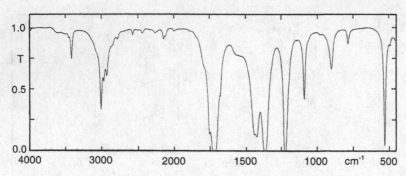

Abb. 10-8. Aceton (Reinheit 99.9%).

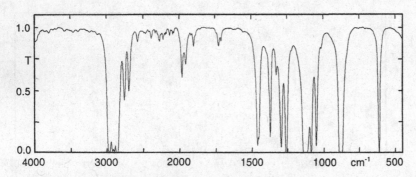

Abb. 10-9. 1,4-Dioxan (Reinheit 99.5% (GC)).

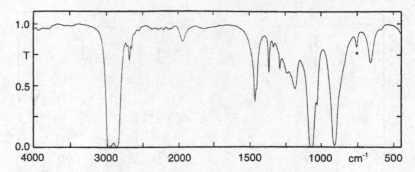

Abb. 10-10. Tetrahydrofuran (Reinheit mind. 99% (GC);
* Bande von Verunreinigung).

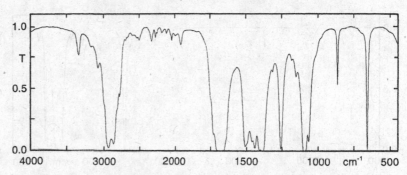

Abb. 10-11. N,N-Dimethylformamid (Reinheit mind. 99.5% (GC)).

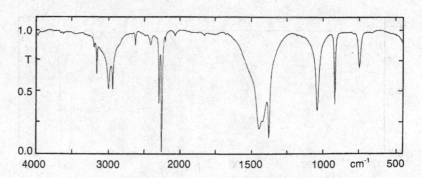

Abb. 10-12. Acetonitril (Reinheit mind. 99.7% (GC)).

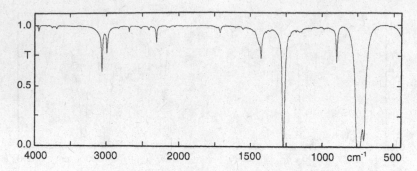

Abb. 10-13. Dichlormethan (Reinheit 99.9%).

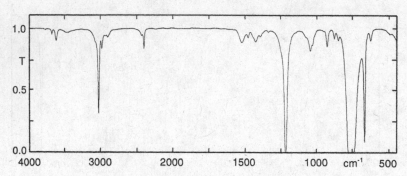

Abb. 10-14. Chloroform (Reinheit 99% (GC)).

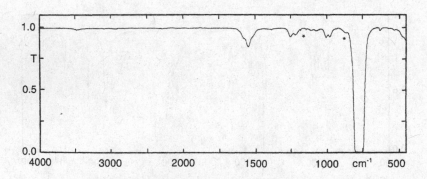

Abb. 10-15. Tetrachlorkohlenstoff (Reinheit mind. 99.7%;
                * Banden von Verunreinigung).

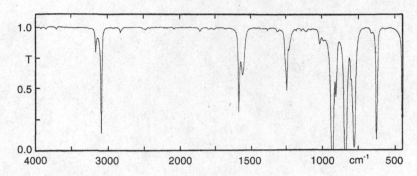

Abb. 10-16. Trichlorethylen (Reinheit mind. 99.5% (GC)).

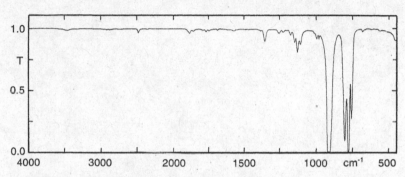

Abb. 10-17. Tetrachlorethylen (Reinheit mind. 99.7%)

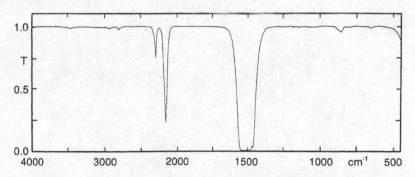

Abb. 10-18. Schwefelkohlenstoff (Reinheit mind. 99.9%).

Stichwort- und Spektrenverzeichnis